国家科学技术学术著作出版基金资助出版

"十四五"时期国家重点出版物出版专项规划·重大出版工程规划项目

变革性光科学与技术丛书

Advanced Laser Manufacturing Technology Ⅱ

先进激光制造技术

（第二版）

张永康　崔承云　肖荣诗　赵海燕　著

清華大学出版社
北京

内容简介

先进激光制造技术是利用光子与材料相互作用实现加工制造的重要光制造技术，是集光学、机械学、电子学、材料学及计算机等众多学科的综合交叉高新技术，已成为现代制造业中重要的技术手段之一。本书是作者及其团队多年的研究成果总结，共9章，涉及先进激光制造技术基础、激光熔覆技术、激光熔凝技术、激光焊接技术、激光微细加工技术、激光冲击强化技术、激光冲击锻造技术、激光冲击成形技术等先进激光制造技术。

本书可以作为机械工程、光学工程、材料工程、船舶与海洋工程的研究生和本科生的专业课教材，也可以作为上述学科领域的科技工作者的参考书。

图书在版编目（CIP）数据

先进激光制造技术 ：第二版 / 张永康等著. 北京 ：清华大学出版社，2024. 9. --（变革性光科学与技术丛书）. -- ISBN 978-7-302-67105-3

Ⅰ. TG665

中国国家版本馆 CIP 数据核字第 2024C2N988 号

责任编辑：鲁永芳
封面设计：意匠文化·丁奔亮
责任校对：欧　洋
责任印制：杨　艳

出版发行：清华大学出版社
　　网　　址：https://www.tup.com.cn，https://www.wqxuetang.com
　　地　　址：北京清华大学学研大厦A座　　**邮　　编**：100084
　　社 总 机：010-83470000　　**邮　　购**：010-62786544
　　投稿与读者服务：010-62776969，c-service@tup.tsinghua.edu.cn
　　质量反馈：010-62772015，zhiliang@tup.tsinghua.edu.cn
印 装 者：小森印刷(北京)有限公司
经　　销：全国新华书店
开　　本：170mm×240mm　　**印　张**：22.25　　**字　　数**：449 千字
版　　次：2024年9月第1版　　**印　　次**：2024年9月第1次印刷
定　　价：109.00元

产品编号：090666-01

丛书序

光是生命能量的重要来源，也是现代信息社会的基础。早在几千年前人类便已开始了对光的研究，然而，真正的光学技术直到400年前才诞生，斯涅耳、牛顿、费马、惠更斯、菲涅耳、麦克斯韦、爱因斯坦等学者相继从不同角度研究了光的本性。从基础理论的角度看，光学经历了几何光学、波动光学、电磁光学、量子光学等阶段，每一阶段的变革都极大地促进了科学和技术的发展。例如，波动光学的出现使得调制光的手段不再限于折射和反射，利用光栅、菲涅耳波带片等简单的衍射型微结构即可实现分光、聚焦等功能；电磁光学的出现，促进了微波和光波技术的融合，催生了微波光子学等新的学科；量子光学则为新型光源和探测器的出现奠定了基础。

伴随着理论突破，20世纪见证了诸多变革性光学技术的诞生和发展，它们在一定程度上使得过去100年成为人类历史长河中发展最为迅速、变革最为剧烈的一个阶段。典型的变革性光学技术包括激光技术、光纤通信技术、CCD成像技术、LED照明技术、全息显示技术等。激光作为美国20世纪的四大发明之一（另外三项为原子能、计算机和半导体），是光学技术上的重大里程碑。由于其极高的亮度、相干性和单色性，激光在光通信、先进制造、生物医疗、精密测量、激光武器乃至激光核聚变等技术中均发挥了至关重要的作用。

光通信技术是近年来另一项快速发展的光学技术，与微波无线通信一起极大地改变了世界的格局，使"地球村"成为现实。光学通信的变革起源于20世纪60年代，高琨提出用光代替电流，用玻璃纤维代替金属导线实现信号传输的设想。1970年，美国康宁公司研制出损耗为20dB/km的光纤，使光纤中的远距离光传输成为可能，高琨也因此获得了2009年的诺贝尔物理学奖。

除了激光和光纤之外，光学技术还改变了沿用数百年的照明、成像等技术。以最常见的照明技术为例，自1879年爱迪生发明白炽灯以来，钨丝的热辐射一直是最常见的照明光源。然而，受制于其极低的能量转化效率，替代性的照明技术一直是人们不断追求的目标。从水银灯的发明到荧光灯的广泛使用，再到获得2014年诺贝尔物理学奖的蓝光LED，新型节能光源已经使得地球上的夜晚不再黑暗。另外，CCD的出现为便携式相机的推广打通了最后一个障碍，使得信息社会更加丰富多彩。

20 世纪末以来，光学技术虽然仍在快速发展，但其速度已经大幅减慢，以至于很多学者认为光学技术已经发展到瓶颈期。以大口径望远镜为例，虽然早在 1993 年美国就建造出 10m 口径的“凯克望远镜”，但迄今为止望远镜的口径仍然没有得到大幅增加。美国的 30m 望远镜仍在规划之中，而欧洲的 OWL 百米望远镜则由于经费不足而取消。在光学光刻方面，受到衍射极限的限制，光刻分辨率取决于波长和数值孔径，导致传统 i 线(波长为 365nm)光刻机单次曝光分辨率在 200nm 以上，而每台高精度的 193 光刻机成本达到数亿元人民币，且单次曝光分辨率也仅为 38nm。

在上述所有光学技术中，光波调制的物理基础都在于光与物质(包括增益介质、透镜、反射镜、光刻胶等)的相互作用。随着光学技术从宏观走向微观，近年来的研究表明：在小于波长的尺度上(即亚波长尺度)，规则排列的微结构可作为人造“原子”和“分子”，分别对入射光波的电场和磁场产生响应。在这些微观结构中，光与物质的相互作用变得比传统理论中预言得更强，从而突破了诸多理论上的瓶颈，包括折反射定律、衍射极限、吸收厚度-带宽极限等，在大口径望远镜、超分辨成像、太阳能、隐身和反隐身等技术中具有重要应用前景。譬如，基于梯度渐变的表面微结构，人们研制了多种平面的光学透镜，能够将几乎全部入射光波聚集到焦点，且焦斑的尺寸可突破经典的瑞利衍射极限，这一技术为新型大口径、多功能成像透镜的研制奠定了基础。

此外，具有潜在变革性的光学技术还包括量子保密通信、太赫兹技术、涡旋光束、纳米激光器、单光子和单像元成像技术、超快成像、多维度光学存储、柔性光学、三维彩色显示技术等。它们从时间、空间、量子态等不同维度对光波进行操控，形成了覆盖光源、传输模式、探测器的全链条创新技术格局。

值此技术变革的肇始期，清华大学出版社组织出版“变革性光科学与技术丛书”，是本领域的一大幸事。本丛书的作者均为长期活跃在科研第一线，对相关科学和技术的历史、现状和发展趋势具有深刻理解的国内外知名学者。相信通过本丛书的出版，将会更为系统地梳理本领域的技术发展脉络，促进相关技术的更快速发展，为高校教师、学生以及科学爱好者提供沟通和交流平台。

是为序。

罗先刚

2018 年 7 月

序　一

先进激光制造技术是集光学、机械学、电子学、材料学及计算机等众多学科的综合性交叉高新技术，具有传统加工制造技术无法企及的众多优势，对制造技术的进步和制造业的结构调整和升级换代具有强有力的推动作用。为了进一步促进激光制造技术在我国的研究和应用，展现近期激光制造技术的研究进展，张永康、崔承云、肖荣诗和赵海燕四位教授以自己团队的最新科研成果为基础，在第一版的基础上撰写了《先进激光制造技术（第二版）》。

该书作者张永康教授长期致力于抗疲劳制造研究，主要从事激光冲击强化、激光锻造、海工装备等方面的研究，取得多项具有国际先进水平的原始创新成果。相关成果获得国家科技进步奖一等奖、国家专利金奖等。该书主要体现了几位作者团队近年来最新的科研成果，在激光先进制造基础理论、技术、工艺装备及其应用，以及激光制造新原理方面，均取得了创新并有特色的理论及应用性研究成果，对推动激光制造技术与体系的发展与应用具有重要意义。该书不仅是四位著者多年科研成果的积累和总结，也是一本理论性与实用性很强，内容新颖，重点突出，具有一定广度和深度的专著。该书可以作为高年级本科生专业课教材、研究生和专业研究人员等的重要参考书。特此推荐。

中国工程院院士　郭东明 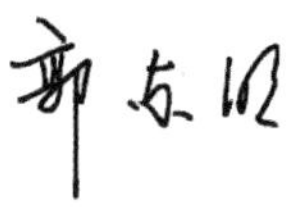

序　二

先进激光制造技术是利用光子与材料相互作用实现加工制造的重要光制造技术，是集光学、机械学、电子学、材料学及计算机等众多学科的综合交叉高新技术。《先进激光制造技术》于 2011 年出版，获得了江苏省首届图书奖。作者将该书出版后十多年来的最新研究成果进行了梳理和整理，并进行更新，形成了《先进激光制造技术(第二版)》。该书可以作为高年级本科生专业课教材、研究生和专业研究人员等的参考书。

该书第一作者张永康，是广东工业大学教授，博士生导师，广东省海洋能源装备先进制造技术重点实验室主任，南京航空航天大学机械制造专业工学博士，南京大学物理学博士后。长期从事航空海工高端装备抗疲劳制造研究，致力于深海石油钻井平台、超大型海上风电安装平台、深远海原油转驳装备、航空发动机/飞机关键件等的抗疲劳设计、低应力制造、激光冲击强化、激光锻造增材制造与修复研究。获得国家科技进步奖一等奖和二等奖各 1 项、教育部科技进步奖一等奖 1 项、中国专利金奖 2 项、中国好设计金奖 2 项、广东省技术进步奖一等奖 1 项、江苏省科学技术奖一等奖 5 项。培养的博士生获得教育部长江特聘教授、“中国铸造大工匠”、全国铸造行业“最美科技工作者”等荣誉称号。特此向广大读者推荐此书。是为序。

中国工程院院士 卢秉恒

序　三

随着工业激光技术的大力发展，先进激光制造技术在各高新技术领域的应用越来越广泛、发展越来越迅速，已逐渐取代和突破某些传统制造技术，成为现代制造业中重要的技术手段之一。张永康、崔承云、肖荣诗和赵海燕四位教授以2011年第一版为基础，更新了更多有关激光制造技术的研究成果，形成了《先进激光制造技术(第二版)》，其更全面地反映了近几年激光增减材技术、激光涂层制备技术、激光冲击强化、激光锻造、激光冲击成形技术以及激光在航空海工等领域的进展。

张永康教授长期致力于抗疲劳制造研究，主要从事激光冲击强化、激光锻造、海工装备等方面的研究，取得多项具有国际先进水平的创新成果。相关成果获得国家科技进步奖一等奖、国家专利金奖等。该书不仅是四位作者近几年最新研究成果的积累和总结，也是一本理论性与实用性很强，具有一定的广度和深度的专著。该书可以作为高年级本科生专业课教材、研究生和专业研究人员等的重要参考书。特此推荐。

中国工程院院士　邵新宇　邵新宇

前 言

先进激光制造技术是利用光子与材料相互作用实现加工制造的重要光制造技术，是集光学、机械学、电子学、材料学及计算机等众多学科的综合性交叉高新技术。先进激光制造技术在各高新技术领域的应用越来越广泛，是科技强国不可缺少的关键核心技术和国家新兴战略产业的支撑技术。

本书著者长期从事激光制造技术的研究，于 2011 年出版了《先进激光制造技术》，并荣获江苏省首届图书奖。此次再版，著者将最新的研究成果进行总结凝练，较大篇幅地更新了第一版的内容。非常幸运，《先进激光制造技术（第二版）》作为《变革性光科学与技术丛书（二期）》中的一本被列入“十四五”国家重点出版物出版专项规划·重大出版工程规划项目，并获 2022 年度国家科学技术学术著作出版基金资助。

本书从激光技术的应用出发，面向激光技术研究和应用的学者与技术人员以及高等院校相关专业师生，介绍了先进激光制造技术与材料相互作用原理、微观结构演变及性能，内容丰富，通俗易懂。本书共分 9 章，第 1 章简要叙述了先进激光制造技术基础，包括激光产生的物理基础和常用激光器等；第 2 章至第 9 章分别介绍了激光熔覆技术、激光熔凝技术、激光焊接技术、激光微细加工技术、激光冲击强化技术、激光冲击锻造技术、激光冲击成形技术、其他先进激光制造技术等，著者期望本书能够为相关人员提供借鉴和参考。

本书由几位著者共同撰写而成，其中，张永康主要负责全书的结构设计、编写、编辑和定稿等；崔承云主要负责撰写第 1～3 章；赵海燕主要负责撰写第 4 章；张冲主要负责撰写第 5 章；张磊、林超辉、葛茂忠和陈菊芳主要负责撰写第 6 章；张驰、刘航和李国锐主要负责撰写第 7 章；裴旭和朱然主要负责撰写第 8 章；肖荣诗主要负责撰写第 9 章。

著者要感谢团队研究生为本书内容做出的贡献，感谢本书参考文献中所列的作者，他们的科研成果丰富了本书的内容。

本书的出版得到了清华大学出版社的大力支持,在此表示衷心的感谢。

由于著者水平有限,书中错误和疏漏难以避免,有些内容还是阶段性成果,需要在实践中进一步检验和深化研究,敬请有关专家和读者批评指正。

著　者

2024 年 1 月

作者简介

张永康，博士，广东工业大学教授，博士生导师，广东省海洋能源装备先进制造技术重点实验室主任。长期从事航空海工高端装备抗疲劳制造研究，致力于海上风电建造核心装备、深海石油钻井平台、深远海原油转驳装备、航空发动机/飞机结构件的抗疲劳设计、低应力制造、激光冲击强化、激光锻造增材制造与修复等。主持国家"863"项目、国家自然科学基金重点项目等多项，发表论文300多篇，应邀出版英文专著1部、中文专著3部、普通高等院校"十二五"规划教材1部。授权发明专利150多件，其中国际专利12件。获得国家科技进步奖一等奖和二等奖各1项、教育部科技进步奖一等奖1项、中国专利金奖2项、中国好设计金奖2项、广东省技术进步奖一等奖1项、江苏省科学技术奖一等奖5项、中国机械工业科技奖一等奖4项等。获得"庆祝中华人民共和国成立70周年"纪念章、江苏省劳动模范、江苏省新长征突击手标兵等荣誉称号，享受国务院特殊津贴。兼任中国机械工程学会再制造分会副主任委员、中国机械工程学会特种加工分会常务委员、中国光学学会激光加工专业委员会常务委员、广东机械工程学会特种加工分会理事长等。为本科生和研究生讲授多门课程，培养的博士生获得教育部长江特聘教授、"中国铸造大工匠"、全国铸造行业"最美科技工作者"等荣誉称号。

崔承云，博士，江苏大学教授，博士生导师。长期从事激光加工与表面工程、激光微纳制造、先进材料设计与制造、微观结构表征等方面的研究，形成了激光热力复合表面强化技术、激光熔凝氧化技术、激光微纳-化学沉积复合技术等特色研究方向。入选江苏省高校"青蓝工程"优秀青年骨干教师、江苏大学优秀青年骨干教师、江苏省公派访问学者等。先后主持国家自然科学基金面上项目和青年基金项目，江苏省产业前瞻与关键核心技术重点项目、教育部博士学科点新教师基金、中国博士后科学基金等国家和省部级项目。研究成果获得江苏省科学技术奖一等奖2项、2017年教育部技术发明二等奖1项等。相关研究成果在国际知名期刊上发表70多篇SCI论文，出版中文专著2部，授权发明专利40多件。

肖荣诗，博士，北京工业大学教授，博士生导师。长期从事激光先进制造物理学、激光先进制造冶金学、激光先进制造技术及应用等研究。现任中国光学学会理事、中国机械工程学会理事、中国光学学会激光加工专业委员会副主任、中国机械工程学会特种加工分会副理事长等。1986 年毕业于华中工学院焊接专业，1997 年在北京工业大学获光学专业博士学位，德国宇航院技术物理研究所、德国斯图加特大学射线工具研究所访问学者。先后承担国家科技重点研发计划、国家科技重大专项、“863”计划、自然科学基金等纵向、横向科研项目/课题 100 余项。研究成果在航空航天、轨道交通、汽车、化工机械等行业应用，获中国机械工业科学技术奖一等奖 1 项(第一完成人)、北京市科学技术奖(发明类)二等奖 1 项(第一完成人)、北京市科学技术进步奖二等奖 1 项(第二完成人)等。

赵海燕，博士，清华大学长聘教授。1992 年于西安交通大学焊接专业获学士学位，1997 年于西安交通大学材料科学与工程学科获博士学位。主持国家科技重点研发计划、自然科学基金等多项科研项目，在激光与材料的相互作用及熔池的动态行为、焊接及增材制造过程的建模和仿真、焊接残余应力和变形的测量及控制、焊接及连接的失效及性能评价、二维材料的加工等方面取得了丰富的研究成果，主要应用于核电火电、航空宇航、汽车制造、轨道交通、电子封装等领域。发表论文 200 余篇。

目　录

第 1 章

先进激光制造技术基础

光，就其本质而言是一种电磁波，覆盖着电磁频谱一个相当宽（从 X 射线到远红外）的范围，只是波长比普通无线电波的更短。光由光子组成，在荧光（普通的太阳光、灯光、烛光等）中，光子与光子之间毫无关联，即波长不一样、相位不一样、偏振方向不一样、传播方向不一样，就像一支无组织、无纪律的光子部队，各光子都是散兵游勇，不能做到行动一致。而在许许多多的光源之中，有一束光尤为突出，所有光子都是相互关联的，即它们的频率（或波长）一致、相位一致、偏振方向一致、传播方向一致，好像是一支纪律严明的光子部队，有着极强的战斗力。这就是激光，激光是继原子能、计算机、半导体之后人类的又一重大发明，被称为“最快的刀”“最准的尺”“最亮的光”和“奇异的激光”。

1.1 激光产生的物理基础

根据普朗克辐射定律，爱因斯坦在 1917 年发表了《辐射的量子理论》[1]，从理论上说明了除了吸收光和自发发光，电子可以通过刺激来发射特定波长的光，从而奠定了激光的理论基础。

1.1.1 涉及的物理概念

1. 原子能级

1911 年，英国科学家卢瑟福提出了原子模型，原子中间是原子核，电子围绕原子核不停地旋转，同时也不停地自转。1913 年，丹麦物理学家玻尔提出了原子只能处于由不连续能级表征的一系列状态——定态上，从而原子的内能不能连续改变，而是一级一级分开的，这样的级就称为原子能级，用 $E_0, E_1, E_2, \cdots, E_n$ 表示，如图 1-1 所示。

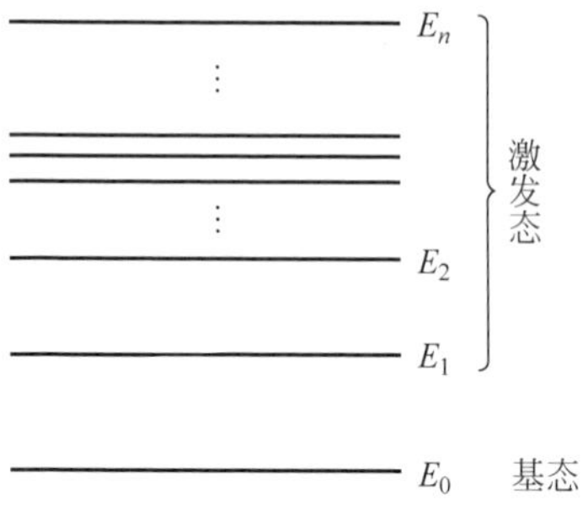

图 1-1　原子能级示意图

不同的原子具有不同的能级结构。原子中最低的能级称为基态，其余比基态能量高的能级称为高能态或激发态。

2. 原子能级跃迁

原子能量的任何变化(吸收或辐射)都只能在某两个定态之间进行，把原子的这种能量变化过程称为跃迁。当原子吸收或辐射一定的能量时，电子就跃迁到另一种可能轨道绕核运动，原子就具有另一种数值的能量。像这样的电子轨道发生变化，能量随之变化的过程就称为原子的能级跃迁。

1) 光子使原子能级跃迁的条件

具有一定能量的光子可以使处于某一定态的原子跃迁，根据玻尔的原子模型三条基本假设，认为：原子从一个定态(初始能量为 E_m)跃迁到另一定态(终态能量为 E_n)时，原子将吸收或辐射一定频率 ν 的光子，辐射或吸收的光子能量不是任意的，而是由这两个定态的能级差决定，即光子的频率满足[2]：

$$h\nu = E_m - E_n \tag{1-1}$$

其中，h 为普朗克常数($6.63\times10^{-34}\,\text{J}\cdot\text{s}$)；$\nu$ 为频率(Hz)。

根据量子观点，光子是一份一份的，光子的能量 $h\nu$ 也是一份一份的，每一份光子的能量均是不可分裂的整体，用光子作用到原子上能使原子跃迁，也就是光子使原子共振就必须使光子的能量等于发生跃迁的两个能级的能量差值；光子的能量大于或小于这个值，均不能使原子发生共振，也就不能跃迁[3-4]。

2) 电子使原子能级跃迁的条件

电子使原子跃迁不是通过共振实现的，而是通过碰撞实现的。由于电子能量不是一份一份的，当电子速度增大到一定数值时与原子的碰撞是非弹性的，当电子与静止的原子碰撞，电子的动能可全部被原子吸收，使原子从一个较低的能级跃迁到另一个较高的能级，原子从电子中所攫取的能量只是两能级的能量之差。因此电子具有的动能必须大于或等于原子两个能级之差[3-4]。

3) 原子或分子使原子能级跃迁的条件

当原子或分子与原子碰撞时也可以使原子发生能级跃迁；当二粒子碰撞时，如果只有粒子平移能量的交换，内部能量不变，称为弹性碰撞；如果二粒子碰撞时，原子或分子的内部能量有增减，称为非弹性碰撞。这一类又有两种：如果部分能量转变为内部能量，使原子被激发跃迁，就是第一种非弹性碰撞；如果在碰撞时原子内部能量降低，放出的部分能量转变为平移能量，就是第二种非弹性碰撞。当粒子平移动能较小时，它们之间只能有弹性碰撞；当粒子平移动能足够大时，使原子能够吸收能量从原有的低能级被激发到高能级，就能发生第一种非弹性碰撞。如果二粒子动能不大，就有可能发生第二种非弹性碰撞，使原子从高能级跃迁到低能级，相差的能量转变为粒子的动能。所以原子与原子碰撞使原子发生跃迁，必须使原子具有的动能比被激发跃迁的能级差大得多才能发生跃迁[5]。

4）电离的条件

电离是指将电子从基态激发到脱离原子，是一种特殊的原子能级跃迁。它属于原子能级间的跃迁，只是原子从基态（$n=1$）跃迁到最高能级状态（$n=\infty$），也就是电子从离核最近的轨道跃迁到离核最远的轨道（脱离原子核）。电离过程所需能量称为电离能。对于光子和原子作用而使原子电离时，不再受式(1-1)的限制。这是因为原子一旦电离，原子结构即被破坏，因而不再遵守有关原子结构的理论。当原子吸收的能量等于电离能时，原子恰被电离；若吸收的能量大于电离能，原子被电离，且电离出的电子具有动能，其动能等于吸收的能量与电离能的差值；若吸收的能量小于电离能，则不会发生电离现象[3,5]。

3. 自发辐射、受激辐射和受激吸收

爱因斯坦从辐射与原子相互作用的量子论观点出发提出光与物质有三种相互作用的基本形式：自发辐射、受激辐射和受激吸收。

1）自发辐射

处于激发态的原子是不稳定的，常在没有任何外界作用的情况下，自发地通过发射光子或其他形式放出能量跃迁到低能态，如图 1-2 所示。处于高能态 E_2 的原子向低能态 E_1 跃迁，根据能量守恒原理，在跃迁过程中辐射出能量为 $h\nu=E_2-E_1$ 的光子，这一过程称为**自发辐射**。自发辐射是一种随机的发射过程，各原子都是自发地、独立地进行，因而各光子的发射方向和初相位都不相同。此外，由于大量原

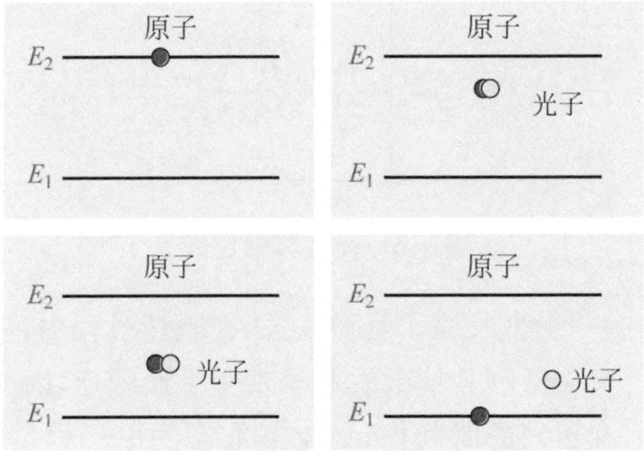

图 1-2　自发辐射过程示意图

子所处的激发态不尽相同,所以发出光子的频率也不相同。普通光源发光就属于自发辐射,所以普通光源发的光没有相干性。资料中也用图 1-3 来说明自发辐射过程。

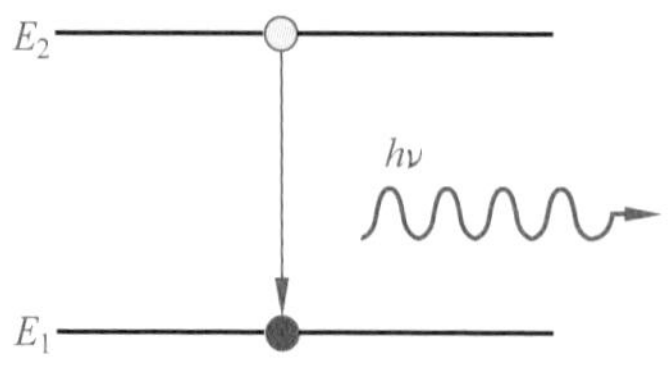

图 1-3 自发辐射过程

2) 受激辐射

受激辐射的概念是爱因斯坦在推导普朗克的黑体辐射公式时提出来的。他从理论上预言了原子发生受激辐射的可能性,这是激光的基础。受激辐射是指处于激发态 E_2 上的原子,受外来光子的作用,当外来光子的频率正好与它的跃迁频率一致时,它就会从 E_2 能级跃迁到 E_1 能级(高能级跳到低能级),根据能量守恒原理,同时辐射出与外来光子完全相同的两个光子,并满足 $h\nu=E_2-E_1$。新发出的光子不仅频率与外来光子一样,而且发射方向、偏振态、相位和速率也都一样。于是,一个光子变成了两个光子,这个过程如图 1-4 所示,也可用图 1-5 来说明。

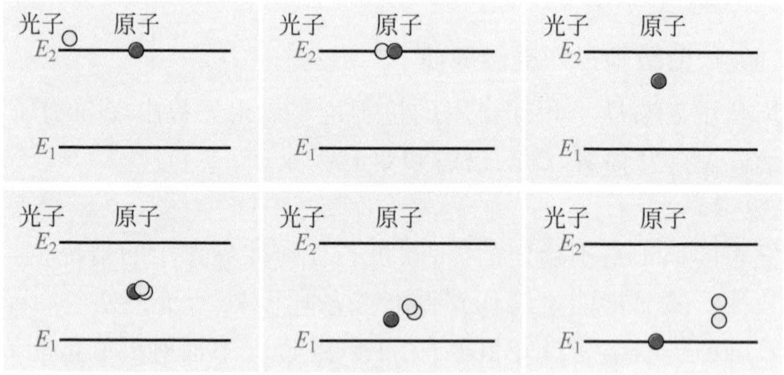

图 1-4 受激辐射过程示意图

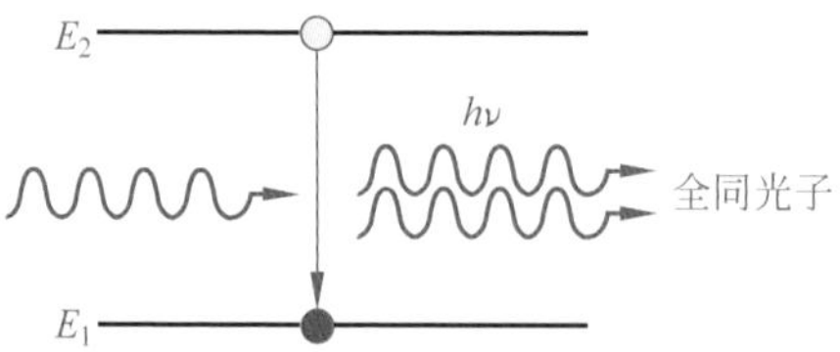

图 1-5 受激辐射过程

入射一个光子引起一个激发原子受激跃迁,在跃迁过程中,辐射出两个同样的光子,这两个同样的光子又去激励其他激发原子发生受激跃迁,因而又获得四个同样的光子。如此反应下去,在很短的时间内,如果高能态的原子数足够多,就可以辐射出来大量同模样、同性能的状态完全相同的光子,这个过程称为雪崩。雪崩是受激辐射光的放大过程,光的受激辐射过程就是产生激光的基本过程,如图 1-6 所示。受激辐射光是相干光，相干光有叠加效应，因此合成光的振幅加大，表现为光的高亮度性。

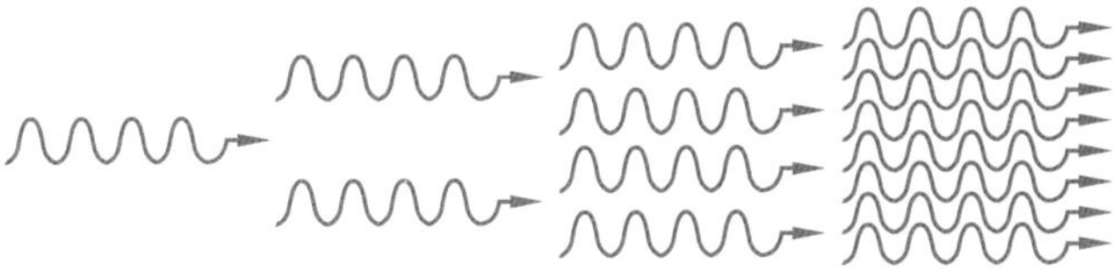

图 1-6　光的放大示意图

3）受激吸收

受激吸收与受激辐射的过程正好相反，是指处于低能级 E_1 上的原子受到外界的作用，如受到别的原子的撞击或者吸收一定能量的光子，也有可能跃迁到高能态，如图 1-7 所示。处于低能态的原子，吸收了一个能量恰好为 $h\nu=E_2-E_1$ 的光子，从而跃迁到能量为 E_2 的激发态，此过程称为**受激吸收**。这就是一般的物质对光有一定吸收的原因。

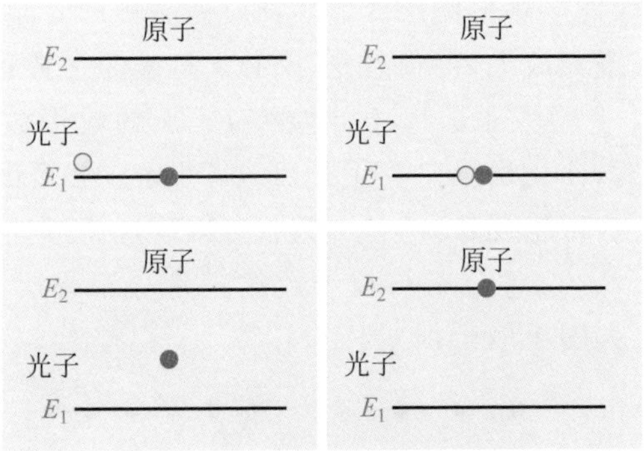

图 1-7　受激吸收过程示意图

自发辐射过程中每一个原子的跃迁是自发的、独立进行的，其过程全无外界的影响，彼此之间也没有关系，只与物质本身的性质有关，而且它们发出的光子的状态是各不相同的，这样的光相干性差，方向散乱。而受激辐射则相反，最大的特点是由受激辐射产生的光子与引起受激辐射的原来的光子具有完全相同的状态，具有相同的频率、相同的方向，完全无法区分出两者的差异。这样，通过一次受激辐射，一个光子变为两个相同的光子。这意味着光被加强了，或者说光被放大了。某原子自发辐射产生的光子对于其他原子来说是外来光子，会引起受激辐射与吸收，因此三个过程在大量原子组成的系统中是同时发生的。

4. 粒子数反转

1）粒子数反转的概念

在一般的热平衡状态下，物质各能级的粒子数按照玻尔兹曼统计分布，即[6]

$$\frac{n_2}{n_1}=e^{\frac{-(E_2-E_1)}{kT}} \tag{1-2}$$

其中，n_1 和 n_2 分别为低能级 E_1 和高能级 E_2 上的粒子数，E_1 和 E_2 分别为低能级和高能级的能量，k 为玻尔兹曼常数(1.38×10^{-23}J/K)，T 为绝对温度(K)。

因为 $E_2>E_1$，$h\nu>0$，$T>0$，则两能级上的原子数之比：

$$\frac{n_2}{n_1}=e^{\frac{-(E_2-E_1)}{kT}}<1 \tag{1-3}$$

即 $n_2<n_1$，表明在热平衡状态下高能级上的粒子数总是小于低能级上的粒子数，且两者的比例取决于体系的温度。一般地，在热平衡状态下，几乎所有的粒子都处于最低能态——基态，只有少数粒子处于较高的能级状态——激发态，所以受激吸收占主导地位。这种 $n_2<n_1$ 的分布称为粒子数的正常分布，如图 1-8(a)所示。

由于 $E_2>E_1$，故 $n_1>n_2$，即在热平衡条件下，高能级的粒子数始终少于低能级的粒子数。若有一束频率为 ν 的光通过物质时，所吸收的光子数将恒大于受激发射的光子数。因此，处于热平衡条件下的物质无法实现受激辐射的放大，这种情况得不到激光。要实现光放大，得到激光，就必须打破原子数在热平衡下的玻尔兹曼分布，使高能级 E_2 上的粒子数大于低能级 E_1 上的粒子数，因为 E_2 上的粒子多，能够发生受激辐射，使光增强。为了达到这个目的，必须设法把处于基态的粒子大量激发到 E_2，处于高能级 E_2 的粒子数就可以远远超过处于低能级 E_1 的粒子数，形成 $n_2>n_1$ 的分布，这种分布与粒子数的正常分布相反，称为粒子数反转分布，简称粒子数反转，如图 1-8(b)所示。

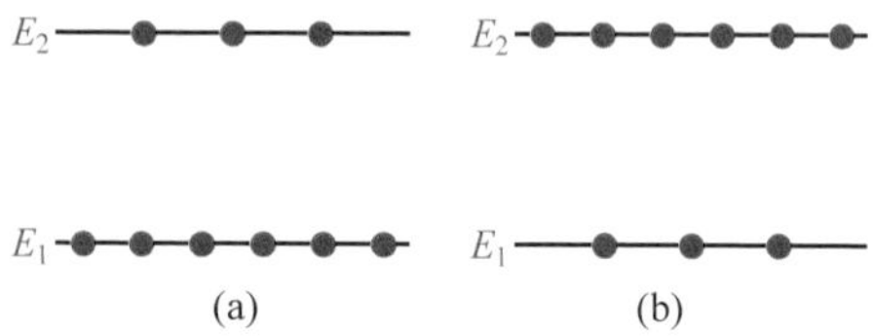

图 1-8 粒子数分布示意图

(a) 粒子数正常分布($n_2<n_1$)；(b) 粒子数反转分布($n_2>n_1$)

注意：粒子数反转分布只有在非平衡状态下才能达到；实现粒子数反转分布是产生激光的必要条件[1]。

2) 粒子数反转的实现

爱因斯坦 1917 提出受激辐射，激光器却在 1960 年问世，相隔 43 年，主要因为普通光源中粒子产生受激辐射的概率极小，即在热平衡条件下粒子数大多处于最低能态。因此，如何从技术上实现粒子数反转是产生激光的必要条件。理论研究表明，任何工作物质，在适当的激励条件下，可在粒子体系的特定高低能级间实现粒子数反转。能够实现粒子数反转的介质称为激活介质或增益介质。

因此，要实现粒子数反转并产生激光，必须做到：①要求介质有适当的能级结构（内因），作为工作物质的微观原子必须要有一个原子可以停留较长时间的能级，这些能级通常称为亚稳态。在亚稳态上，原子辐射跃迁被禁止或这种跃迁概率很小，所以原子停留的时间比较长，容易积聚足够多的原子，从而相对于低能级上的原子实现粒子数反转。②要有必要的能量输入系统使受激辐射远大于自发辐射（外因），工作物质吸收外场能量后，处于高能级的原子数要大于低能级的原子数，实现这一状态的过程称为抽运或激励过程。这种激励过程，犹如用水泵将低处的水抽运到高处，所以通常又把这些提供激励的能源系统称为泵浦。泵浦的方法有光照（光泵）、放电（电泵）、化学反应（化学泵）等。

粒子数反转的实现过程如图 1-9 所示。提高泵浦将大量低能态 E_1 上的原子抽运到激发态 E_3 上，由于 E_3 能级的寿命（原子停留时间）很短，大量原子通过自发辐射跃迁到亚稳态能级 E_2 上，亚稳态 E_2 的寿命较长，自发跃迁的概率也很小，如果光抽运的强度足够大，就可以使处于 E_2 状态的原子数 n_2 超过处于 E_1 状态的原子数 n_1，并达到 $n_2>n_1$，从而在能级 E_1 和 E_2 之间实现粒子数反转。具有这样原子数分布的发光体系在外来光子诱导下就可以产生激光。

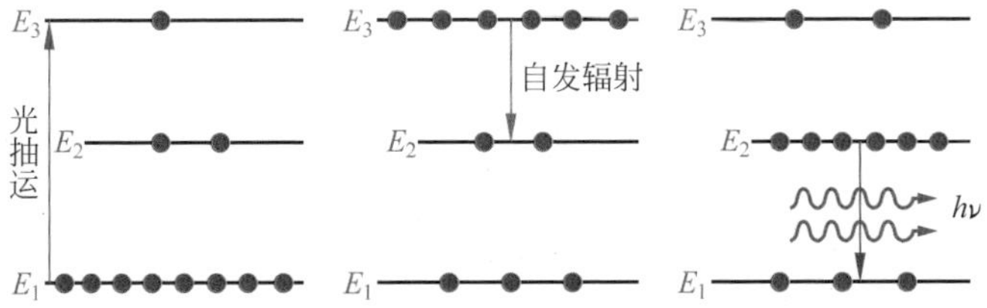

图 1-9　粒子数反转的实现过程示意图

一般情况下，对能够实现粒子数反转的能级结构也有一定要求，简单的能级结构很难实现粒子数反转，大都采用比较复杂的多能级结构。

1.1.2　产生过程

激光工作物质在泵浦源的激励下被激活，即介质处于粒子数反转状态，在粒子数反转分布的两能级之间，由自发辐射过程产生很微弱的特定频率的光辐射。在自发辐射光子的感应下，在上下两能级间产生受激辐射。这种受激辐射光子与自发辐射光子的性质（频率、相位、偏振、传播方向）完全相同，由这些光辐射在介质中产生连锁反应，由于谐振腔的作用，这些光子在腔内多次往返经过介质，产生更多的同类光子。由于受激辐射的概率取决于粒子数反转密度和介质中的同类光子密度，因此就可能使同类光子的受激辐射成为介质中占绝对优势的一种辐射，从而从光学谐振腔的部分透射镜端输出光能，这就是激光，如图 1-10 所示。

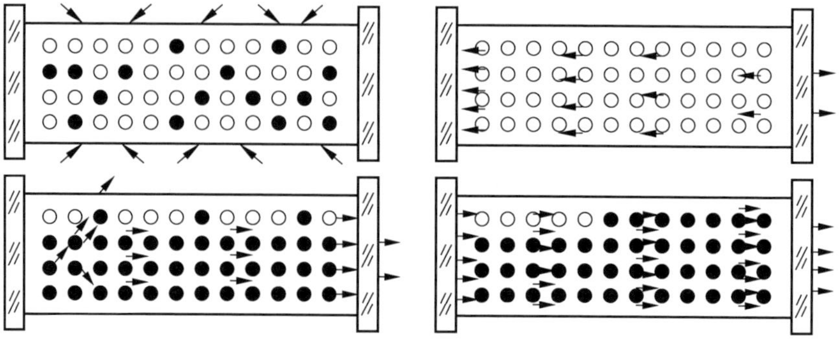

图 1-10　激光振荡示意图

1.1.3　特点

激光是强相干光源，与普通光相比具有四大特点。

1）亮度高

亮度是衡量一个光源质量的重要指标，由于激光的发射能力强和能量的高度集中，所以亮度很高。若将中等强度的激光束经过会聚，可在焦点处产生几千摄氏度到几万摄氏度的高温，如图 1-11 所示。

图 1-11　高亮度的激光束

2）方向性好

激光的光束狭窄，并且十分集中，发射后发散角非常小，所以有很强的威力。激光射出 20km，光斑直径只有 20～30cm，激光射到 38 万千米的月球上，其光斑直径还不到 2km，如图 1-12(a)所示。相反，普通光分散向各个方向传播，所以强度很低，如图 1-12(b)所示。

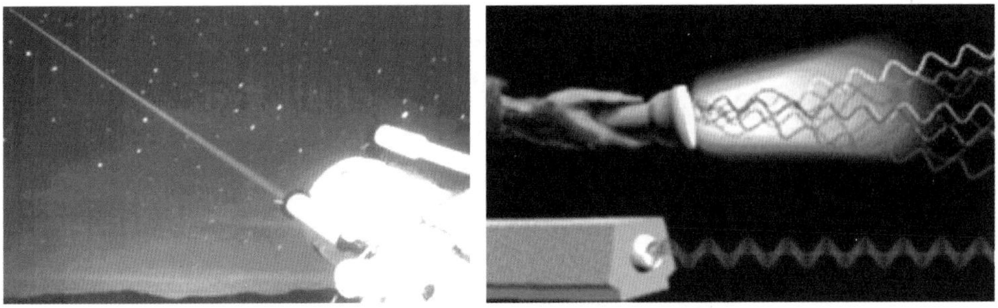

(a)　　(b)

图 1-12　方向性好的激光与普通光对比

(a) 激光；(b) 普通光

3）单色性好

光的颜色由光的波长决定，不同的颜色，是不同波长的光作用于人的视觉而反映出来的。激光的波长基本一致，谱线宽度很窄，颜色很纯，单色性很好。这与普通的光不同，例如阳光和灯光都是由多种波长的光合成的，接近白光。由于单色性好，激光在通信技术中应用很广，如图 1-13 所示。

(a)　　(b)

图 1-13　单色性好的激光束

(a) 激光；(b) 普通光

4）相干性好

相干性是所有波的共性，但由于各种光波的品质不同，导致它们的相干性也有高低之分。在日常生活中所见的普通光源发出的光在不同方向、不同时间里都是杂乱无章的，它们的相位和偏振是随机的，是自发辐射光，不会产生干涉现象，因而只能用作普通照明。普通光经过透镜后也不可能会聚在一点上。而激光是受激辐射光，所有光子都有相同的相位，相同的偏振，具有极强的相干性，它们叠加起来便产生很大的强度，称为相干光，如图 1-14 所示。

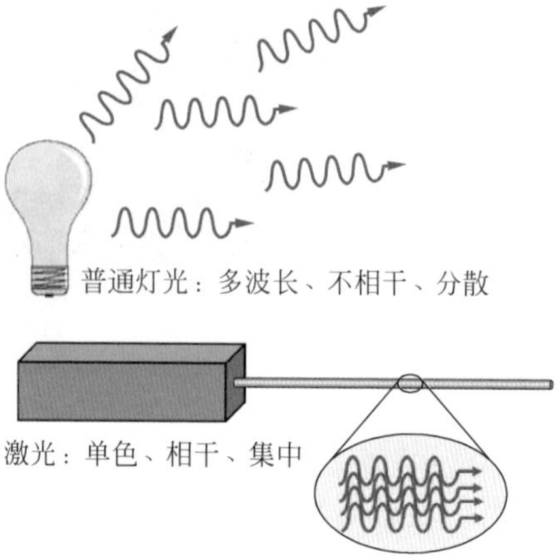

图 1-14　普通灯光与激光的相干性比较

1.2　激光模式

光在激光谐振腔中振荡的特定形式称为激光模式，包括纵模和横模两种。前者代表激光器输出频率的个数，后者代表激光束横截面的光强分布规律。根据模的数目，纵模又分为单纵模和多纵模；横模也可分为基模和高阶模。

1.2.1　纵模

光束在激光谐振腔内往返传播时，入射波和反射波会叠加，只有那些叠加相长的波才能"生存"下来，即只有特定波长的光(满足驻波条件式(1-4))才能形成稳定振荡，这样谐振腔会选出一些不连续的特定波长的光，即纵模。简言之，纵模是光场沿谐振腔纵向传播的不同振动模式——不同频率的驻波。

谐振腔满足驻波条件的频率成分：

$$\nu_j = j\,\frac{c}{2nL} \tag{1-4}$$

其中，L 为腔长；n 为激活介质的折射率；j 为腔内的波腹数，$j=1,2,3\cdots$。

如果谐振腔足够短，仅仅是所有波长中某一特定波长的整数倍，那么就只有这一特定波长的光子得以谐振成为优势波长，激光器会输出真正的单色光，这就是**单纵模**。但实际的谐振腔通常都比较长，在受激辐射的波长范围内，可能同时是好几个波长的整数倍，因此会有好几种波长都得到谐振，这样的激光器就会输出好几种波长的光(由于受激辐射带宽本身很窄，所以这几个波长也非常接近)，这就是**多纵模**。

总的来说，纵模越多，单色性、相干性越差。谐振腔越短，纵模越少，因此在要求高单色性的时候，应尽量减小谐振腔长度。

1.2.2　横模

横模是指谐振腔所允许的光场的各种横向稳定分布，具体描述的是激光光斑上的能量分布情况，横模可以从激光束横截面上的光强分布看出来。

激光束在腔内往返一个来回后能够再现其自身的一种光场分布状态，一般用 TEM_{mn} 表示模式（m、n：光斑沿 x 方向和 y 方向出现的暗区数目，用正整数表示）。光在谐振腔内往返振荡的过程中，谐振腔两端的反射镜边缘会引起圆孔衍射。这种多次衍射效应导致光束在横截面上的光强分布变得不均匀。将激光束投到屏上，可以发现光斑中有 1 个或多个亮点。只有 1 个亮点的叫作基模，记作 TEM_{00}；2 个或 2 个以上亮点的叫作高阶模或多横模，如图 1-15 所示。

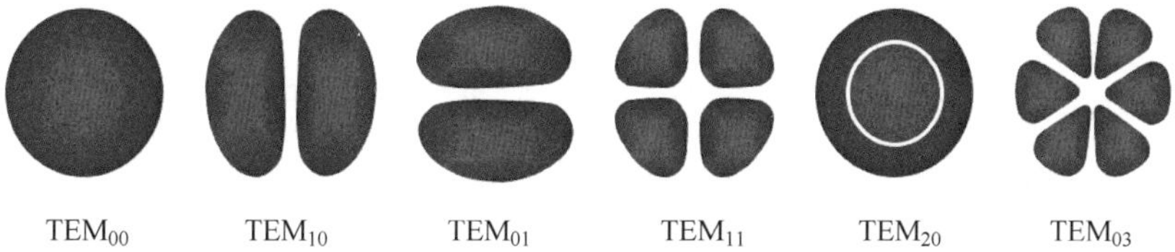

图 1-15　激光的横模

如果激光器的谐振腔两反射面及工作物质端面都是理想平面，就不会有除了基模以外的其他横模输出。这种情况下只有一个以工作物质为直径的基模输出。因为此时只有基模状态下的光才能形成多次反射谐振的条件。但是事实上反射面和端面都不可能是理想平面，尤其是在固体激光器中，工作物质受热发生凸透镜效应，导致腔内经过工作物质、与基模方向略有差异的某些光也可能符合多次反射的谐振条件，于是激光器会输出几个方向各不相同的光束。

多横模损害了激光器输出的良好方向性，对聚焦非常不利，因此在需要完美聚焦的情况下，应当尽量减少横模。减少横模的主要途径有：①改善谐振腔反射镜与工作物质端面所形成的光路的等效平面性，如果产生了凸透镜效应则要想办法补偿；②减小谐振腔和工作物质直径。

1.3　激光器

1.3.1　基本结构

根据激光产生的一系列条件，可以得知激光器有三个基本组成部分：工作物质、激励源和光学谐振腔,如图 1-16 所示。

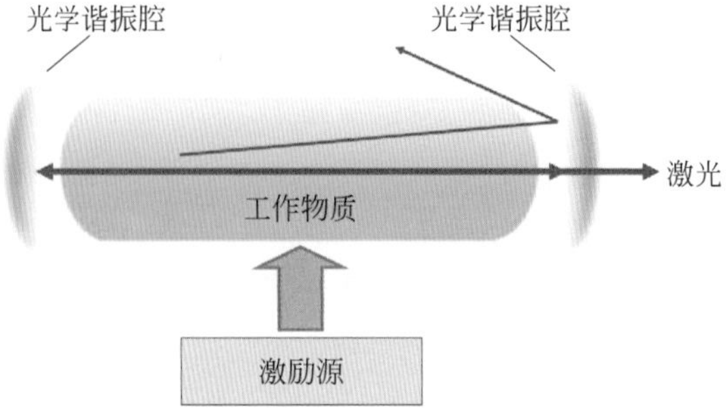

图 1-16　激光器的基本结构

1. 工作物质

工作物质又称为激活介质或增益介质,是产生激光的物理基础,是激光器的核心部分,是用来实现粒子数反转并产生受激辐射的物质体系。它决定了输出激光的波长以及仪器的结构和性能。如前所述,并不是任何物质都能作为激光工作物质,也不是任何能实现粒子数反转的物质都能用来制造实用的激光器,只有能实现能级跃迁的物质才能作为激光器的工作物质。目前,激光工作物质已有数千种,激光波长已由 X 射线远至红外光。例如氦-氖激光器中,通过氦原子的协助,使氖原子的两个能级实现粒子数反转。人们总是尽量选用那些在室温下更容易实现粒子数反转的物质,而且它们对激励源有很强的吸收性。激光工作物质可分为气体、液体、固体和半导体四大类。

由于气体工作物质的均匀性好,使得输出光束质量较好。气体激光的单色性和相干性都较固体激光和半导体激光好,光束发散角也很小。大多数气体工作物质的能量转换效率较高,容易实现大功率连续输出。可作为激光工作物质的气体种类很丰富,因而气体激光器的种类也很多。它们发射的谱线范围很宽,几乎遍布从紫外到红外整个光谱区。此外,气体激光器结构较简单,鉴于气体工作物质的浓度低,一般不利于做成小尺寸而功率大的激光器。另外,由于气体的泄漏和损耗,气体激光器工作寿命较固体激光器短。

用半导体材料做激光工作物质的优点是体积小,调制方便;缺点是输出功率小,光束发散角大和相干性差。

2. 激励源(泵浦源)

激励源的作用是为工作物质中形成粒子数反转分布和光放大提供必要的能量来源,即将原子由低能级激发到高能级的外界能量。换句话说,激光的能量是由激励源的能量转变来的。通过强光照射工作物质而实现粒子数反转的方法称为光泵法。例如红宝石激光器，是利用大功率的闪光灯照射红宝石（工作物质）而实现粒子数反转，造成了产生激光的条件。通常有气体放电激励、光激励、热能激励、化学能激励和核能激励等。

气体放电激励是气体激光器常用的一种激励方式，其激励机理为利用在高电压下气体分子电离导电，与此同时气体分子（或原子、离子）与被电场加速的电子碰撞，吸收电子能量后跃迁到高能级，形成粒子数反转；除此以外，还可以利用电子枪产生的高速电子去泵浦工作物质，使之跃迁到高能级，称为电子束激励；半导体激光器靠注入电流实现泵浦，称为注入式泵浦。

光激励是利用光照射工作物质，工作物质吸收光能后产生粒子数反转。光激励的光源可采用高效率高强度的发光灯、太阳能或激光。固体激光器和液体激光器常用光激励方式。激励源为发光灯时，工作物质只对光源光谱区内某些谱线或谱带有较强的吸收，因此为了提高泵浦效率，可利用与工作物质吸收谱对应的激光作为激励源。太空中工作的激光器，可利用太阳能作为激励源，从而减少需要从地面携带能源的麻烦[7]。

热能激励是用高温加热的方式使高能级上气体粒子数增多，然后突然降低气体温度，因高低能级热弛豫时间不同，低能级弛豫时间短，高能级弛豫时间长，从而实现高低能级间粒子数反转。气动 CO_2 激光器为热激发的典型例子。

化学能激励利用化学反应过程中释放的化学能将粒子泵浦到上能级，建立粒子数反转。化学能激励不像前述的气体放电激励、光激励和热能激励在工作时需要用外界能源，因此在某些特殊的缺乏电源的地方，化学激光器可以发挥其特长。但是为了引发化学反应，一般也需要提供很少的能量。但所需能量很少，仅仅为了引发化学反应。目前比较典型的为 HF 类化学激光器。

核能激励是利用核反应过程中产生的核能激励工作物质，实现粒子数反转，比如可用核能激励 CO_2 激光器，效率可达 50%[7]。

3. 光学谐振腔

实现了反转分布的工作物质，可以做成光放大器，但是还不是一台激光器，这是因为在工作物质中的自发辐射是杂乱无章的，在这些光的激励下产生的受激辐射，总体上仍是随机的，激发态的粒子不稳定，它们在激发态的寿命时间内会纷纷跳回基态，形成自发辐射，这些光子射向四面八方。为了获得很好的方向性、单色性和亮度高的激光，还需要对特定方向上的受激辐射不断放大加强。在激光器中，起着正反馈、谐振和输出作用的装置就是光学谐振腔。

光学谐振腔是产生激光的外在条件，是激光器的重要部件，其作用是：

（1）提供正反馈，使光放大能在腔内稳定地振荡，为产生高密度同种受激辐射光子提供保证；

(2) 将腔内部分激光由部分反射面耦合输出;

(3) 确保激光的单色性和方向性,即选模。

最简单的光学谐振腔是由在激活介质两端放置的两块平面反射镜组成,其中一块为全反射镜,另一块为部分反射镜,它们互相平行,并且与工作物质的轴线严格垂直,如图 1-17 所示。这两块互相平行的反射镜,一个反射率接近 100%,即完全反射。另一个反射率约为 98%,激光就是从后一个反射镜射出的。此外,谐振腔还可由平面镜与凹面镜或由两块凹面镜组成。这种结构使得偏离工作物质轴向的光子逸出腔外,只有沿着轴向传播的光子在谐振腔两端反射镜作用下才能往返传播。这些光子就成为引起受激辐射的激发因子,它们可导致轴向受激辐射的产生。受激辐射发出的光子与引起受激辐射的光子有相同的频率、相位、传播方向和偏振状态。它们沿轴线方向不断地往返,穿过已实现粒子数反转的工作物质,从而不断地引发受激辐射,使轴向行进的光子不断得到放大和振荡。这种雪崩式的光放大过程使得谐振腔内沿轴线方向的光量骤然增大,并从谐振腔的部分反射镜端射出,这就是激光束。由此可见,光学谐振腔的作用在于为激光器的振荡提供必要的正反馈,导致光放大,同时限制激光的频率和方向,保证激光的单色性和方向性。

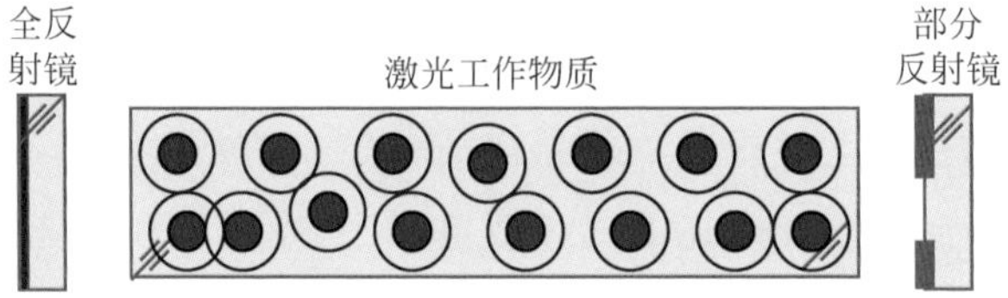

图 1-17 光学谐振腔结构示意图

综上所述,工作物质、激励源、光学谐振腔是一个激光器最基本也是最重要的构成。工作物质在激励源的作用下发生粒子数反转,通过谐振腔内的振荡和放大,产生正反馈式的连锁反应,从而发射出频率、方向、偏振状态、相位一致的光,这就是激光。

1.3.2 种类

激光器的种类很多,可以从不同角度进行分类,例如按激励方式的不同,可分为光激励激光器、电激励激光器和化学激励激光器。按激光输出波长不同,可分为远红外激光器、近红外激光器和可见光激光器等。最重要的是按工作物质分类,因为激光器的工作物质一旦确定后,它所采用的激励方式、输出波长范围也就基本上确定了。按工作物质不同,可以分为固体激光器、气体激光器、半导体激光器和液体激光器等几大类。

1. 固体激光器

固体激光器是以固态基质中掺入少量激活元素为工作物质的激光器，工作物质的物理化学性能主要取决于基质材料，而其光谱特性主要由发光粒子的能级结构决定。但发光粒子受基质材料的影响，其光谱特性将有所变化，有的甚至变化很大。用作基质的主要有刚玉、石榴石晶体及各种玻璃等。发光粒子称为激活离子，最常用的为钕、铬等元素离子。例如，世界上第一台激光器所用工作物质为红宝石，就是掺入极少量铬离子的刚玉；以掺有一定量钕离子（Nd^{3+}）的钇铝石榴石（YAG）晶体为工作物质的激光器，称为掺钕钇铝石榴石（Nd：YAG）激光器，它发射 1060nm 的近红外激光。掺钕激光器是当前应用最广泛的固体器件之一，在激光加工、医疗、军事等领域应用广泛。

一般地，固体激光器具有体积小、坚固、使用方便、输出功率大的特点。固体激光器一般连续功率可达 100W 以上，脉冲峰值功率可达 10^9 W。

1）红宝石激光器

红宝石是掺有浓度为 0.05%氧化铬的氧化铝（Al_2O_3）晶体。红宝石激光器是三能级系统的激光器，主要是铬离子起受激发射作用。其发射的红光，易于获得相干性好的单模输出，稳定性好。

工作时，在 Xe（氙）灯照射下，红宝石晶体中原来处于基态 E_1 的粒子，吸收了 Xe 灯发射的光子而被激发到 E_3 能级。粒子在 E_3 能级的平均寿命很短（约 10^{-9}s），大部分粒子通过无辐射跃迁到 E_2 能级。粒子在 E_2 能级的寿命很长（可达 3×10^{-3}s），所以在 E_2 能级上积累起大量粒子，形成 E_2 和 E_1 之间的粒子数反转，此时晶体对频率 ν 满足 $h\nu=E_2-E_1$ 的成分就被放大，如图 1-18 所示。

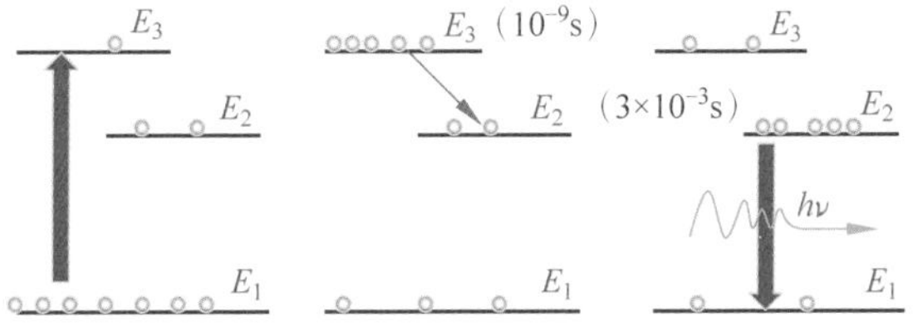

图 1-18　红宝石激光器三能级系统示意图

红宝石激光器特点如下：

（1）大多数为脉冲激光器，脉冲频率为 1.2Hz 或单个脉冲，产生的激光脉冲是一系列的尖峰，宽度约为几微米；

（2）输出 694.3nm 波长的可见激光。光谱线宽为 0.01～0.1nm，光斑直径为 3～6mm，易于接收和检测；

(3) 三能级结构，产生激光所要求的阈值激励功率较高，亚稳态寿命长，储能大，可获得大能量输出；

(4) 晶体升温(大于 50℃)时，荧光量子效率显著下降，谱线宽度增大，使激光输出水平下降甚至停振，故一般应采取冷却措施；

(5) 机械强度和化学稳定性高，能承受很高的激光功率密度，易生成较大尺寸；

(6) 荧光谱线较宽，易获得大能量单模输出。

图 1-19 给出了我国第一台激光器——红宝石激光器，在当时激发方式上，比国外激光器具有更好的激发效率。

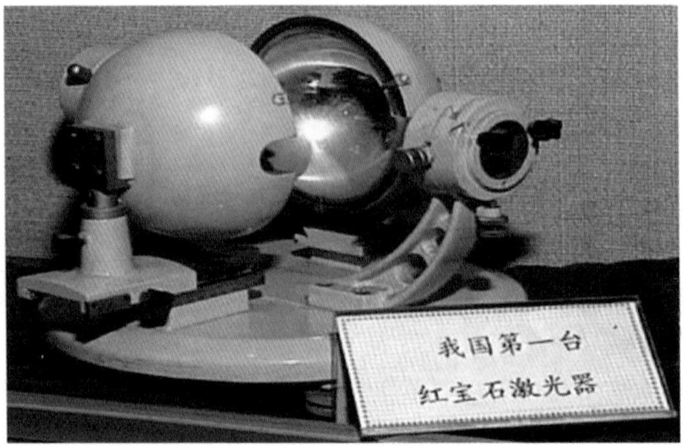

图 1-19 我国第一台红宝石激光器

2) Nd：YAG 激光器

YAG 激光器是以钇铝石榴石晶体为基质的一种固体激光器。钇铝石榴石的化学式是 $Y_3Al_5O_{15}$，简称为 YAG。在 YAG 基质中掺入激活离子 Nd^{3+}(约 1%)就成为 Nd：YAG。实际制备时是将一定比例的 Al_2O_3、Y_2O_3 和 NdO_3 在单晶炉中熔化结晶而成。Nd：YAG 属于立方晶系，是各向同性晶体。

YAG 激光器的工作物质为固态 Nd：YAG 棒，其激光波长为 1.06μm。由于晶体中所掺杂的激活离子种类不同，泵浦源及泵浦方式不同，所采用的谐振腔的结构不同，以及采用的其他功能性结构器件不同，YAG 激光器又可分为多种。例如按输出波形，可分为连续波 YAG 激光器、重频 YAG 激光器和脉冲激光器等；按工作波长，可分为 1.06μmYAG 激光器、倍频 YAG 激光器、拉曼频移 YAG 激光器(λ=1.54μm)和可调谐 YAG 激光器等；按掺杂不同，可分为 Nd：YAG 激光器、掺 Ho、Tm、Er 等的 YAG 激光器；按晶体的形状不同，可分为棒形和板条形 YAG 激光器；根据输出功率(能量)不同，可分为高功率和中小功率 YAG 激光器等。形形色色的 YAG 激光器成为固体激光器中最重要的一个分支。

Nd：YAG 激光器为四能级系统，量子效率高，受激辐射面积大，室温下有多条荧光谱线，正常工作条件下(室温)1064nm 波长激光振荡最强，简化能级如图 1-20 所示。

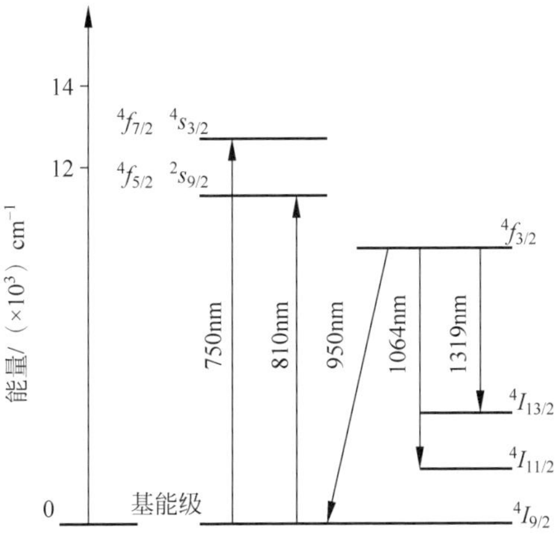

图 1-20　Nd：YAG 的能级图

如果在谐振腔中插入标准具或色散棱镜，或以特殊设计的谐振腔反射镜作为输出镜，使用镀有高度选择性介质膜的反射镜，抑制不需要的波长的激光振荡，可获得所需波长的激光跃迁，如 1319nm、1338nm、946nm 等。输出波长为 1064nm 的 Nd：YAG 激光器，经过倍频晶体后可产生波长为 532nm 的激光。输出光有连续、准连续等形式。

由于 Nd：YAG 晶体具有优良的热学性能，因此适合制成连续和重频器件。它是目前在室温下能够连续工作的唯一固体工作物质。在中小功率脉冲器件中，目前应用 Nd：YAG 的量远远超过其他工作物质。其另一大优点是可以通过光纤传输，避免了复杂传输光路的设计制作，在三维加工中非常有用。此外，还可以通过三倍频技术将激光波长转换为 355nm(紫外)，在激光立体造型技术中得到应用。

3）钕玻璃激光器

继 1960 年第一台红宝石激光器问世后，1961 年便出现了钕玻璃激光器，是四能级系统的激光器。钕玻璃是在某种成分的光学玻璃中掺入适量的 Nd_2O_3 制成的。大的钕玻璃棒长可达 1～2m，直径 30～100mm，可用来制成特大能量的激光器。小的可以做成直径仅几微米的玻璃纤维，用于集成光路中的光放大或振荡。钕玻璃最大的缺点是导热率太低，热胀系数太大，因此不适于做成连续器件和高频运转的器件，且在应用时要特别注意防止自身破坏。

钕玻璃激光器中的激光作用是通过钕玻璃中 Nd^{3+} 的受激发射过程实现的。钕玻璃中 Nd^{3+} 的吸收光谱和荧光光谱与掺在钇铝石榴石中的 Nd^{3+} 的吸收光谱和荧光光谱基本相同,因此钕玻璃激光器原子跃迁机理与 Nd：YAG 激光器完全相同,由它输出的激光波长主要也是 1.06mm 的近红外光。

2. 气体激光器

气体激光器是一类以气体为工作物质的激光器。此处所说的气体可以是纯气体,也可以是混合气体;可以是原子气体,也可以是分子气体,还可以是离子气体、金属蒸气等。

气体激光器具有结构简单、造价低,操作方便,工作介质均匀,光束质量好,以及能长时间较稳定地连续工作的优点。这也是目前品种最多、应用最广泛的一类激光器,占有市场达 60%左右。其中,氦-氖激光器是最常用的一种,CO_2 激光器、氩离子激光器也是气体激光器的典型代表。

1) 氦-氖激光器

氦-氖(He-Ne)激光器是最早出现也是最为常见的气体激光器之一。它于 1961 年由在美国贝尔实验室从事研究工作的伊朗籍学者佳万(Javan)博士及其同事发明,工作物质为氦、氖两种气体按一定比例的混合物。根据工作条件的不同,可以输出 5 种不同波长的激光,最常用的是波长为 632.8nm 的红光。输出功率在 0.5～100mW,具有非常好的光束质量。He-Ne 激光器可用于外科医疗、激光美容、建筑测量、准直指示、照排印刷、激光陀螺等。不少中学的实验室也在用它做演示实验。

He-Ne 激光器的结构形式很多,但都是由激光管和激光电源组成。激光管由放电管、电极和光学谐振腔组成。放电管是 He-Ne 激光器的心脏,是产生激光的地方。放电管通常由毛细管和贮气室构成。放电管中充入一定比例的氦、氖气体,当电极加上高电压后,毛细管中的气体开始放电使氖原子受激,产生粒子数反转。贮气室与毛细管相连,这里不发生气体放电,作用是补偿因慢漏气及管内元件放气或吸附气体造成 He、Ne 气体比例及总气压发生的变化,可延长器件的寿命。放电管一般是用 GG17 玻璃制成。输出功率和波长要求稳定性好的器件可用热胀系数小的石英玻璃制作。

He-Ne 激光器由于增益低,谐振腔一般用平凹腔,平面镜为输出端,透过率为 1%～2%,凹面镜为全反射镜。He-Ne 激光管的结构形式多种多样,按谐振腔与放电管的放置方式不同可分内腔式、外腔式和半内腔式,如图 1-21 所示。

图 1-22 给出了 He-Ne 激光跃迁能级图。He-Ne 激光器的工作气体是 He 和 Ne,其中产生激光跃迁的是 Ne。He 是辅助气体,用以提高 Ne 原子的泵浦速率。

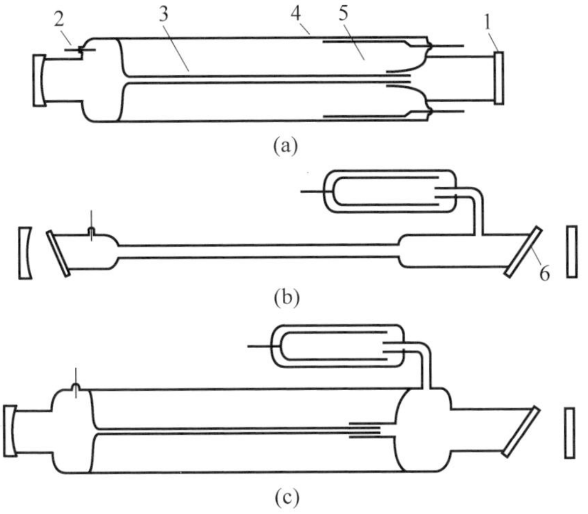

1—反射镜；2—阳极；3—放电毛细管；4—外套管；5—阴极；6—布儒斯特窗。

图 1-21　He-Ne 激光器的几种结构形式

(a) 内腔式；(b) 外腔式；(c) 半内腔式

He 原子有两个电子，没激发时这两个原子都分布在$^1s_0$ 壳层上，He 原子处于基态。当 He 原子受激时，其中一个电子从 1s 激发到 2s，He 原子成为激发态。He 原子有两个亚稳态能级，分别记为 2^3s_1 和 2^1s_0。Ne 原子有 10 个电子，基态$^1s_0$(电子分布为 $1s^22s^22p^6$)。激发态为 1s、2s、3s、2p、3p 等，它们对应的外层电子组态分别为 $2p^53s$、$2p^54s$、$2p^5s5$、$2p^53p$、$2p^54p$。

在 He-Ne 激光器中，实现粒子数反转的主要激发过程如下：首先是共振转移。由能级图(图 1-22)可见，He 原子的 2^1s_0、2^3s_1 态分别与 Ne 原子的 3s、2s 态靠得很近，二者很容易进行能量转移，并且转移概率很高，可达 95%。其次是电子直接碰撞激发。在气体放电过程中，基态 Ne 原子与具有一定动能的电子进行非弹性碰撞，直接被激发到 2s 和 3s 态，与共振转移相比，这种过程激发的速率要小得多。最后是串级跃迁，Ne 与电子碰撞被激发到更高能态，然后再跃迁到 2s 和 3s 态，与前述两过程相比，此过程贡献最小。根据能量跃迁选择定则，Ne 原子可以产生很多条谱线，其中最强的谱线有三条，即 0.6328μm、3.39μm 和 1.15μm，对应跃迁能级分别为 $3s_2\rightarrow 2p_4$，$3s_2\rightarrow 3p_4$ 和 $2s_2\rightarrow 2p_4$。2p 和 3p 态，不能直接向基态跃迁，而向 1s 态跃迁很快。1s 态向基态的跃迁是被选择定则禁止的，不能自发地回到基态，但它与管壁碰撞时，可把能量传给管壁，自己回到基态。这就是为什么 He-Ne 激光器中要有一根内径较细的放电管的原因。

从能级图可见，He-Ne 激光器是典型的四能级系统。

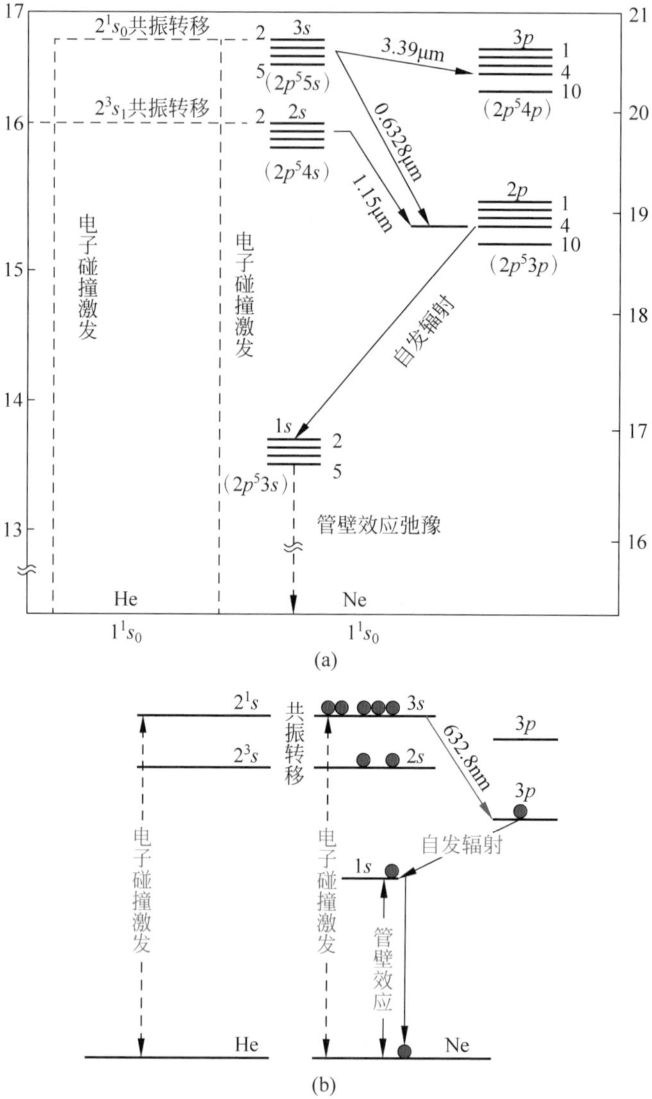

图 1-22　He-Ne 激光跃迁能级图

(a) 原始图；(b) 简化图

2) CO_2 激光器

CO_2 激光器是一种典型的分子气体激光器，由于它效率高，不造成工作介质损害，发射出 10.6μm 波长的不可见激光是一种比较理想的激光器。

CO_2 激光器有多种形式，主要有纵向电激励激光器、闭合循环横向激励激光器、横向电激励大气压激光器、热或化学激励激光器等。纵向电激励激光器是目前最成熟的一种激光器，图 1-23 给出了它的结构示意图。可以看出 CO_2 激光器主要包括：①激光管，激光器中最关键的部件。常用硬质玻璃制成，一般采用层套筒式结构。最里面一层是放电管，第二层为水冷套管，最外一层为储气管。CO_2 激光器放电管直径比 He-Ne 激光管粗。放电管的粗细一般来说对输出功率没有影响，主要考虑到光斑大小所引起的衍射效应，应根据管长而定。管长的粗一点，管短的细一点。放电管长度与输出功率成正比。在一定的长度范围内，每米放电管长度输出的功率随总长度而增加。加水冷套的目的是冷却工作气体，使输出功率稳定。放电管在两端都与储气管连接，即储气管的一端有一小孔与放电管相通，另一端经过螺旋形回气管与放电管相通。这样就可使气体在放电管中与储气管中循环流动，放电管中的气体随时交换。②光学谐振腔。CO_2 激光器的谐振腔常用平凹腔，反射镜用 K8 光学玻璃或光学石英，经加工成大曲率半径的凹面镜，镜面上镀有高反射率的金属膜——镀金膜，在波长 10.6μm 处的反射率达 98.8%，且化学性质稳定。CO_2 发出的光为红外光，所以反射镜需要应用透红外光的材料，因为普通光学玻璃对红外光不透。就要求在全反射镜的中心开一小孔。再密封上一块能透过 10.6μm 激光的红外材料，以封闭气体。这就使谐振腔内激光的一部分从这一小孔输出腔外，形成一束激光。③电源及泵浦。封闭式 CO_2 激光器的放电电流较小，采用冷电极，阴极用钼片或镍片做成圆筒状。30～40mA 的工作电流，阴极圆筒的面积为 $500cm^2$，不致镜片污染，在阴极与镜片之间加一光阑。泵浦采用连续直流电源激发。

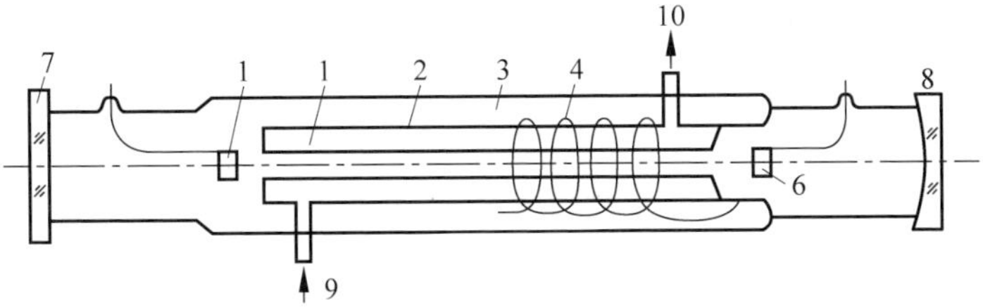

1—放电管；2—水冷套；3—储气室；4—回气管；5—阳极；6—阴极；
7—输出锗镜；8—镀金全反镜；9—进水口；10—出水口。

图 1-23　纵向电激励 CO_2 激光器结构示意图

CO_2 激光器是以 CO_2 气体作为工作物质的激光器。放电管通常是由玻璃或石英材料制成，里面充以 CO_2 气体和其他辅助气体（主要是氦气和氮气，一般还有少量的氢气或氙气），电极一般是镍制空心圆筒。谐振腔的一端是镀金的全反射镜，另一端是用锗或砷化镓磨制的反射镜。其中 CO_2 是产生激光辐射的气体，氮气及氦气为辅助性气体。加入其中的氦，可以加速 010 能级热弛豫过程，因此有利于激光能级 100 及 020 的抽空。加入的氮气主要在 CO_2 激光器中起能量传递作用,为 CO_2 激光上能级粒子数的积累与大功率高效率的激光输出起到强有力的作用。CO_2 激光器的激光跃迁发生在 CO_2 分子的一些较低的振动能级之间,辅助气体起到增强激光跃迁的作用。当在电极上加高电压(一般是直流的或低频交流的放电管中产生辉光放电),通常是几十毫安或几百毫安的直流电流。放电时,放电管中混合气体内的 N_2 分子由于受到电子的撞击而被激发起来。受到激发的 N_2 分子便和 CO_2 分子发生碰撞,N_2 分子把自己的能量传递给 CO_2 分子,CO_2 分子从低能级跃迁到高能级上形成粒子数反转发出激光,如图 1-24 所示。

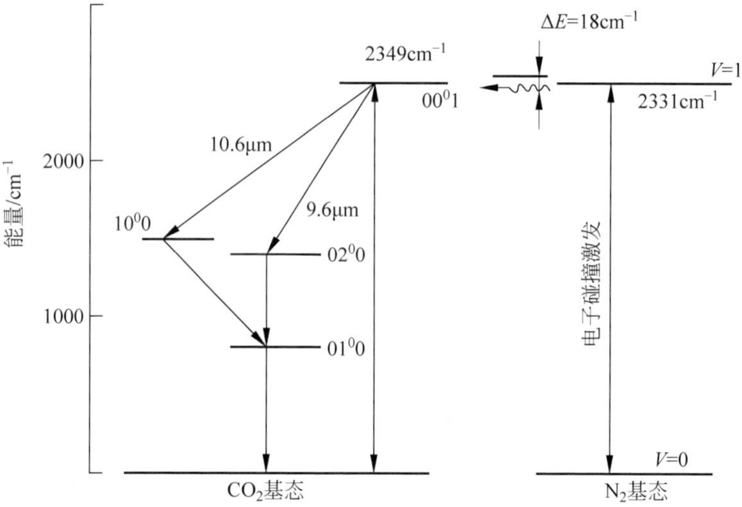

图 1-24 CO_2 和 N_2 分子的能级跃迁图

CO_2 激光器受激发射过程较复杂,分子有三种不同的运动:一是分子里电子的运动,其运动决定了分子的电子能态;二是分子里的原子振动,即分子里原子围绕其平衡位置不停地作周期性振动,取决于分子的振动能态;三是分子转动,即分子为一整体在空间连续地旋转,分子的这种运动决定了分子的转动能态。分子运动极其复杂,因而能级也很复杂。

CO_2 分子为线性对称分子,分子里的各原子绕其平衡位置不停地振动。根据分子振动理论,CO_2 有三种不同的振动方式:①两个氧原子沿分子轴,向相反方向振动,即两个氧在振动中同时达到振动的最大值和平衡位置,而此时分子中的碳原子静止不动,因而其振动被叫作对称振动。②两个氧原子在垂直于分子轴的方向振动,且振动方向相同,而碳原子向相反的方向垂直于分子轴振动。由于三个原子的振动是同步的,又称为变形振动。③三个原子沿对称轴振动,其中碳原子的振动方向与两个氧原子相反,又叫作反对称振动能。

CO_2 激光器具有一些比较突出的优点：

(1) 由于 CO_2 分子的振动-转动能级间的跃迁有比较丰富的谱线，10μm 附近有几十条谱线的激光输出。近年来发现的高气压 CO_2 激光器，甚至可做到 9～10μm 连续可调谐的输出。

(2) 有比较大的功率和比较高的能量转换效率。一般的闭管 CO_2 激光器可有几十瓦的连续输出功率，这远远超过了其他气体激光器。横向流动式的电激励 CO_2 激光器可有几十万瓦的连续输出。此外横向大气压 CO_2 激光器，从脉冲输出的能量和功率上也都达到较高水平，可与固体激光器媲美。CO_2 激光器的能量转换效率可达 30%～40%，这也超过了一般的气体激光器。

(3) 输出波段正好是大气窗口(即大气对这个波长的透明度较高)。

除此之外，也具有输出光束的光学质量高、相干性好、线宽窄、工作稳定等优点。因此其在国民经济和国防上都有许多应用，如应用于加工(焊接、切割、打孔等)、通信、雷达、化学分析、激光诱发化学反应、外科手术等方面。

3) 准分子激光器

准分子激光器是以准分子为工作物质的一类气体激光器。它的工作气体是由常态下化学性质稳定的惰性气体原子(如 He、Ne、Ar、Kr、Xe)和化学性质较活泼的卤素原子(如 F、Cl、Br 等)组成。一般情况下，惰性气体原子不会和别的原子形成分子，但是如果把它们和卤素元素混合，再以放电的形式加以激励，就能成为激发态的分子。当激发态的分子跃迁回基态时，立刻分解、还原成本来的特性，同时释放出光子，经谐振腔共振放大后，发射出高能量的紫外光激光。这种处于激发态的分子寿命极短，只有 10ns，故称为准分子。波长范围为 157～353nm，属紫外激光波段。

第一台准分子激光器于 1970 年诞生。它利用强电子束激励液态氙，获得氙准分子的激射作用，激光波长为 172nm。随后，气相氙分子以及其他稀有气体准分子，稀有气体氧化物准分子(氧化氪、氧化氙、氧化氩等)，金属蒸气-稀有气体准分子(氙化钠等)，稀有气体卤化物准分子(氟化氙、氟化氩、氟化氪、氯化氙、溴化氙、碘化氙、氯化氪等)，金属卤化物准分子(氯化汞、溴化汞等)和金属准分子(钠准分子等)陆续诞生。准分子激光物质具有低能态的排斥性，可以把它有效抽空，故无低态吸收与能量亏损，粒子数反转很容易，增益大，转换效率高，重复率高，辐射波长短，主要在紫外和真空紫外(少数延伸至可见光)区域振荡，调谐范围较宽。它在分离同位素、紫外光化学、激光光谱学、快速摄影、高分辨率全息术、激光武器、物质结构研究、光通信、遥感、集成光学、非线性光学、农业、医学、生物学以及泵浦可调谐染料激光器等方面已获得较广泛的应用，而且可望发展成为用于核聚变的激光器件。

准分子激光器的基本结构：激光器的谐振腔用于存储气体、气体放电激励产生激光和激光选模。它由前腔镜、后腔镜、放电电极和预电离电极构成,并通过两排小孔与储气罐相通,以便工作气体的交换、补充。为了获得均匀且大面积的稳定放电,一般的准分子激光器均采用预电离技术,在主放电开始之前,预电离电极和主放电的阴极之间先加上高压,使它们之间先发生电晕放电,在阴极附近形成均匀的电离层。一般高压为 20~30kV。气体放电时,脉冲高压电源加在电极上对谐振腔内的工作气体放电,发生能级跃迁产生光子,通过反射镜的反馈振荡,最后产生激光从前腔镜输出。

对于不同体系,准分子对应的能量为 4~6eV,足以将多种有机分子的化学键打破,由于不同于 CO_2、YAG 等激光,准分子激光具有以下特性:

(1) 由于准分子寿命极短,在共振腔内往复次数少,缺乏共振,因此光束指向性差,发散角一般为 2~10mrad;

(2) 不同工作气体组合可产生 191nm(ArF)~354nm(XeF)波长的紫外激光;

(3) 单一脉冲的功率极高,为 $10^9 \sim 10^{10}$ W/cm^2,单一脉冲能量可达数焦耳以上。

准分子激光通过激光诱导的化学过程对每种材料进行光解切除,避免了红外波段激光加工中的热效应以及激光生物组织切除中对周围组织的破坏,具有“冷”加工的特点。在现有的中高功率激光器件中以准分子激光的波长为最短,在对材料的加工中具有较高的分辨率,可形成亚微米结构,并用于微米级的微孔加工,具有微细加工的特点。

3. 半导体激光器

半导体激光器即激光二极管(LD),是苏联科学家 H. Г. 巴索夫于 1960 年发明的。半导体激光器的结构通常由 P 层、N 层和形成双异质结的有源层构成,是以一定的半导体材料做工作物质而产生受激发射作用的器件。其工作原理是,通过一定的激励方式,在半导体物质的能带(导带与价带)之间,或者半导体物质的能带与杂质(受主或施主)能级之间,实现非平衡载流子的粒子数反转,当处于粒子数反转状态的大量电子与空穴复合时,便产生受激发射作用。

半导体激光器是成熟较早、进展较快的一类激光器,由于它的波长范围宽、制作简单、成本低、易于大量生产,并且体积小、质量轻、耦合效率高、响应速度快、可直接调制、相干性好、寿命长,因此,品种发展快,应用范围广,目前已超过 300 种。半导体激光器在激光测距、激光雷达、激光通信、激光模拟武器、激光警戒、激光制导跟踪、引燃引爆、自动控制、检测仪器等方面获得了广泛的应用,形成了广阔的市场。

半导体激光器的缺点是:激光性能受温度影响大,光束的发散角较大(一般在几度到 20 度之间),所以在方向性、单色性和相干性等方面较差。但随着科学技术的迅速发展，半导体激光器的研究正向纵深方向推进，半导体激光器的性能在不断提高。目前半导体激光器的功率可以达到很高的水平，而且光束质量也有了很大的提高。以半导体激光器为核心的半导体光电子技术在 21 世纪的信息社会中将取得更大的进展，发挥更大的作用。

4. 光纤激光器

光纤激光器是指以光纤为基质掺入某些激活离子做成工作物质，或者利用光纤本身的非线性效应制作成的一类激光器。光纤是以 SiO_2 为基质材料拉成的玻璃实体纤维，一般由中心高折射率玻璃芯(芯径一般为 9～62.5μm)、中间低折射率硅玻璃包层(芯径一般为 125μm)和最外部的加强树脂涂层组成。Nd_2O_3 的光纤激光器于 1963 年首先研制成功。光纤激光器的输出波长范围在 400～3400nm，应用于光学数据存储、光学通信、传感技术、光谱和医学应用等多个领域。

与普通激光器一样，光纤激光器也由工作物质、谐振腔和泵浦源组成，如图 1-25 所示。一般的光纤激光器大多是在光纤放大器的基础上发展起来的。利用掺杂稀土元素的光纤，再加上一个恰当的反馈机制便形成了光纤激光器。掺杂稀土元素的光纤就充当了光纤激光器的增益介质。在光纤激光器中有一根非常细的光纤纤芯，由于外泵浦光的作用，在光纤内便很容易形成高功率密度，从而引起激光工作物质能级的粒子数反转，从纤芯输出激光。依据掺杂离子(如 Er^{3+}、Yb^{3+}、Nd^{3+} 等)特性的不同，工作物质吸收不同波长泵浦光而激射出特定波长的激光。由于掺 Yb 光纤具有宽吸收谱、宽增益带和宽调谐范围等优点，目前高功率光纤激光器大多采用掺 Yb^{3+}(或 Er、Yb 共掺)光纤。

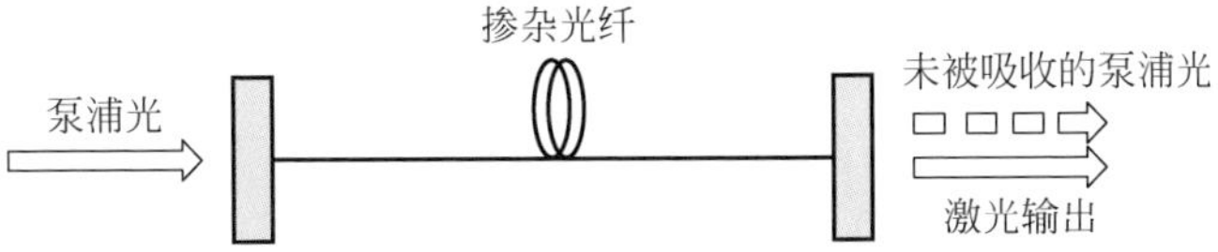

图 1-25　光纤激光器示意图

近期，随着光纤通信系统的广泛应用和发展，超快速光电子学、非线性光学、光传感等各种领域应用的研究已得到日益重视。其中光纤激光器在降低阈值、振荡波长范围、波长可调谐性能等方面，已取得明显进步，是目前光通信领域的新兴技术。它可以用于现有的通信系统，使之支持更高的传输速度，是未来高码率密集波分复用系统和未来相干光通信的基础。目前光纤激光器技术是研究的热点技术之一。

和半导体激光器相比，光纤激光器的优越性主要体现在：光纤激光器是波导式结构，可容强泵浦，具有增益高、转换效率高、阈值低、输出光束质量好、线宽窄、结构简单、可靠性高等特性，易于实现和光纤的耦合。

光纤激光器作为第三代激光技术的代表,具有以下优势:

(1) 玻璃光纤制造成本低,技术成熟;

(2) 玻璃光纤对入射泵浦光不需要像晶体那样严格的相位匹配,这是由于玻璃基质分裂引起的非均匀展宽造成吸收带较宽;

(3) 玻璃材料具有极低的体积面积比,散热快、损耗低,所以转换效率较高,激光阈值低;

(4) 输出激光波长多,这是由于稀土离子种类多;

(5) 可调谐性,这是因为稀土离子能级宽和玻璃光纤的荧光谱较宽;

(6) 由于光纤激光器的谐振腔内无光学镜片,具有免调节、免维护、高稳定性的优点,这是传统激光器无法比拟的;

(7) 光纤导出,使得激光器能轻易胜任各种多维任意空间加工应用,使机械系统的设计变得非常简单;

(8) 胜任恶劣的工作环境,对灰尘、震荡、冲击、湿度、温度具有很高的容忍度;

(9) 无需热电制冷和水冷,只需简单的风冷;

(10) 高的电光效率,综合电光效率高达20%以上,大幅减少工作时的耗电,节约运行成本;

(11) 高功率,目前商用化的光纤激光器功率是6kW。

光纤激光器应用范围非常广泛,包括激光光纤通信、激光空间远距通信、工业造船、汽车制造、激光雕刻、金属非金属钻孔/切割/焊接(铜焊、淬水、包层以及深度焊接)、军事国防安全、医疗器械仪器设备、大型基础建设等。

5. 液体激光器

常用的是染料激光器,采用有机染料作为工作介质。大多数情况是把有机染料溶于溶剂(乙醇、丙酮、水等)中使用,也有以蒸气状态工作的。利用不同染料可获得不同波长的激光(在可见光范围)。染料激光器一般使用激光作泵浦源,例如常用的有氩离子激光器等。

染料分子的能级如图1-26所示,染料分子能级的特征可用自由电子模型说明。复杂的染料大分子中分布着电子云,电子云中的$2n$个电子与势阱中的自由电子相似。当分子处于基态时,$2n$个电子填满n个最低能级,每个能级为两个自旋相反的电子所占据,总自旋量子数为零,形成单重态s_0。当分子处于激发态时,电子云中有一个电子处于较高能级。若此电子自旋方向不变,则总自旋量子数仍为零,形成s_1、s_2等单重激发态。若此电子自旋反转,则形成T_1、T_2等三重态。由选择定则可知,单重态和三重态之间的跃迁是禁戒的。每一个电子态都有一组振动——转动能级。电子态之间的能量间隔为$10^6\,m^{-1}$量级,同一电子态相邻振动能级间的能量间隔为 $10^5\,m^{-1}$，而转动子能级间的能量间隔仅为 $10^3\,m^{-1}$ 量级。实际上由于染料分子与溶剂分子频繁碰撞和静电扰动引起的加宽，使得振动、转动能级几乎相连。因此每个电子态实际上对应一个准连续能带。

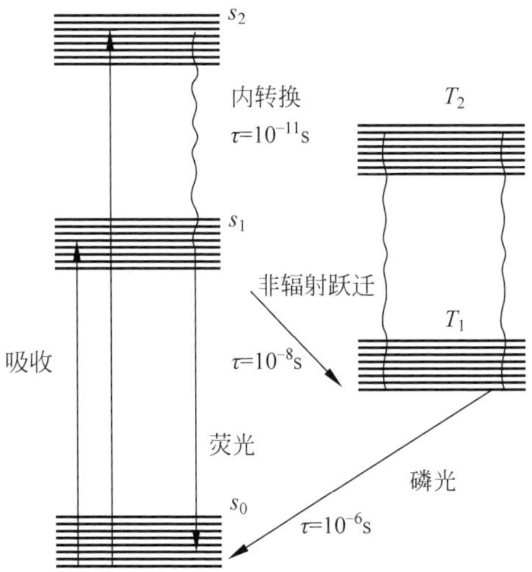

图 1-26　染料分子的能级图

1.4　先进激光制造技术

1.4.1　分类

随着激光技术的发展，以光能源和光工具作为新加工手段的激光加工技术在材料加工中扮演着越来越重要的角色，代表了先进加工制造业的发展方向，引领加工技术进入激光加工的时代，极大提升了传统加工制造业的技术水平，带来了产品设计、制造工艺和生产观念的巨大变革。

先进激光制造技术可以完善周到地解决不同材料的加工、成形和精炼等技术问题。从最小结构的计算机芯片到超大型飞机和舰船，激光加工制造都将是不可或缺的重要手段。自 20 世纪 70 年代大功率激光器件诞生以来，已形成了激光焊接、激光切割、激光打孔、激光表面处理、激光合金化、激光熔覆、激光快速原型制造、金属零件激光直接成形、激光刻槽、激光标记和激光掺杂等十几种应用工艺[8]，如图 1-27 所示。与传统的加工方法相比，其具有高能量密度聚焦、易于操作、高柔性、高效率、高质量和节能环保等突出优点，迅速在汽车、电子、航空航天、机械、冶金、铁路和船舶等工业部门广泛应用，几乎包括了国民经济的所有领域，被誉为"制造系统共同的加工手段”。

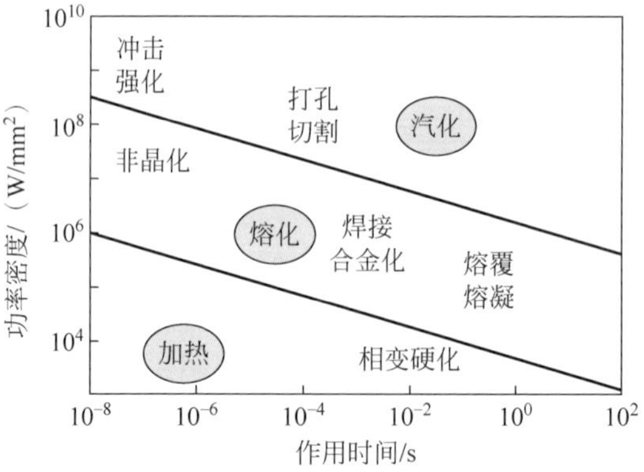

图 1-27　先进激光制造技术的参数范围

目前已成熟的先进激光制造技术包括：激光快速成形技术、激光焊接技术、激光打孔技术、激光切割技术、激光打标技术、激光清洗技术、激光热处理和表面处理技术，下面逐一简单介绍。

(1) 激光快速成形技术集成了激光技术、CAD/CAM 技术和材料技术的最新成果，是一项新的、先进的制造技术，能够实现高性能复杂结构致密金属零件的快速、无模具、近终形制造，在航空航天、汽车等高技术领域具有光明的应用前景。能够根据零件的 CAD 模型，用激光束将光敏聚合材料逐层固化，精确堆积成样件，不需要模具和刀具即可快速精确地制造形状复杂的零件。随着激光快速成形技术研究的深入开展，迫切需要发展建立能够准确描述激光熔覆过程的理论模型以准确把握其内在机理[9]。

激光快速成形技术的核心是激光熔覆-激光熔化粉末并逐层堆积的过程，在此过程中熔池自由表面是激光和粉末进入熔池的自由界面，同时也是熔覆层生长的动态边界，所以粉末与熔池交互是激光快速成形过程不可回避的基本问题，而要实现高性能复杂结构致密金属零件的整体精确制造则必须建立可靠的激光、粉末与熔池交互，从而在此基础之上实现激光快速成形过程的模拟。

与传统制造方法相比，激光快速成形技术具有：原型的复制性、互换性高；制造工艺与制造原型的几何形状无关；加工周期短、成本低，一般制造费用可降低 50%，加工周期缩短 70%以上；高度技术集成，实现设计制造一体化。近期发展的激光快速成形技术主要有立体光造型技术，选择性激光烧结技术，激光熔覆成形技术，激光近形技术，激光薄片叠层制造技术，激光诱发热应力成形技术及三维印刷技术等。

(2) 激光焊接技术是激光材料加工技术应用的重要方面之一[10-12]，焊接过程属热传导型，即激光辐射加热工件表面，表面热量通过热传导向内部扩散，通过控制激光脉冲的宽度、能量、峰值功率和重复频率等参数，使工件熔化，形成特定的熔池。由于其独特的优点，已成功应用于微、小型零件焊接中。高功率 CO_2 及高功率 YAG 激光器的出现，开辟了激光焊接的新领域，获得了以小孔效应为理论基础的深熔焊接，在机械、汽车、钢铁等工业部门获得了日益广泛的应用。

与其他焊接技术相比，激光焊接技术的主要优点是：激光焊接速度快、深度大、变形小，能在室温或特殊的条件下进行焊接，焊接设备装置简单。例如，激光通过电磁场，光束不会偏移；激光在空气及某种气体环境中均能施焊，并能通过玻璃或对光束透明的材料进行焊接。激光聚焦后，功率密度高，在高功率器件焊接时，深宽比可达 5∶1，最高可达 10∶1。可焊接难熔材料如钛、石英等，并能对异性材料施焊，效果良好。比如，将铜和钽两种性质截然不同的材料焊接在一起，合格率几乎达百分之百。也可进行微型焊接，激光束经聚焦后可获得很小的光斑，且能精密定位，可应用于大批量自动化生产的微、小型元件的组焊中。例如，集成电路引线、钟表游丝、显像管电子枪组装等由于采用了激光焊，不仅生产效率大、高，且热影响区小，焊点无污染，大大提高了焊接的质量。

(3) 激光打孔技术具有精度高、通用性强、效率高、成本低和综合技术经济效益显著等优点，已成为现代制造领域的关键技术之一[13-14]。其利用高功率密度的激光束（$10^8 \sim 10^{15}\ W/cm^2$）照射工件，当高强度的聚焦脉冲能量照射到材料上时，材料表面照射区内的温度升高至接近材料的蒸发温度，此时固态金属开始发生强烈的相变，首先出现液相，继而出现气相。金属蒸气瞬间膨胀以极高的压力从液相的底部猛烈喷出，同时也携带着大部分液相一起喷出，在照射点上立即形成一个小凹坑。由于金属材料溶液和蒸气对光的吸收比固态金属要强得多，所以材料将继续被强烈加热，加速熔化和汽化。随着激光能量的不断输入，凹坑内的汽化程度加剧，蒸气量急剧增多，气压骤然上升，在开始相变区域的中心底部形成了更强烈的喷射中心，开始时在较大的立体角范围内外喷，而后逐渐收拢，形成稍有扩散的喷射流，在工件上迅速打出一个具有一定锥度的小孔来。这是由于相变来得极其迅速，横向熔融区域还来不及扩大，就已经被蒸气携带喷出，激光的光通量几乎完全用于沿轴向逐渐深入材料内部，形成孔型。

(4) 激光切割是应用激光聚焦后产生的高功率密度能量实现的[15-16]。在计算机的控制下，通过脉冲使激光器放电，从而输出受控的重复高频率的脉冲激光，形成一定频率、一定脉宽的光束，该脉冲激光束经过光路传导及反射并通过聚焦透镜组聚焦在加工物体的表面，形成一个个细微的、高能量密度光斑，焦斑位于待加工面附近，以瞬间高温熔化或汽化被加工材料。每一个高能量的激光脉冲瞬间就把物体表面溅射出一个细小的孔。在计算机控制下，激光加工头与被加工材料按预先绘好的图形进行连续相对运动打点，这样就会把物体加工成想要的形状。切割时，一股与光束同轴的气流由切割头喷出，将熔化或汽化的材料由切口的底部吹出（注：如果吹出的气体和被切割材料产生热效反应，则此反应将提供切割所需的附加能源；气流还有冷却已切割面，减少热影响区和保证聚焦镜不受污染的作用）。

与传统的板材加工方法相比，激光切割具有高的切割质量（切口宽度窄、热影响区小、切口光洁）、高的切割速度、高的柔性（可随意切割任意形状）、广泛的材料适应性等优点。

（5）激光打标技术是继激光焊接、激光热处理、激光切割、激光打孔等应用技术之后发展起来的一门新型加工技术，也称为激光标记或激光印标，是一种非接触、无污染、无磨损的新标记工艺，是激光加工最大的应用领域之一[17-18]。近年来，随着激光器的可靠性和实用性的提高，加上计算机技术的迅速发展和光学器件的改进，促进了激光打标技术的发展。

激光打标是利用高能量密度的激光对工件进行局部照射，使表层材料汽化或发生颜色变化的化学反应，从而留下永久性标记的一种打标方法。高能量的激光束聚焦在材料表面，使材料迅速汽化，形成凹坑。随着激光束在材料表面有规律地移动同时控制激光的开断，激光束也就在材料表面加工成了一个指定的图案。激光打标可以打出各种文字、符号和图案等，字符大小可以从毫米量级到微米量级，这对产品的防伪有特殊的意义。聚焦后的极细的激光光束如同刀具，可将物体表面材料逐点去除，其先进性在于标记过程为非接触性加工，不产生机械挤压或机械应力，因此不会损坏被加工物品；由于激光聚焦后的尺寸很小，热影响区域小，加工精细，因此可以完成一些常规方法无法实现的工艺。

（6）激光清洗技术主要是基于物体表面污染物吸收激光能量后，或汽化挥发，或瞬间受热膨胀而克服表面对粒子的吸附力，使其脱离物体表面，进而达到清洗的目的[19-20]，可大大减少加工器件的微粒污染，提高精密器件的成品率。主要特点为：是一种“干式”清洗，不需要清洁液或其他化学溶液，且清洁度远远高于化学清洗工艺；清除污物的范围和适用的基材范围十分广泛；通过调控激光工艺参数，可以在不损伤基材表面的基础上，有效去除污染物，使表面复旧如新；激光清洗可以方便地实现自动化操作；激光去污设备可以长期使用，运行成本低；激光清洗技术是一种“绿色”清洗工艺。

（7）激光热处理是利用高功率密度的激光束以非接触性的方式对金属表面强化处理的方法，借助于材料表面自身热传导冷却，形成具有一定厚度的处理层，以提高材料的耐蚀性、耐磨性及抗疲劳等性能，满足不同的使用性能。

根据激光与物质相互作用所产生的表面效果，可将激光表面改性技术分为三大类，如图 1-28 所示。

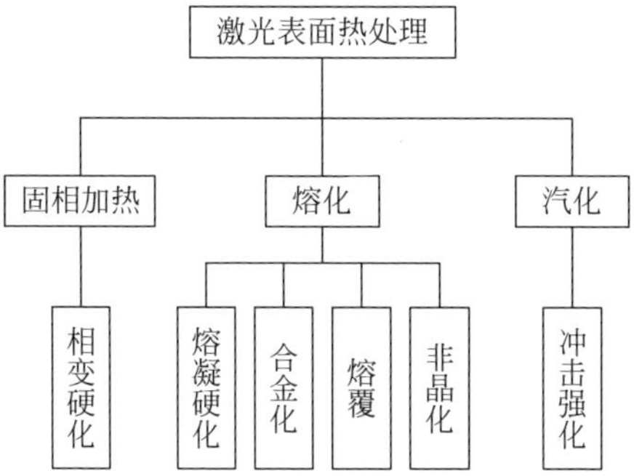

图 1-28　激光表面热处理分类

（1）激光相变硬化（即激光淬火）是激光热处理中研究最早、最多、进展最快、应用最广的一种新工艺。它利用聚焦后的激光束照射到钢铁材料表面，使其温度迅速升到相变点以上熔点以下[21-22]。当激光移开后，由于仍处于低温的内层材料的快速导热作用，使表层快速冷却到马氏体相变点以下，获得淬硬层。适用于大多数材料和不同形状零件的不同部位，可提高零件的耐磨性和疲劳强度，国外一些工业部门将该技术作为保障产品质量的手段。

（2）激光熔覆技术是在工业中获得广泛应用的激光表面改性技术之一。该技术利用激光高功率密度，在基材表面指定部位形成一层很薄的微熔层，同时添加特定成分的自熔合金粉，如镍基、钴基和铁基合金等，使它们以熔融状态均匀地铺展在零件表层并达到预定厚度，与微熔的基体金属材料形成良好的冶金结合，并且相互间只有很小的稀释度，在随后的快速凝固过程中，在零件表面形成与基材完全不同的、具有预定特殊性能的功能熔覆材料层，从而可以完全改变材料表面性能，可以使价廉的材料表面获得极高的耐磨、耐蚀、耐高温等性能[23-24]。

（3）激光表面合金化技术是材料表面局部改性处理的新方法，是未来应用潜力最大的表面改性技术之一[25-26]，适用于航空航天、兵器、核工业、汽车制造业中需要改善耐磨、耐腐蚀、耐高温等性能的零件。

（4）激光冲击强化技术可用来改善金属材料的机械性能，可阻止裂纹的产生和扩展，提高钢、铝、钛等合金的强度和硬度，改善其抗疲劳性能[27-28]。

1.4.2　特点

由于激光具有高亮度、高方向性、高单色性和高相干性的特性，因此决定了激光在特种加工领域存在诸多优势[29-30]：

（1）由于它是无接触加工，并且高能量激光束的能量及其移动速度均可调，因此可以实现多种加工的目的；

（2）它可以对多种金属、非金属加工，特别是可以加工高硬度、高脆性及高熔点的材料；

（3）激光加工过程中无“刀具”磨损，无“切削力”作用于工件；

（4）激光束能量密度高，加工速度快，并且是局部加工，对非激光照射部位没有影响或影响极小。因此，其热影响区小，工件热变形小，后续加工量小；

（5）它可以通过透明介质对密闭容器内的工件进行各种加工；

（6）由于激光束易于导向、聚集实现作各方向变换，极易与数控系统配合，对复杂工件进行加工，因此是一种极为灵活的加工方法；

（7）生产效率高，质量可靠，经济效益好。

参考文献

[1] EINSTEIN A. Zur quantentheorie der strahlung[J]. Physikalische Zeitschrift，1917，18：121-128.

[2] 俞宽新，江铁良，赵启大. 激光原理与激光技术[M]. 北京：北京工业大学出版社，1998.

[3] 齐志明，李建梅. 光子、电子使原子能级跃迁的区别[J]. 中学生数理化（高中版），2004，2：1-2.

[4] 张广. 原子能级跃迁问题的探讨[J]. 物理教师，2000，21(2)：27-28.

[5] 陈家璧，彭润玲. 激光原理及应用[M]. 北京：电子工业出版社，2019.

[6] 张永康，周建忠，叶云霞. 激光加工技术[M]. 北京：化学工业出版社，2004.

[7] 邱元武. 激光技术和应用[M]. 上海：同济大学出版社，1997.

[8] 江海河. 激光加工技术应用的发展及展望[J]. 光电子技术与信息，2001，4：1-12.

[9] 王家金. 激光加工技术[M]. 北京：中国计量出版社，1992.

[10] WEI H L，ELMER J W，DEBROY T. Crystal growth during keyhole mode laser welding[J]. Acta Materialia，2017，133：10-20.

[11] CHENG Z W，DU X，QI B X，et al. Microstructure and mechanical properties of 3D-GH3536/R-GH3128 butt joint welded by fiber laser welding with focus rotation[J]. Journal of Materials Research and Technology，2022，18：1460-1473.

[12] GONÇALVES L F F F，DUARTE F M，MARTINS C I，et al. Laser welding of thermoplastics：An overview on lasers，materials，processes and quality[J]. Infrared Physics & Technology，2021，119：103931.

[13] LI W Y，HUANG Y，CHEN X H，et al. Study on laser drilling induced defects of CFRP plates with different scanning modes based on multi-pass strategy[J]. Optics & Laser Technology，2021，144：107400.

[14] WANG H J，YANG T. A review on laser drilling and cutting of silicon[J]. Journal of the European Ceramic Society，2021，41：4997-5015.

[15] WANSKI T，ZEUNER A T，SCHÖNE S，et al. Investigation of the influence of a two-step process chain consisting of laser cutting and subsequent forming on the fatigue behavior of

AISI 304[J]. International Journal of Fatigue,2022,159: 106779.

[16] GUO X L,DENG M S,HU Y,et al. Morphology,mechanism and kerf variation during CO_2 laser cutting pine wood[J]. Journal of Manufacturing Processes,2021,68: 13-22.

[17] LAZOV L,TEIRUMNIEKS E,KARADZHOV T,et al. Influence of power density and frequency of the process of laser marking of steel products[J]. Infrared Physics & Technology,2021,116: 103783.

[18] SINGH S,RESNINA N,BELYAEV S,et al. Investigations on NiTi shape memory alloy thin wall structures through laser marking assisted wire arc based additive manufacturing [J]. Journal of Manufacturing Processes,2021,66: 70-80.

[19] GUO L Y,LI Y Q,GENG S N,et al. Numerical and experimental analysis for morphology evolution of 6061 aluminum alloy during nanosecond pulsed laser cleaning[J]. Surface and Coatings Technology,2022,432: 128056.

[20] TIAN Z,LEI Z L,CHEN X,et al. Evaluation of laser cleaning for defouling of marine biofilm contamination on aluminum alloys[J]. Applied Surface Science,2020,499: 144060.

[21] QIN Z B,XIA D H,ZHANG Y W,et al. Microstructure modification and improving corrosion resistance of laser surface quenched nickel-aluminum bronze alloy[J]. Corrosion Science,2020,174: 108744.

[22] LI Z X,TONG B Q,ZHANG Q L,et al. Microstructure refinement and properties of 1.0C-1.5Cr steel in a duplex treatment combining double quenching and laser surface quenching[J]. Materials Science and Engineering: A,2020,776: 138994.

[23] WU S,LIU Z H,HUANG X F,et al. Process parameter optimization and EBSD analysis of Ni60A-25% WC laser cladding[J]. International Journal of Refractory Metals and Hard Materials,2021,101: 105675.

[24] WANG Q,ZHAI L L,ZHANG L,et al. Effect of steady magnetic field on microstructure and properties of laser cladding Ni-based alloy coating[J]. Journal of Materials Research and Technology,2022,17: 2145-2157.

[25] XIE H B,GUAN W M,LV H,et al. W-Cu/Cu composite electrodes fabricated via laser surface alloying[J]. Materials Characterization,2022,185: 111715.

[26] LI Y X,NIE J H,LIANG Z G,et al. Microstructure evolution and high-temperature oxidation behavior of FeCrAlNbNi alloyed zone prepared by laser surface alloying on 304 stainless steel[J]. Journal of Alloys and Compounds,2021,888: 161468.

[27] HU W N,PENG X Y,DING Y,et al. The effect of laser shock processing on the microstructures and properties of 2060 AlLi alloys[J]. Surface and Coatings Technology, 2022,434: 128208.

[28] WU J J,LI Y H,ZHAO J B,et al. Prediction of residual stress induced by laser shock processing based on artificial neural networks for FGH4095 superalloy[J]. Materials Letters,2021,286: 129269.

[29] 张永康,周建忠,叶云霞. 激光加工技术[M]. 北京: 化学工业出版社,2004.

[30] 刘江龙,邹志荣,苏宝嫆. 高能束热处理[M]. 北京: 机械工业出版社,1997.

第 2 章

激光熔覆技术

2.1 激光熔覆技术概述

激光熔覆是 20 世纪 70 年代发展起来的一项激光表面改性技术，始于 1974 年美国 AVCO 公司的 EVErt 实验室和 Meteo 公司做的大量早期基础研究。激光熔覆是以激光作为热源，在工件表面上熔合一层金属或合金粉末，使之形成与基体性能完全不同的表面熔覆层，提高工件表面耐蚀、耐磨等各种性能，从而达到延长工件使用寿命的目的[1]。

2.1.1 概念及特点

激光熔覆亦称为激光包覆或激光熔敷，是指以不同的填料方式（预置粉末式或同步送粉式）在被涂覆基体表面放置选择的涂层材料，利用高能密度激光束辐照使之与基材表面一薄层同时快速熔化，并快速凝固后形成稀释度极低并与基体材料成冶金结合的表面涂层，从而显著改善基体材料表面的耐磨、耐蚀、耐热、抗氧化特性等的工艺方法，达到表面改性或修复的目的，既满足了对材料表面特定性能的要求，又节约了大量的贵重元素。激光熔覆示意图如图 2-1 所示。

激光熔覆技术是一种经济效益很高的新技术，可以在廉价金属基材上制备出高性能的合金表面而不影响基体的性质，降低成本，节约贵重稀有金属材料，因此，世界上各工业先进国家对激光熔覆技术的研究及应用都非常重视。其主要具有以下特点：

(1) 冷却速度快（高达 10^6℃/s），组织具有快速凝固的典型特征，如非稳相、非晶态等；

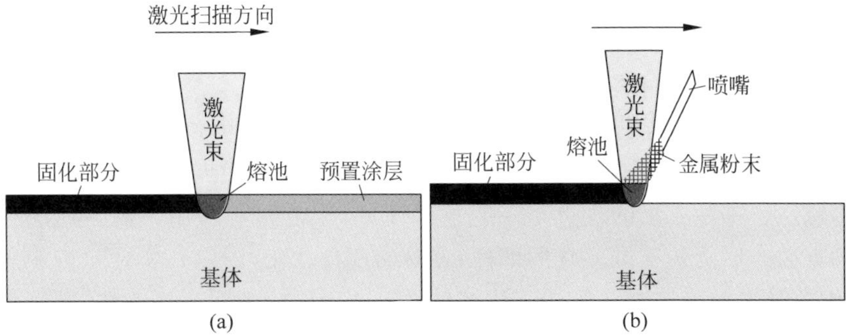

图 2-1　激光熔覆示意图

(a) 预置粉末法；(b) 同步送粉法

(2) 热输入和畸变较小，涂层稀释率低(一般小于 5%)，与基体成冶金结合；

(3) 粉末选择几乎没有限制，可用于低熔点金属表面熔覆高熔点合金；

(4) 能进行选区熔覆，材料消耗少，具有卓越的性价比；

(5) 光束瞄准可以熔覆难以接近的区域；

(6) 工艺过程易于实现自动化。

2.1.2　材料与方法

1. 材料

在进行激光熔覆层材料设计和选择时，必须满足以下几方面的要求：

(1) 应具有所需要的使用性能，如耐磨、耐蚀、耐高温和抗氧化性能；

(2) 熔覆材料的热膨胀系数、导热性能应尽量与基底材料相近，以免在熔覆层中产生过大的残余应力，造成裂纹等缺陷；

(3) 熔覆材料与基底材料间应具有良好的浸润性；

(4) 熔覆材料的熔点不宜太高，以利于控制熔覆层的稀释率；

(5) 对送粉法激光熔覆还要求粉末应具有良好的固态流动性。

目前常用的熔覆材料主要有 Ni 基、Co 基和 Fe 基合金粉末等自熔性合金材料。在滑动、冲击磨损和磨粒磨损严重的条件下，单纯的 Ni 基、Co 基、Fe 基自熔性合金已不能胜任使用要求，此时可在上述的自熔性合金粉末中加入各种高熔点的碳化物、氮化物、硼化物和氧化物陶瓷颗粒，制成金属复合涂层甚至陶瓷熔层，这也显示出激光熔覆更为广阔的应用前景。

2. 方法

根据熔覆粉末/合金供应方式的不同，激光熔覆可以分为两种：预置法和同步法，方法原理如图 2-1 所示。

预置法是指将待熔覆的合金/粉末以一定方法预先涂覆在材料表面，然后采用激光束在涂覆层表面扫描，使整个涂覆层及一部分基材熔化，激光束离开后熔化的金属快速凝固而在基材表面形成冶金结合的合金熔覆层。

同步法是指采用专门的送料系统在激光熔覆的过程中将合金/粉末直接送进激光作用区，在激光的作用下基材和合金/粉末同时熔化，然后冷却结晶形成合金/粉末熔覆层。这种方法的优点是工艺过程简单，合金材料利用率高，可控性好，甚至可以直接成形复杂三维形状的部件，容易实现自动化，国内外实际生产中采用较多，是熔覆技术的首选方法。同步法按供材料的不同分为同步送粉法、同步丝材法和同步板材法等。

2.2 熔覆层几何形状

图 2-2 给出了激光熔覆层横截面结构示意图[2]。图中 A_1 是熔覆层，A_2 是稀释区，HAZ 是热影响区。从图中可以看出反映熔覆层横截面几何形状尺寸特征的参数主要有：熔覆层宽度 W、熔覆层高度 H、基体熔化深度 h 和接触角 θ 等。

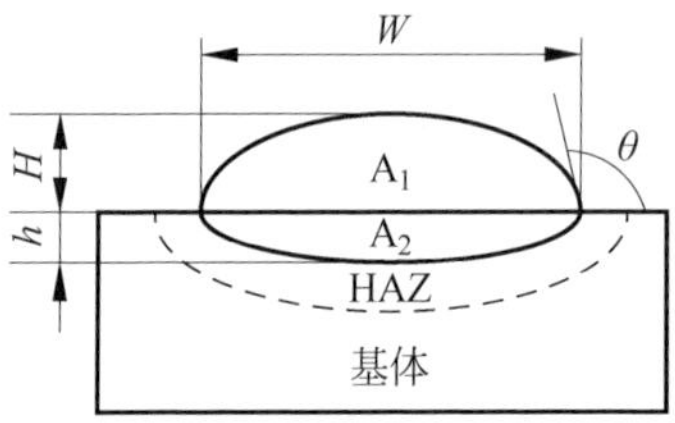

图 2-2 单道激光熔覆层示意图

利用几何原理可以推出 θ 与 H 和 W 的函数关系[3]如下：

$$\sin\theta = \left(\frac{H}{W}\right)\left[\left(\frac{H}{W}\right)^2 + 0.25\right] \tag{2-1}$$

因此，工艺参数对截面形状和尺寸特点的影响可以采用 W、H 和形状系数 $\eta(W/H)$ 三个形状参数随工艺参数的变化来描述。

2.3 熔覆层质量

评价激光熔覆层质量的优劣，主要从两个方面考虑：一是宏观上，考察熔覆道形状、表面不平度、裂纹、气孔及稀释率等；二是微观上，考察是否形成良好的组织，能否达到所要求的性能。此外，还应测定表面熔覆层化学元素的种类和分布，注意分析过渡层的情况是否为冶金结合，必要时要进行质量寿命检测。

激光熔覆工艺过程中，为了获得成分与熔覆材料相近的高合金层，在选择激光功率密度和激光束对基材表面作用时间等工艺参数时，必须尽可能限制基材的熔化，在基材表面生成包覆层。因为激光熔覆工艺是一个复杂的物理、化学和冶金过程，也是一种对裂纹特别敏感的工艺过程，其裂纹现象和行为牵涉激光熔覆的每一个因素，包括基材、合金粉末、预置方式、预涂厚度、送粉率、激光功率、扫描速度、光斑尺寸等多种因素各自和相互间的影响。实践证明：合理选材以及最佳工艺参数配合是保证熔覆层质量的重要因素。

在同步送粉的激光熔覆过程中，为了保证熔覆质量，首先应该保证激光光斑内的功率密度分布均匀，且使粉末流的形状和尺寸与光斑的形状和尺寸相匹配。其次，必须严格控制粉末束流、基材与激光束三者之间的相对位置。最后，要正确选择激光功率、扫描速度、光斑尺寸和送粉率等参数。

在激光熔覆工艺中还有单道、多道、单层、多层等多种形式。单道单层工艺是最基本的工艺，多道多层熔覆过程则会出现对前一过程的回火软化和裂纹的出现等问题；通过多道搭接和多层叠加，可以实现熔覆层宽度和厚度的增加。

王耀民[4]以连续 CO_2 激光熔覆 Ni/TiC 粉末为例具体阐述了激光工艺参数对成形质量的影响。

2.3.1　单道单层

单道单层激光熔覆的好坏直接影响成形质量的优劣，因此开展激光功率(P)、扫描速度(v)、送粉率(R_g)和载气量(R_p)对单道单层激光熔覆宏观尺寸影响的研究至关重要。

1. 激光功率对形状参数的影响

图 2-3(a)～(d)为 $v=200$mm/min，$R_g=200$l/h 和 $R_p=5$g/min 时，不同激光功率的单道熔覆层截面形貌。从图可以看出在其他参数不变的条件下，功率增加，熔覆层宽度变化十分明显。这是由于随功率的增加，能量输入增加，熔池宽化，熔体在基体表面的铺展面积增加。当功率从 1300W 增加到 1900W 时，传入基体的能量继续增加，基体熔化量增加，熔池变宽，所以出现了 W 变大的趋势。熔池的宽化势必会增加粉末有效利用率。粉末有效利用率的增加与熔池宽化对 H 的影响作用是相反的，此范围的功率，使粉末有效利用率增加因素优于熔池宽化因素对 H 的影响，故出现 H 增加的现象。η 减小，是由于熔覆层宽度增长幅度小于熔覆层高度的增长幅度(图 2-3(a)～(c))。这与邓琦林等[5]研究的 Ni 基高温合金零件成形结果是一致的，但由于 Ni 基高温合金的熔点较高，需要的激光能量多，所以他们的实验结果是在 3000W 到 4000W 的激光功率范围内得到的。

当功率在 1900W 至 2200W 范围时，W 增加较少，这是由于此时的激光能量输入过大，使粉末烧损和飞溅现象变得十分严重，造成粉末有效利用率降低，虽然熔池在高激光能量作用下会继续增大，但有限的熔体在表面张力和重力的作用下不足以完全铺展到熔池的边缘。H 表现为持续降低，一方面是由于高激光能量，促使粉末烧损和飞溅的增加，有效粉末利用率下降；另一方面是由于高激光能量促使熔池宽化，熔深增加。

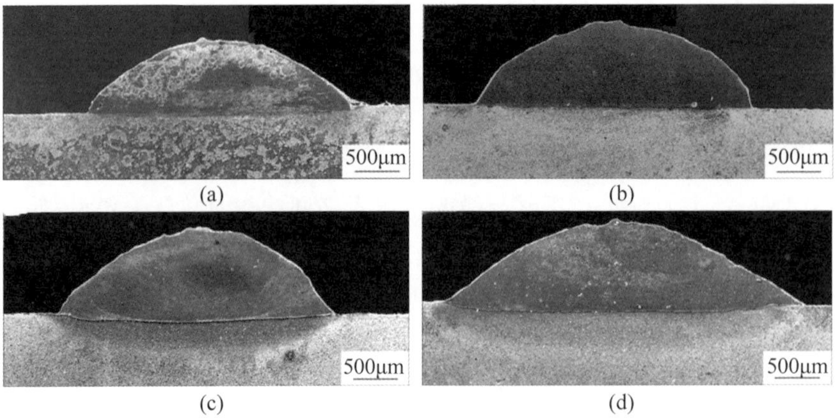

图 2-3　不同激光功率的单道熔覆层截面形貌

(a) 1300W；(b) 1600W；(c) 1900W；(d) 2200W

2. 扫描速度对形状参数的影响

图 2-4(a)～(d)为 $P=2200\mathrm{W}$,$R_g=200\mathrm{l/h}$ 和 $R_p=5\mathrm{g/min}$ 时,不同扫描速度的单道熔覆层截面形貌。可以看出其他工艺参数不变的条件下,扫描速度增加,熔覆层高度变化十分明显。这是随扫描速度的增加,粉末有效利用率降低和单位时间内输入基体激光能量降低造成的。熔覆层高度和宽度的减小是由于扫描速度的增加,使单位时间内输入基体的激光能量减少,粉末有效利用率降低。

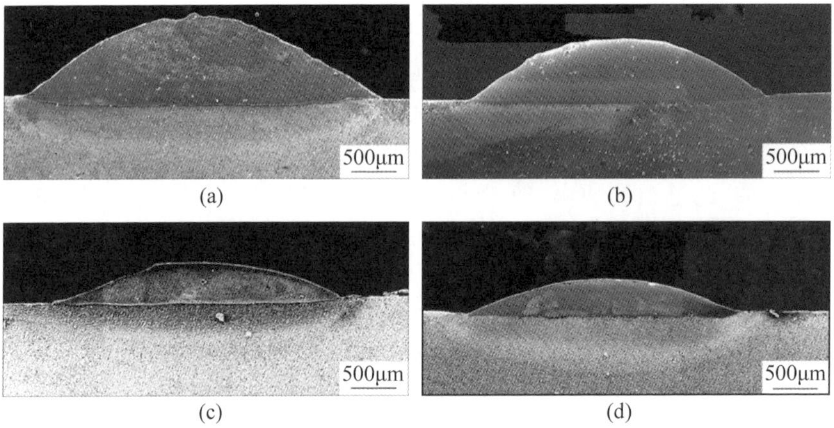

图 2-4　不同扫描速度的单道熔覆层截面形貌

(a) 200mm/min；(b) 250mm/min；(c) 300mm/min；(d) 350mm/min

3. 送粉率对形状参数的影响

图 2-5(a)～(f)为 $P=2200\mathrm{W}$，$v=200\mathrm{mm/min}$ 和 $R_g=200\mathrm{l/h}$ 时，不同送粉率 R_p 的单道激光熔覆层截面形貌。可以看出当其他工艺参数不变时，随 R_p 增加，熔覆层高度发生很大变化。从图 2-5(a)可以看到熔覆层的边缘有凹陷，熔覆层宽度小于熔池宽度，这是由于 R_p 过低时，更多的激光能量作用于基体，造成熔池过度变宽和变深，而进入熔池的粉末量却不足以完全填充。在 R_p 分别为 8.3g/min 和 10g/min 时，熔覆层截面形貌表现出一定的不规则性(图 2-5(e)和(f)左下角)，这是由于 R_p 的增加，粉流汇聚点增大(图 2-5(a)～(f))，输入基体的激光能量降低，熔池宽度相对减小，熔体与基体的润湿变差。

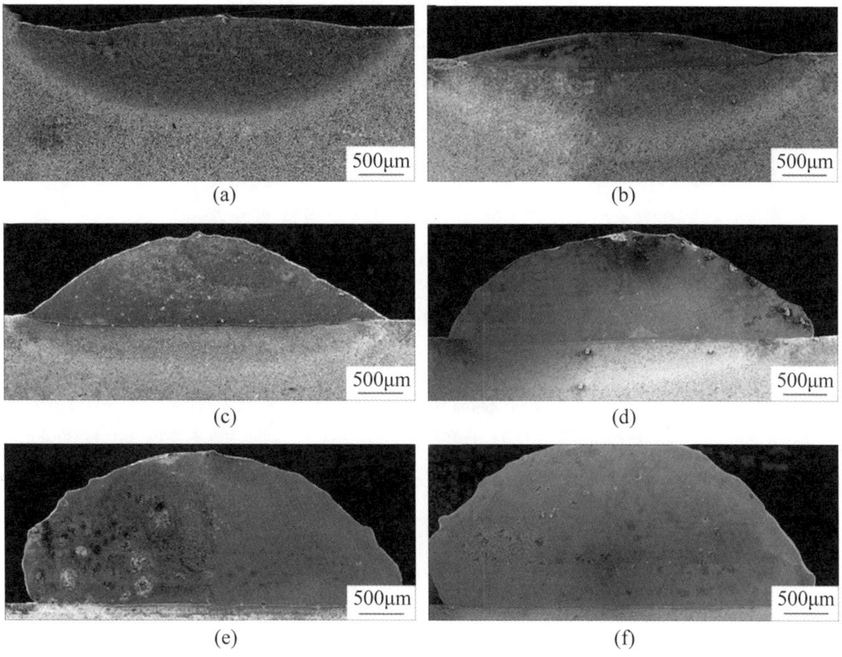

图 2-5 不同送粉率 R_p 的单道熔覆层截面形貌

(a) 1.7g/min；(b) 3.4g/min；(c) 5g/min；(d) 6.7g/min；(e) 8.3g/min；(f) 10g/min

4. 载气量对形状参数的影响

图 2-6(a)～(e)为 $P=2200\mathrm{W}$，$v=200\mathrm{mm/min}$ 和 $R_p=5\mathrm{g/min}$ 时，不同载气量 R_g 的单道激光熔覆层截面形貌。可以看出在其他工艺参数不变时，R_g 的改变使熔覆层宽度和高度发生改变。但与上述参数的影响相比，变化的显著性明显降低。这是因为 R_g 的变化只影响送粉速度，而不影响 R_p。

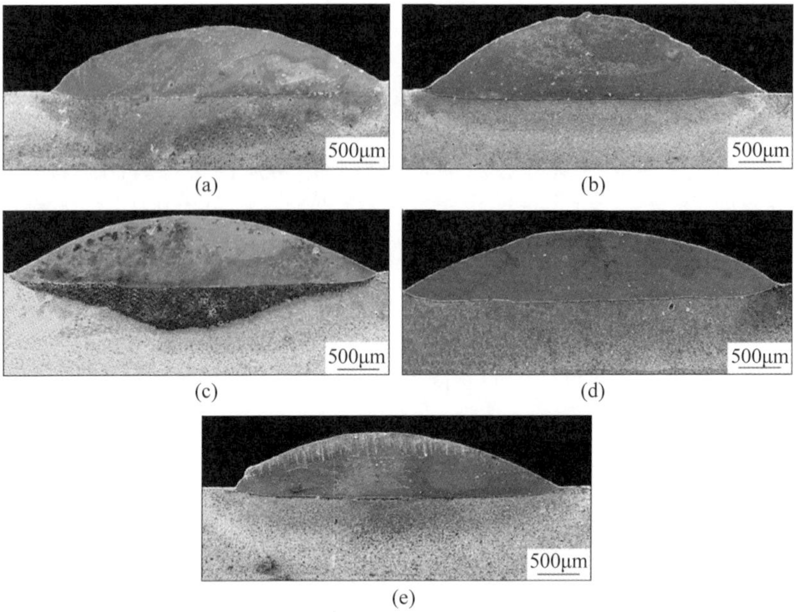

图 2-6　不同载气量 R_g 的单道熔覆层截面形貌

(a)100l/h；(b) 200l/h；(c) 300l/h；(d) 400l/h；(e) 500l/h

由上述实验可以看出，不同工艺参数的熔覆层横截面形貌尺寸参数虽呈现出差别，但均为凸起状，这种凸起状与激光熔池中熔体的对流运动有关。在激光熔覆过程中，其过程的驱动力主要来自金属熔池中的温度梯度和浓度梯度的综合作用。作用在金属熔池内流体单元上的力主要包括体积力和表面力，体积力主要由熔池内的温度差和浓度差所引起的浮力所致，而表面力则主要由熔池表面的温度差和浓度差所引起的表面张力所致[6]。在激光熔覆过程中，假设激光束以匀速运动，选取激光束斑中心为坐标系的原点，熔池深度方向为 y 轴，激光束运动方向为 z 轴。在此给定系统中，表面张力 σ 受熔池表面温度变化及熔池浓度变化的影响，即

$$\sigma = \sigma_0 + \frac{\partial \sigma}{\partial T}\Delta T + \frac{\partial \sigma}{\partial C}\Delta C \tag{2-2}$$

而

$$\Delta\sigma = \sigma - \sigma_0,\quad r = \sqrt{x^2 + z^2} \tag{2-3}$$

所以

$$\frac{\Delta\sigma}{\Delta r} = \frac{\partial \sigma}{\partial T}\cdot\frac{\mathrm{d}T}{\mathrm{d}r} + \frac{\partial \sigma}{\partial C}\cdot\frac{\mathrm{d}C}{\mathrm{d}r} \tag{2-4}$$

式中，σ_0 为材料在熔点处的表面张力；r 为熔池半径；$\partial\sigma/\partial T$ 为表面张力温度系数；$\partial\sigma/\partial C$ 为表面张力浓度系数；ΔT 为温度差；ΔC 为浓度差。

由式(2-4)可见，当激光熔池表面存在温度梯度 $\mathrm{d}T/\mathrm{d}r$ 或溶质浓度梯度 $\mathrm{d}C/\mathrm{d}r$

时，势必产生表面张力梯度 $\Delta\sigma/\Delta r$，由此引起熔体的对流驱动力 F_σ。F_σ 可表示为[7]

$$F_\sigma=\left(\frac{\partial\sigma}{\partial T}\Delta T+\frac{\partial\sigma}{\partial C}\Delta C\right)\cdot\delta(y)\cdot \mathrm{H}(d-r) \tag{2-5}$$

$$\delta(y)=\begin{cases}1, & y=0\\ 0, & y\neq 0\end{cases} \tag{2-6}$$

$$\mathrm{H}(d-r)=\begin{cases}1, & r\leqslant d/2\\ 0, & r>d/2\end{cases} \tag{2-7}$$

式中，$\delta(y)$为 δ 函数；$\mathrm{H}(d-r)$为亥氏(Heaviside)函数；d 为熔池的直径。

式(2-6)和式(2-7)的 δ 函数和亥氏函数表明：表面张力驱动力仅存在于熔池的表面，是一个表面力。在激光熔覆过程中，熔池表面中心区域的熔体温度最高，而离熔池中心越远，其表面温度越低。因此，在激光熔池的表面存在表面张力梯度。正是这种表面张力梯度构成了金属熔体流动的主要驱动力。

在重力场作用下，当激光熔池内存在温差和浓度差时，将由浮力作用引起熔体流动。浮力所引起的驱动力 F_b 可由下式确定：

$$F_b=-(\rho\cdot\beta_T\cdot\Delta T+\rho\cdot\beta_C\cdot\Delta C)\cdot g \tag{2-8}$$

式中，ρ 为熔体密度；g 为重力加速度；β_T 是与温度有关的热膨胀系数，

$$\beta_T=-\frac{1}{\rho}\cdot\frac{\partial\rho}{\partial T} \tag{2-9}$$

β_C 是与浓度有关的热膨胀系数，

$$\beta_C=-\frac{1}{\rho}\cdot\frac{\partial\rho}{\partial C} \tag{2-10}$$

F_b 是一种体积力，存在于熔池内部。由于在熔池的深度方向上存在上高下低的温度分布特征，其密度的分布则是上小下大。显然这是一种热力学稳定状态，不可能引起自然对流。但在熔池的水平方向上存在温度梯度，将导致熔池中心区域熔体向上运动，边缘区域熔体向下运动，这就构成了一种自然对流。通过自然对流运动使熔池下部区域的熔体向上部区域流动。由于体积力与熔池某一水平方向上的局部温差成正比，因而在熔池下部的水平温差相对较小的情况下，其流动状况较差，而在熔池的上部水平温差较大，其流动较强烈。

综上所述，不难发现在激光作用下，激光熔池内熔体对流驱动力主要源于两种不同的机制：一种是表面张力梯度引起的强制对流机制；另一种是熔池水平温差梯度决定的浮力引起的自然对流。前者只作用于熔池的表层，而后者作用于熔池的内部。当不考虑润湿性对熔池表面的作用时，两种力作用产生的熔体流动路径的方向在宏观上基本一致。根据对称性，如果仅考虑熔池右半侧区域，则此时强制

对流和自然对流在熔池的右侧耦合成一个宏观的沿顺时针方向流动的主循环对流回路,而在熔池左侧为逆时针方向流动,如图 2-7(a)所示。这种对流运动的结果是熔池形状呈平面状。当考虑润湿性作用时,熔池表面张力将反向,熔体流动方向相异,如图 2-7(b)所示,这种对流结果最终导致熔覆层形貌呈凸起状。

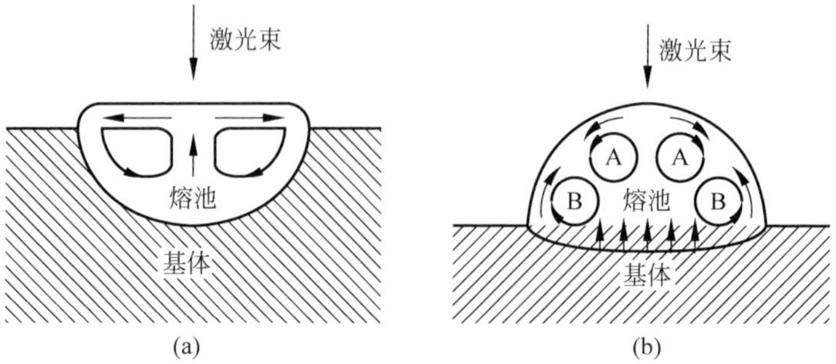

图 2-7　不同截面形貌的熔池内熔体的流动特征[7]

(a) 平面;(b) 凸面

2.3.2　多道单层

多道单层激光熔覆是通过单道单层激光熔覆搭接而来的,它的工艺参数除了单道单层激光熔覆的工艺影响因素,最为主要的工艺因素是各单道熔覆层间的搭接率 R_0。R_0 的定义可以用图 2-8 的 D_0/W 表示,即 R_0 等于相邻熔覆道间的搭接宽度 D_0 与单道熔覆层宽度 W 之比[4]。

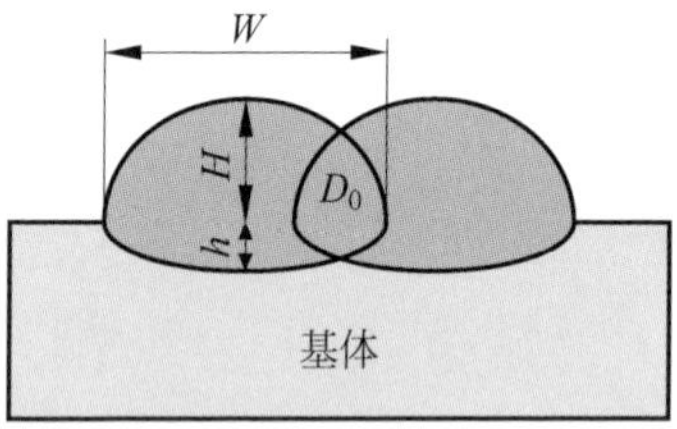

图 2-8　激光熔覆层搭接示意图

R_0 是激光熔覆技术的一个重要参数,其大小将直接影响成形表面的平整度,也是实现大面积激光熔覆及成形的关键工艺。图 2-9(a)、(b)和(c)分别给出了 R_0 偏小、较好和偏大时对截面形貌影响的示意图。从图(a)可以看出 R_0 偏小,相邻熔覆道之间会出现明显的凹陷区,但两个熔覆道高度是一致的。从图 2-9(c)可以看出,R_0 偏大会出现搭接区的凸出,且两熔覆道高度不同。如在偏大和偏小的 R_0 下继续熔覆成形,会将缺陷遗传,造成缺陷的进一步增大,最终导致成形的失败。从图 2-9(b)可以看出当 R_0 选择合适时,会有较好的熔覆效果。

图 2-10(a)~(c)为 $P=2200\text{W}$,$v=200\text{mm/min}$,$R_p=5\text{g/min}$ 和 $R_g=200\text{l/h}$ 时,R_0 分别为 10%、35%和 50%时的熔覆层表面形貌。从图 2-10(a)可以看出两熔覆道间凹陷,根据图 2-9 可知这是由于 R_0 偏小造成的。从图 2-10(b)可以看到,当 R_0 为 35%时,两熔覆道间较为平整,说明此时搭接区域的粉末可以较好地填充

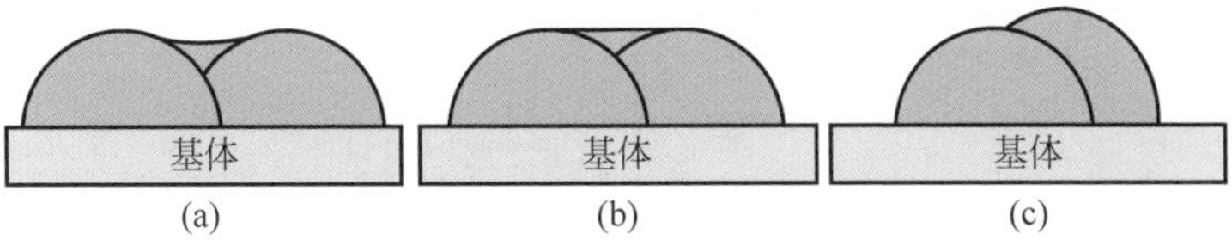

图 2-9　搭接率 R_0 对熔覆层截面形貌影响示意图

(a) R_0 偏小；(b) R_0 较好；(c) R_0 偏大

两熔覆道间隙，故此时的 R_0 是较好的。图 2-10(c)中后一道熔覆层明显高于前一道，说明 R_0 偏大。

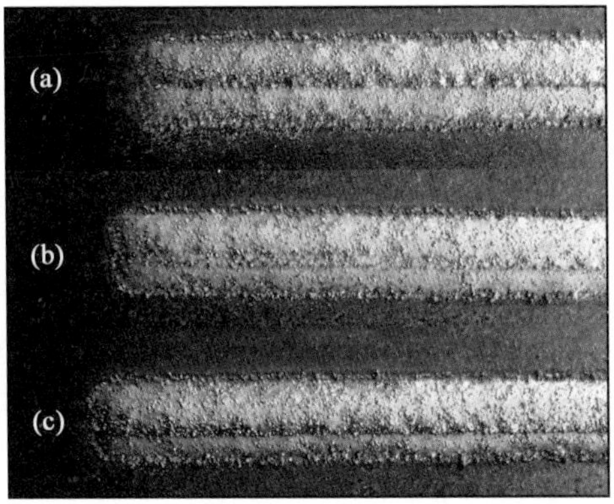

图 2-10　不同搭接率 R_0 的熔覆层形貌

(a) 10%；(b) 35%；(c) 50%

2.3.3　单道多层

单道多层工艺是目前制备薄壁件的主要方法。单道多层工艺除了单道单层工艺影响因素，还有 z 轴增量 Δz。单道多层与单道单层的最大区别在于除第一层外，其余各层均是熔覆于圆弧表面，这也是单道多层激光熔覆的特点。

图 2-11(a)为 $P=2200\text{W}$，$v=300\text{mm/min}$，$R_p=5\text{g/min}$ 和 $R_g=200\text{l/h}$ 时，不同 Δz 的 11 层梯形沉积结构表面形貌。从图 2-11(b)可以看到沉积材料高度呈梯度上升，最终实现 11 层成形。

图 2-12 为选取 Δz 小于第一层高度条件下制备的 88 层薄壁材料。可以清晰地看到薄壁件的侧壁与基体有很好的垂直度。经对试件观察没有裂纹等严重缺陷存在，但可以看到侧壁存在有规律的凹陷，这是由于实验中采取每隔 11 层重新确定粉嘴与基体层的距离而留下的不连贯的痕迹。每 11 层内的层间没有明显的凹陷，表现出良好的连续成形性。

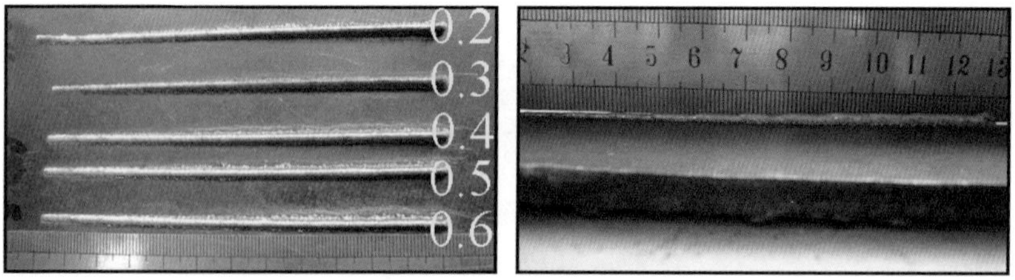

(a)　　　　(b)

图 2-11　单道多层照片

(a) 不同 Δz 熔覆层；(b) 阶梯熔覆层宏观形貌

(a)　　　　(b)

图 2-12　88 层薄壁样

2.3.4　多道多层

图 2-13(a)和(b)分别为 $P=2200$，$v=300\text{mm/min}$，$\Delta z=0.3\text{mm}$，$R_p=5\text{g/min}$ 和 $R_g=200\text{l/h}$ 时，采取上下相邻熔覆层垂直叠加和平行叠加得到的成形块体的表面形貌。

(a)　　　　(b)

图 2-13　上下相邻层不同叠加方式的成形体表面形貌

(a) 垂直叠加；(b) 平行叠加

可以看出上下相邻层垂直叠加方式，表面更加平整一些，这是由于当扫描方向垂直时，搭接处的凹凸缺陷可在下一层熔覆时得到弥补而不会传递。而扫描方向平行时，搭接处的缺陷会传递给下一层，缺陷不断累积，最终表面变得凹凸不平，质量较差。因此，在制备形成体时，应尽量选择垂直的叠加方式。

2.4 熔覆层微观结构

激光熔覆作为一种有效的表面改性技术，能使金属表面快速加热熔化并快速凝固，激光熔覆层的微观结构是决定材料使用寿命的关键因素。因此，研究熔覆层的凝固特征、组织形成规律是至关重要的。

研究者研究了碳素工具钢（T10 钢）表面激光熔覆 Co 基合金熔覆层的微观结构以及横截面微观组织成分的变化，如图 2-14 所示。

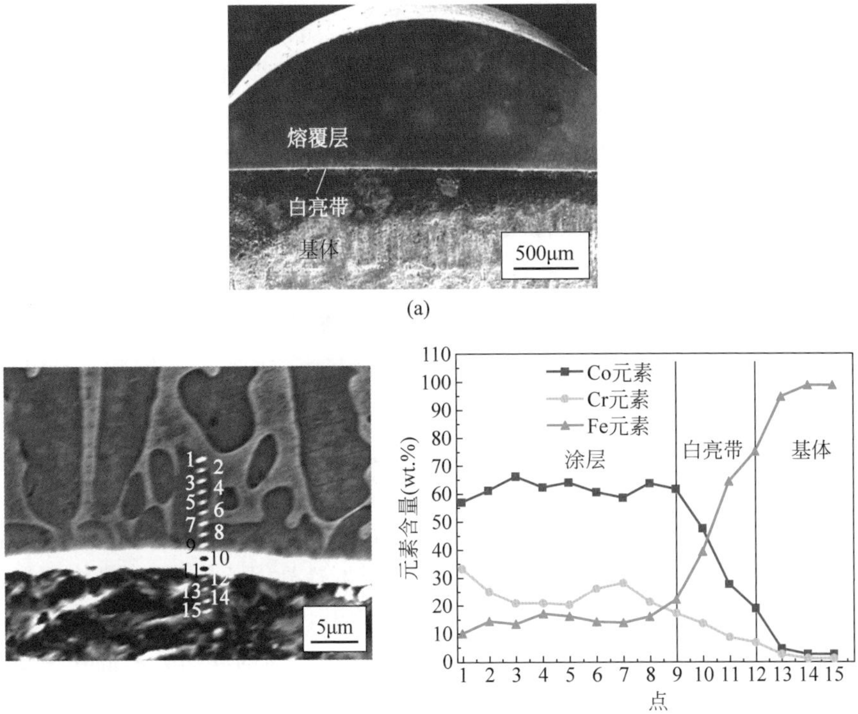

图 2-14　激光熔覆层微观结构及成分

(a) 低倍放大 SEM 照片；(b) 高倍放大 SEM 照片；(c) 图(b)中的点扫描

图 2-14(a)为单道激光熔覆样品截面显微结构的低倍 SEM 形貌,由图可以看出熔覆层厚度大约为 1mm。与一般的激光表面处理层相似,激光熔覆区域主要由熔覆层、结合区、热影响区和基体组成。从图(a)还可以明显看出,在 Co 基合金熔覆层与基体界面处形成 3～5μm 厚的白亮带,对其进行 SEM 放大,结果如图(b)所示。由图(b)可以清晰地看到在熔覆层与基体之间界面处的白色过渡层,即所谓的白亮带。白亮带主要是由于熔覆合金与基体金属在激光束作用下交互扩散而形成的固溶结合层,表明熔覆层与基体之间达到了良好的冶金结合,是送粉式激光熔覆最常见的组织之一。白亮带的形成还与熔覆层表面与基体之间形成熔池时的浓度梯度所导致的扩散效应有密切关系,为了精确说明由于浓度梯度导致的元素扩散,对图(b)进行 EDS 能谱点扫描分析,结果如图(c)所示。可以看出,在基体与熔覆层的界面处,熔覆层中的 Co 元素扩散进入基体,同时检测到少量 Cr 元素扩散穿过熔覆层进入熔覆层与基体界面处的区域。另外,还可以看出熔覆层含有较低含量的 Fe 元素,但是 Fe 元素在白亮带含量相对较高,说明基体中的 Fe 元素在浓度梯度的影响下也发生了扩散。由图(c)可以看出,白亮带主要是由 Fe 和 Co 两种元素组成,同时还固溶了少量的 Cr 元素。此外,激光熔覆时基体表面的微熔与熔覆材料的搅拌混合也促进了白亮带的形成[8-9]。

对图 2-14(a)中熔覆层不同部位的微观组织进行具体分析,如图 2-15 所示。图 2-15(a)～(h)分别对应于图 2-14(a)中从熔覆层底部(熔覆层与基体界面处)到熔覆层上部的组织放大图。由图可以看出熔覆层组织的生长特征主要表现为明显的枝晶生长特征。实际上,整个熔覆层可以分为两个区:熔覆层结合区和熔覆层区。熔覆层结合区呈典型的定向凝固特征,在熔覆层与基体界面处存在熔合带状区,宽约 8μm,在带状区前沿为宽 4～12μm 的沿热流方向生长的胞状共晶组织,在胞状晶上方是胞状树枝晶(图 2-15(a)),在其上方是从粗到细的柱状树枝晶(图(b)～(f)),在柱状树枝晶的上方(靠近熔覆层表面)是多方向的细小树枝晶(图(g)和(h))。

熔覆层快速凝固的生长形态主要取决于温度梯度(G)和凝固速率(R),特别是凝固组织生长形态选择的控制参数(形状控制因子)G/R。根据凝固理论,晶体生长不稳定性受形状因子 G/R 控制,熔覆层不同位置凝固条件不同,最终所形成的组织结构不同。根据武晓雷等[10]的分析可知,在基体与熔化区之间的界面处 R 趋于零而 G 最大,使得 G/R 非常高(在基体与熔化区之间的界面处凝固速率最初接近于零)。因此,在熔覆层与基体界面处凝固组织以平面凝固生长成为可能,最终在熔池与基体的结合处出现无偏析的组织,即白亮带,如图 2-15(a)所示。随着离熔覆层底部距离的增加,R 逐渐增大,G 逐渐减小,因而 G/R 也减小,则平界面失稳,出现胞状晶区与枝晶转变区以及枝晶形态的领先相与枝晶间共晶的生长形态,如图 2-15(b)～(f)所示。熔覆的合金粉末在向熔池中部结晶直到熔覆层次表面

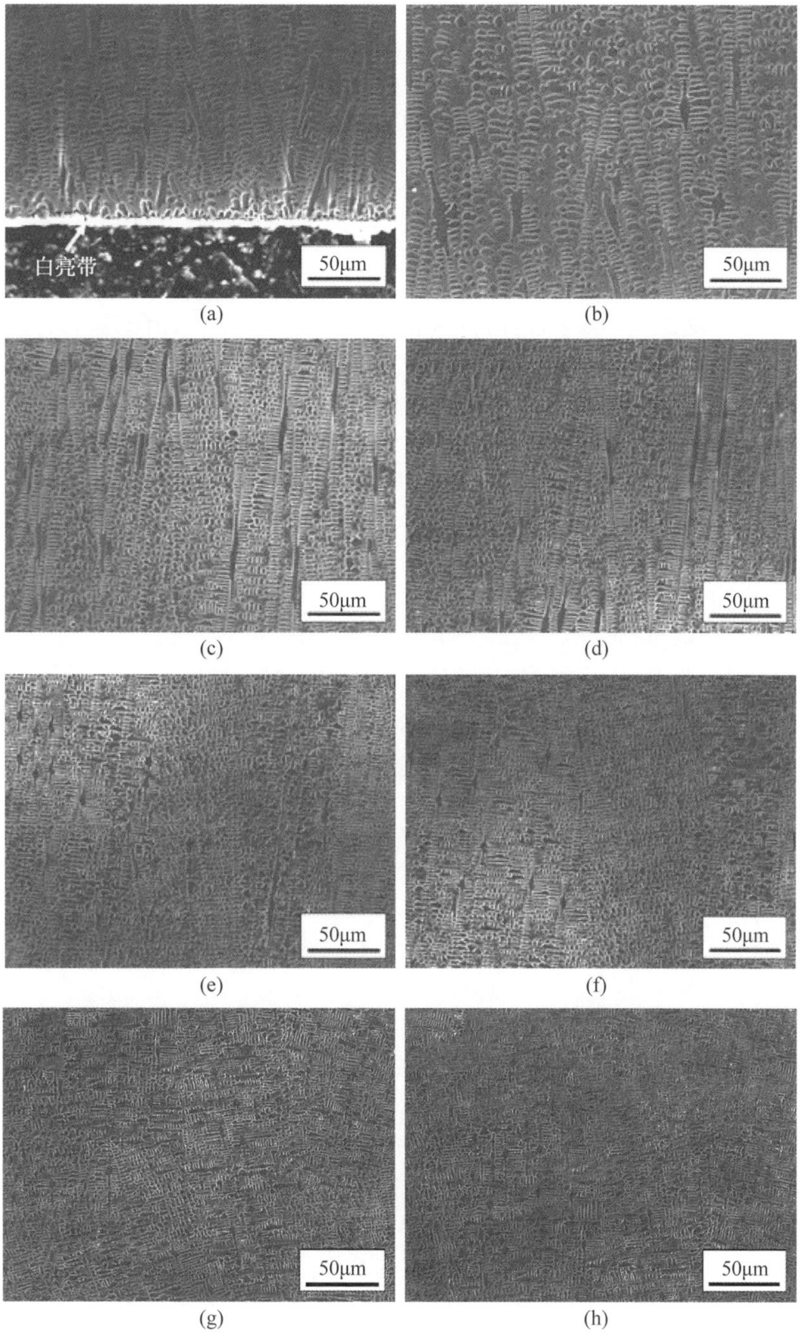

图 2-15　激光熔覆层不同部位 SEM 照片

(a) 熔覆层底部；(b)～(f) 熔覆层中部；(g)和(h)熔覆层上部

时,由于散热的条件发生变化,为多方向性(可以通过熔池的表面、界面以及已凝固的熔覆层等)散热,粉末的结晶速度加快,形成多方向性结晶而且组织逐渐细化。快速凝固合金具有比常规合金低几个数量级的晶粒尺寸,一般为0.1～1.0mm,这是在很大过冷度下达到很高的形核率和生长速率的结果。当在快速凝固的合金中出现第二相或夹杂物时,其晶粒尺寸也相应细化。在熔覆层的近自由表面,已凝固的熔覆层为散热的主要通道;激光熔覆试验过程伴随着吹气保护,气流方向与扫描速度方向相反,此处的散热方向与气流方向一致,而表面的晶体结晶的另一水平择优取向〈100〉与热流方向夹角变小而优先生长,晶体的生长方向几乎与激光扫描速度方向一致(图2-15(h))。熔池的自由表面冷却速度非常快,由于散热的条件发生变化,为多方向(可以通过熔池的表面、界面以及已凝固的熔覆层等)散热;熔覆粉末的结晶速度加快,因而形成多方向性结晶而且组织逐渐细化(图2-15(g)和(h))。细小的组织有利于改善熔覆层组织的不均匀性,从而提高材料表面的性能。

2.5 熔覆层性能

2.5.1 显微硬度

激光熔覆层的硬度和耐磨性能主要取决于熔覆层各组成相的性质、含量及分布状态等。熔覆材料中一般含有一定量的碳化物和硼化物等硬质相,使熔覆层的硬度和耐磨性能得到提高。王耀民[4]研究了TiC体积分数对激光熔覆层硬度及耐磨性的影响,如图2-16～图2-19所示。

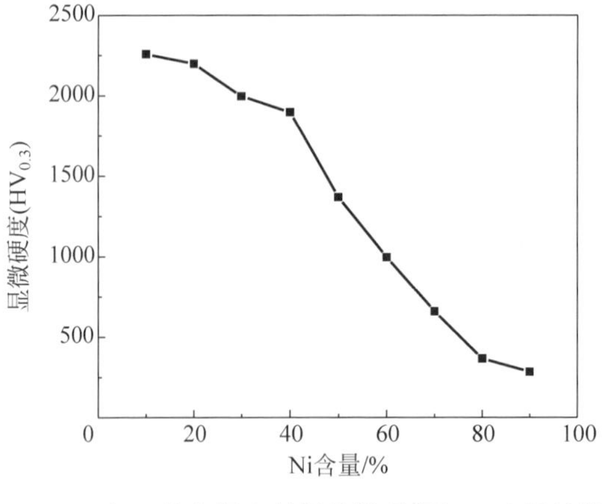

图2-16 Ni/TiC均匀复合材料显微硬度与Ni含量的关系

图2-16为不同组分Ni/TiC复合材料的显微硬度随Ni含量的变化规律。

从图中可以看出随成分的变化,复合材料的显微硬度呈现出梯度分布特征,当

Ni 的体积分数从 90vol.%降到 80vol.%时硬度上升缓慢，从 80vol.%到 40vol.%时硬度有了大幅上升，从 385.6$HV_{0.3}$ 上升到 1897.6$HV_{0.3}$，然后硬度的上升趋势又变缓和。另外由于 Ni 金属相和 TiC 陶瓷相的硬度相差很大，从显微组织观察可以发现当 Ni 的体积分数大于 80vol.%时，TiC 颗粒只占有很小的基体空间，此时硬度主要取决于 Ni 金属相，所以变化缓和；从 80vol.%到 40vol.%材料显微组织有了较大的变化，由 Ni 为主要相变成由 TiC 为主要相，Ni/TiC 复合材料的硬度受到 TiC 极大的影响，因而硬度出现了大幅提高，曲线斜率出现明显的变化。Ni 的含量低于 40vol.%时，随着 TiC 的含量上升，从密度测试可知材料的致密性有所下降，这是造成硬度上升变缓的主要原因。但就整体而言，无论是富 Ni 区还是富 TiC 区，材料的硬度都呈现出了梯度上升的趋势。

2.5.2 耐磨性

图 2-17 给出了不同 Ni 体积分数的 Ni/TiC 均匀复合材料的磨损失重直方图(最大载荷 3.2kgf，磨盘转速为 60r/min，销形试样进给速度为 1mm/r，当进给量达到 10mm 时，取下试样用精度为 0.1mg 的分析天平称量失重，并结合相应材料的实测密度计算磨损体积，对磨材料为 320 目 SiC 砂纸)。可以清晰地看出，在相同磨损试验条件下，磨损失重随着 Ni 体积分数的增加而增加，呈现出梯度分布特征。10vol.%Ni 的复合材料与 90vol.%Ni 复合材料相比，磨损失重减少 90.2%。

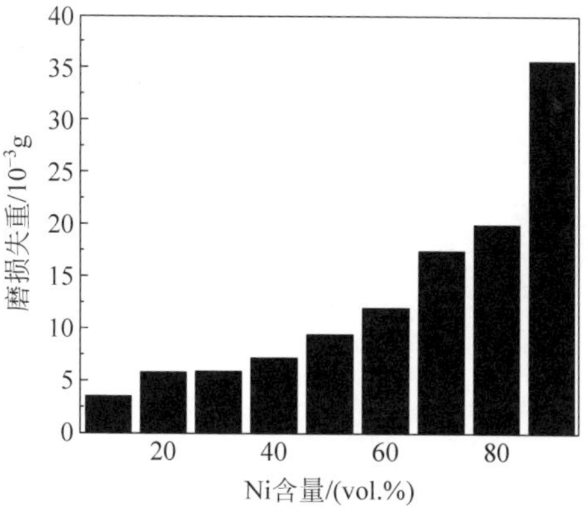

图 2-17　Ni/TiC 均匀复合材料的磨损失重直方图

图 2-18 和图 2-19 分别给出了富 Ni 和富 TiC 的 Ni/TiC 均匀复合材料的磨损表面形貌随着 Ni 体积分数的增加而变化的扫描电镜照片。从图 2-18 和图 2-19 可以看出，无论是富 Ni 的复合材料还是富 TiC 的复合材料，其表面都呈现出犁沟的形貌。富 Ni 材料磨损表面分布着平行、连续且深的犁沟，局部可见黏着现象(图 2-18(a))；而富 TiC 材料磨损表面分布着平行、不连续且浅的犁沟，黏着现象基本不可见。因

此,Ni/TiC 均匀复合材料的磨损机理主要为犁削磨损。犁沟的变化表明 Ni/TiC 均匀复合材料随 Ni 体积分数的减少,其耐磨性逐渐增强。

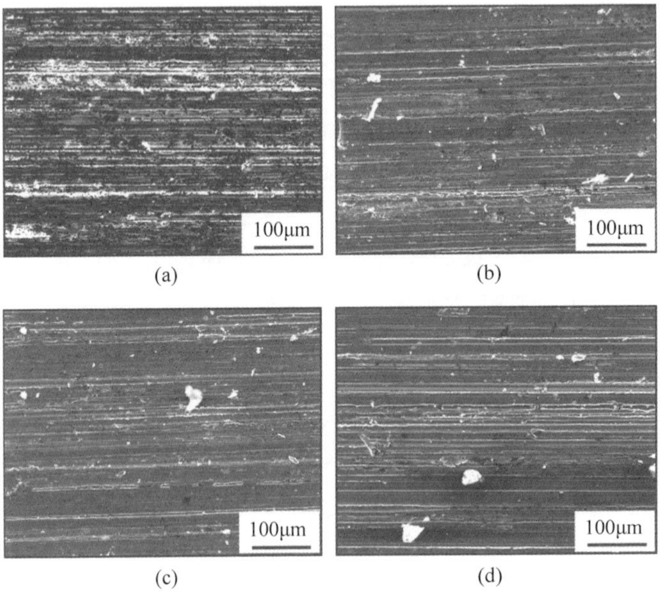

图 2-18　富 Ni 的 Ni/TiC 均质复合材料的磨损表面形貌

(a) N50;(b) N60;(c) N70;(d) N80

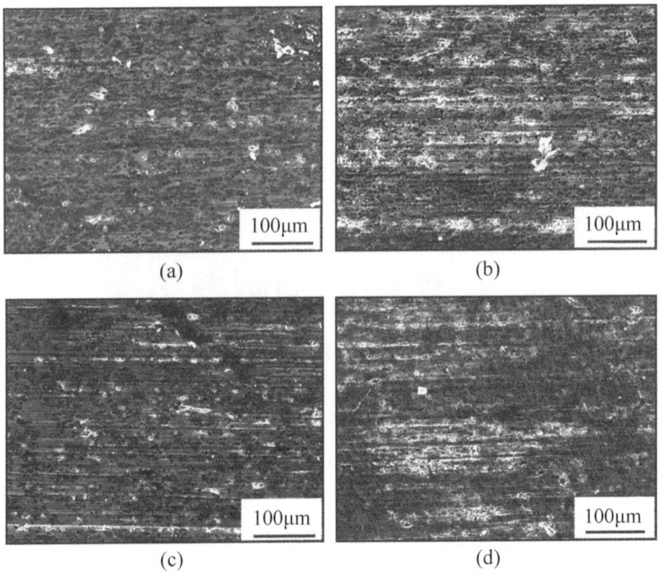

图 2-19　富 TiC 的 Ni/TiC 均质复合材料的磨损表面形貌

(a) N10;(b) N20;(c) N30;(d) N40

在磨损过程中，作用在对磨材料 SiC 砂纸磨粒上的力分为垂直分力和水平分力，前者使 SiC 磨粒压入复合材料表面，后者使 SiC 磨粒与复合材料表面之间产生相对位移。Ni/TiC 复合材料在磨损过程中，由于 Ni 相和 TiC 相硬度的巨大差异致使磨损具有明显的选择性。首先受磨损的材料是金属 Ni，当金属 Ni 磨损到一定程度时，TiC 颗粒呈微凸起状态，保护金属不会继续受到严重磨损，即所谓的阴影效应[11]。在富 Ni 的材料中当 Ni 体积分数较高时，原位形成的 TiC 颗粒较小，SiC 磨粒在垂直分力作用下沿 TiC 颗粒间隙压入深度大于 TiC 颗粒的尺寸，使 SiC 磨粒压入深度范围内的阴影效应失去作用，但大于 SiC 磨粒压入深度的阴影效应仍然存在。如图 2-20 的 Ni/TiC 复合材料的磨损示意图(a)所示，在富 Ni 的材料中，Ni 体积分数大的复合材料，TiC 颗粒小，在 SiC 磨粒的犁削作用下，脱离基体较多并参与磨损，造成平行、连续且相对深而宽的犁沟出现。由于随着 Ni 体积分数的减小，TiC 颗粒增大，大于 SiC 磨粒压入深度的 TiC 产生的阴影效应越来越大，表现出对材料表面的保护作用的增强，所以最终在富 Ni 的材料中出现随 Ni 体积分数的增加，平行连续的犁沟逐渐变浅。而在富 TiC 的材料中，随着 Ni 体积分数的变小，TiC 颗粒尺寸及其所占体积逐渐增大，TiC 颗粒产生的阴影效应逐渐增强。SiC 颗粒由于 TiC 的支撑作用压入材料的深度变小，即使因局部 TiC 颗粒间隙较大使 SiC 颗粒压入深度类似富 Ni 材料，分别如图 2-20(b)和(c)所示，但压入深度小于 TiC 颗粒尺寸，由于 SiC 硬度(33400MPa HV)小于 TiC 的硬度(50000MPa HV)，SiC 只能从 TiC 颗粒表面滑过，造成细微犁沟的同时 SiC 的棱角由于 TiC 的作用变钝，使其经过下一个 TiC 颗粒表面时犁沟无法延续。这种作用现象随着 Ni 体积分数的减小而增强，所以最终富 TiC 的材料磨损形貌表现为平行、不连续且浅的犁沟。

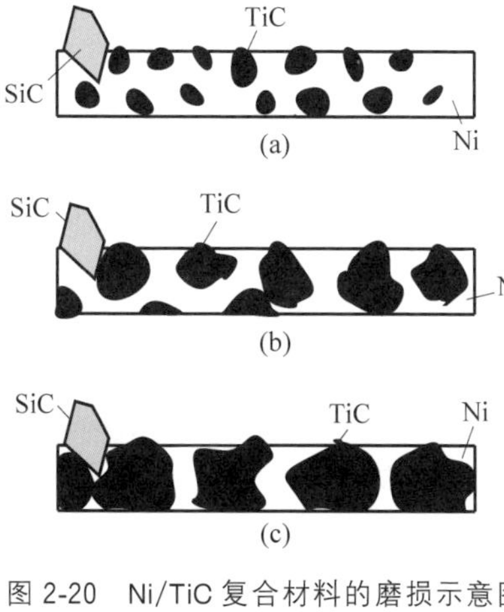

图 2-20　Ni/TiC 复合材料的磨损示意图

2.5.3 耐蚀性

熔覆涂层还具有良好的耐蚀性，除由于熔覆层中有大量可提高耐蚀性的合金元素，熔覆层的显微组织对提高耐蚀性亦极为有利。激光快速熔化凝固形成的定向组织使涂层表面晶粒取向相近，减少了因晶粒取向不同而形成的原电池反应加速腐蚀的倾向。激光熔覆快速冷却产生的过饱和固溶体可提高基体的电极电位及抑制某些脆性相的析出等，均可有利于改善熔覆层的耐蚀性。

图 2-21 是工具钢表面激光熔覆 Co 基合金涂层横截面用不同腐蚀剂腐蚀后的熔覆层与基体的对比 SEM 图片。由图(a)可见，用 4wt.%的硝酸酒精对试样腐蚀 10s 时，基体的组织清晰可见，而熔覆层看不到微观组织，可见 4wt.%的硝酸酒精对熔覆层几乎无任何腐蚀作用。对比图(b)可见，当用王水(浓硝酸∶浓盐酸=1∶3)对试样腐蚀 2min 时，基体早已被腐蚀过了，此时熔覆层的组织清晰可见。由此可见熔覆层是非常耐腐蚀的，这是由于熔覆层中富含大量的 Co、Cr 等合金元素，能够有效改善其化学腐蚀性能。

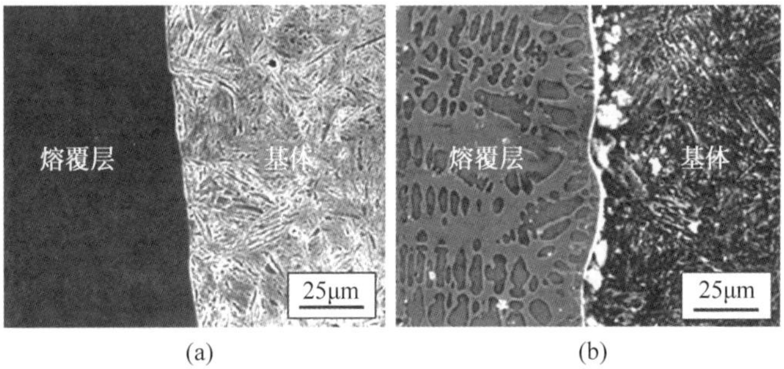

图 2-21 采用不同腐蚀剂腐蚀后激光熔覆层与基体对比 SEM 图片

(a) 4wt.%硝酸酒精溶液；(b) 王水(浓硝酸∶浓盐酸=1∶3)

2.6 熔覆层缺陷

激光熔覆过程的实质是高能激光束和金属粉末基材相互作用时，粉末和基材快速熔化、快速冷却的过程，因为这一过程时间很短，远离平衡态，过热度和过冷度远大于常规热处理，可以使材料在激光辐照区中形成晶粒高度细化的组织结构和较小的变形。由于材料的熔化、凝固和冷却都是在极快的条件下进行的，因熔覆材料与基体材料的热物性差异以及成形工艺等因素的影响，容易在成形件中形成裂纹、气孔、夹杂、层间结合不良等缺陷。目前熔覆层的裂纹和气孔问题仍然是激光熔覆技术工业化应用的一大障碍。

2.6.1 裂纹

1. 产生原因

激光熔覆层裂纹产生的原因很多，主要是与激光熔覆处理后材料内部存在较大的应力有关。熔覆层内部的应力类型主要有以下两种[12]。

1）基本应力

基本应力包括因高能激光束对金属材料的热作用而产生的热应力和组织应力。热应力是由金属材料受热后形成的温度梯度产生的，而组织应力是由金属材料受热熔化发生相变产生的。如果基材与熔覆材料的热物理参数（如膨胀系数、热导率等）差别较大，在高能激光束的作用下，很容易导致热应力的产生。激光熔覆层中的裂纹大多是由于在熔覆层内的局部热应力超过材料的屈服强度极限造成的。通常情况下，激光熔覆层的热应力为拉应力。另外，熔覆层的熔化和凝固过程中，交界面处基材的固态相变等都会发生体积变化，均会产生组织应力。当这两部分应力综合作用结果表现为拉应力状态时，容易在气孔、夹杂物尖端等处形成应力集中，导致裂纹产生。

2）残余应力

由于高能激光束和金属材料相互作用时存在力作用，当力作用的应力幅值增加到一定程度时将会使金属表面存在一定的塑性变形；另外，若热应力和组织应力的叠加产生的瞬时应力超过金属材料当时的屈服强度，也会在作用区域产生塑性变形。当熔覆过程中温差消失后，残余变形不能自行消失，而使相当部分的合成应力残留下来，在熔覆制件内部构成平衡的应力系统，即残余应力。

2. 形貌

苏联著名热处理裂纹问题专家 MaЛИНКИНaE. И 认为，只有在最大拉应力存在或作用的部位，才有导致裂纹的可能性和危险性，目前这一说法得到了我国热处理界的广泛认同。对于激光熔覆工艺来说，熔覆层的最大拉应力及其存在的部位是分析熔覆层裂纹的出发点。目前大量的研究发现，按出现的部位不同，熔覆层裂纹主要有宏观裂纹与显微裂纹两种。

1）宏观裂纹

宏观裂纹起源于熔覆层和基体结合处，并迅速沿着与扫描速度垂直的方向扩展、贯穿整个熔覆层。陈静等[13]研究了 316L 不锈钢粉末在 45＃钢基体上的激光熔覆，熔覆结束后观察熔覆层的表面形貌，其上宏观裂纹清晰可见。

2）显微裂纹

因为熔池很小，形成的裂纹也很小，需要借助金相显微镜来观察，因此这类裂纹称为显微裂纹。显微裂纹形成时大多数情况下在激光熔覆过程中可听到清脆的金属断裂声,当激光熔覆结束后借助显微镜观察熔覆层,将会发现熔覆层上表面有很多细小的裂纹,这类裂纹又称为微观裂纹,如图 2-22 所示[14]。

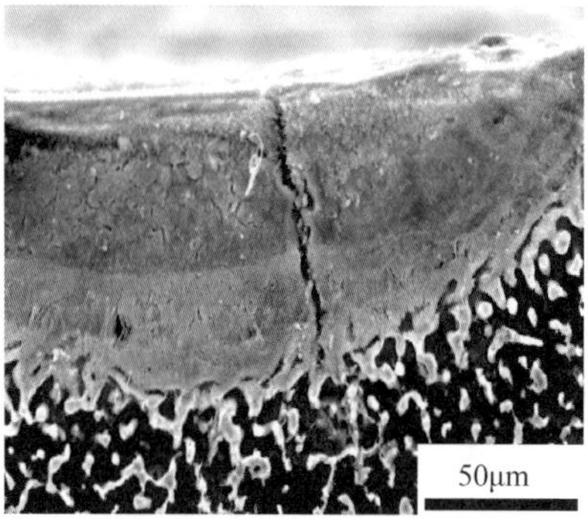

图 2-22　微观裂纹形貌

由图 2-22 可以看出裂纹从熔覆层表面处开裂,一直穿过整个熔覆层到达熔合区,将熔合区中的树枝晶截断。从裂纹开裂的路径和形状来看,作者认为此裂纹属于冷裂纹,是熔池凝固末期在残余拉应力和已凝固合金化层金属塑性不足两个原因共同存在时造成的低塑性脆化裂纹。

3. 控制裂纹的措施

1）根据材料特性控制裂纹的产生

(1) 熔覆层与基材热膨胀系数及热容匹配原则。

激光熔覆层产生裂纹的一个重要原因是熔覆合金和基材热膨胀系数的差异,当减小时,熔覆层热应力 σ 也随之减小,因此减小熔覆层和基体材料热膨胀系数的差异有助于控制裂纹的产生,W. L. Song 等[15]给出了熔覆层材料和基体材料的匹配原则,即二者的相关参数应满足下式:

$$\sigma_2(1-\mu)/(E\Delta T) < \Delta\alpha < \sigma_1(1-\alpha)/(E\Delta T) \tag{2-11}$$

此外,基体材料的热容也是一个应该考虑的因素,如果基体材料热容较大,则熔覆过程中储存的热量就多,使得温度梯度大,容易形成宏观裂纹。

(2) 在基体上添加涂层提高基体对熔覆层的润湿性。

在基体与熔覆层中间添加的过渡层要与基体热物性参数匹配较好且抗裂性强,从而降低熔覆层和基体界面裂纹产生的概率,并能提高熔覆层和基体的结合强度。由于熔覆层材料和基体材料的不同,熔覆层和基体的交接面是宏观裂纹形成的源头,在基体上添加涂层,会提高熔覆层材料和基体的润湿性,防止在加热或冷却过程中交界面出现液-液或液-固面之间产生气孔(气孔缺陷是容易形成应力集中的点)。因此,通过添加涂层的方法,能够降低裂纹率。Q. B. Liu 等[16]通过在基体上添加 Ni 基合金涂层减少了 Ni 与 Fe 界面处残余应力出现峰值的点。此外,Ni

和 Fe 可在界面处形成固溶体，提高了结合强度。

(3) 在熔覆材料中添加合金元素提高熔覆组织强韧性。

在熔覆层中添加一种或几种合金元素，在满足其性能要求的基础上增加韧性相，提高熔覆组织的强度，是控制裂纹产生及扩展的一种有效方法。刘其斌等[17]采取激光熔覆方法修复航空发动机叶片铸造缺陷时发现，当添加含量为 1.5wt.% 的 Y_2O_3 时，可在铸造镍基高温合金叶片上获得无裂纹的修复涂层；当 Y_2O_3 含量高于或低于 1.5wt.%时，熔覆层内部或熔覆层表面将产生裂纹。

另外，在熔覆组织中加入适量的稀土元素及其氧化物也可以优化组织，提高性能。邓迟等[18]采用激光熔覆处理单纯钛合金、钛合金和涂层原料以及预熔钛为过渡层的生物陶瓷涂层，对比研究了稀土对纵截面组织形貌的影响，结果显示稀土具有降低涂层开裂倾向的作用。大量的研究发现，稀土及其氧化物具有以下作用：①在高温作用下和熔覆层杂质元素发生化学反应，起脱氧造渣作用，减少应力集中点；②在熔覆组织形核及长大过程中产生扎钉效应，阻止晶粒长大，从而起到细化晶粒的作用，提高熔覆层的强韧性。

2) 利用熔覆层应力的作用特点改进熔覆工艺

熔覆层裂纹是热应力和组织应力共同作用的结果，但是二者引起性质不同的应力场，即拉应力场和压应力场。拉应力场和压应力场的存在位置相同，作用方向却相反，因此在一定条件下，必然会存在这样一种合成作用：即它们分别作用于熔覆层中心处和表面上的最大拉应力因受到相反应力的抵消作用而降低甚至完全消失，并因此决定了基本应力控制裂纹的特性。所以，在制定熔覆工艺时，若能正确利用基本应力在合成时产生的降低拉应力的特性，即可达到控制开裂的目的。

此外，合理地选择黏结剂和工艺参数，激光处理前的预热和处理后的后热，也是减少裂纹的重要措施。

2.6.2 气孔

气孔也是激光熔覆层中经常出现的缺陷，如图 2-23 所示[14]。

1. 产生原因

如果涂层粉末在激光熔覆以前氧化、受潮，或有的元素在高温下发生氧化反应，那么，在熔覆过程中就会产生气体。由于激光处理是一个快速熔化和凝固过程，熔池中产生的气体如来不及排出，就会在涂层中形成气孔。另外，气孔也有可能因涂层的凝固收缩而产生，隐含于激光扫描搭接处的根部。

2. 消除或避免气孔产生的措施

虽然气孔难以完全避免，但可以采用一些措施加以控制。常用的方法有：严格防止合金粉末储运中的氧化，在使用前烘干去湿以及激光熔覆时要采取防氧化

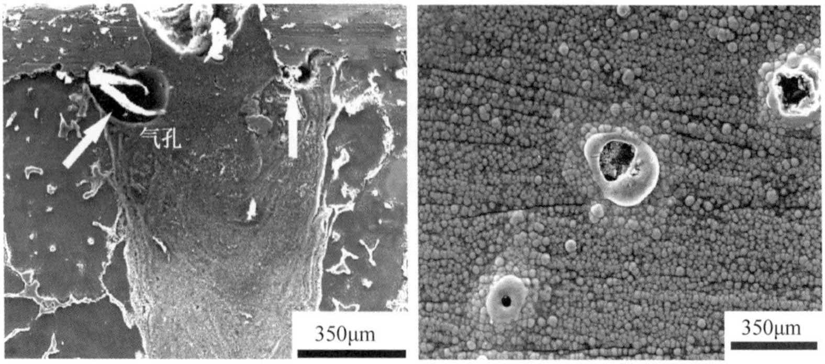

(a) (b)

图 2-23 激光熔覆层中的气孔

的保护措施，如在涂层粉末中加入防氧化物质以及选择不易氧化的金属粉末与陶瓷粉末配制涂层材料，根据试验选择合理的激光熔覆工艺参数等。研究表明，在大气中激光熔覆的涂层中存在许多微孔洞，而此类缺陷在真空中则明显减少。一般是由于熔液中的碳和氧反应或者金属氧化物被碳还原形成的反应气孔，有时也存在固体物质的挥发和湿气蒸发等非反应性的气孔。气孔的存在容易产生裂纹并扩展，因此控制熔覆层内的气孔是防止熔覆层裂纹的重要措施之一。

一般从两个方面考虑控制气孔的产生：

(1) 采取防范措施限制气体来源，如采用惰性气体保护熔池等；

(2) 调整工艺参数，减缓熔池冷却结晶速度从而有利于气体的逃逸。

2.7 激光熔覆存在的问题

目前研究工作的重点是熔覆设备的研制与开发、熔池动力学、合金成分的设计、裂纹的形成、扩展和控制方法以及熔覆层与基体之间的结合力等。

而激光熔覆技术进一步应用面临的主要问题是：

(1) 激光熔覆技术在国内尚未完全实现产业化的主要原因是熔覆层质量的不稳定。激光熔覆过程中，加热和冷却的速度极快，最高速度可达 10^{12}℃/s。由于熔覆层和基体材料的温度梯度和热膨胀系数的差异，可能在熔覆层中产生多种缺陷，主要包括气孔、裂纹、变形和表面不平度。

(2) 激光熔覆过程的检测和实施自动化控制。

(3) 激光熔覆层的开裂敏感性，仍然是困扰国内外研究者的一个难题，也是工程应用及产业化的障碍。目前，虽然已经对裂纹的形成进行了研究，但控制方法方面还不成熟。

参考文献

[1] 关振中,卜宪章,刘要武.激光表面熔覆的现状及工业应用展望[J].焊接研究与生产,1995,4(2):38-43.

[2] 关振中.激光加工工艺手册[M].北京:中国计量出版社,1998.

[3] 徐庆鸿,郭伟,田锡唐.激光扫描速度对激光熔覆宏观质量的影响规律[J].航天工艺,1997,4:1-4.

[4] 王耀民.激光直接制造 Ni/TiC 梯度功能材料的研究[D].长春:吉林大学博士学位论文,2008.

[5] 邓琦林,胡德金.激光熔覆快速成型致密金属零件的试验研究[J].金属热处理,2003,28(2):33-38.

[6] 刘江龙,邹至荣,苏宝榕.高能束热处理[M].北京:机械工业出版社,1997.

[7] 刘江龙,刘朝.激光作用下合金熔池内的熔体流动[J].重庆大学学报,1993,16(5):109-114.

[8] 王存山,夏元良,李刚,等.宽带激光熔覆 Ni 基合金涂层结合区组织结构[J].应用激光,2001,21:88-90.

[9] 刘其斌,陈佳,王存山,等.宽带激光熔覆铸造 WCp/Ni 基合金复合涂层结合界面组织特征[J].贵州工业大学学报(自然科学版),2001,30(1):27-30.

[10] 武晓雷,陈光南.激光熔覆 Fe-Cr-W-Ni-C 合金的微观组织及其演化[J].金属学报,1998,34:1033-1038.

[11] 周霞,鲍志勇,周继扬,等.磨煤机用硬质颗粒增强复合合金材料的耐磨性[J].铸造,2002,51(10):603-606.

[12] 孙盛玉,戴雅康.热裂纹分析图谱[M].大连:大连出版社,2002.

[13] 陈静,林鑫,王涛,等.316L 不锈钢激光快速成形过程中熔覆层的热裂机理[J].稀有金属材料与工程,2003,32(3):183-186.

[14] 杨悦.铝基体 Ni-P 镀层的激光改性、合金化与铝基粉末材料的镁合金激光熔覆研究[D].长春:吉林大学博士学位论文,2006.

[15] SONG W L,ZHU P D,ZHANG J,et al. The effects of expansion coefficient of laser cladding layer on cracking sensitivity [J]. U. Sci. Technol. (Natural Science Edition),1999,17(1):42-44.

[16] LIU Q B,ZHU W D,CHEN J. A method of improving laser cladding Fe-based alloy coating on high temperature alloy [J]. J. Guizhou U. Technol. ,2000,29(5):56-59.

[17] 刘其斌,李绍杰.航空发动机叶片铸造缺陷激光熔覆修复的研究[J].金属热处理,2006,31(3):52-55.

[18] CHEN C Z,LEI T Q,BAO Q H,et al. Problems and the improving measures in laser remelting of plasma sprayed ceramic coatings[J]. Mater. Sci. Technol. ,2002 ,10(4):431-435.

第3章

激光熔凝技术

3.1 激光熔凝技术概述

激光熔凝技术是激光表面改性技术中比较成熟的技术，也是激光表面强化技术的一种，工业应用也比较广泛。通过激光束表面熔凝强化，可以显著提高钢铁、镁铝合金等金属材料的表面硬度、表层强度、耐磨性、耐蚀性和高温性能等，从而大大提高产品质量，成倍地延长产品使用寿命和降低成本，取得巨大的经济效益，有着广泛的应用前景。

3.1.1 概念与特点

激光熔凝，也称为激光熔化淬火，是采用高能量密度的激光将材料表面薄层快速熔化，然后在光束移开后依靠冷态基底材料自身的吸热和传热作用，使表面熔化层快速冷却凝固(冷却速度达到 $10^5 \sim 10^7$ ℃/s)，从而获得较为细化均质的组织和所需性能的一种材料表面处理工艺。材料经激光熔凝处理后，组织得以细化，成分偏析减少，缺陷率降低，从而大幅提高材料表面的耐磨性和疲劳强度，使材料性能得到改善。图 3-1 为激光熔凝过程和熔池截面示意图。

激光熔凝是金属材料表面在激光束照射下成为熔化状态，同时迅速凝固，产生新的表面层，具有以下优点：

(1) 熔凝层与材料基体形成冶金结合；

(2) 急冷重结晶获得的组织有较高的硬度、耐磨性和抗腐蚀性；

(3) 其熔层薄、热作用区小，对表面粗糙度和工件尺寸影响不大，有时可不再进行后续磨光而直接使用；

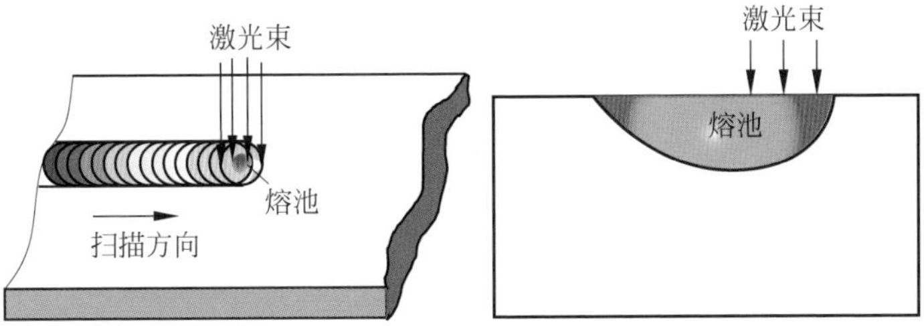

图 3-1　激光熔凝过程和熔池截面示意图

(4) 提高溶质原子在基体中固溶度极限，晶粒及第二相质点超细化，形成亚稳相可获得无扩散的单一晶体结构甚至非晶态，从而使生成的新型合金获得传统方法得不到的优良性能。

3.1.2　激光熔凝层形状特征

谢长生等[1]给出了金属材料经激光熔凝后的大体横截面结构，如图 3-2(a)所示，可分为熔化区、相变区、回火区和基体四个区，图 3-2(b)是熔凝层大小测量位置示意图。从图可以看出激光熔凝处理后，熔池截面呈“球缺形”。这是激光光斑在金属表面能量传导分布的具体反应，中间部分能量输入多，透入深度大，边缘部分能量输入少，透入深度小以及周围基体的散热条件所致。熔凝区是表面直接受激光辐照的区域，冷却后此区域的微观组织受激光功率、激光扫描速度等的影响极大。相变区和回火区统称为热影响区，此区紧靠表面熔化层，受激光辐照能量的影响极大。基体在激光辐照处理过程中，只起传导热能的作用。它与激光辐照表面相距较远，而基体的体积较大，热能传到此处其能量密度较小，不能引起基体组织任何变化，经激光熔凝处理后，仍能保持其原有的一切特性。

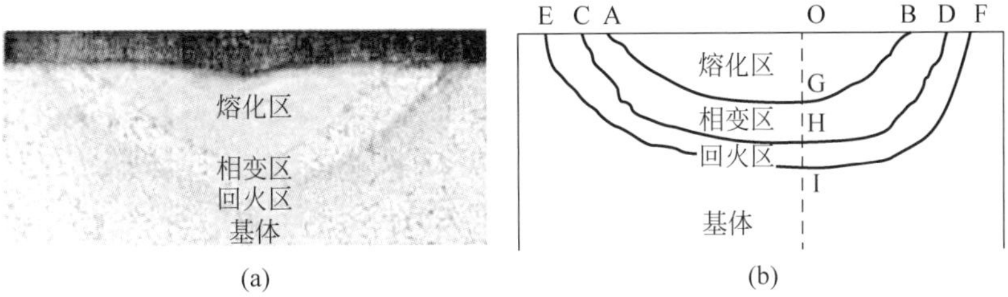

图 3-2　激光熔凝横截面

(a) 激光熔凝后 Cr12MoV 钢的截面形貌($\tau=8ms, f=3Hz$)；(b) 激光处理后熔凝层大小测量位置示意图

3.1.3　激光熔凝材料表面的吸光涂料

激光表面热处理中金属表面都经过了机械加工，表面光洁度较高，当激光照射

这种光洁表面时,一部分能量被表面反射,表面越光滑反射越强烈,对红外波段入射光的反射率可高达 80%～90%,导致热量的散失,而且也严重威胁着操作人员的安全。因此,在进行激光表面处理时,必须对样品表面进行预处理,即在需要激光处理的金属表面涂覆一层对激光有较高吸收率的涂层,以提高材料对激光的吸收率[2]。

国内多年来普遍采用黑化的方法来提高材料对激光的吸收率。目前常用的黑化方法有两种,一种是用涂料涂或喷在金属表面,如涂黑汁、金属氧化物等;另一种是形成化学膜如磷化、氧化等。但是这些方法存在一系列问题,如吸收率较低、热稳定性差、随温度升高吸收率下降、清除困难、有污染等。因此研制对激光具有吸收率高、热稳定性好、无污染、性价比高的新型激光表面处理吸收涂料,不仅有利于成型加工,还能节省能源,是激光热处理过程中必须解决的一个问题。

1. 骨料

骨料是配制吸光涂料最重要的组成部分,对用于激光表面处理的吸收涂料尤为重要。根据金属氧化物对 CO_2 激光具有良好吸收的特点,再根据纳米材料由超细微的粒径所赋予的量子尺寸效应、小尺寸效应、表面效应、吸收效应等,决定选用纳米氧化物作为骨料,即吸收涂料的骨料。它确保吸收涂料能高效地吸收 CO_2 激光,在高功率激光照射下,有热稳定性好、导热性好、耐高温、不反喷等特点。可以作骨料的材料有石墨、碳黑、刚玉粉、Al_2O_3 粉及一些金属氧化物。

2. 黏合剂

混合涂料不像磷酸盐膜类化学反应涂层能与基体形成致密的薄膜,为了保证颗粒间的相互黏合和界面有良好的传热性,需要添加黏合剂,黏合剂的选择十分重要,如果没有黏合剂,骨料极易沉淀影响使用。更为重要的是,涂层在工件表面附着力差,稍受外力即易自行脱落,特别是现代的激光加工多采用吹压缩空气的方法来保护镜头,因此加工中极易将涂层吹掉,而有些黏合剂形成的涂层处理后难以清除[3]。这样的黏合剂都不适用于激光吸收涂料的配制。

不仅如此,涂料中加入黏合剂的比例对喷涂质量也会产生很大的影响。试验表明,黏合剂的最佳加入比例是 10～15∶1(稀释剂∶黏合剂)。

3. 稀释剂

为了使涂层在喷涂后能迅速干燥,稀释剂一般采用易于挥发的物质如无水乙醇、香蕉水等。实际中,一般采用无水乙醇作为涂料的稀释剂。

4. 添加剂

为了增强涂料的效果,在涂料配制过程中需要添加如包覆剂、防锈剂、乳化剂、防尘剂等一些其他物质。

3.2　激光熔凝层温度场模拟

激光照射材料表面时，其能量被材料的表层吸收并转变为热。该热量通过热传导在材料内扩散，从而形成温度场，该温度导致材料性质的变化。分析和计算激光加热过程中的热传导现象对了解、确定激光与材料相互作用的物理机理具有重要意义，促进了人们对激光表面处理过程中的加热、冷却过程物理、数学模拟的研究[4-12]。下面对材料在激光加热过程中的吸收、加热及随后的冷却过程的数学模型进行分析。

3.2.1　材料对激光的吸收

激光入射材料表面，一部分反射，另一部分进入材料内部。对于不透明物质，透射光被吸收，其吸收率(或辐射率)为

$$A = 1 - R \tag{3-1}$$

式中，A 为吸收率；R 为反射率。在可见光谱区，大多数金属吸收光的深度都小于 $0.1\mu m$，材料吸收光能的部位都在浅层内。受激光照射后，材料表面以下 x 处的光强为

$$I(x) = I_0 e^{-\varphi x} \tag{3-2}$$

式中，I_0 为表面($x=0$)处的透射光强；φ 为材料的吸收系数。一般通过黑化处理提高材料表面对激光的吸收。

3.2.2　激光加热熔化与凝固

激光熔凝快速凝固过程中热流主要受系统向环境的传热控制，为求解激光熔凝过程中的热流分布，作如下假设：由激光束产生的稳定、高强度热流每一瞬间作用于半无限大工件表面的圆形区域，其直径由能束尺寸决定。由于处理过程中表面熔化层越深，凝固时释放的熔化潜热就越多，向工件内部传热的速度就会越小，所以表层熔化后的热流速度或凝固冷却速度受到熔化层深度的影响。对于激光熔化快速凝固过程可以简化地求解下列热传导方程：

$$\frac{\partial^2 T(x,t)}{\partial x^2} + \frac{g(x,t)}{K} = \frac{1}{\alpha}\frac{\partial T(x,t)}{\partial t} \tag{3-3}$$

式中，$x>0$，$t>0$。K 为热传导系数，α 为热扩散系数，$g(x,t)$是由高强能束传入并被工件表层吸收的热量，可以表示为

$$g(x,t)=q_0\delta(x-0)\eta(t-\tau) \tag{3-4}$$

式中，δ 和 η 分别为 δ 函数和海维斯德函数，q_0 为工作表面 $x=0$、$t=\tau$ 时刻吸收的能量。

求解上述方程的边界条件和初始条件为

$$\frac{\partial T(x,0)}{\partial x}=0,\quad x=0,t>0$$

$$T(x,0)=T_0,\quad 0\leqslant x\leqslant\infty$$

式中，T_0 是工件在激光照射前的初始温度。

采用积分变换法求解上述微分方程，可以得到激光照射到工件表面加热，且激光束移动后冷却时工件内瞬时温度场为

$$T(x,t)=\frac{q_0}{K}\left\{\sqrt{\frac{4\alpha t}{\pi}}\exp\left[-\left(\frac{x}{\sqrt{4\alpha t}}\right)^2\right]-\sqrt{\frac{4\alpha v}{\pi}}\exp\left[-\left(\frac{x}{\sqrt{4\alpha v}}\right)^2\right]-x\left[\mathrm{erf}\left(\frac{x}{\sqrt{4\alpha t}}\right)-\mathrm{erf}\left(\frac{x}{\sqrt{4\alpha v}}\right)\right]\right\}+T_0 \tag{3-5}$$

式中，$v=t-\tau$，其中 τ 是激光束加热时间，t 是时间变量。

可以求解出激光表面($x=0$)的温度变化：

$$T_s(t)=\frac{q_0}{K}\left(\sqrt{\frac{4\alpha t}{\pi}}-\sqrt{\frac{4\alpha v}{\pi}}\right)+T_0 \tag{3-6}$$

在上述方程中认为被处理材料表面温度高于材料熔点时材料即发生熔化，而温度低于材料熔点时该位置材料即发生凝固。图 3-3 表示激光加热和冷却过程中材料表面温度与时间的对应关系。

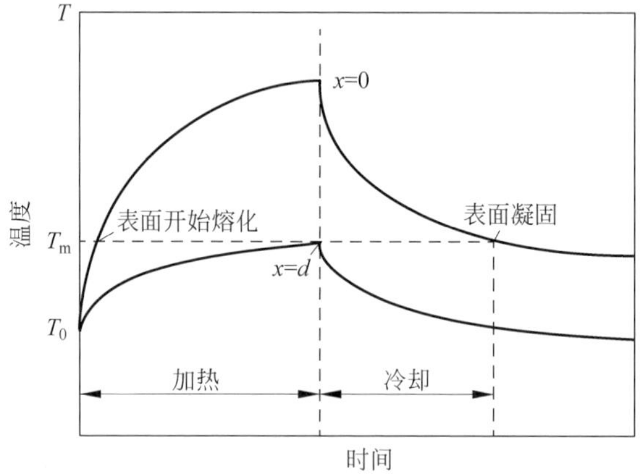

图 3-3　激光加热和冷却过程中材料表面温度随时间的变化

同时可求解出表面熔化层冷却时的温度梯度和冷却速度。

温度梯度：

$$G(x,t)=\frac{\partial T_s}{\partial x}=-\frac{q_0}{K}\left[\operatorname{erf}\left(\frac{x}{\sqrt{4\alpha t}}\right)-\operatorname{erf}\left(\frac{x}{\sqrt{4\alpha v}}\right)\right] \tag{3-7}$$

冷却速度：

$$\dot{T}=\frac{\partial T_s}{\partial t}=\frac{q_0}{K}\left\{\sqrt{\frac{\alpha}{\pi t}}\exp\left[-\left(\frac{x}{\sqrt{4\alpha t}}\right)^2\right]-\sqrt{\frac{\alpha}{\pi v}}\times\exp\left[-\left(\frac{x}{\sqrt{4\alpha v}}\right)^2\right]\right\} \tag{3-8}$$

可以求出快速冷却时的凝固速度：

$$R=\frac{\dot{T}}{G} \tag{3-9}$$

对于采用低阶模式的脉冲激光束作为激光熔凝的光源时，由于此脉冲激光光斑呈高斯分布，所以其基模高斯光束（TEM_{00}）的能量分布公式为

$$I_0=I_{\max}\exp\left(-\frac{2r^2}{\omega^2}\right) \tag{3-10}$$

式中，I_0 为光斑的有效功率密度（W/m^2）；r 为从光斑中心算起的距离（m）；ω 为激光光斑尺寸（m）。

根据以上假设，研究者得到在不同激光能量密度、不同脉宽作用下，脉冲激光与 304 不锈钢表面相互作用（加热和冷却）过程中温度与时间的关系曲线，如图 3-4 和图 3-5 所示。不锈钢的物理性能参数见表 3-1[13]。

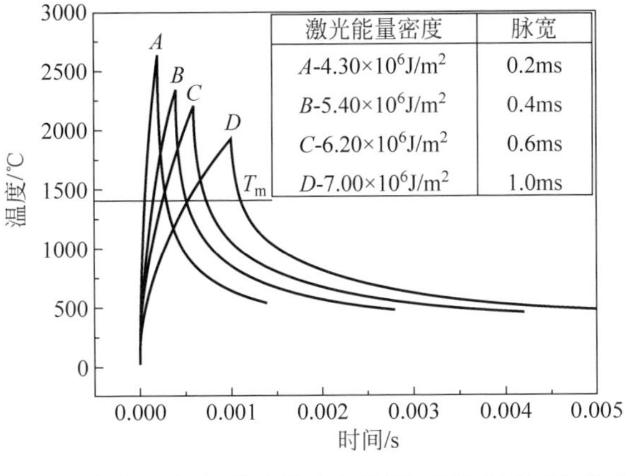

图 3-4　在较低激光能量密度、较小脉宽条件下，不锈钢表面加热和冷却曲线

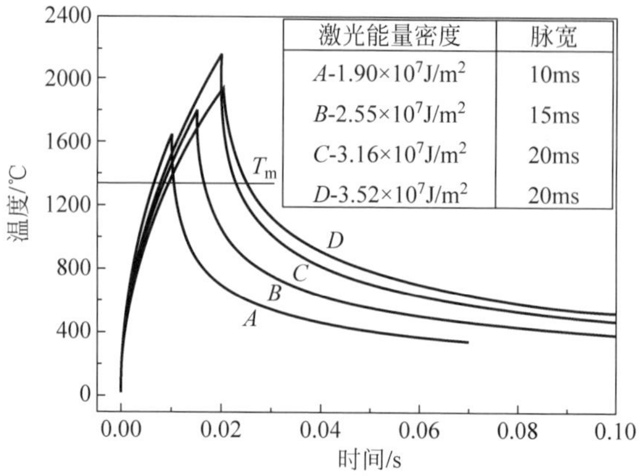

图 3-5　在较高激光能量密度、较大脉宽条件下，不锈钢表面加热和冷却曲线

表 3-1　不锈钢的物理性能参数

材料	热传导系数 $K/(\mathrm{W/m\cdot ℃})$	密度 $\rho/(\mathrm{kg/m^3})$	热容 $c/(\mathrm{J/kg\cdot ℃})$	热扩散系数 $k/(\times10^{-5}\,\mathrm{m^2/s})$	吸收系数 η
不锈钢	52	7980	502	1.298	0.11

由图 3-4 和图 3-5 可以看出，激光与不锈钢表面层的作用时间为一个脉宽时，其表面温度达到最高值，随后进入冷却过程。由图 3-4 可以看出，不锈钢在较低的激光能量密度($4.30\times10^6\sim6.20\times10^6\,\mathrm{J/m^2}$)、较小的脉宽(0.2～0.6ms)时，表面最高温度远远超过不锈钢的熔点 T_m(1371～1398℃)，因为此时激光功率密度很高(激光功率密度＝激光能量密度/脉宽)，所以激光作用后会在不锈钢表面发生强烈的熔化挥发过程；由图 3-5 可知，当激光能量密度较高($1.90\times10^7\sim3.52\times10^7\,\mathrm{J/m^2}$)、脉宽较大(10～20ms)时，此时激光功率密度较低，不锈钢表面最高温度明显低于脉宽较小时的温度，但是高于不锈钢的熔点，为不锈钢表面的熔化凝固过程，将对不锈钢的形貌及性能产生重要的影响。如果继续增加激光的能量密度，表面温度会继续增加，极有可能使试样表面汽化，对不锈钢表面产生不利影响。

以上的分析假设激光能量在整个光斑内均匀分布且激光束能量只被表层吸收，但是由于脉冲激光光斑呈高斯分布(即光斑内能量分布不均匀)，目前对单个脉冲激光光斑内的温度场进行研究分析得较少。因此，研究单个光斑内的温度分布是很有必要的。如果把沿截面(x-z 方向)的温度变化通过等温线转化成表面(x-y 方向)的温度变化(由于激光光斑可近似为圆形，y-z 方向的温度变化与 x-z 方向的温度变化基本是一致的)，那么就可以粗略地分析表面单个脉冲光斑内的温度变化。x-y-z、x-z 和 x-y 方向的温度变化如图 3-6 所示。由图中 x-z 方向和 x-y 方向温度变化示意图可以看出，在热源所在位置 O 点附近，等温线接近圆形，比较密集，温度较高；距离 O 点越远，等温线越稀疏，逐渐呈现出椭圆形，可以近似反映表面光斑内的温度变化规律。

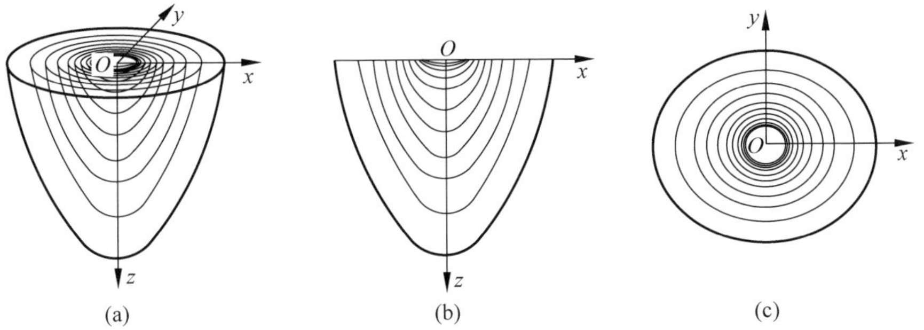

图 3-6　各方向温度变化示意图

(a) x-y-z 方向；(b) x-z 方向；(c) x-y 方向

根据以上分析，可用 MathCAD 软件编程来近似计算单个激光光斑内不同位置 r 处激光加热和冷却过程中的温度变化，如图 3-7 所示。由图可知，随着 r 的增加，不锈钢表面光斑内最高温度从 2165℃（$r \approx 0\mu m$）逐渐降低到 1503℃（$r \approx 200\mu m$），但这些值均高于不锈钢熔点 T_m（1371～1398℃）。因此当不锈钢表面经激光作用达到最高温度时，不锈钢表面发生熔化，在随后的冷却过程中由于凝固速率的不同而形成不同的形貌。

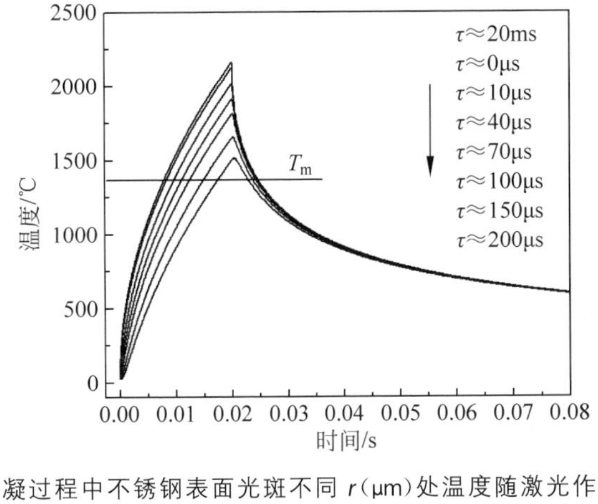

图 3-7　激光熔凝过程中不锈钢表面光斑不同 r(μm) 处温度随激光作用时间变化曲线

在激光束与材料的作用过程中,根据式(3-7)和式(3-9)计算后的温度梯度和凝固速率如图 3-8 所示。在激光光斑中心区的凝固速率最大可达 89m/s,而在边缘区则最小近似于零。由于光斑中心区和边缘区凝固速率的巨大差异,引起了中心区和边缘区形貌的不同。

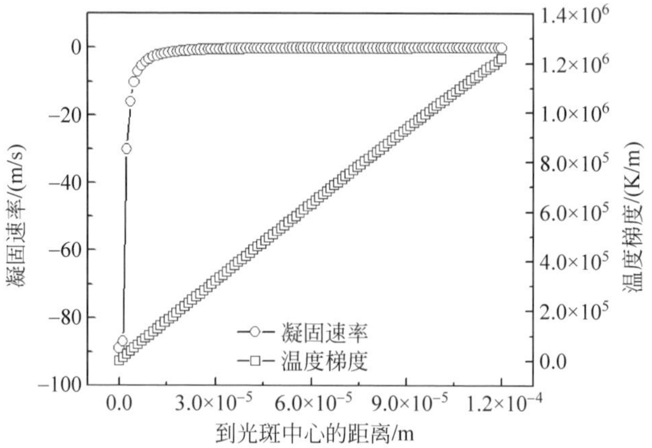

图 3-8　激光作用后不锈钢表面激光光斑内凝固速率和温度梯度变化与边缘到中心距离 r(μm)的变化关系曲线

3.3　激光熔凝层宏观形貌

奥氏体不锈钢的激光熔凝处理大都是在封闭环境下进行的,而在开放环境下的研究报道较少,而且对激光熔凝后不锈钢表面产物的形成与氧化、表层成分和结构等一系列的变化,尤其是单个脉冲激光光斑内氧化物形貌的具体研究尚未见报道,亦未见对表面层中氧化物形貌的形成机理与生长方式以及其对不锈钢基体的强化机制等方面的有关报道。研究者系统研究了 Nd: YAG 脉冲激光熔凝氧化处理对 AISI 304 奥氏体不锈钢表面形成氧化物形貌的影响规律,并探索出合适的激光工艺参数,进而为其他材料的表面改性提供合适的实验和理论参考。

3.3.1　小脉宽(小于或等于 1ms)形貌

图 3-9 给出了激光熔凝氧化前后不锈钢表面形貌的低倍 FESEM 照片。从图(a)可以看出,原始不锈钢试样经机械预磨处理后表面留下了宽度约为数微米的清晰划痕;经激光能量密度 $4.30\times10^6 J/m^2$(脉宽=0.2ms)辐照后,如图(b)所示,试样表面划痕数量明显减少。在每一次脉冲作用后可看到明显的液体喷溅现象,试样表面变得较为粗糙,虽然激光能量密度较低,但是脉宽也较小(≤1ms),即激光能

量密度将瞬间作用在不锈钢表面，因而当换算成激光功率密度时（激光功率密度＝激光能量密度/脉宽）为 $2.15\times10^{10}\,W/m^2$，该参数的影响将变得很大，直接导致材料表面发生严重的汽化和蒸发，因而会形成烧蚀坑或熔坑。同时由于激光高功率密度产生高温的瞬间，不锈钢很容易就被熔化甚至汽化，并以小液滴的形式从间隙飞溅出去，不锈钢表面变得越来越粗糙；当激光能量密度增大到 $6.20\times10^6\,J/m^2$（脉宽＝0.6ms）和 $7.00\times10^6\,J/m^2$（脉宽＝1.0ms）时，分别如图（c）和（d）所示，不锈钢表面形貌比较相似，表面相对平整，划痕基本消失，烧蚀坑数量明显减少，不锈钢表面上光斑直径（面积）有所增大，分别为 101.6mm 和 138.3mm。这是因为随着脉宽的增加，激光作用在不锈钢表面的时间增加，从而引起不锈钢表面光斑直径的增大；另外由于脉宽的增加，激光功率密度会降低，因而不锈钢表面的最高温度也会降低，所以激光对不锈钢表面的影响相对减小，使得表面比较平整。

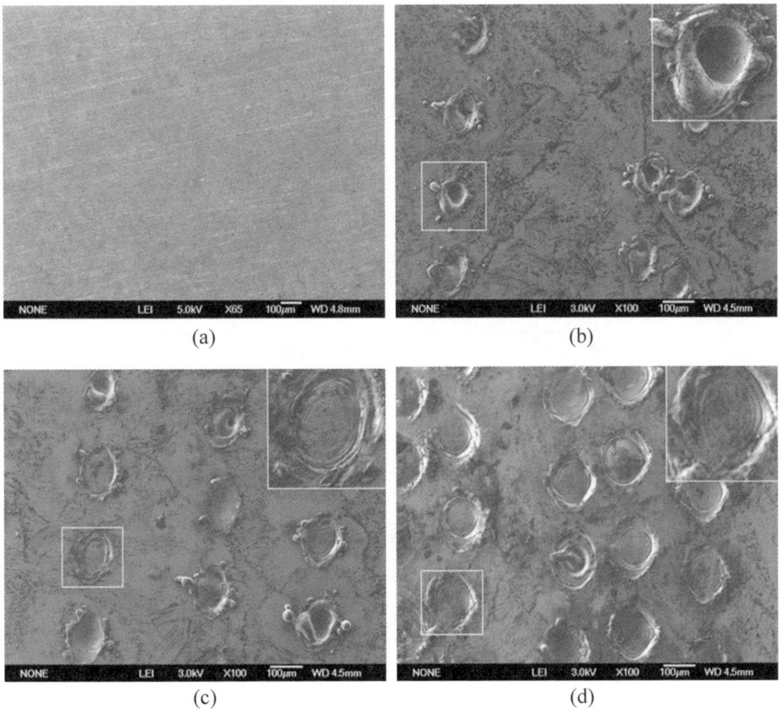

图 3-9　不同激光能量密度处理前后不锈钢表面形貌的低倍 FESEM 照片

（a）未处理试样；（b）$4.30\times10^6\,J/m^2$；（c）$6.20\times10^6\,J/m^2$；（d）$7.00\times10^6\,J/m^2$

为了观察表面形貌的细节变化，在图 3-9 的右上角分别给出了激光熔凝处理后上述试样表面的高倍扫描电镜照片。从图（b）的放大图中可以看到这种条件下清晰的熔坑轮廓图，这说明该激光参数条件下，发生了熔化或蒸发，即发生了烧蚀。图（c）和（d）的放大图说明表面形貌比较平滑，在光斑内形貌明显地分成几个层次，主要以小颗粒形貌为主。

图 3-10 分析了激光熔凝氧化前后不锈钢表层的物相变化。原始不锈钢主要由 α-Fe 相和 γ-Fe 相组成(图 3-10(a)),而不同激光能量密度作用后所得不锈钢表面主要由单一的面心立方 γ-Fe 组成,α-Fe 逐渐消失(图 3-10(b)和(c))。随着激光能量密度的增加,γ-Fe 各个方向上的衍射强度逐渐增强,尤其以(111)方向上的衍射强度增强最为显著。这种衍射强度急剧增强的现象可能是由于激光处理使不锈钢表面层晶粒发生了相变所引起的,即由 α-Fe 转变为 γ-Fe。当激光能量密度增大到 $7.00\times10^6 J/m^2$(脉宽=1.0ms)时,在不锈钢表面出现了少量的氧化物 Cr_2O_3 和 Fe_2O_3 等,表明不锈钢表面发生了氧化,如图 3-10(d)所示。由于此时脉宽较短,金属与氧进行反应的时间较短,形成的氧化物较少,所以生成的 Cr_2O_3 等氧化物峰强较低,相比之下 γ-Fe 峰则较强。

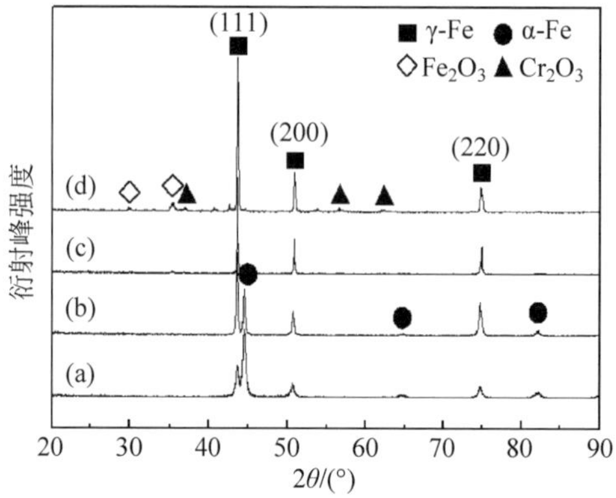

图 3-10 脉冲激光作用前后不锈钢表面 X 射线图谱

(a) 原始不锈钢;(b) $4.30\times10^6 J/m^2$;(c) $6.20\times10^6 J/m^2$;(d) $7.00\times10^6 J/m^2$

3.3.2 大脉宽(大于 1ms)形貌

3.3.1 节讨论分析了脉宽较小时(小于或等于 1ms)不锈钢表面的形貌变化,可知激光熔凝氧化处理后其表面主要为熔坑,而且比较粗糙。下面主要讨论脉宽较大时(大于 1ms)不锈钢表面的形貌变化。图 3-11 给出了脉宽较大(大于 1ms)、激光能量密度较高条件下不锈钢表面形貌的低倍 FESEM 照片。作为比较,原始试样表面形貌参考图 3-9(a)。从图 3-11 整体来看,随着激光能量密度的增大,表面呈现出逐渐光滑化的趋势,这与脉宽较小时随着激光能量密度增加的趋势一致。经激光能量密度 $1.90\times10^7 J/m^2$(脉宽=10ms)熔凝氧化处理后,表面比较平整,在每个激光光斑的中心处,还能看到尺寸较小的熔坑形貌(图(a))。当激光能量密度增大到 $2.55\times10^7 J/m^2$(脉宽=15ms)时,从图(b)中可以看出表面更加平整、光滑，烧蚀坑所剩无几；当激光能量密度为 $3.16\times10^7 J/m^2$ 以及脉宽为 20ms 时，在图(c)中基本没有熔坑形貌，而是表面比较平滑的形貌。同时，图(c)也说明所使用的激光工艺参数适中，刚好能使不锈钢表面微熔，而且表面无裂纹、杂质等缺陷。

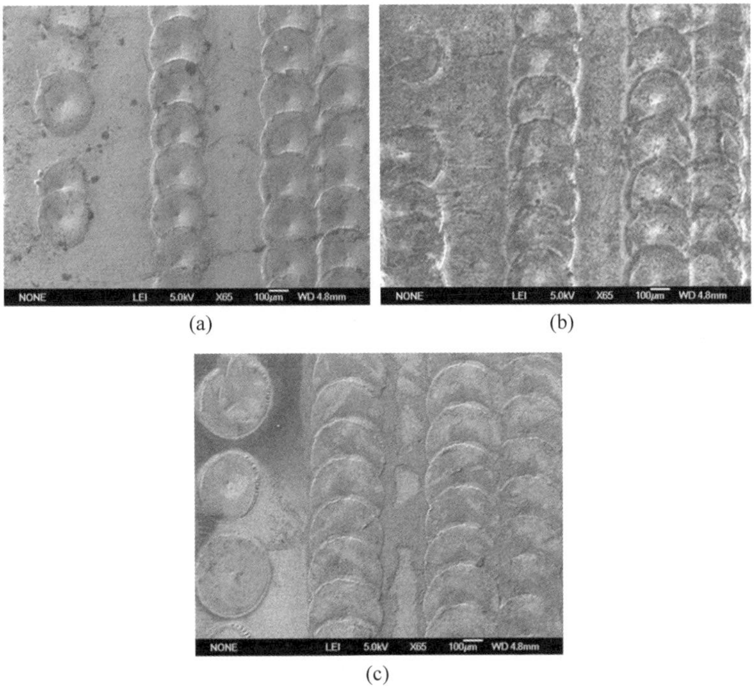

图 3-11　不同激光能量密度处理前后不锈钢表面形貌的低倍 FESEM 照片

(a) $1.90\times10^7 J/m^2$；(b) $2.55\times10^7 J/m^2$；(c) $3.16\times10^7 J/m^2$

对以上较高激光能量密度、较大脉宽条件下熔凝氧化后的不锈钢样品进行 X 射线物相的分析测定，如图 3-12 所示。随着激光能量密度的增加，γ-Fe 各个方向上的衍射强度先增强后减弱，同时也出现了相对较强的氧化物峰，如 Cr_2O_3、Fe_2O_3 和 MnO_2 等。γ-Fe 峰先增强后减弱的现象可能与生成的氧化物有关，当氧化物生成量少时，γ-Fe 占主要；当激光能量密度增加时，不锈钢表面的温度逐渐升高，生成的氧化物增多，造成氧化物峰值增强。当氧化物生成量增加时，不锈钢表面被氧化物覆盖，由于 X 射线在金属材料中的穿透深度有限，所以来自不锈钢基体的 γ-Fe 峰强度会减弱。此外，氧化物的出现还说明在脉宽较大的情况下，金属与氧能够进行较长时间的反应，使生成的 Cr_2O_3 等氧化物峰强度高于短脉宽时的氧化物峰强度。

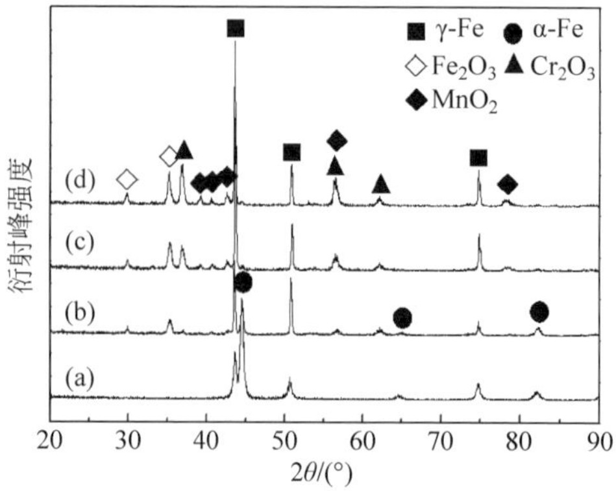

图 3-12 脉冲激光作用前后不锈钢表面 X 射线图谱

(a) 原始不锈钢；(b) $1.90\times10^7 J/m^2$；(c) $2.55\times10^7 J/m^2$；(d) $3.16\times10^7 J/m^2$

由以上可知，随着激光能量密度及脉宽的增加，表面逐渐光滑，当脉宽为 20ms 时的表面最光滑。图 3-13 为相同脉宽 20ms，不同激光能量密度作用下不锈钢表面形貌的低倍 FESEM 照片。

从图中可以看出，相同脉宽、不同激光能量密度熔凝处理后形貌比较相似，即不锈钢表面相对平整、光滑。当激光能量密度为 $3.52\times10^7 J/m^2$（图(a)）时，没有发现熔坑形貌，表面比较平滑。但是当激光能量密度增加为 $6.10\times10^7 J/m^2$ 时，对单个光斑形貌观察，又出现了尺寸较小的熔坑，如图(b)所示，表面不平整，相对较粗糙。这说明激光能量密度过大，对不锈钢表面造成的影响类似于脉宽较小时（≤1ms）对不锈钢表面形貌的影响。

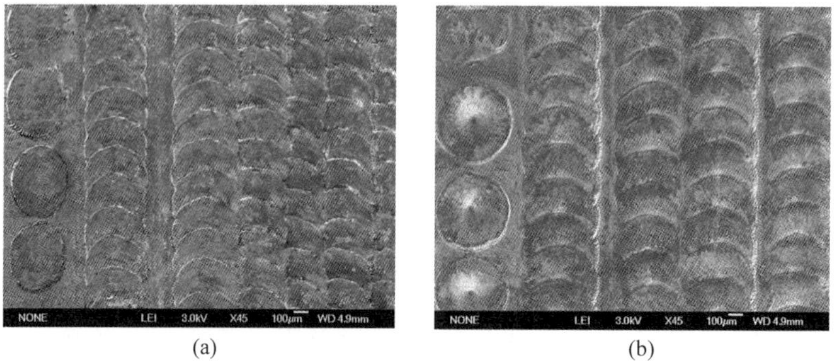

图 3-13 相同脉宽、不同激光能量密度处理后不锈钢表面形貌的低倍 FESEM 照片

(a) $3.52\times10^7 J/m^2$；(b) $6.10\times10^7 J/m^2$

相同脉宽 20ms 不同激光能量密度下不锈钢表面的 XRD 结果如图 3-14 所示。随着激光能量密度的增加，不锈钢表面生成的 Cr_2O_3、Fe_2O_3 和 MnO_2 等氧化物峰

强度逐渐增加，说明表面氧化物含量增加。但是，当激光能量密度为 $6.10\times10^7 J/m^2$ 时，不锈钢表面 Fe_2O_3 的峰强度明显高于 Cr_2O_3 的峰强度，说明如果继续增加激光能量密度，将会造成不锈钢中含量最多的 Fe 元素发生氧化，将对不锈钢表面性能不利。

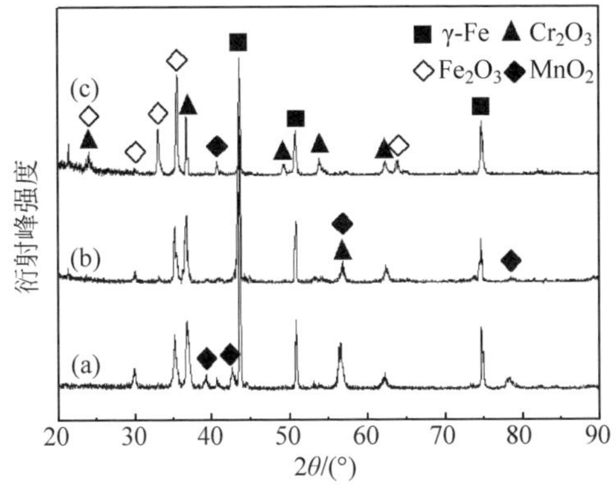

图 3-14　脉冲激光作用后不锈钢表面 X 射线图谱

(a) $3.16\times10^7 J/m^2$；(b) $3.52\times10^7 J/m^2$；(c) $6.10\times10^7 J/m^2$

3.4　激光熔凝层微观结构

激光熔凝层的微观结构是决定材料使用寿命的关键因素。因此，研究熔凝层表面和截面的凝固特征、组织形成规律至关重要。

3.4.1　宏观组织

由于脉宽较小时不锈钢表面与氧反应的时间较短，氧化现象不明显，为了讨论的方便，研究者以激光能量密度为 $3.52\times10^7 J/m^2$，脉宽为 20ms 的优化参数样品为例研究不锈钢表面单个激光光斑内的氧化物形貌变化，以揭示不锈钢表面整体形貌的变化。

1. 氧化物形貌

根据到光斑中心点距离 r 的不同，在整个激光光斑内能量分布也不同，因而将在不锈钢表面形成不同的形貌，如图 3-15 所示。图(a)为激光熔凝氧化处理后不锈钢表面激光光斑的低倍 FESEM 照片，可以看出表面比较光滑平整；图(b)为图(a)中单个激光光斑局部(四分之一光斑，如图(a)中黑框所示)的放大图。由图(b)可以看出，在整个光斑内形貌是不同的：在中心区，呈现的是纳米颗粒形貌，这是由于激光光斑中心区能量密度大、温度高，并且由于快速冷却造成大的过冷度，使光斑中心的颗粒细化；而在光斑的边缘区则是六边形的形貌。

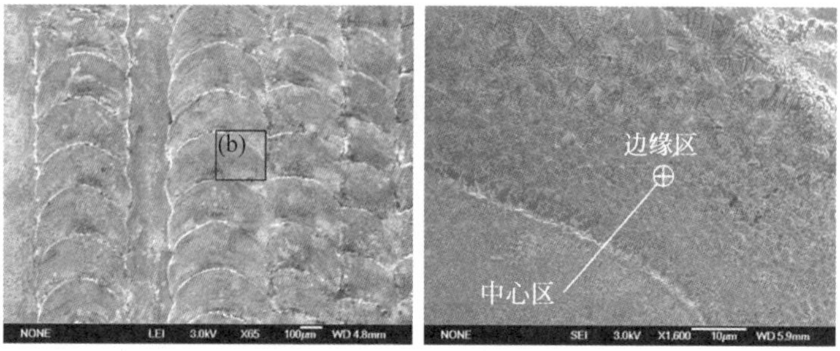

(a) (b)

图 3-15 激光作用后不锈钢表面低倍 FESEM 照片(a)及(a)中单个光斑的放大照片(b)

为了确定中心区与边缘区不同形貌的成分，对如图 3-15(b)所示位置进行 EDS 线扫描分析，如图 3-16 所示。由图可知，在光斑中心区主要富集的是 Fe 元素和 O 元素，而在边缘区则是 Cr 元素、Mn 元素和 O 元素。由此可推断出光斑中心区主要为 Fe 的氧化物，而边缘区主要为 Cr 的氧化物和 Mn 的氧化物，具体的物相要由 X 射线确定。

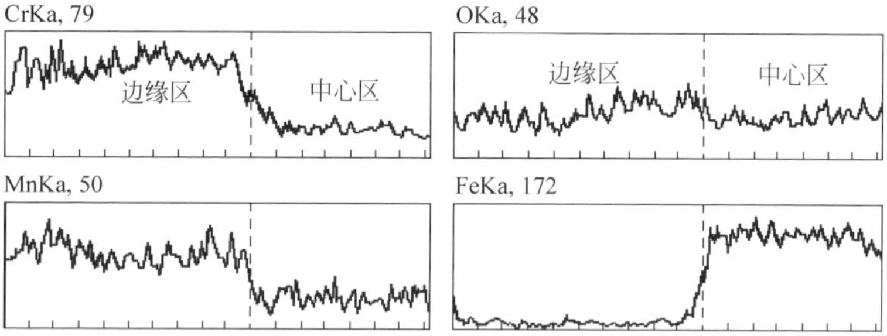

图 3-16 图 3-15(b)所示位置的 EDS 线扫描分析

2. 物相分析

使用 X 射线对激光熔凝氧化前后不锈钢表面进行物相分析，如图 3-17 所示。原始不锈钢主要由 α-Fe 相和 γ-Fe 相组成(图(a))，而激光作用后不锈钢表面的相组成包括 γ-Fe、Cr_2O_3、Fe_2O_3 和 MnO_2 等(图(b))，可以看出在表面生成了不同成分的氧化物。此时由于形成的薄膜非常薄，Cr_2O_3 等氧化物峰强相对较低，而基体 γ-Fe 峰则很强。结合 MDI Jade 5.0 X 射线软件的具体分析可以推测此时的 Cr_2O_3 和少量的 MnO_2 为沿特定晶面生长的六角形结构，此结果与图 3-15 中激光光斑边缘区的六边形较一致。结合图 3-16 的 EDS 分析可知，图 3-15 中的六边形主要为 Cr_2O_3 和少量的 MnO_2，光斑中心区主要为 Fe_2O_3 等。

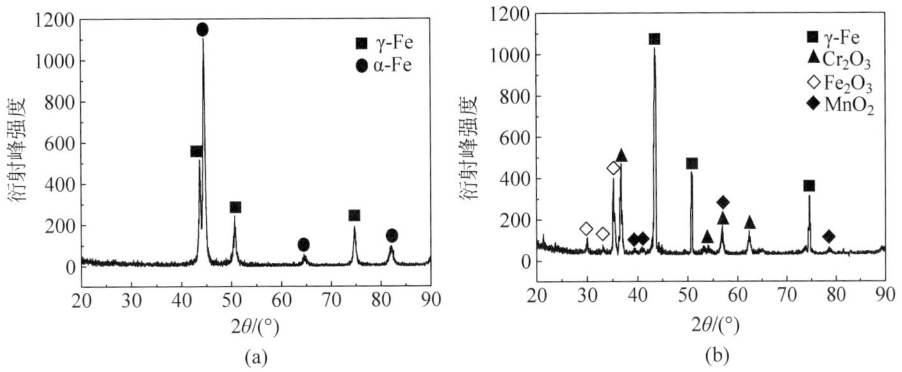

图 3-17 脉冲激光作用前后不锈钢表面 X 射线图谱

(a) 原始不锈钢；(b) 激光能量密度 $3.52\times10^7 J/m^2$ 作用后不锈钢

3. XPS 分析

为获得激光熔凝氧化处理后不锈钢表面的组成与结构，运用 XPS 技术分析了不锈钢表面的元素及其存在状态，结果如图 3-18 所示。图 3-18(a)为激光熔凝氧化处理后不锈钢表面的 XPS 全谱图，由图可以看出表面的主要成分为碳、氧、铁、铬、镍和锰。碳、氧、铁和铬峰很强，说明表面的化学组成主要是以铁及铬的氧化物形式存在的；碳来源于基体、真空室的污染及表面的杂质。

为了深入分析表面主要组成元素的价态及存在形式，分别对氧、铁、铬、镍和锰等元素进行逐个分析，如图 3-18(b)～(f)所示。图(b)为氧元素的 XPS 能谱。O1s 的结合能主要为(530.2±0.1)eV 和(531.7±0.1)eV。530.47eV 为金属氧化物的特征峰，对应于 O^{2-}，表明不锈钢表面生成了金属氧化物。图(c)为不锈钢表面铁元素的 XPS 能谱，Fe2$p_{3/2}$ 的峰值对应的结合能为(709.5±0.1)eV。文献报道 Fe 的金属元素峰对应的结合能为(707.0±0.1)eV，Fe^{3+} 的氧化物峰值对应的结合能为(710.4±0.1)eV。可以看出在不锈钢表面 Fe 主要以 Fe_2O_3 的形式存在，这与 XRD 分析结果一致，而以金属元素 γ-Fe 形式存在的 Fe 来自于不锈钢基体。图(d)为铬元素对应的 XPS 能谱，Cr2$p_{3/2}$ 的峰值对应的结合能为(576.4±0.1)eV。由于 Cr 金属元素峰对应的结合能为(574.2±0.1)eV，Cr 氧化物峰对应的结合能为(576.4±0.1)eV，Cr_2O_3 的峰值对应的结合能为 576.4eV，表明不锈钢表面的 Cr 是以 Cr_2O_3 的形式存在的。从图中还可以看出主峰的双重线能量间距为 9.7eV，查手册可知，这种主峰的双重线能量间距属于 Cr 的氧化物。图(e)为不锈钢表面镍元素的 XPS 能谱。Ni2$p_{3/2}$ 的峰值对应的结合能为(853.1±0.1)eV，Ni 金属元素对应的结合能为(853.0±0.1)eV，Ni^{2+} 的氧化物峰值对应的结合能为(856.6±0.1)eV，Ni^{3+} 的氧化物峰值对应的结合能为(855.5±0.1)eV，这表明不锈钢表面

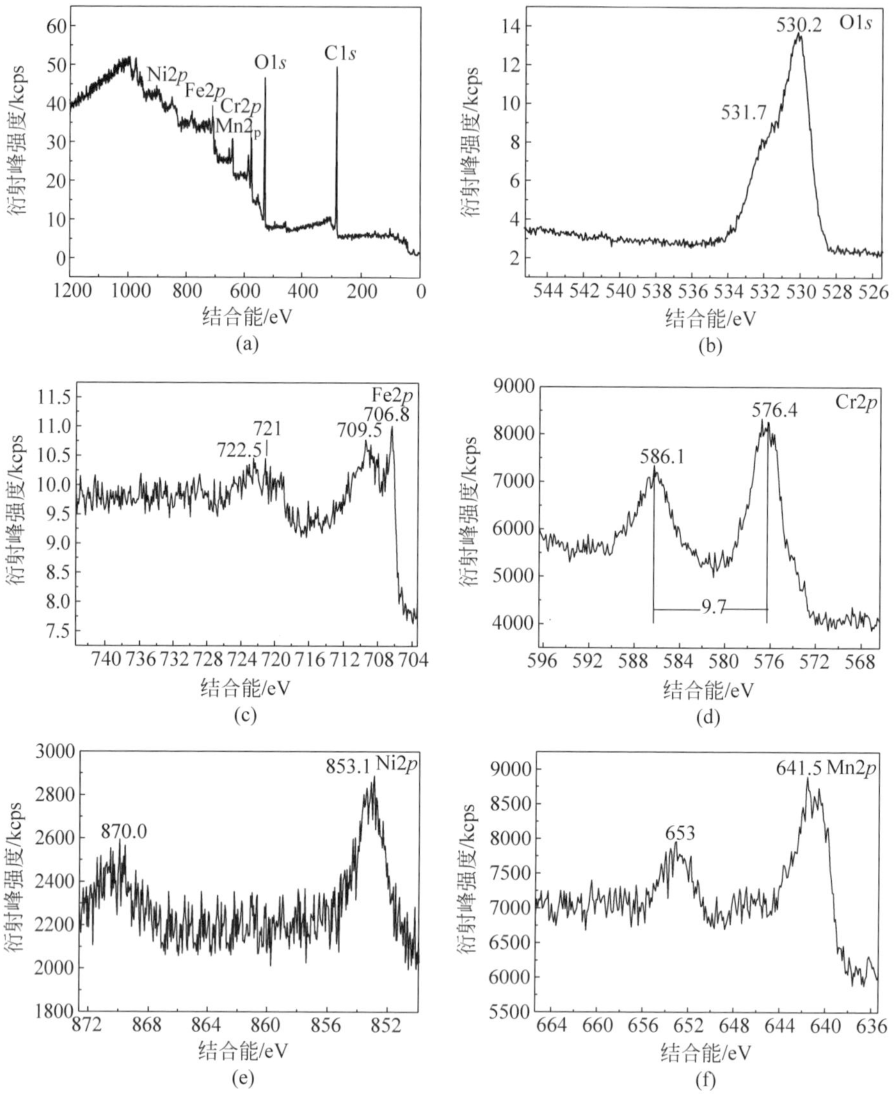

图 3-18　不锈钢表面的全扫描谱和精细谱

(a)不锈钢表面的 XPS 谱；(b)，(c)，(d)，(e)和(f)分别是 O1*s*、Fe2*p*、Cr2p、Ni2*p* 和 Mn2*p* 的精细谱

层不存在 Ni 的氧化物。图(f)为不锈钢表面锰元素的 XPS 能谱。$Mn2p_{3/2}$ 的结合能为(641.5±0.1)eV，Mn 元素对应的结合能为(638.5±0.1)eV，Mn^{3+} 的氧化物峰值对应的结合能为(641.2±0.1)eV，Mn^{4+} 的氧化物峰值对应的结合能为(642.0±0.1)eV，这表明不锈钢表面可能存在两种形式的锰氧化物 Mn_2O_3 和 MnO_2。另外，由于不锈钢中锰含量比较少，所以在其表面生成锰氧化物的量较少，结合 XRD

结果可知主要为 MnO_2。

用 XPS 对激光熔凝氧化处理前后不锈钢表面主要的两种元素 Fe 和 Cr 进行元素含量分析，结果见表 3-2。实验数据表明：Fe 元素的质量分数从未经激光处理的 47.61wt.%降低到激光熔凝氧化处理后的 15.54wt.%；而 Cr 元素的质量分数从未经激光处理的 16.68wt.%增加到激光熔凝氧化处理后的 32.16wt.%，增加了近 2 倍；Cr 与 Fe 的比例从初始的 0.35 增加到 2.07，增加了近 6 倍。这说明激光熔凝氧化处理能有效增加不锈钢表面 Cr 元素的含量，降低 Fe 元素的含量，从而进一步提高耐腐蚀性能。

表 3-2　不锈钢表面元素相对含量 XPS 分析

元　素	元素含量(wt.%)		
	原始含量	处理后含量	处理后含量/原始含量
Fe	47.61	15.54	0.33
Cr	16.68	32.16	1.93
Cr/Fe	0.35	2.07	5.91

3.4.2　微观组织扫描电镜分析

1. 激光光斑中心区域

根据到光斑中心点距离 r 的不同，将图 3-15(b)中的中心区域进行场发射扫描电镜照片放大，如图 3-19(a)～(d)所示。当 r 在光斑中心点附近时，约 20μm 处(图(a))形貌为细颗粒，颗粒尺寸为 60～100nm；当 $30<r<60\mu m$ 时，颗粒有长大的趋势，如图(b)所示，颗粒尺寸为 100～150nm；如果 r 继续增加，当 $60<r<90\mu m$ 时，如图(c)所示，颗粒明显长大，尺寸为 150～250nm；在图(d)中，当 $90<r<120\mu m$ 时，颗粒长大成亚微米块状结构(白色箭头所示)，颗粒尺寸为 250～500nm。可以看出随着 r 的增加，颗粒尺寸逐渐增大。根据图 3-8 可知，在光斑中心区由于凝固速率很大(高达 89m/s)，增加了结晶时的过冷度 ΔT，液、固两相自由能的差值增大，即相变驱动力增大，结晶速率加快，所以形核率随之增加。形核率越大，单位体积中的晶核数目越多，因而结晶结束后获得的颗粒越细小。随着 r 的增加，凝固速率逐渐减小，因而形核率减小，将得到粗大的颗粒。由此可以看出颗粒尺寸取决于形核率的大小，形核率越大，颗粒越细小。

2. 激光光斑边缘区域

根据到光斑中心点距离 r 的不同，将图 3-15(b)中的边缘区域进行场发射扫描电镜照片放大，如图 3-20(a)～(d)所示(r 在 120～180μm)。当 $120<r<140\mu m$

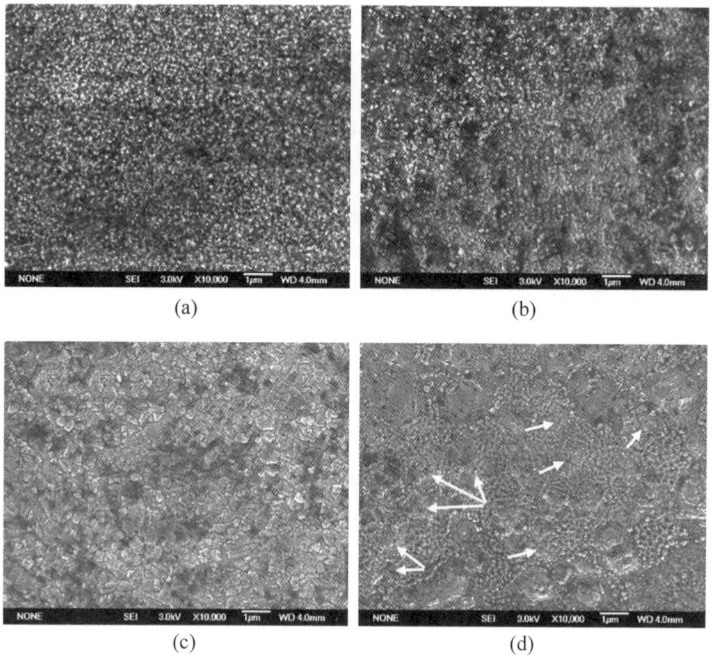

图 3-19　到激光光斑中心点不同距离 r 的 FESEM 照片

(a) 20μm；(b) 50μm；(c) 80μm；(d) 110μm

时，图 3-20(a)中白色箭头所指的形貌是从同一点出发的沿特定晶面生长的六条辐射状的花瓣形貌，另外还可以看到较多的纳米颗粒，可知图(a)是中心区域纳米颗粒到边缘区域六边形结构的一个过渡阶段；当 $140<r<180\mu m$ 时，图(b)～(d)是不同 r 处不规则六边形到规则六边形的生长过程。由图(b)和(c)可以看出，不规则六边形内相邻每两条辐射边之间的夹角都接近于 60°。在图(c)中，箭头Ⅰ和Ⅱ是六边形的中间生长状态，箭头Ⅲ是六边形的生长完成状态，与图(d)六边形的最终形态一致。根据图 3-8，随着 r 增加达到光斑边缘区时，凝固速率很小，接近于 0m/s，因而形核率减小，先形成的晶核有可能持续长大，得到粗大的颗粒。

从以上分析可以看出，在一个脉冲激光光斑内不同位置处出现了不同的氧化物形貌，这明显不同于以前的研究。在 J. Yang 等[14]的研究中，采用不同的激光功率密度获得不同颗粒尺寸的纳米及亚微米颗粒，即只有在不同的激光参数以及不同的不锈钢样品表面才能获得不同的颗粒形貌，而本实验结果则提供了在相同激光能量密度、同一个激光光斑内不同位置处直接的形貌转变，即根据距离光斑中心 r 的不同获得了具有不同尺寸和不同形貌的颗粒，由纳米颗粒逐渐过渡到六边形形貌。

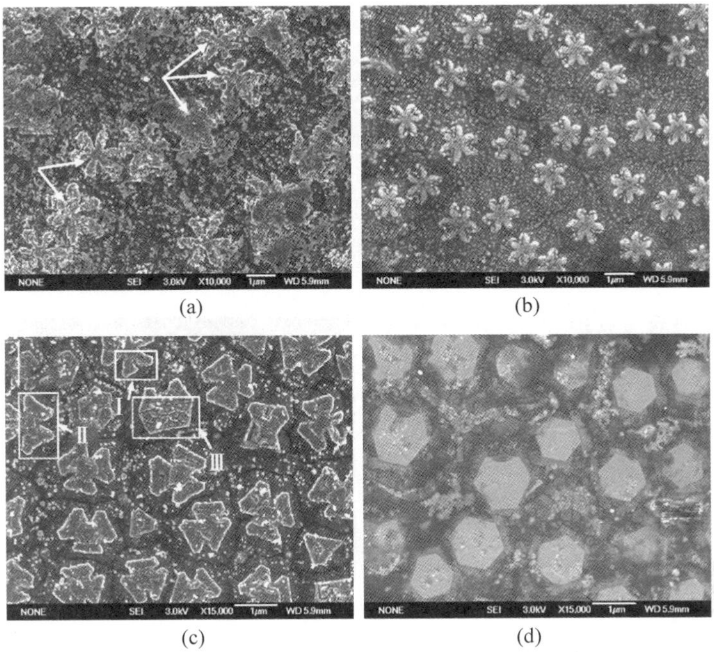

图 3-20　(a)最初生长状态；(b)，(c)生长过程中的氧化物；(d)最终六边形形貌

3.4.3　微观组织透射电镜分析

为进一步分析激光光斑内的微观形貌，对以上参数处理的不锈钢样品进行透射电镜(TEM)观察。

1. 激光光斑中心区域

图 3-21 给出了激光光斑中心区域的透射电镜图像(a)、高分辨率图像(b)以及相应的选区电子衍射(SAED)图谱(c)。由图(a)可以观察到等轴、均匀分布、尺寸在 5～10nm 的纳米晶粒；图(b)给出高分辨率图像，进一步说明纳米晶的存在，同时还可以观察到少量的非晶。SAED 图谱(图(c))呈同心圆环状结构分布，说明纳米颗粒晶粒取向是随机分布的。

根据图 3-21(c)衍射环半径和对应的相机常数(K)代入以下公式计算晶面间距：

$$rd = L\lambda \Rightarrow d = L\lambda / r = K / r \tag{3-11}$$

式中，r 是距衍射中心斑点的距离；d 是晶面间距；L 是试样到荧光屏或者底板的距离；λ 是电子波长。

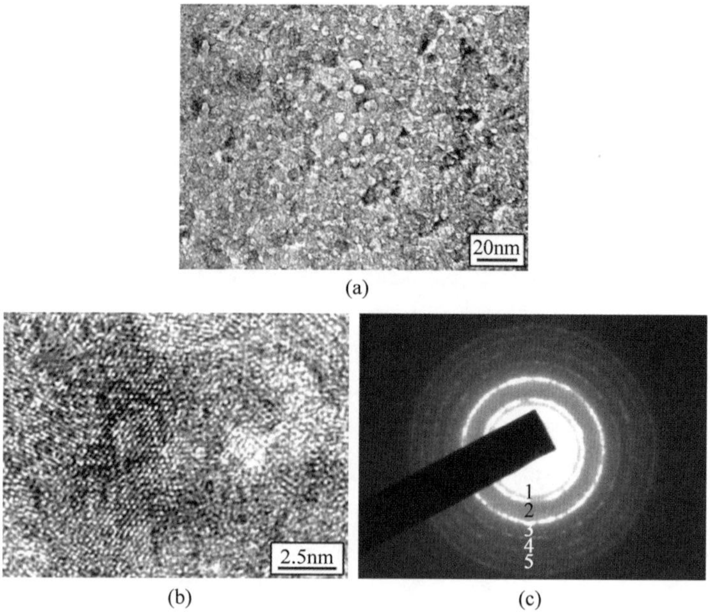

图 3-21 (a)光斑中心区透射电镜照片；(b)中心区高分辨率图像；(c)图(a)中选区电子衍射图谱

通过计算得到的晶面间距结果列于表 3-3 中，可以看出 $d_1=0.2114$nm，$d_2=0.1604$nm，$d_3=0.1044$nm，$d_4=0.0854$nm 和 $d_5=0.0705$nm，与标准的卡片对比发现它们非常接近于 γ-Fe (1 1 1)，Fe_2O_3(1 2 2)，Fe_2O_3(4 0 4)，Fe_2O_3(4 0 10)和 Fe-Cr (2 2 2)等。由表 3-3 可以看出根据衍射环计算得到的所有晶面间距 d 相对于 γ-Fe 或 Fe_2O_3 的理论值都有不同程度的偏离，这应该是激光作用后在不锈钢表面层形成的内应力造成的。

表 3-3 根据图 3-21(c)中不同衍射环计算的晶面间距以及对应的理论值[15]

衍射环(No.)	半径/mm	d 的计算值/Å	d 的理论值/Å	晶面($h\ k\ l$)
			γ-Fe (Fe_2O_3)	γ-Fe (Fe_2O_3)
1	9.5	2.114	2.113 (2.078)	1 1 1 (2 0 2)
2	12.5	1.604	1.829 (1.603)	2 0 0 (1 2 2)
3	19.0	1.044	1.057 (1.039)	2 2 2 (4 0 4)
4	23.5	0.854	0.840 (0.854)	3 3 1 (4 0 10)
5	28.5	0.705	Fe-Cr 0.78	Fe-Cr (2 2 2)

2. 激光光斑边缘区域

图 3-22 给出了光斑边缘区域的透射电镜图像(a)、高分辨率图像(b)及相应的

电子衍射(SAED)图谱(c)。从图(a)可以看出边缘区域存在多个六边形的形貌，如黑色箭头所示，可以看出六边形之间排列紧密，六边形每两条边之间夹角接近 120°。由图(b)高分辨率图像可以精确测量求出不同位置的晶面间距 $d_1=0.250\text{nm}$，$d_2=0.187\text{nm}$，$d_3=0.139\text{nm}$，对照衍射卡片推测 d_1 可能是 Cr_2O_3(1 1 0)，d_2 可能是 Cr_2O_3(0 2 4)，d_3 可能是 MnO_2(1 1 0)，分析结果与 XRD 的物相分析一致。

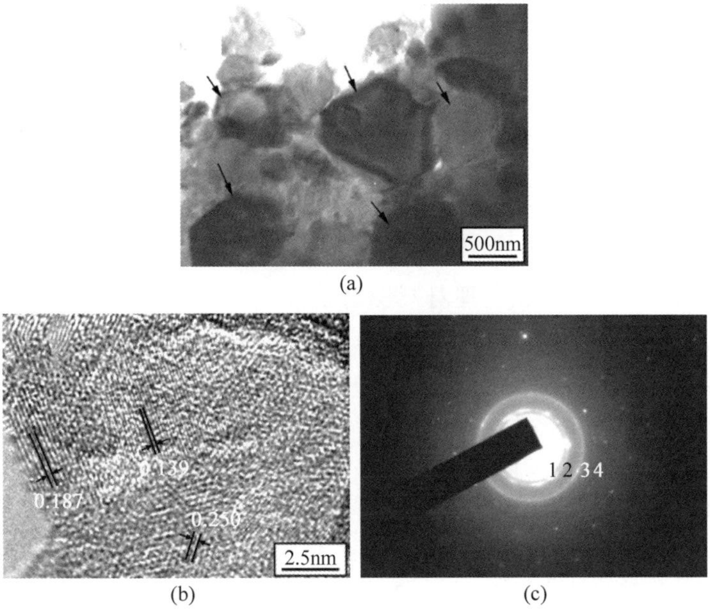

图 3-22　(a)透射电镜图像；(b)边缘区高分辨率图像；(c)图(a)中选区电子衍射图谱

根据式(3-11)计算图 3-22(c)衍射环所得的具体分析结果见表 3-4。

表 3-4　根据图 3-22(c)中不同衍射环计算的晶面间距以及对应的理论值[15]

衍射环 (No.)	半径/mm	d 的计算值/Å	d 的理论值/Å	晶面(h k l)
			Cr_2O_3(MnO_2)	Cr_2O_3(MnO_2)
1	8.0	2.510	2.480	1 1 0
2	9.5	2.114	2.175 (2.132)	1 1 3 (1 0 1)
3	16	1.225	1.239 (1.212)	2 2 0 (2 0 0)
4	19	1.057	1.060 (1.065)	0 4 2 (2 0 2)

3.4.4　截面显微组织

激光快速熔凝处理后，根据材料表面温度的分布状况，由表及里可分为三个区：熔凝区(Ⅰ)、热影响区(Ⅱ)和基体(Ⅲ)，如图 3-23 所示，可以看出各个区之间没有严格的分界线。

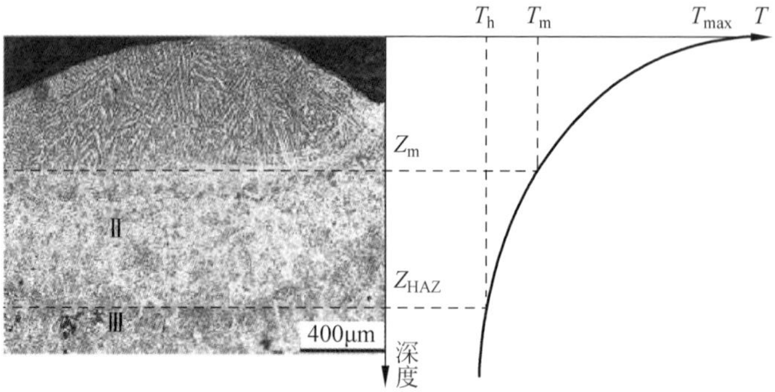

图 3-23　激光快速熔凝处理后的组织形貌

为了说明激光熔凝氧化处理对不锈钢截面微观组织的影响，下面以激光能量密度为 $3.52\times10^7 J/m^2$，脉宽为 20ms 的样品为例研究不锈钢微观组织的变化。图 3-24(a)为该参数激光熔凝氧化处理后不锈钢截面层的 SEM 照片。由图(a)可以看出，激光熔凝氧化后不锈钢的截面组织与一般激光表面处理后的截面组织分布特征是一致的，沿熔池截面深度分别为熔凝区、热影响区和基体三个区域，而且熔凝区无孔洞，无夹杂。从图(a)还可以看出，在熔池顶部有一薄层明显与熔池的颜色不同，这一薄层是由于激光处理后在不锈钢表面发生熔化并在随后极为快速的冷却过程中形成的氧化物层，性质和体内明显不同，这种氧化物的具体形貌在以上部分已进行分析讨论。熔凝区内组织取决于熔池温度随时间的变化、激光束在材料表面的作用时间以及材料的导热率。由于激光加热和冷却过程短暂，导致凝固后熔凝区组织明显细化，呈现胞状晶＋树枝晶形貌，熔池底部胞状晶与热影响区界面处为半熔化区。

对以上激光参数处理后的不锈钢截面样品进行深腐蚀，可清楚看到表面氧化物薄层，如图 3-24(b)所示。由图可以明显看出不锈钢截面由两部分组成：表面形成的一层氧化层(4～8mm)和不锈钢基体。沿熔池深度方向对其进行点扫描得到图(c)，从点扫描图中可以清晰地看到，从氧化层到基体，Cr、Mn 和 O 元素含量逐渐减少，Fe 元素含量逐渐增加，Cr、Mn 两元素和 Fe 元素呈现出相反趋势的连续变化，这是由不锈钢表面在激光熔凝氧化处理后存在各种元素的稀释过渡决定的。由此可知，此表面氧化层主要由 Cr、Mn 和 O 元素组成，沿着熔池的方向这三种元素的含量逐渐降低，而 Fe 元素的含量逐渐增加，说明在激光熔凝氧化处理后不锈钢表面层发生了溶质的再分配。

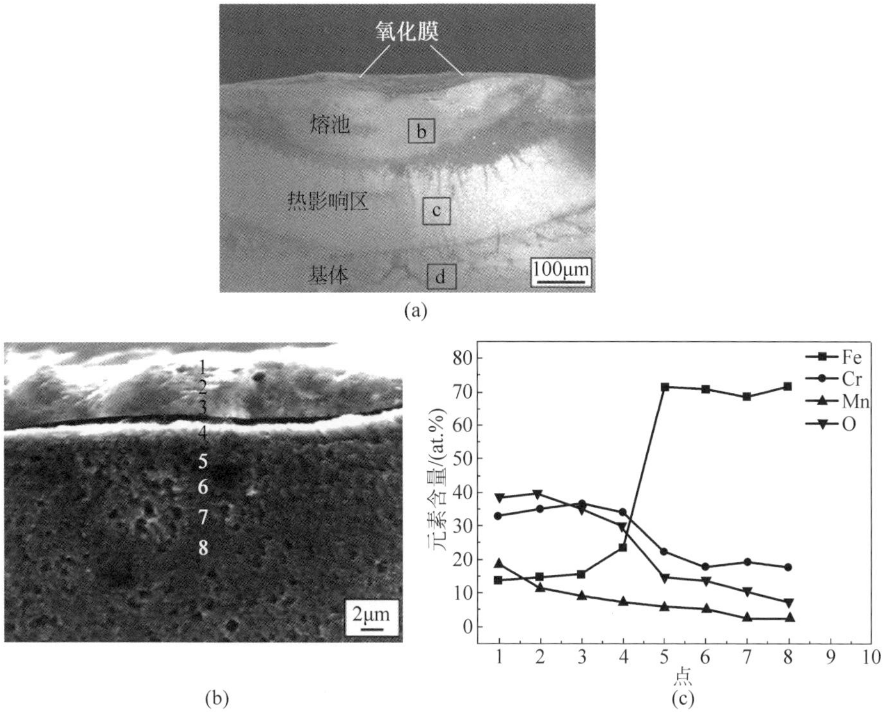

图 3-24　(a)熔池截面 SEM 照片；(b)深腐蚀后熔池截面 SEM 照片；(c)(b)图中的 EDS 点扫描

3.5　激光熔凝层性能

研究者对激光熔凝氧化后不锈钢表面层的显微硬度、耐磨性及耐蚀性进行了系统地考察，以期得到对激光熔凝氧化处理材料整体性能预测的判据。

3.5.1　显微硬度

采用两种方法来评价不锈钢表面层(包括表面和截面)显微硬度的变化：一是直接测量激光表面熔凝氧化处理后不锈钢表面的显微硬度；二是测量激光表面熔凝氧化后不锈钢截面的显微硬度沿熔池深度的变化。

1. 表面显微硬度

1) 激光能量密度的影响

图 3-25 给出了激光熔凝氧化前后表面的平均显微硬度分布。由图可见，未经激光处理的不锈钢表面硬度大约为 $180HV_{0.2}$，激光熔凝后试样表面的硬度均有不同程度的提高。当激光能量密度为 $1.90\times10^7 J/m^2$ 时，硬度提高到 $240HV_{0.2}$ 左

右；当激光能量密度增大到 $2.55\times10^{7}J/m^{2}$ 时，表面硬度增大到 $303HV_{0.2}$ 左右；当激光能量密度继续增大到 $3.52\times10^{7}J/m^{2}$ 时，表面硬度到 $325HV_{0.2}$ 左右，比原始不锈钢试样提高了将近 $145HV_{0.2}$；然而当激光能量密度进一步提高到 $6.10\times10^{7}J/m^{2}$ 时，显微硬度并没有继续升高，而是回落至 $301HV_{0.2}$ 附近。这种变化趋势说明，激光熔凝氧化处理能够显著提高不锈钢的表面硬度，但并不是激光能量密度越大越好。

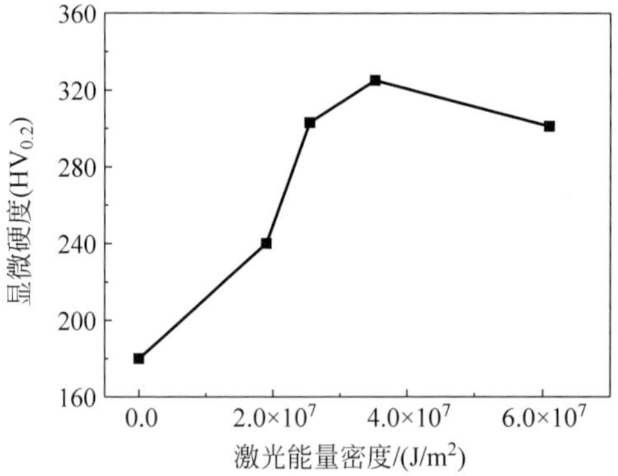

图 3-25　不同激光能量密度熔凝氧化前后不锈钢表面的平均显微硬度

在合适的激光工艺参数作用下，不锈钢表面组织变得细小，达到纳米数量级，根据 Hall-Petch[16-17] 关系式 $H=H_0+Kd^{-1/2}$（H_0 为单晶体金属屈服强度，K 为晶界对强度影响程度的常数，d 为晶粒度大小，H 为显微硬度）解释，晶粒越细小，表面显微硬度越高；晶粒变大，其硬度减小。

2）激光扫描速度的影响

图 3-26 是在同一激光能量密度 $3.52\times10^{7}J/m^{2}$，不同扫描速度下获得的激光熔凝处理表面显微硬度的变化曲线。由图可知，经过激光熔凝氧化处理后不锈钢表面显微硬度较未处理不锈钢样品都有不同程度提高，并且随着扫描速度的提高硬度逐渐提高。这是因为在相同的激光能量密度作用下，随着扫描速度的提高，不锈钢表面层的组织更加细化，硬度随之提高。但激光熔凝处理层硬度沿横向（激光扫描速度方向）分布的波动性较大，一方面是因为激光扫描速度不同，表面层强化机制不同以及引起的搭接宽度不同造成的；另一方面，根据微观组织分析可知在单个激光光斑内形貌是不同的，因而引起显微硬度随组织的变化发生波动性变化。可明显看出当扫描速度为 2.5mm/s 时，处理层硬度横向分布波动最大，极不均匀。这是因为随着扫描速度的增加，平均加热和冷却速率同时增加，且高温段维持时间减少，因而与前者相比，其综合影响结果对硬化效应的削弱程度更大。因此，表面

硬度随扫描速度增加而波动的趋势更为明显。

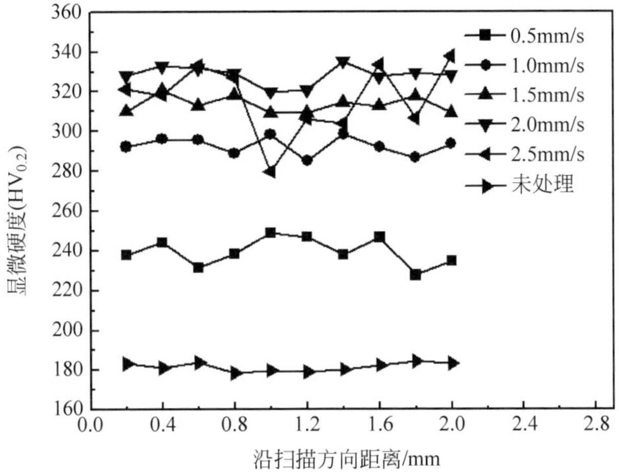

图 3-26　不同激光扫描速度下不锈钢表面的显微硬度

图 3-27 为激光能量密度 $3.52\times10^7 J/m^2$ 以及激光扫描速度 2.0mm/s 条件下熔凝氧化处理后不锈钢表面单个激光光斑内的显微硬度分布曲线。可见，光斑内的硬度较基体有显著提高，光斑中心与边缘的硬度差别不大。中心区的硬度较高，根据 Hall-Petch 关系，颗粒越细小，表面显微硬度越高。

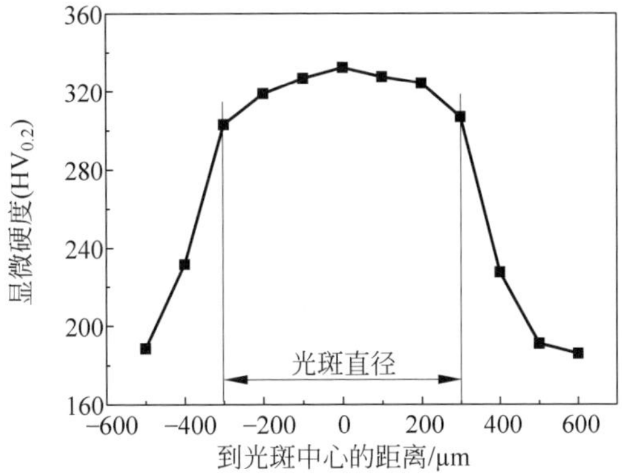

图 3-27　不锈钢表面单个激光光斑内的显微硬度

2. 截面显微硬度

图 3-28 和图 3-29 分别是在相同激光扫描速度、不同激光能量密度和相同激光能量密度 $3.52\times10^7 J/m^2$、不同扫描速度下获得的激光熔凝氧化处理层沿熔池深度方向的显微硬度分布。

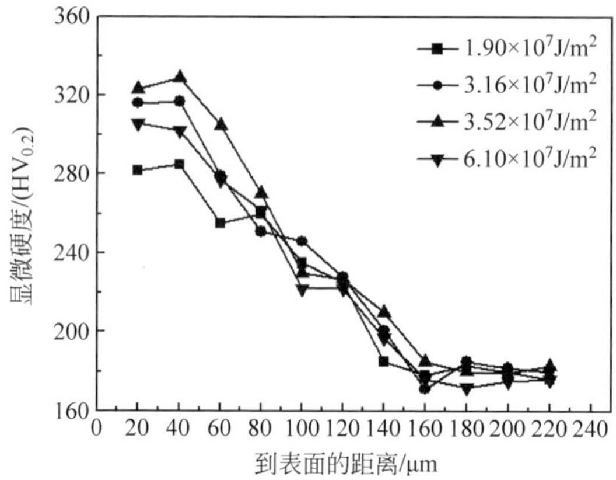

图 3-28　不同激光能量密度下熔池截面的显微硬度分布

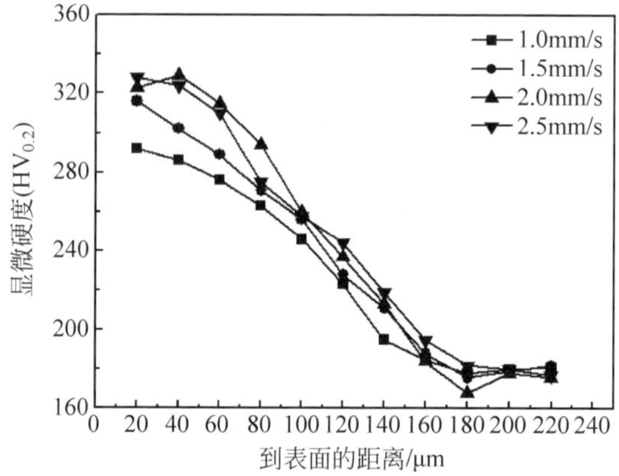

图 3-29　不同激光扫描速度下熔池截面的显微硬度分布

1）激光能量密度的影响

从图 3-28 可以看出，当激光能量密度为 $1.90\times10^7\,J/m^2$ 时，表层的显微硬度为 $240\sim280HV_{0.2}$，远高于基体的硬度（约为 $180HV_{0.2}$）。随着激光能量密度的增加，表面显微硬度逐渐增大；沿着熔池深度的方向，显微硬度逐渐降低。显微硬度的提高主要是由于激光束与材料表面层的交互作用而产生的细晶强化机制，即激光作用于不锈钢表面后易于重熔，激光加热重熔速率快，急速冷却时过冷度大，熔池中能迅速形成较多的非自发形核核心，快速冷却最终形成细小的显微组织，从而产生细晶强化作用。然而当激光能量密度增大到 $6.10\times10^7\,J/m^2$ 时，深度方向上的显微硬度没有继续提高，造成这种现象的原因可能是过大的激光能量密度导致材料表面剧烈沸腾和蒸发，致使熔化层所剩无几，表面不平坦，硬度提高不大。

2）激光扫描速度的影响

图 3-29 给出了在相同激光能量密度（$3.52\times10^7 J/m^2$）下，随扫描速度的增加不锈钢沿熔池深度方向上显微硬度的变化趋势。由图可以看出，随着激光扫描速度的增加，不锈钢表面硬度也持续增大。

比较可知，经不同扫描速度熔凝处理后熔凝层的硬度均不同程度地高于基体硬度，最大硬度较基体层提高了约 $148HV_{0.2}$。激光熔凝处理层硬度的提高主要是在相同激光能量密度下，由于激光束与表面层的交互作用而产生固溶强化和细晶强化两种强化机制综合作用的结果。当低速扫描时，激光作用于试样上的时间较长，强化方式以固溶强化为主。不锈钢中的主要合金元素 Co、Cr 与 Fe 原子尺寸接近，形成置换固溶体，使得点阵发生膨胀畸变，产生畸变能的应力场。当位错运动经过时产生的应力场将与其产生交互作用，即质点与位错产生弹性交互作用，从而位错受到钉扎，运动被束缚，使得基体获得强化；当高速扫描时，作用于不锈钢试样上的时间变短，激光加热重熔速率加快，急速冷却时过冷度大，熔池中的大量合金元素能迅速形成多种非自发形核的核心，最终形成细小的显微组织，从而以细晶强化作用为主。

3.5.2　摩擦磨损性能

摩擦和磨损是物体相互接触并作相对运动时伴生的两种现象，摩擦是磨损的原因，磨损是摩擦的必然结果。摩擦磨损是使材料表面层发生组织结构、物理和化学的氧化过程。本节主要研究激光熔凝氧化处理前后不锈钢在不同加载载荷、不同滑动摩擦距离条件下的干滑动摩擦磨损行为。

1. 摩擦磨损性能曲线

1）激光能量密度和加载载荷的影响

图 3-30 给出了不同激光能量密度下不锈钢样品在滑动摩擦距离为 18.8m，滑动速度为 0.157m/s，不同加载载荷与磨损率和摩擦系数的关系曲线。

由图 3-30(a)可以看出，同种激光能量密度作用下不锈钢的磨损率随着加载载荷的增加而增加，不同激光能量密度处理的不锈钢样品在相同载荷下的磨损率不同，即具有不同的耐磨性能。在较低激光能量密度（$1.90\times10^7 J/m^2$）下，不锈钢样品的磨损率略小于原始不锈钢样品，表明在本实验条件下，较低激光能量密度处理对不锈钢耐磨性能的影响不大；当激光能量密度增加为 $2.55\times10^7 J/m^2$ 时，不锈钢的磨损率均小于较低激光能量密度处理不锈钢样品和激光未处理的样品，激光处理后不锈钢样品的磨损率相对于未处理不锈钢基体降低了 1/2 左右；当激光能量密度继续增加到 $3.52\times10^7 J/m^2$ 时，激光表面处理样品具有极高的耐磨性，当加

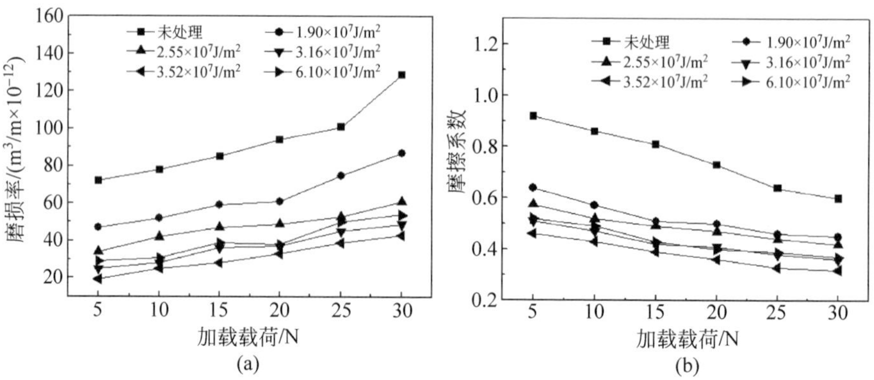

图 3-30 加载载荷对磨损率和摩擦系数的影响

载载荷小于 10N 时基本上不发生磨损，当载荷增大为 20N 时，其磨损率只有激光能量密度 $1.90\times10^7 J/m^2$ 处理不锈钢样品的 1/3，$2.55\times10^7 J/m^2$ 处理不锈钢样品的 1/2。然而当激光能量密度继续增加到 $6.10\times10^7 J/m^2$ 时，磨损率有增加的趋势，说明激光能量密度过大反而对不锈钢表面有不利的影响。通过计算激光熔凝氧化处理不锈钢表面的摩擦系数，如图 3-30(b)所示，发现较低激光能量密度处理不锈钢在稳定磨损时的摩擦系数与原始不锈钢样品相当，增加激光能量密度则减小了稳定磨损时的摩擦系数，由未经激光表面处理的 0.8～0.9 降低到激光处理后的 0.3～0.6，并且载荷越大，摩擦性能的优势表现得越明显。直到实验结束，并未出现"磨透"现象，表明不锈钢表面耐磨性有了明显提高。

2）滑动摩擦距离的影响

图 3-31 为不同激光能量密度下不锈钢样品在加载载荷为 20N，滑动速度为 0.157m/s，不同滑动摩擦距离条件下磨损率和摩擦系数的变化曲线。图(a)给出了激光熔凝氧化不锈钢样品的磨损率随滑动摩擦距离的变化关系曲线。可以看出，在同一摩擦距离下，随激光能量密度的增加，磨损率逐渐下降，并且激光处理后的不锈钢样品比基体材料的磨损率下降趋势更明显。对同一种激光能量密度处理的不锈钢样品，其磨损率随滑动摩擦距离的增加而略有上升。但对于基体来说，磨损率与摩擦距离近似呈直线关系。图(b)给出的是不锈钢样品的摩擦系数随滑动摩擦距离的变化。经激光熔凝氧化处理后不锈钢样品的摩擦系数明显小于未处理不锈钢样品的相应值，从未处理材料的 0.65～0.85 降低到 0.20～0.62，这说明不锈钢样品经表面处理后可明显降低摩擦系数，提高其耐磨性能。

由以上可以看出，激光熔凝氧化处理后不锈钢表层的耐磨性优于未激光处理的，这与激光作用后不锈钢表面氧化物的生成和组织细化有直接关系，氧化物硬度

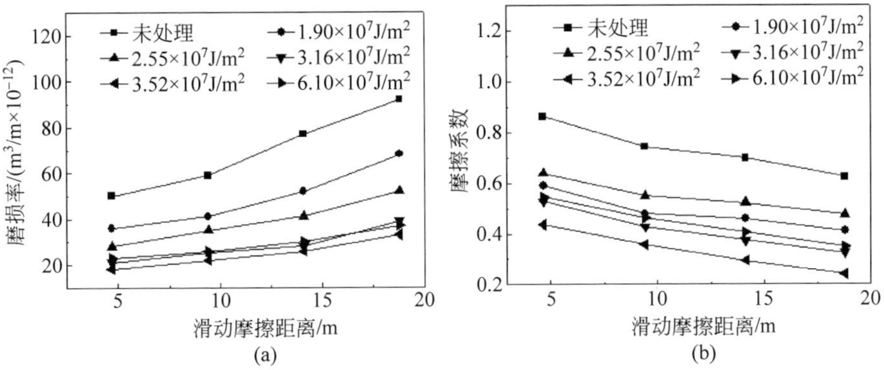

图 3-31　滑动摩擦距离对磨损率和摩擦系数的影响

较高而晶粒细化后材料的强度亦随之升高。材料的强度与硬度和耐磨性能存在一定的线性关系，因此激光表面改性有助于提高材料的耐磨性能。

2. 磨损表面形貌

1）激光能量密度的影响

图 3-32 为激光处理前后不锈钢在加载载荷为 20N，滑动摩擦距离为 18.8m，滑动速度为 0.157m/s 下的磨损表面形貌。由图(a)可见，原始试样磨损表面呈现严重的擦伤、撕裂、黏着和塑性流动特征，且其表面不平整，磨损表面产生的犁沟深且宽，宽度为 50～180mm。由于犁沟的存在，使摩擦表面粗糙，所以摩擦系数比较大。经激光能量密度 $2.55\times10^7J/m^2$ 表面熔凝氧化处理后的不锈钢样品，其磨损表面与基体相似，但是犁沟变浅变小，宽度为 30～70mm，如图(b)所示。当激光能量密度增加至 $3.52\times10^7J/m^2$ 时，在磨损表面(图(c))形成了一层薄而不很连续的表面膜，几乎覆盖了整个摩擦表面，这一表面膜的出现，改变了摩擦系数与接触压力之间的变化趋势，使颗粒的摩擦作用减小，因此摩擦系数减小；少量的犁沟相对较浅，由于表面光洁度的改善及表面层显微硬度的提高，所以表面黏着和塑性流动迹象明显减轻，进而相应的摩擦系数显著减小，磨损率降低。当激光能量密度继续增加至 $6.10\times10^7J/m^2$ 时，由图(d)可以看出磨损表面出现一些擦伤现象，出现了相当数量的较浅犁沟，这意味着其耐磨性不如激光能量密度为 $3.52\times10^7J/m^2$ 时处理的不锈钢样品，但仍优于不锈钢基体。

2）滑动摩擦距离的影响

图 3-33 给出了激光熔凝氧化处理不锈钢样品(激光能量密度为 $3.52\times10^7J/m^2$)在相同滑动速度 0.157m/s，加载载荷为 20N 以及不同滑动摩擦距离的磨损表面形貌。由图(a)可知，当摩擦距离非常短(4.7m)时，磨损碎片细小，磨损表面覆盖着

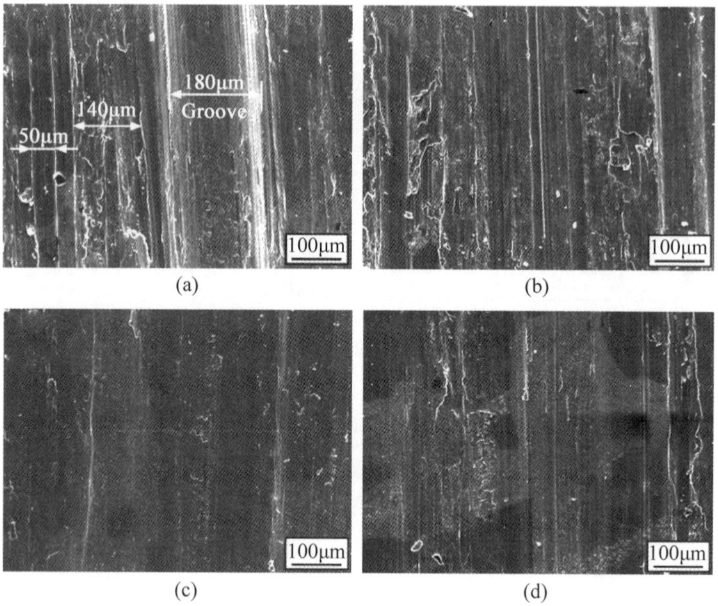

图 3-32　不同激光能量密度作用后不锈钢的磨损形貌

(a) 未经激光处理；(b) $2.55\times10^7 J/m^2$；(c) $3.52\times10^7 J/m^2$；(d) $6.10\times10^7 J/m^2$

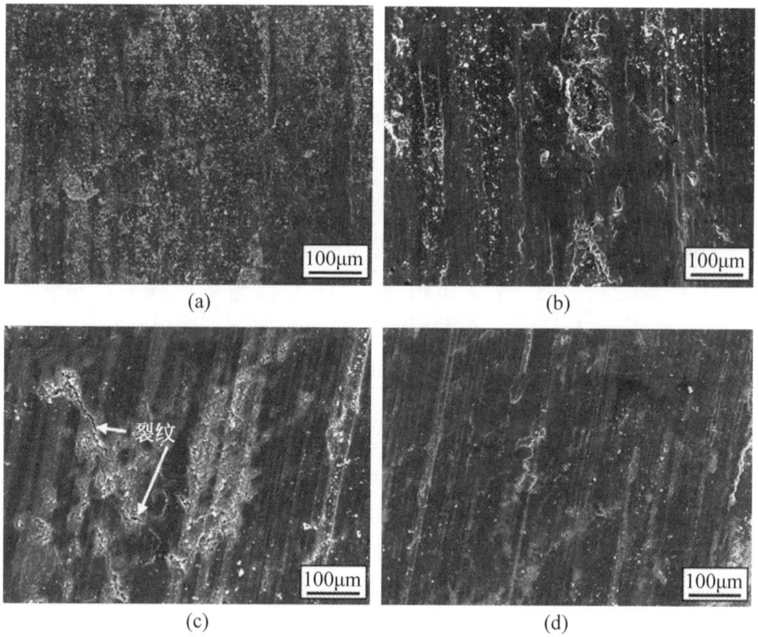

图 3-33　不同滑动摩擦距离下(激光能量密度为 $3.52\times10^7 J/m^2$)不锈钢表面的磨损形貌

(a) 4.7m；(b) 9.4m；(c) 14.1m；(d) 18.8m

一层摩擦层。随着摩擦距离的增加(图(b)和(c)),磨损表面出现较小的犁沟,磨损过程发生转变。这与摩擦层的破裂有关,这时磨损过程受亚表层裂纹扩展和黏着磨损的控制,如图(c)箭头所示。在较大的滑动摩擦距离条件下,当氧化膜的形成速率与剥落速率相同时,即进入稳态磨损后,磨损表面从形貌上就不会有太明显的变化,表面较为平整,如图(d)所示。

3.5.3　腐蚀性能

金属材料与环境介质发生化学作用或电化学作用而引起的变质和破坏现象称为金属材料的腐蚀。腐蚀时有化学反应的叫作化学腐蚀;腐蚀时有电流产生的叫作电化学腐蚀。

1. 化学腐蚀性能

实验中用来测定化学腐蚀性能的方法是浸泡实验,是一种广泛应用的水溶液挂片实验,方法简单。按照要求将金属材料制成试样,在实验室配制的溶液中或现场介质中浸泡一定时间,用选定的测量方法进行评定。根据试样与浸泡溶液的不同相对关系,可分为全浸、半浸和间浸三种实验类型,本节采用静态全浸。对于全面腐蚀来说,金属腐蚀程度的大小通常用腐蚀失重,即所谓的失重法和平均腐蚀速率来衡量。在精度为 0.1mg 的电子天平上称量试样的质量来比较浸泡前后的失重值,以评价其耐蚀性;用式(3-12)计算腐蚀速率:

$$v = \frac{m_0 - m}{St} \tag{3-12}$$

式中,v 为腐蚀速率($g/m^2 \cdot h$);m_0 为试样腐蚀前的质量(g);m 为试样清除腐蚀产物后的质量(g);S 为试样表面积(m^2);t 为腐蚀时间(h)。这种方法适用于均匀腐蚀,而且腐蚀产物完全脱落或很容易从试样表面清除掉的情况。

图 3-34 给出了激光熔凝氧化前后不锈钢在浸泡过程中的腐蚀失重和腐蚀速率随 $FeCl_3$ 浓度的变化规律。由图(a)可以看出,激光熔凝氧化可以明显地改善不锈钢的化学浸泡腐蚀性能,使不锈钢试样的腐蚀失重显著降低。在相同 $FeCl_3$ 浓度时,随着激光能量密度从 $1.90\times10^7 J/m^2$ 提高到 $6.10\times10^7 J/m^2$,试样的腐蚀失重显著低于未经激光处理不锈钢的腐蚀失重,其中经过激光能量密度为 $3.52\times10^7 J/m^2$ 处理的不锈钢表面具有较好的抗腐蚀性能。但是当激光能量密度继续增加为 $6.10\times10^7 J/m^2$ 时,不锈钢试样的腐蚀失重相对其他激光能量密度下的腐蚀失重较大,这意味着激光能量密度增加到一定程度时不锈钢的耐腐蚀性不再提高,但优于不锈钢基体的耐腐蚀性。由图(b)所示的腐蚀速率可知,在整个浸泡过程中,激光熔凝氧化处理不锈钢的腐蚀速率在任意激光能量密度下都小于未处理不锈钢的腐蚀速率,说明激光熔凝氧化处理有效提高了不锈钢的耐腐蚀性。

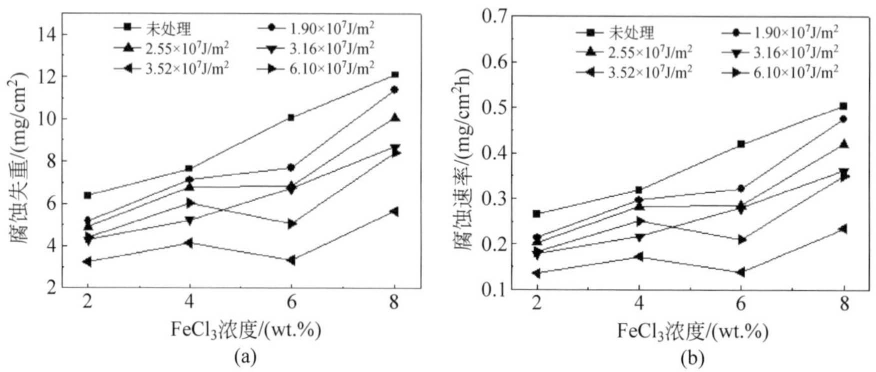

图 3-34 $FeCl_3$ 浓度对浸泡腐蚀失重和腐蚀速率的影响

图 3-35 给出了不同激光能量密度熔凝氧化处理后不锈钢试样在质量分数为 6wt. %的 $FeCl_3$ 溶液中浸泡 24h 后的腐蚀形貌。由图(a)可以看出，未经激光熔凝氧化处理的不锈钢经浸泡腐蚀后表面不平，出现大量腐蚀坑，蚀坑宽度为 5～10mm，说明原始不锈钢的耐腐蚀性相对较差。而经过激光熔凝氧化处理后不锈钢表面的腐蚀形貌发生了明显的变化，如图(b)～(f)所示。当激光能量密度从 $1.90\times10^7J/m^2$ 提高到 $6.10\times10^7J/m^2$ 时，不锈钢表面腐蚀逐渐减弱，蚀孔数目减少而且尺寸减小，点蚀程度变弱，说明不锈钢的腐蚀性能得到提高。当激光能量密度为 $1.90\times10^7J/m^2$ 时，由图(b)可知，表面腐蚀坑明显小于未经激光熔凝处理的不锈钢试样，其大小和分布较均匀，蚀坑宽度为 1～5mm；当激光能量密度增加为 $2.55\times10^7J/m^2$ 时(图(c))，表面较平整，腐蚀坑数量显著减少，但是出现了少量的微裂纹，这可能是由于激光熔凝氧化处理的快速冷却过程中产生的一些缺陷导致的；当激光能量密度为 $3.16\times10^7J/m^2$ 时(图(d))，表面腐蚀坑和微裂纹的数量和尺寸均减少，说明不锈钢的耐腐蚀性进一步提高；当激光能量密度为 $3.52\times10^7J/m^2$ 时(图(e))，表面更加平整，腐蚀坑大小和分布均匀，且尺寸较小，约为 1mm，没有明显的微裂纹；但当激光能量密度增加为 $6.10\times10^7J/m^2$ 时，由图(f)可以看出试样表面出现了一些微凸起，而且也出现了一定的连通孔，不利于腐蚀性能的提高。以上表明不锈钢的腐蚀性能对激光能量密度的变化很敏感，即在一定范围内增加激光能量密度能够提高不锈钢的耐腐蚀性能。

图 3-36 给出了激光能量密度为 $3.52\times10^7J/m^2$ 熔凝处理后的不锈钢样品在室温下不同质量分数的 $FeCl_3$ 溶液(分别为 2wt. %、4wt. %、6wt. %和 8wt. %)中浸泡 24h 后的腐蚀形貌。由图可以看出，随着 $FeCl_3$ 浓度的增加，试样表面腐蚀加剧，蚀孔数目增多而且尺寸增大，与激光能量密度增加的变化趋势相反，说明 AISI 304 奥氏体不锈钢的耐腐蚀性能对 $FeCl_3$ 浓度的变化也非常敏感。

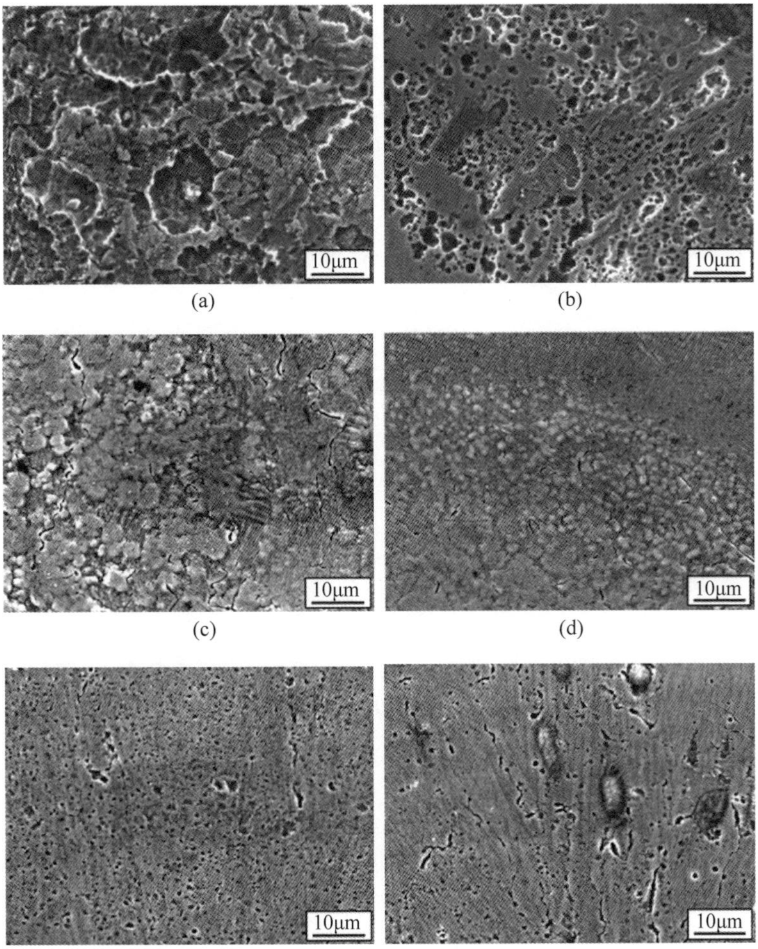

图 3-35　不同激光能量密度熔凝氧化处理后不锈钢试样在 6wt.% 的 $FeCl_3$ 溶液中浸泡 24h 后的腐蚀形貌

(a) 未处理；(b) $1.90\times10^7 J/m^2$；(c) $2.55\times10^7 J/m^2$；
(d) $3.16\times10^7 J/m^2$；(e) $3.52\times10^7 J/m^2$；(f) $6.10\times10^7 J/m^2$

2. 电化学腐蚀性能

激光熔凝氧化处理前后不锈钢试样在 3.5wt.%NaCl 溶液中浸泡 10min 后测得的极化曲线如图 3-37 所示，阳极支和阴极支分别从自然腐蚀电位开始扫描获得。图(a)为未经激光处理不锈钢试样的极化曲线，图(b)～(d)分别为经过不同激光能量密度熔凝氧化处理后不锈钢试样的极化曲线。未经激光处理不锈钢的自腐蚀电位较低，E_{corr} 约为－401mV；激光能量密度为 $1.90\times10^7 J/m^2$ 表面熔凝氧化处理后，不锈钢的自腐蚀电位 E_{corr} 达到－334mV，提高了近 67mV；激光能量密度为 $3.16\times10^7 J/m^2$ 和 $3.52\times10^7 J/m^2$ 表面处理后不锈钢的自腐蚀电位进一步提

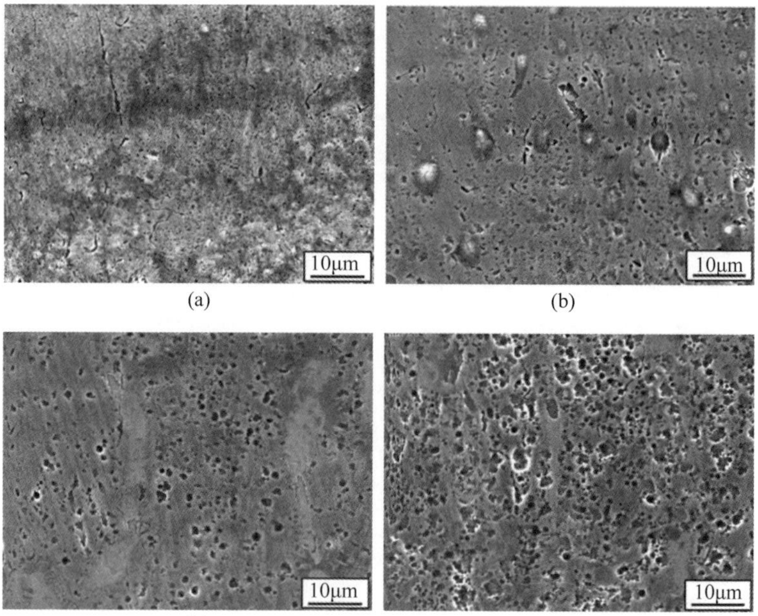

图 3-36　激光能量密度 $3.52\times10^7 J/m^2$ 熔凝处理后不锈钢试样在不同浓度 $FeCl_3$ 溶液中浸泡 24h 后的腐蚀形貌

(a) 2wt.%；(b) 4wt.%；(c) 6wt.%；(d) 8wt.%

高，分别升高到 198mV 和 362mV。

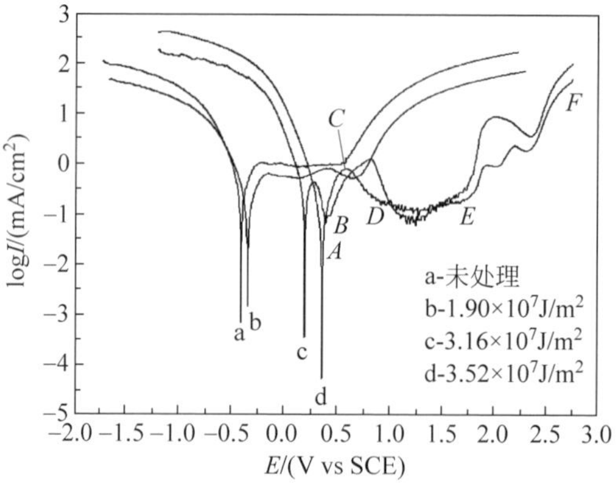

图 3-37　不同激光能量密度下不锈钢在 3.5wt.%NaCl 溶液中浸泡 10min 后的极化曲线

(a) 未经激光处理；(b) $1.90\times10^7 J/m^2$；(c) $3.16\times10^7 J/m^2$；(d) $3.52\times10^7 J/m^2$

由图 3-37 还可以看出，经过激光熔凝氧化处理后不锈钢的极化曲线有较明显的钝化区，呈现出活化-钝化-过钝化的特征，活性溶解区间比较短。以不锈钢样品在激光能量密度为 $3.52\times10^7 J/m^2$ 时的极化曲线为例，在 3.5wt.%NaCl 溶液中自腐蚀电位下的阴极反应为析氢反应，阳极反应为不锈钢样品电极的溶解反应。由图中的d曲线可以看出，*AC*段为活性溶解区，由于工作电极的电极电势高于不锈钢样品的热力学平衡电极电势，所以不锈钢作为阳极失去电子发生氧化反应，即发生电化学溶解反应。阳极电流密度随电位的正移而增大，其中*AB*段为Tafel线性关系区，具有单一电子转移步骤控制的特征[18]。极化曲线在*B*点之后并没有遵循指数增长规律，而是增长速率越来越慢，表现为曲线的斜率逐渐减小，当到达*C*点时斜率为零。当位于*C*点(电位为608mV)时，阳极电流密度在*AD*段区域内达到最大值，为795mA/cm^2。*CD*段为活化-钝化过渡区，随着电位的正移，阳极电流密度逐渐减小，表明样品表面钝化膜的生成与溶解反应在制约着阳极溶解速率，而且这种制约作用随着电位的正移而增强。*DE*段为钝化区，随着电位的正移，阳极电流密度维持在122～168mA/cm^2，表明钝化膜的生成反应与溶解反应处于动态的平衡之中。*EF*段为过钝化区，随着电位的正移，阳极电流密度迅速增加，且当电位在1925mV后，阳极电流密度出现振荡现象。

图3-38是激光熔凝氧化前后不锈钢在3.5wt.%NaCl溶液中电化学腐蚀后的典型形貌。原始不锈钢经电化学腐蚀后表面出现大量腐蚀坑，如图(a)所示，蚀坑宽度为2～8mm，而且在有划痕的位置出现了较深的腐蚀，这说明腐蚀易在表面缺陷处产生。而经过激光熔凝氧化处理后不锈钢试样的表面形貌发生了明显的变化，如图(b)～(d)所示。由图可以看出表面腐蚀坑明显小于未经激光处理的试样，

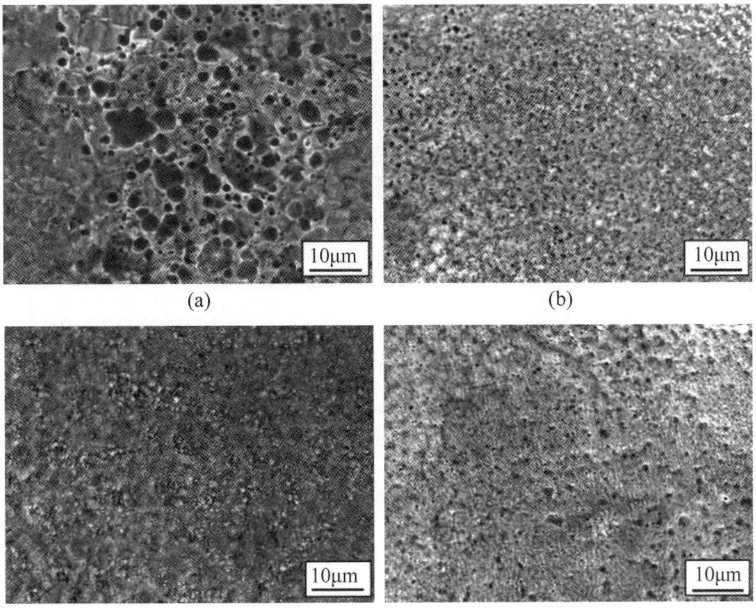

图3-38 不同激光能量密度作用后不锈钢试样在3.5wt.%NaCl溶液中的腐蚀形貌

(a) 未处理；(b) 1.90×10^{7}J/m^2；(c) 3.16×10^{7}J/m^2；(d) 3.52×10^{7}J/m^2

其大小和分布较均匀，没有明显的微裂纹。这是因为在激光熔凝氧化处理的条件下，不锈钢中的 Cr 元素可以与空气中的氧结合形成一层致密且连续的保护膜，有效提高了不锈钢表面的耐腐蚀性能。

激光熔凝氧化处理后不锈钢表面激光光斑内的形貌及相组成不同，即光斑中心区域主要由纳米级的 Fe_2O_3 颗粒组成，光斑边缘区域主要由亚微米级的 Cr_2O_3 和 MnO_2 等氧化物组成。为了较具体地分析不锈钢表面 Fe_2O_3 和 Cr_2O_3 这两种主要氧化物的耐腐蚀性，对激光熔凝氧化处理后的腐蚀形貌进行观察，其激光共聚焦扫描显微镜形貌如图 3-39(a)所示，可以看出同一表层不同区域的腐蚀行为都有各自的特点。图 3-39(a)中的 b 线和 c 线分别为腐蚀后光斑边缘区域和中心区域相对于不锈钢基体的高度差图谱。图 3-39(b)表明光斑边缘区域相对于不锈钢基体的高度差大约为 100.038μm，说明边缘区域具有较好的耐腐蚀性，而不锈钢基体的耐蚀性较差，对于光斑中心区域，由图 3-39(c)可知中心区域与不锈钢基体的高度差约为 84.174μm，可以推断出中心的细颗粒也可以有效提高不锈钢表面的耐腐蚀性能。

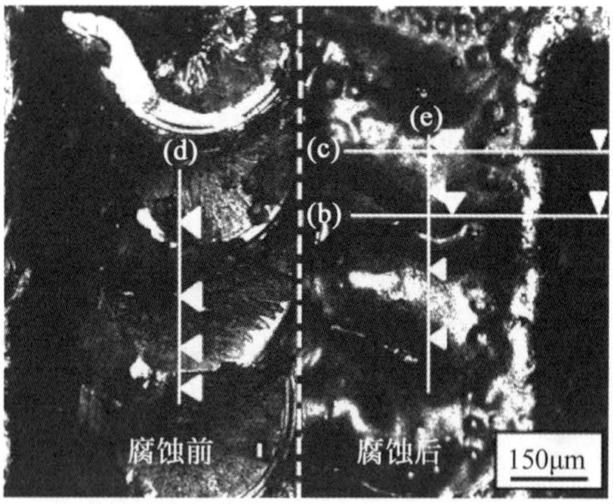

(a)

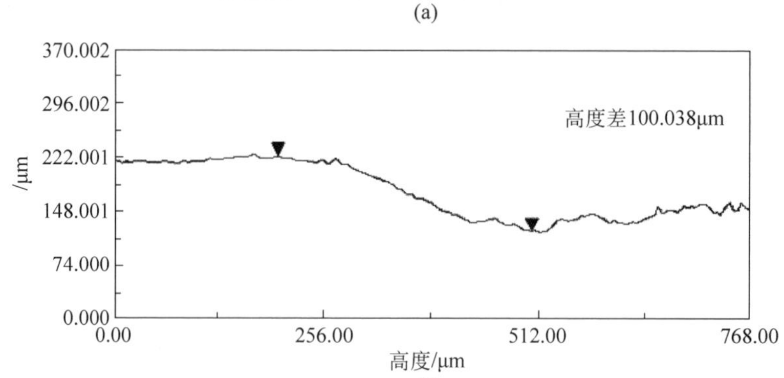

(b)

图 3-39 (a)3.5wt.%NaCl 溶液中不锈钢表面的激光共聚焦扫描显微镜照片(激光能量密度 $3.52\times10^7 J/m^2$)；(b)～(e)为相应于图(a)中的高度差线扫分析

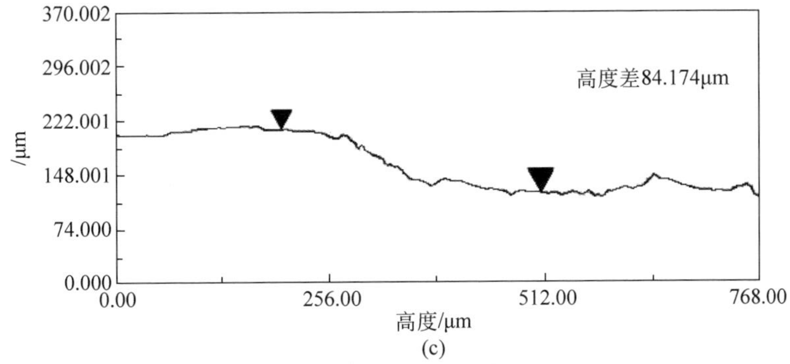

(c)

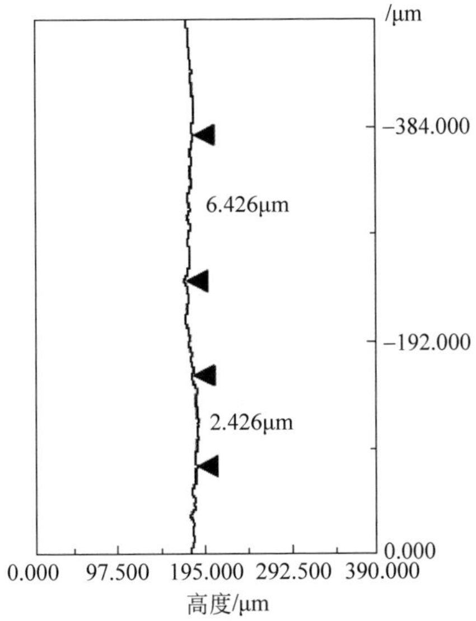

(d)

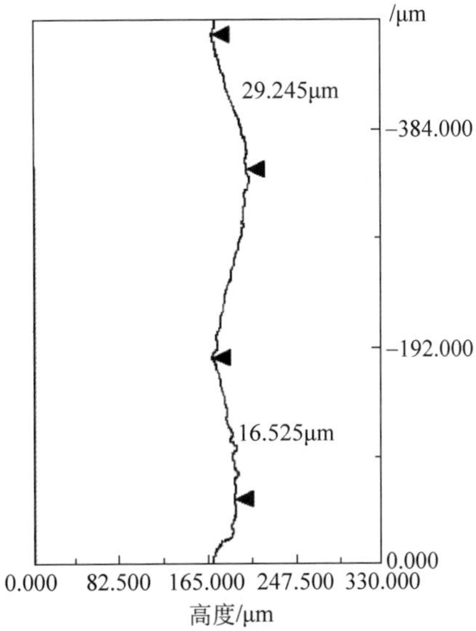

(e)

图 3-39　(续)

由以上光斑边缘区域与中心区域相对于不锈钢基体的高度差分析可知,边缘区域比中心区域耐腐蚀性相对较好。为了更好地比较光斑边缘区域与中心区域的耐腐蚀性能,图 3-39(a)也给出了平行于激光扫描方向的高度差线扫:d 线和 e 线。由图 3-39(d)可以看出,腐蚀之前在一个激光光斑内边缘和中心区域之间的高度差无显著差异,为 2~7μm。而腐蚀后(图 3-39(e)),沿线方向出现了凹凸不平的波动,高低之间的高度差为 15~30μm。结合图(a)可以看出,较高的位置(峰)位于光斑边缘区域,而较低的位置(谷)出现在中心区域。这一现象表明,边缘区域的氧化物表面层具有较好的耐腐蚀性能。

为了更直观地反映激光光斑边缘区域与中心区域的腐蚀形貌,采用扫描电镜对其分析,SEM 腐蚀形貌如图 3-40 所示。图(a)为未经腐蚀的整个激光光斑的低倍 SEM 形貌(激光能量密度为 $3.52\times10^7 J/m^2$),图(b)~(d)为激光能量密度 3.52×

$10^7 J/m^2$ 处理后不锈钢在 3.5wt.%NaCl 溶液中电化学腐蚀后的形貌，其中图(c)和(d)分别为图(b)中腐蚀形貌中心区域和边缘区域的 SEM 放大图。由图(a)可以看出，激光作用后整个不锈钢表面相对平整，无裂纹、气孔夹杂等，边缘区域的宽度大约为 50μm，表现为多边形的形貌；中心区域半径约为 125μm，主要为细颗粒的形貌，还有少量的氧化物小凸起。经腐蚀后，如图(b)所示，光斑中心区域(图(c))发生了明显的变化，除了尺寸较小的腐蚀坑，还有大量的纳米细颗粒，而边缘区域基本保留下来(图(d))，主要为多边形的形貌。

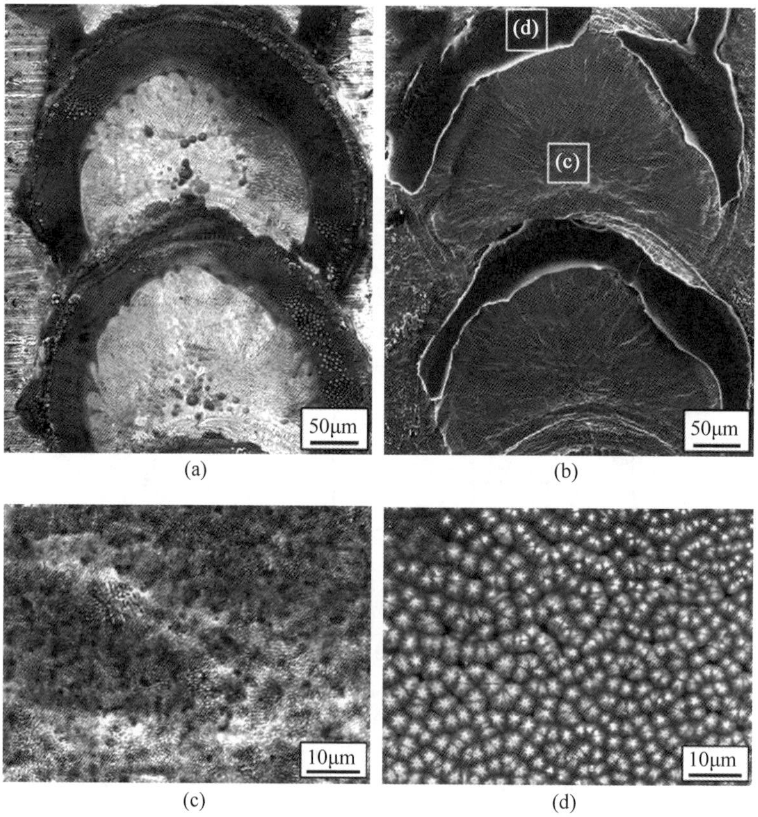

图 3-40 (a)激光能量密度 $3.52\times10^7 J/m^2$ 作用后不锈钢表面低倍 SEM 照片；(b)在 3.5wt.% NaCl 溶液中腐蚀后的低倍 SEM 照片；(c)和(d)为相应于图(b)中的放大 SEM 照片

参考文献

[1] 黄开金，谢长生，许德胜. 薄板模具钢脉冲 Nd:YAG 激光熔凝区的几何形状特征[J]. 应用激光，2002，22(6)：543-547.

[2] 邹昌谷,王慧萍.新型激光吸收涂料产品研制与开发[J].热处理,2002,17(4):21-23.
[3] 国玉军,刘常升.激光表面硬化预涂层用89-1涂料的研究[J].激光技术,2002,26(4):252-254.
[4] LUO F,YAO J H,HU X X,et al. Effect of laser power on the cladding temperature field and the heat affected zone [J]. J. Iron. Steel Res. Int. ,2011,18(1):73-78.
[5] WANG D Z,ZHUANG T G. The measurement of 3-D asymmetric temperature field by using real time laser interferometric tomography [J]. Opt. Laser. Eng. ,2001,36(3):289-297.
[6] CHENG P J,LIN S C. An analytical model for the temperature field in the laser forming of sheet metal [J]. J. Mater. Process. Technol. ,2000,101(1-3):260-267.
[7] JI Z,WU S C. FEM simulation of the temperature field during the laser forming of sheet metal [J]. J. Mater. Process. Technol. ,1998,74(1-3):89-95.
[8] ZHU W D,LIU Q B,LI H T,et al. A simulation model for the temperature field in bioceramic coating cladded by wide-band laser [J]. Mater. Design,2007,28(10):2673-2677.
[9] ELPERIN T,RUDIN G. Temperature field in a multilayer assembly affected by a local laser heating [J]. Int. J. Heat Mass Tran. ,1995,38(17):3143-3147.
[10] 卢立中,石云飞,徐晨光,等.脉宽对飞秒激光辐照产生温度场的数值模拟[J].江苏大学学报(自然科学版),2011,32(2):199-204.
[11] 吴东亭,邹增大,曲仕尧,等.30CrMnSi轴表面激光相变硬化温度场数值模拟研究[J].热加工工艺,2009,38(16):121-124.
[12] JENDRZEJEWSKI R,ŚLIWIŃSKI G,KRAWCZUK M,et al. Temperature and stress during laser cladding of double-layer coatings [J]. Surf. Coat. Tech. ,2006,201(6):3328-3334.
[13] 安中胜,王会才,赵亦兵.脉冲激光导致不锈钢表层温度场演化的模拟[J].中国科学院研究生院学报,2003,20:309-315.
[14] YANG J,LIAN J S,DONG Q Z,et al. Nano-structured films formed on the AISI 329 stainless steel by Nd-YAG pulsed laser irradiation [J]. Appl. Surf. Sci. ,2004,229:2-8.
[15] PDF Cards #06-0694,#34-0396,#38-1479PCPDFWIN,Version 2.02,JCPDS-ICDD,1999.
[16] HALL E O. The deformation and ageing of mild steel: III Discussion of results [J]. Proceedings of the Physical Society London B,1951,64:747-753.
[17] PETCH N J. The cleavage strength of polycrystals[J]. J. Iron Steel Res. Int. ,1953,174:25-28.
[18] 吕战鹏,黄德伦,杨武,等.重铬酸根与磁场对铁在硫酸溶液中阳极极化行为的影响[J].中国腐蚀与防护学报,2001,21:1-9.

第4章

激光焊接技术

随着激光技术的快速进步，激光焊接逐渐成为现代工业发展必不可少的技术手段。当前，产品零件的结构形状越来越复杂，对材料性能、加工精度、表面完整性的要求越来越高，同时也对生产效率、工作环境提出了较高的要求，传统的焊接方法难以满足。作为利用高能量密度的激光束为热源实现材料连接的先进技术，激光焊接技术在航空航天、汽车、船舶、装备制造等领域得到广泛应用。

4.1 激光焊接技术概述

4.1.1 含义

激光焊接技术是将高功率密度的激光束直接照射到材料表面，在极短的时间内通过材料表面吸收激光能量使辐照位置熔化形成焊接熔池，在随后的冷却凝固过程中形成冶金结合的焊接接头的一种连接方法，如图 4-1 所示。

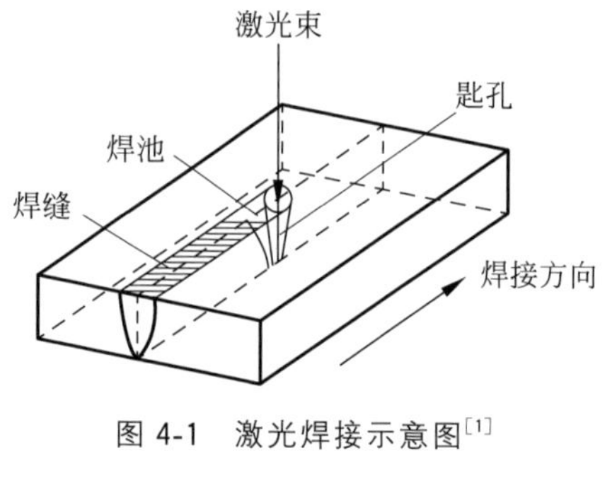

图 4-1 激光焊接示意图[1]

激光焊接有两种基本模式，即热导焊接和深熔焊接。激光热导焊接类似于氩弧焊，材料表面吸收激光能量，通过热传导的方式向内部传递；激光深熔焊接与电子束焊接相似，高功率密度激光引起材料局部蒸发，在蒸汽压力作用下熔池表面下陷形成小孔，激光束通过"小孔"深入熔池内部，如图 4-2 所示。

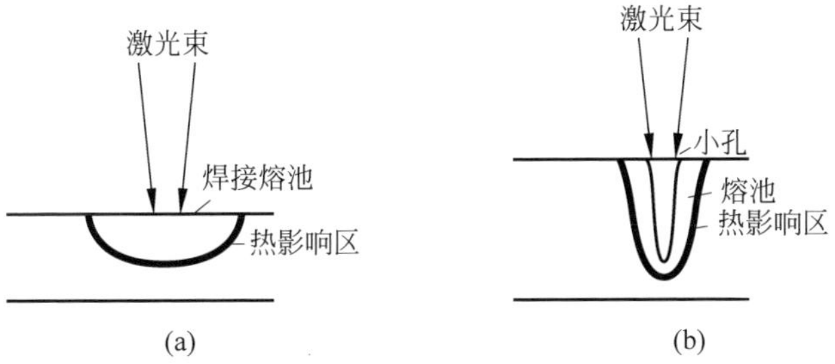

图 4-2　热导焊接模式(a)和深熔焊接模式(b)

4.1.2　特点

与传统焊接方法相比，激光焊接技术具有一系列优点。

(1) 激光可以聚焦到很小的区域，从而形成高强度的热源。这种高强度热源沿待焊接接头快速扫描实现焊接。

(2) 激光焊接是非接触加工，可以在很远的工位，通过窗口或者在电极或电子束不能深入的三维零件内部进行。

(3) 与电弧焊接相比，激光焊缝的热影响区小，从而限制了热变形，同时改善了冶金机械性能。

(4) 对于铝合金和镁合金这类难焊接的材料，激光焊接提供了新的机遇。例如，采用常规技术不能焊接的 7000 系列铝合金，激光焊接获得了高的强度和良好的成型性能。

激光焊接技术也有其不足之处，需要大流量昂贵的氦气作为保护气体，设备运行费用较高。激光束能够获得极小的光斑是激光焊接的优点，但同时也带来接头安装和对中困难的问题。

4.2　激光焊接系统

激光焊接系统主要由激光器、光束传输和聚焦系统、运动系统，以及过程与质量监控系统、光学元件冷却和保护装置、保护气体输送系统、控制和检测系统、工件上下料装置、安全装置等外围设备组成。

4.2.1 激光器

激光焊接要求激光器应具有较高的额定输出功率，较宽的功率调节范围，功率缓升缓降能力，工作稳定、可靠，能长期工作运行，同时要求激光的横模最好为低阶模或基模。虽然激光器的种类繁多，但目前适用于激光焊接工业化的激光器主要是 CO_2 激光器和 YAG 激光器。

对材料加工而言，激光器的光束质量是一个非常重要的参数，它决定了激光束的传输与聚焦性能，并且在很大程度上决定了该激光器的加工性能。另外，光的偏振对加工也具有非常重要的作用。

1. 激光光束质量

一般用光束模式 TEM_{mn} 描述光束的空间分布特性，图 4-3 给出了理想状态下的基模和低阶模的立体图形。光束模式的阶次越高，激光束的能量分布越发散，聚焦特性越差。

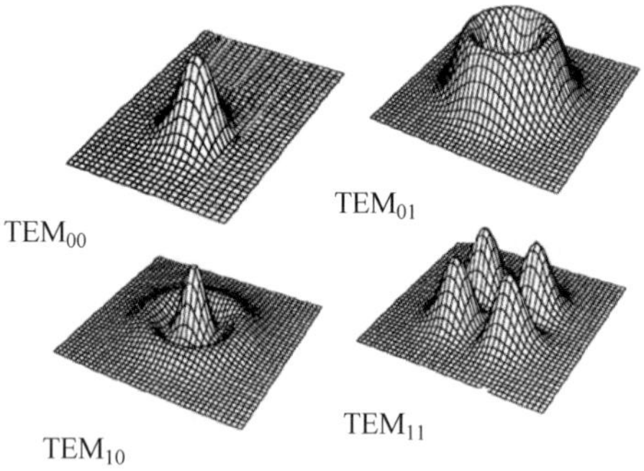

图 4-3 理想状态下的基模和低阶模示意图

激光光斑质量对激光加工具有重要意义。特别是光束聚焦后，具有非常高的功率密度，为直接测量聚焦光束的光束质量，通常采用空心探针方式，其原理如图 4-4 所示。

它采用一根带小孔的空心探针扫描激光束，探针一边高速旋转，一边前后运动。在探针扫过光束截面的瞬时，由小孔进入的一小部激光束通过内空腔被引导至转轴上，由此处的探测器进行检测。同时，高速采样系统对热电探测器输出的信号采样后送入后续电路进行处理。当探针扫描完整个光束截面后就可以得到光斑直径和功率密度分布。

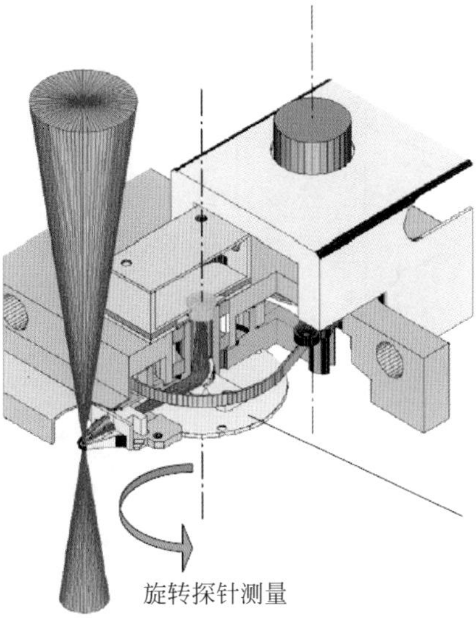

图 4-4　空心探针测量原理

图 4-5 为探测得到某大功率 CO_2 激光器的不同传播距离光束截面的功率密度分布。

2. 光的偏振

光波为横向电磁波，由相互垂直并与传播方向垂直的电振动和磁振动组成。电磁场电场矢量的取向决定激光光束的偏振方向。在激光传播过程中，如果电矢量在同一平面内振动，称为平面偏振光(或线偏振光)。两束偏振面垂直的线偏振光叠加，当相位固定时，获得椭圆偏振光；上述两束光若强度相等且相位为 $\pi/2$ 或 $3\pi/2$ 时，得到圆偏振光。在任意固定点上，瞬时电场矢量的取向作无规则的随机变化时，光束为非偏振光。激光束垂直入射时，吸收与激光束的偏振无关，但是当激光束倾斜入射时，偏振对吸收的影响变得非常重要。按平面的法线测量，图 4-6 为 1700K 时铁对 CO_2 和 YAG 激光的吸收率与偏振状态和入射角关系的计算结果。

图 4-7 为不同加工方法激光束的入射条件示意图。对于激光切割和深熔焊接，由于激光的吸收面变为切缝前沿或小孔壁，激光不再是垂直入射，激光的偏振状态必然对加工结果产生显著影响。当采用线偏振光进行切割和焊接时，加工方向的改变将导致吸收率的变化，从而影响加工质量的一致性。这时必须采用圆偏振镜将激光器输出的线偏振光转变为圆偏光，这样吸收率就与加工方向无关。

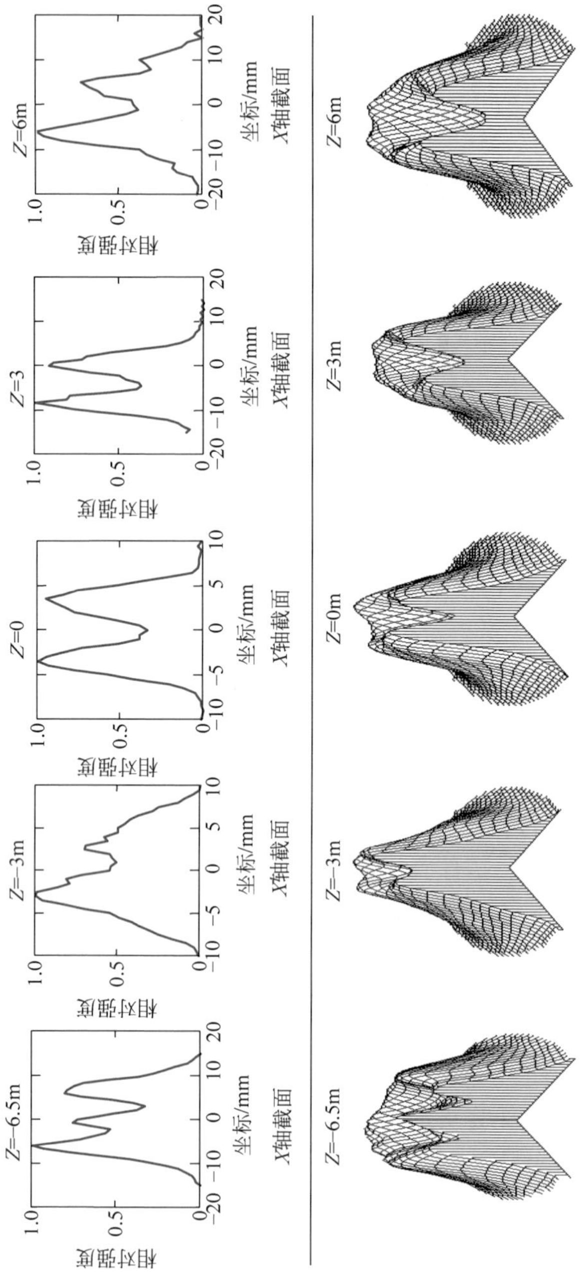

图 4-5　某大功率 CO_2 激光器不同传播距离光束截面的功率密度分布

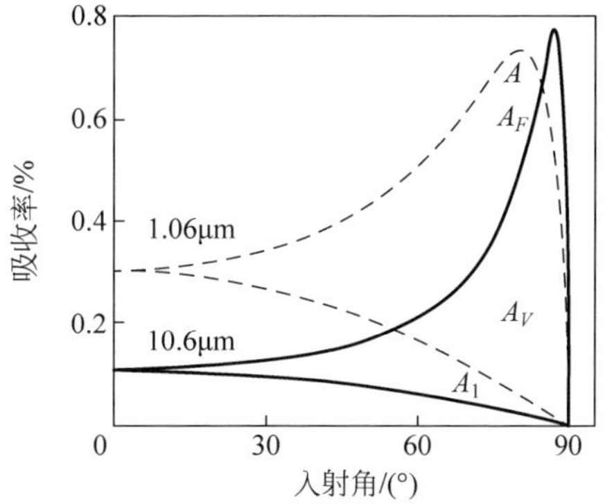

图 4-6　吸收率与偏振状态和入射角的理论关系

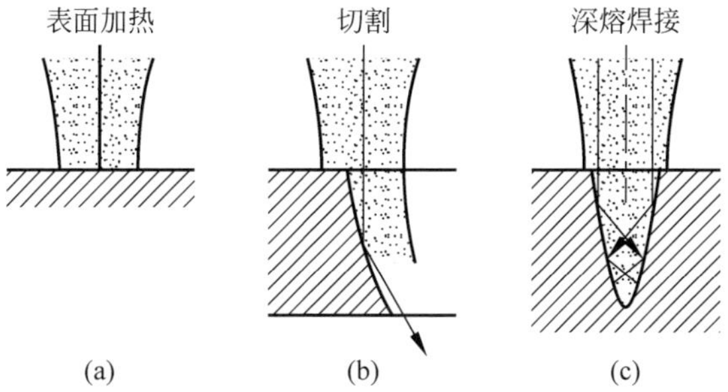

图 4-7　不同加工方法激光束的入射条件示意图

4.2.2　光束传输与聚焦系统

在生产中，根据加工任务、工件大小和工艺流程，激光器和加工工件是彼此相互分开布置的，距离从精细加工时的不足 1m 到大板加工时的 10m 以上。为了使一台激光器能够用于更大的工作台或者服务于多个加工工位，光的传输距离有时达 30～50m。光学系统主要用于激光光源到加工机头的光束传输。激光传输有激光反射和透射两种方式，通过使用光学镜片来实现。CO_2 激光传输一般采用将反射镜直接插入光束的传输路径中进行方向变化，在此过程中，光束功率保持不变。YAG 激光多采用透镜，在传输之前，需要在光路中插入凹透镜作扩束处理，使光束发散，提高后续聚焦透镜的焦距，增大工作距离，便于激光加工。几何光学原理中的反射与聚焦原则上也适用于激光束。使用合适材料制作的反射镜可以将原来直线传播的激光束转向任何方向，如图 4-8 所示。

在大量的应用情况下，经常遇到光束的发散角太大而不能接受，如远距离传输时。在这种情况下使用扩束望远镜被证明是行之有效的。以两个透镜望远镜为

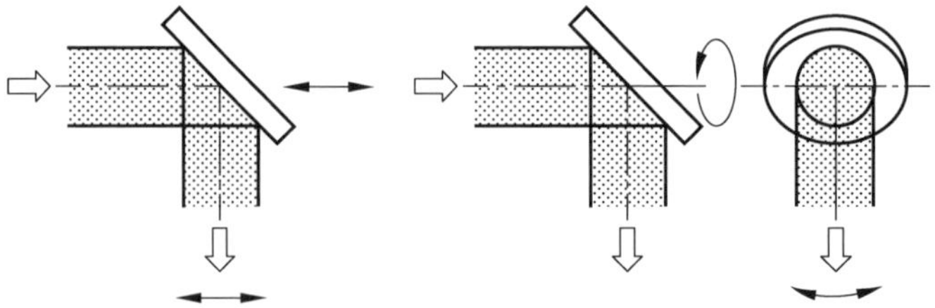

图 4-8　采用反射镜改变光束的传播方向示意

例,扩束原理如图 4-9 所示。当激光功率超过 1kW 时,宜采用反射镜系统。

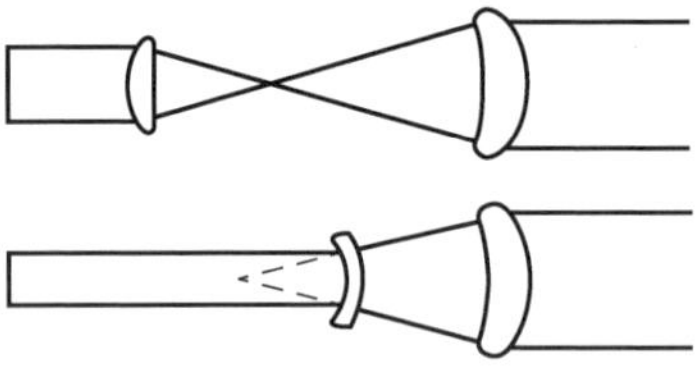

图 4-9　扩束原理示意图

激光器输出的激光必须借助聚焦系统以获得所需的光斑大小和功率密度才能用于焊接和切割。聚焦通常有两种方式：反射式聚焦和透射式聚焦,如图 4-10 所示。YAG 激光通常采用透射式聚焦。对于 CO_2 激光,当激光功率不是很高时(通常在 2.5kW 以下),采用透射式聚焦;激光功率在几千瓦以上时,采用反射式聚焦。大功率 CO_2 和 YAG 激光加工时,用于制造透镜的材料主要是两种半导体：硒化锌(ZnSe)和砷化镓(GaAs)。反射镜常采用无氧铜制造,采用金刚石精密车床加工,表面精度可以达到 CO_2 激光波长的 1/50。

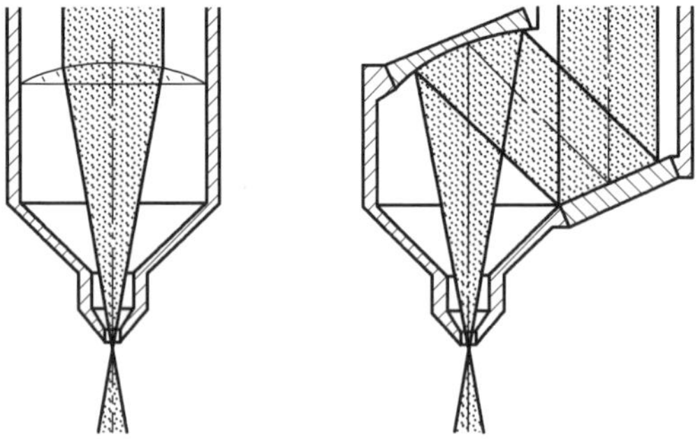

图 4-10　反射式聚焦(a)和透射式聚焦(b)系统示意图

4.2.3　运动系统

按激光束与工件相对运动的实现方式,运动系统可以分为以下三种基本形式(图 4-11)。

(1) 激光器运动。激光器与传输、聚焦系统作为一个整体沿工件运动。我国宝钢 1420 冷轧生产线激光焊接就是采用这种方式。

(2) 工件运动。工件置于工作台上,工件随工作台一起运动,激光器及导光系统固定不动。这种方式在工件不大时,使用较为方便,如齿轮焊接。

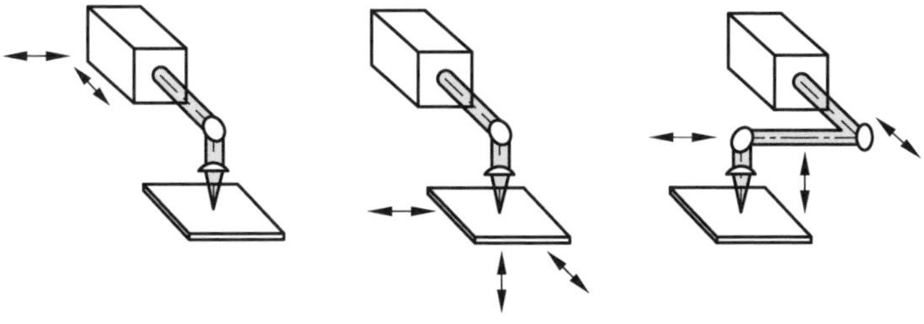

图 4-11　激光器与工件相对运动方式示意图

(a) 激光器运动；(b) 工件运动；(c) 光束运动

(3) 光束运动。激光器和工件都固定不动，通过飞行光学系统或光导纤维的运动实现光束的运动。由于运动部件的惯性小，故可以达到很高的速度和加速度。这种方式对激光器的光束质量要求很高，通常应用于大范围的加工。我国一汽轿车股份有限公司新一代大红旗轿车覆盖件的激光三维切割就是采用这种方式。

针对不同的目的和要求，有时需要将两种基本运动方式结合起来。图 4-12 是一种复合运动方式的五轴联动激光加工系统示意图。这种五轴系统具有很高的精度，但是价格昂贵。

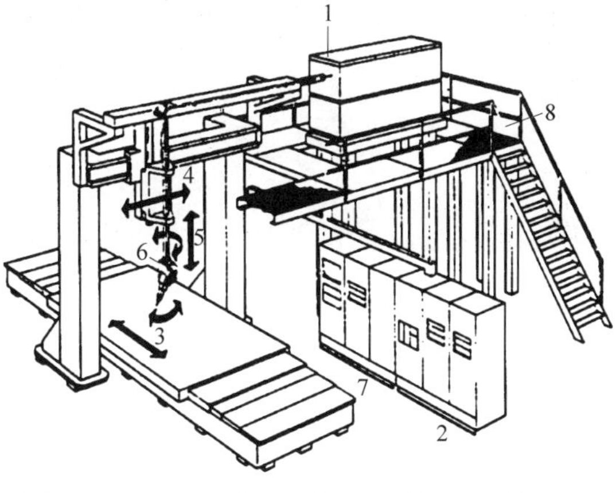

1—激光器；2，7—电源和控制系统；3—x 轴；4—y 轴；5—z 轴；
6—可沿两个轴旋转的工作头；8—检查用扶梯。

图 4-12　桥式五轴联动激光加工系统示意图

机器人的加工精度虽不如激光加工机床，但由于其体积小，更加方便灵活，且价格低廉，得到越来越广泛的应用。图 4-13 为 YAG 激光器通过光导纤维与六轴机器人组成的柔性加工系统实物图。CO_2 激光不能通过光纤传输，其与机器人的结合可以通过外关节臂(图 4-14)或内关节臂(图 4-15)光学系统实现。

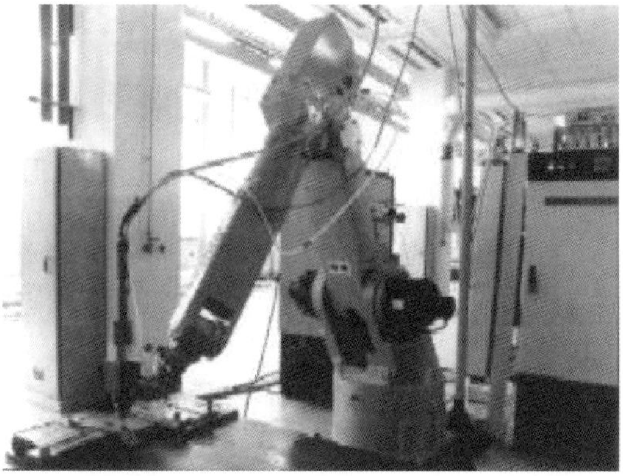

图 4-13　光纤传输激光加工机器人系统

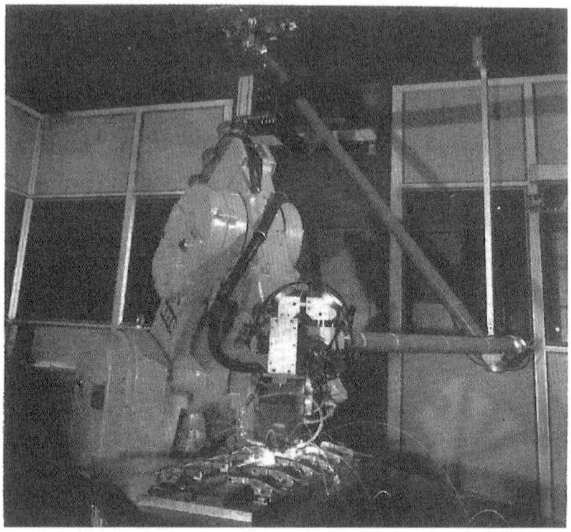

图 4-14　激光加工机器人系统外关节臂

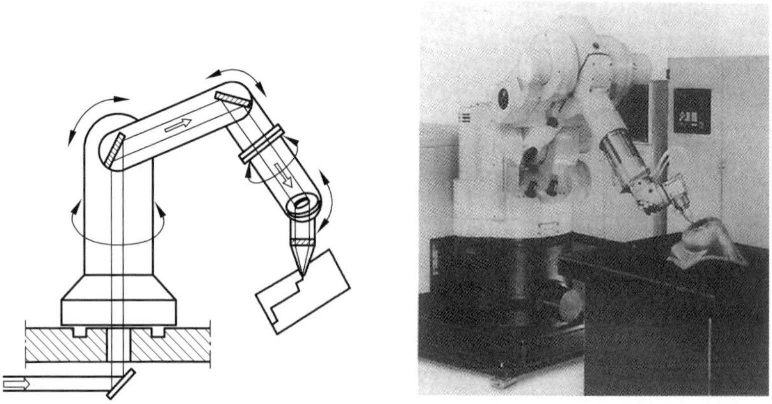

图 4-15　激光加工机器人系统内关节臂

4.3 激光焊接工艺技术

4.3.1 激光深熔焊接

由于金属对 CO_2 和 YAG 激光的吸收率通常很低，因而热导机制焊接效率不高。反射激光对人员和设备的安全也构成严重威胁。深熔焊接机制由于小孔效应，激光束通过蒸发沟槽深入材料内部，此时材料对激光的吸收可以高达 80% 以上。同时，激光能量向材料内部的传递不再受热传导的限制，焊接深度和加工效率也急剧增大。

此外，当采用不同波长激光进行焊接时，由于材料吸收率不同，焊接模式转变的阈值也是不同的。图 4-16 为铝合金 CO_2 和 YAG 激光焊接对比，YAG 激光焊接阈值明显低于 CO_2 激光焊接的阈值。

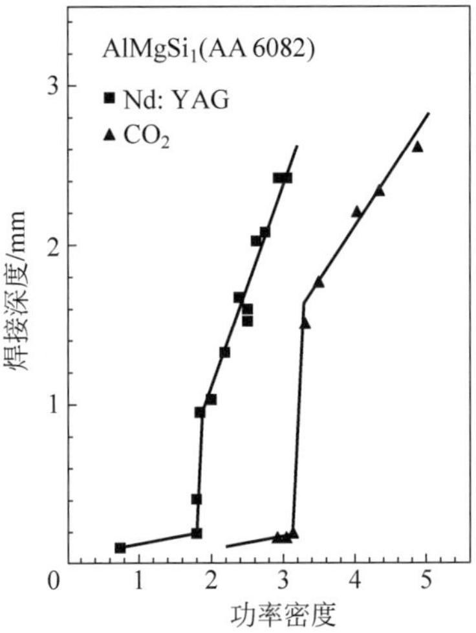

图 4-16　CO_2 和 YAG 激光焊接熔深与激光功率密度的对应关系

影响激光深熔焊接结果的主要因素包括激光功率、光束质量、聚焦系统的聚焦数、焦点位置、焊接气体和焊接速度等。

在其他条件一定的情况下，随着激光功率的增加，熔深增大。图 4-17 为 304 不锈钢 CO_2 激光焊接熔深随激光功率的变化。

对焊接而言，光束质量比激光功率更具重要意义。图 4-18 为不同光束质量时铝合金激光焊接深度与速度的关系。在相同功率条件下，焊接同等厚度的板材时，高光束质量的激光器可以获得更高的速度。这不仅意味着焊接效率的提高，更意味着焊接质量的提高。

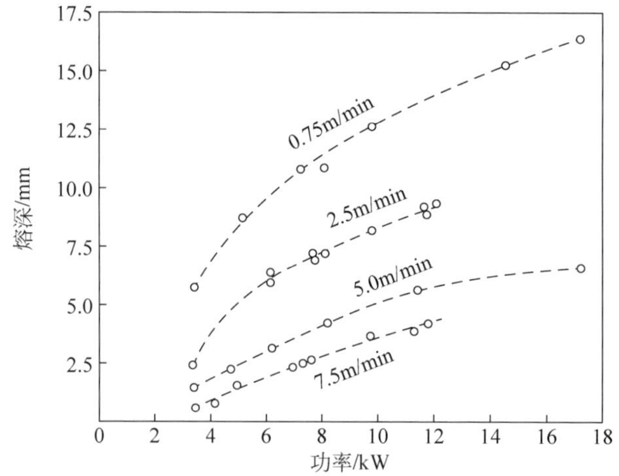

图 4-17　304 不锈钢 CO_2 激光焊接熔深随激光功率的变化

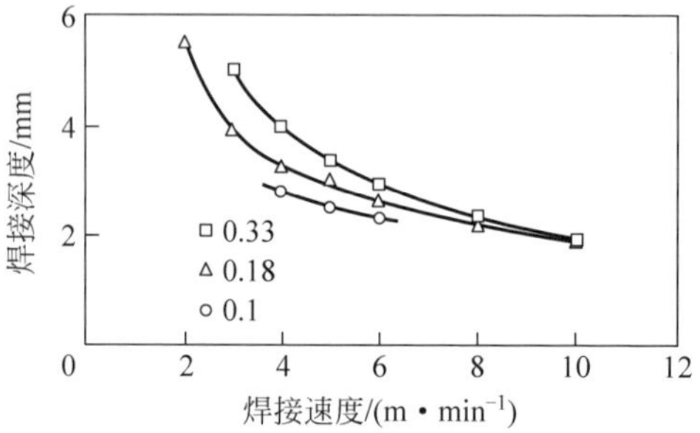

图 4-18　光束质量对焊接速度和深度的影响

材料：AlMgSi12,激光功率 $P=3.6$kW

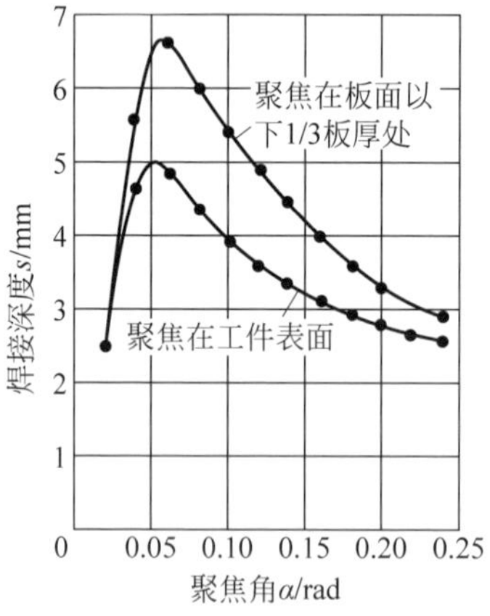

图 4-19　焊接深度与聚焦角的关系

$K_f=0.015$mm. mrad,$P=5$kW,$v=500$mm/s

此外激光焊接时往往只考虑聚焦光斑的大小，即忽视了聚焦数的影响。实际上，在激光光束参数给定时，聚焦数决定了聚焦光斑和焦深的大小。要想获得小的聚集光斑，必然是以牺牲焦深为代价。图 4-19 为焊接深度与聚焦角的关系。在某一聚焦角时，相同条件下可以获得最大的焊接深度。因此，在进行激光焊接时，在一定的激光光束参数条件下，对于某一特定的焊接深度(板厚)，对应一个最佳聚焦数或者聚焦角，如图 4-20 所示。

由图 4-20 可知，焦点位置对焊接结果也将产生明显的影响。虽然在焦平面内功率密度最高，但是通常情况下，当焦点位于工件表面之下时较焦点位于板面上能够获得更大的熔深。同时焦点位置对焊缝形貌也有明显的影响，如图 4-21 所示。一般情况下，综合考虑焊接深度和焊缝形貌，焦点位于板面以下 1～2mm 处可以获得最佳效果。

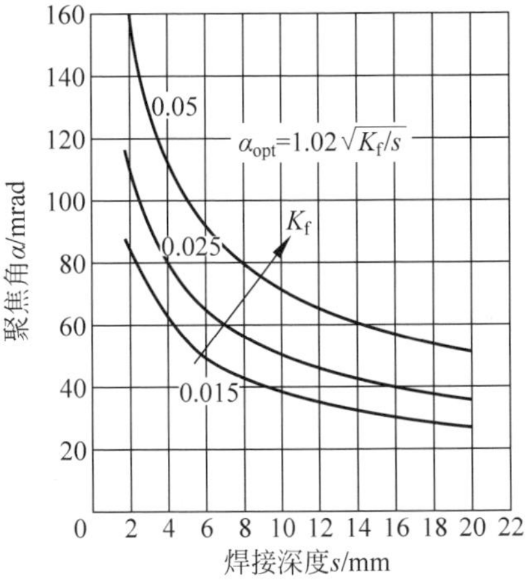

图 4-20　最佳聚焦角与焊接深度的关系

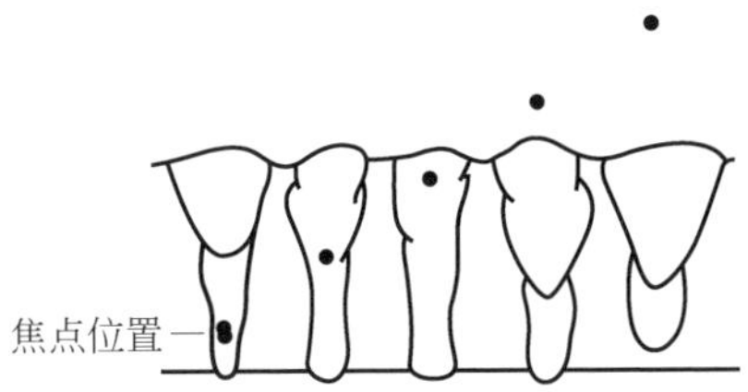

图 4-21　焦点位置对焊缝形貌的影响

材料：310 不锈钢，板厚 6mm，$P=5$kW，$v=1$m/min

激光深熔焊接时，气体的作用主要有二：一是保护熔池免受空气的影响；二是控制光致等离子体。气体对等离子体形态的影响最终必然反映在对焊接结果的影响上，如图 4-22 所示。在激光功率较低（$P=1$kW）时，气体对焊接深度的影响不明显，这主要是因为激光功率较低时光致等离子体不严重。在激光功率较高（$P=2$kW）时，气体对焊接深度的影响与对等离子体形态的影响是一致的。由于氦气对等离子体良好的抑制作用，在氦气气氛下焊接深度也最大。

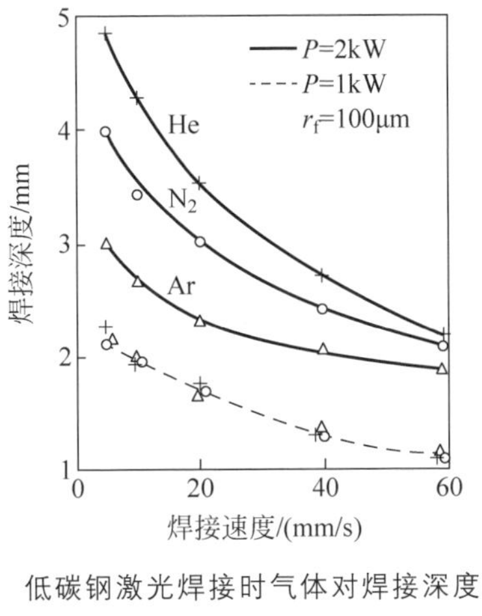

图 4-22　低碳钢激光焊接时气体对焊接深度的影响

4.3.2 填充焊丝

一般情况下,激光焊接不添加焊接材料,完全靠被焊材料自身的熔化形成接头,这对激光束的对中、坡口加工和装配精度提出了很高的要求。同时,对于铝、铜等合金,由于其对激光的反射率很高及自身高的导热性,其激光深熔焊接的临界功率密度要远远高于钢铁类材料,如铝合金 CO_2 激光深熔焊接的临界功率密度约为 $3.5\times10^6W/cm^2$ 量级,而钢铁类材料大约为 $7\times10^5W/cm^2$,铝合金 CO_2 激光深熔焊接的临界功率密度约为钢的 5 倍。此外,当激光功率超过于 $10^7W/cm^2$ 时,光致等离子体上浮,出现等离子体对激光的屏蔽现象,使深熔焊接过程中断。上述这些问题大大限制了大功率激光焊接的应用,填充材料的激光焊接是解决上述问题的一个可行手段。通过选择合适的填充材料成分,可以控制焊接冶金和焊缝成分,改善焊缝金属组织,抑制焊接裂纹的形成,提高焊接接头的性能,这对于脆性材料和异种金属的焊接非常有利。在激光焊接时,填充材料的供应包括送丝、送粉和预置填充材料等方法。

图 4-23 为采用填充焊丝激光焊接工艺原理。在激光焊接过程中,通过一个送丝喷嘴同时提供填充焊丝。焊丝依据所处的位置,一部分由激光照射熔化;另一部分由激光诱导的等离子体加热熔化;还有一部分通过熔池的对流熔化。同时,为了保护焊接区及控制光致等离子体,尚需向激光束与焊丝及工件作用部位吹送保护气和等离子体控制气。送丝喷嘴可以是与气体喷嘴分离的单独喷嘴,也可以和气体喷嘴装置集成在一起,形成一个同轴组合喷嘴。

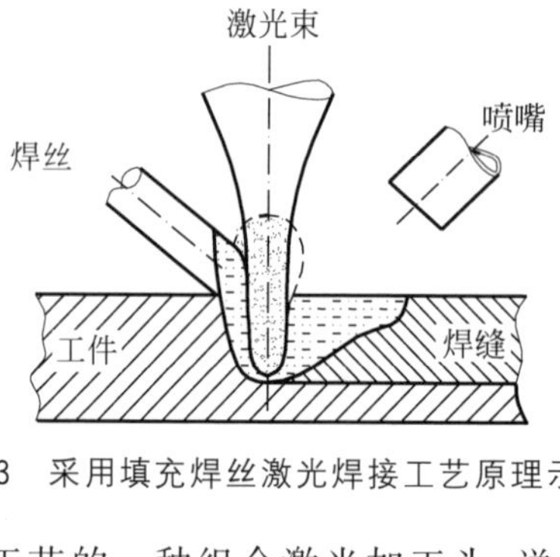

图 4-23 采用填充焊丝激光焊接工艺原理示意图

图 4-24 为这种焊接工艺的一种组合激光加工头,送丝喷嘴、等离子体控制气喷嘴和熔池保护喷嘴集成在一起。

与传统弧焊方法不同,聚焦激光斑点直径很小,一般在 1mm 以下,而电弧则是发散的,直径从等离子体弧的数毫米至普通电弧的数厘米。因此,对于电弧焊接来说,焊丝局部的摆动不会对焊接过程造成明显的影响。但是,对激光焊接来说,为

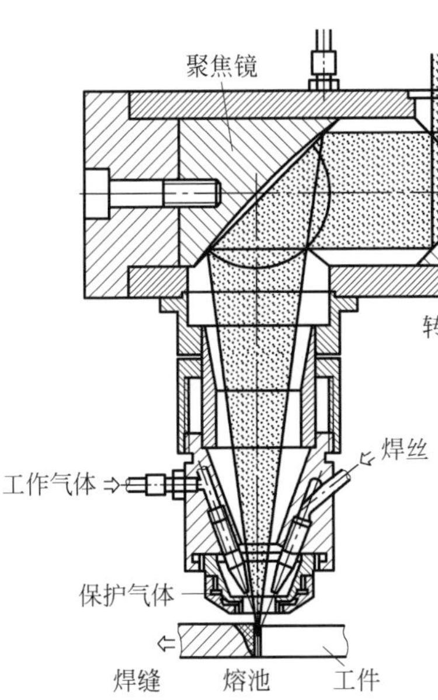

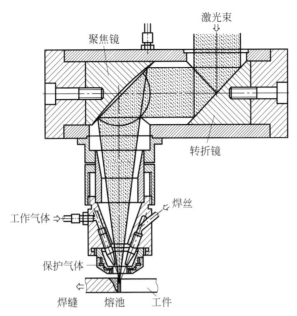

图 4-24　采用填充焊丝激光焊接分离喷嘴组合加工头

了使焊接时焊丝始终处在聚焦激光斑点的照射之下，要求焊丝必须具有良好的刚直性和指向性。焊丝直径越粗，越容易保证焊丝与激光束的相对位置。但是，焊丝过粗时，焊丝不能充分熔化。当焊丝太细时，焊丝的刚直性差，焊丝的摆动和弯曲导致焊丝的熔化不均匀，致使焊接过程不稳定。对于铝合金的激光焊接来说，焊丝直径太小时，因焊丝的比表面积增大，导致熔池溶氢量增加，焊缝中的气孔倾向增大。采用填充焊丝的铝合金激光焊接，合适的焊丝直径为 0.8～1.6mm。

采用填充焊丝后，焊丝与激光相互作用很快加热至汽化温度，在焊丝端部形成的金属蒸气和等离子体使工件坡口的侧面能有效吸收激光能量，如图 4-25 所示。同时，熔化的焊丝材料填满间隙获得均匀连续的焊缝。图 4-26 为 2mm 厚铝合金

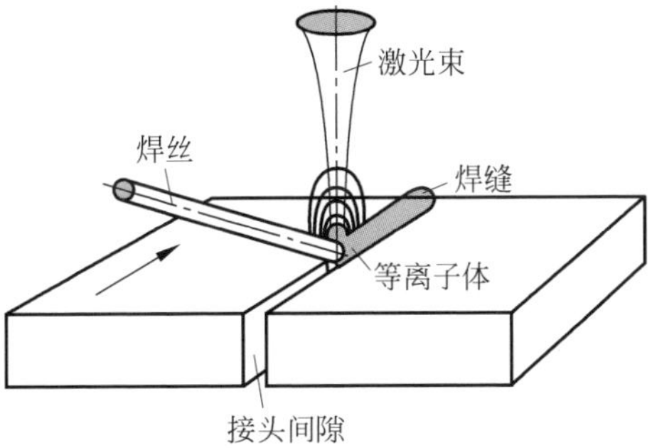

图 4-25　带间隙的激光焊接过程示意图

板对接试验结果，采用 1.6mm 焊丝时其最大间隙可以达到 1mm。可见，与没有填充焊丝相比，采用填充焊丝后可使两块板之间的间隙成倍增大。

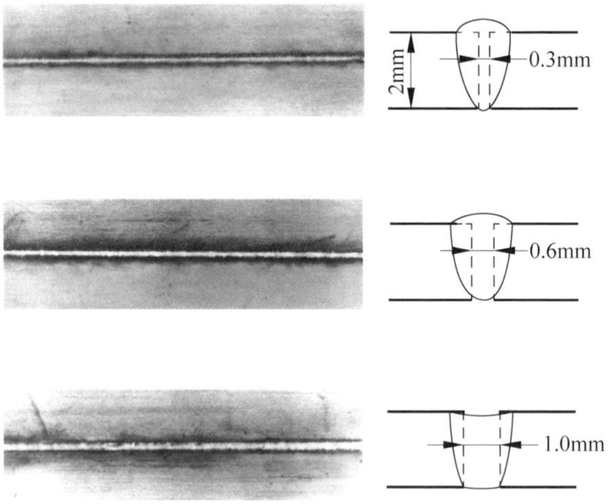

图 4-26　采用填充焊丝带间隙对接激光焊接结果

作为激光填丝焊接的拓展，窄间隙激光多层焊接在厚板的激光焊接中获得了广泛的应用。图 4-27 为 2219 铝合金厚板窄间隙激光焊接的焊缝成形，图 4-28 为两种不同热源采用多层焊接工艺焊接 2219 铝合金对接接头时焊接接头屈服强度和抗拉强度的对比，其中填充材料为 2319 铝合金。

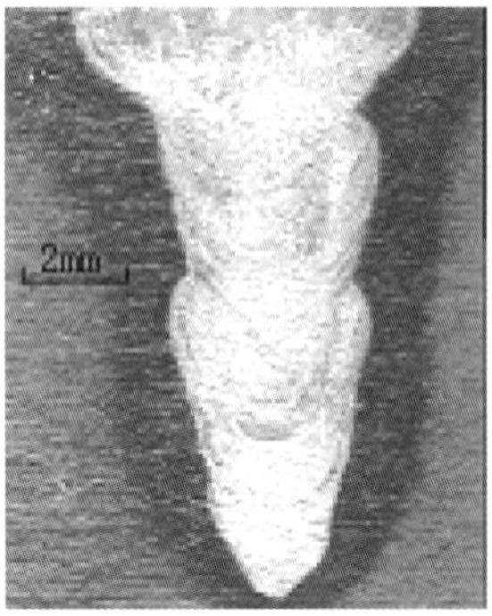

图 4-27　焊缝形貌

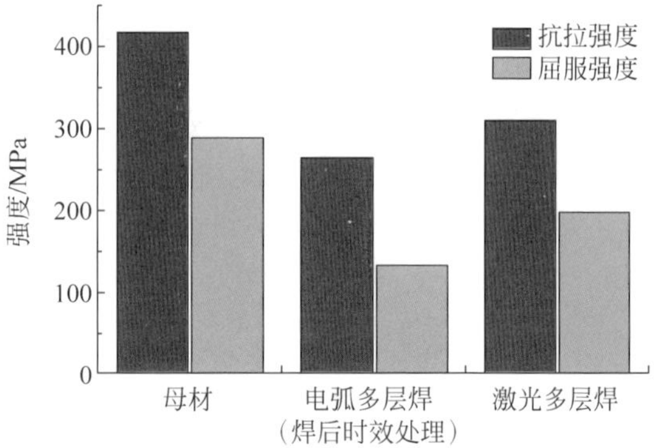

图 4-28　2219 铝合金多层焊接接头强度

可见窄间隙激光焊接，焊后即使未经热处理，接头抗拉强度为母材强度的 74%，远远高于 MIG 电弧焊的接头强度。

4.3.3 填充粉末

采用填充焊丝的激光焊接时，焊丝均匀、准确地送达光斑所在位置对焊接的稳定进行是非常关键的因素。相对于激光束中心位置，焊丝少量的偏摆都可能导致焊接缺陷的产生，甚至出现顶丝和粘丝而使焊接过程无法正常进行，而用于激光焊接的光斑直径一般仅为 0.2～0.6mm，因此对送丝机的送丝对位精度要求极为严格。而填充粉末材料除具备丝材的基本优点，同时还有配方灵活及使用上的柔性化特点。

图 4-29 为采用填充粉末的激光焊接系统示意图，该系统由激光器、送粉系统及加工机床等几部分组成。

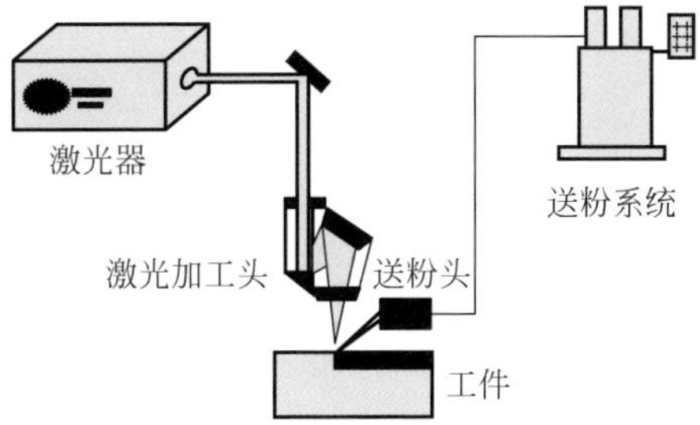

图 4-29　采用填充粉末的激光焊接系统示意图

一般来讲，填充材料的添加与否以及填充材料的选择要综合考虑焊接材料的焊接性（主要指热裂纹及气孔的产生倾向）、焊接接头的综合性能及激光焊接的工艺性。激光焊接所使用的粉末直径一般为 40～160μm，这个直径范围的粉末具有好的工艺流动性。尺寸过小的粉末容易产生结团及黏附在送粉管路的内壁上，影响送粉的质量。另外，过细的粉末还可能造成元素的过多烧损，这尤其可能出现在铝合金填粉焊的情况下。

由于铝合金的高导热率和对激光的高反射率，使得铝合金的激光焊接需要较高的功率密度。图 4-30 为激光填粉对接焊时的能量阈值曲线，由图可见，在固定板厚为 1.15mm 的情况下，应当采用 2100W 以上的功率配合正确的焊接工艺进行焊接。采取填充粉末工艺可以保证以最小的热输入完成焊接。如果采用 2100W 以下的功率（1700～2100W）进行焊接，当然也可以焊透，但是随着功率的降低，所需能量逐渐增高。当采用 1700W 进行焊接时，能量已跃升为 105J/mm，焊缝宽度、焊缝体积及热影响区显著增大，并且工件出现明显的变形，严重影响了焊接接头的质量。

图 4-31 为不同工艺的 AA6016 铝合金对接焊时焊接接头屈服强度与抗拉强度的对比，图 4-32 为延伸率的对比。可以看出母材的抗拉强度最高，平均为

233MPa；采用填充粉末的焊接接头与之相比稍低，平均为 220MPa。但是，实验观察发现首先产生屈服的部位是在母材，而且在屈服的部位产生最终的断裂。这主要是因为激光焊接的焊缝晶粒很细小，一般细晶组织具有好的综合性能，而且由于填充粉末的加入，使得焊缝的填充饱满。当使用正确的焊接工艺时，焊缝具有适当的余高及平滑的表面，从而使焊接接头具有较好的抵抗变形和断裂能力。

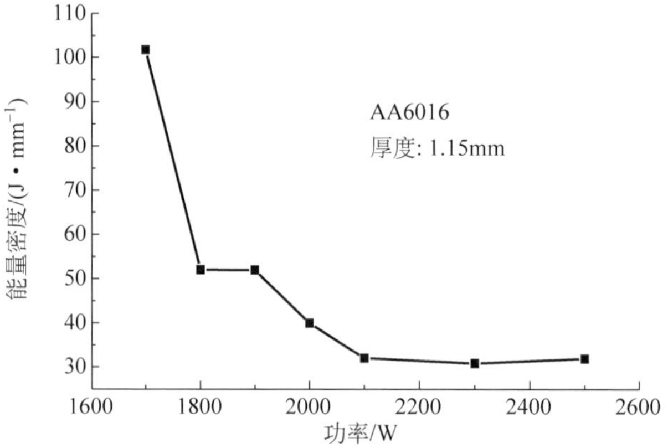

图 4-30 激光填粉对接焊时的能量阈值

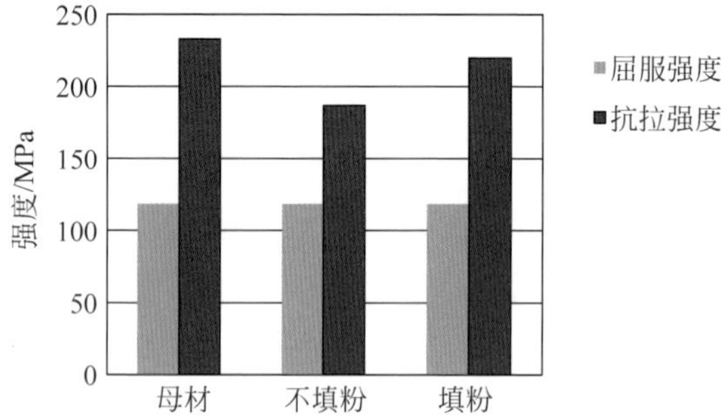

图 4-31 AA6016 铝合金对接焊时焊接接头屈服强度与抗拉强度的对比

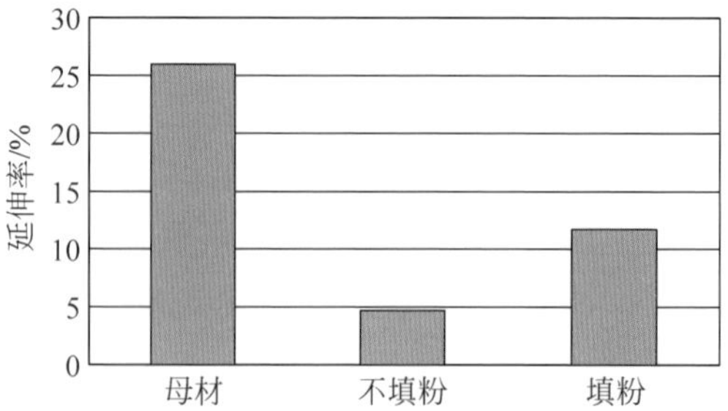

图 4-32 AA6016 铝合金对接焊时焊接接头的延伸率

4.3.4　激光钎焊

激光钎焊是采用激光束作为钎焊加热热源的一种钎焊方法。

常用的钎焊用激光器大致有三种：CO_2 气体激光器、Nd：YAG 激光器和半导体激光器。CO_2 气体激光器是目前技术最成熟的激光器之一，具有输出功率大（可达万瓦量级）、维护成本低等优点，缺点是设备体积庞大，装备价格高。Nd：YAG 固体激光器技术逐渐成熟，最大输出功率达几千瓦，激光波长为 1.06μm，是 CO_2 激光的十分之一，可以通过光纤传输实现柔性加工；缺点是受到晶体生长的限制，固体激光器的输出功率还达不到 CO_2 激光器的水平，维护成本较高，同时电光转换效率较低。大功率半导体激光器优点是电光转换效率高，波长范围宽（从紫外到红外），金属对半导体激光的吸收率更高，激光系统寿命长，免维护，通过阵列的连接能达到千瓦级的输出功率；缺点是光束质量较差，必须通过复杂的光束整形系统才能使用，这限制了半导体激光器的应用。

按照钎料加热的温度，激光钎焊分为软钎焊和硬钎焊两种。软钎焊的钎料多采用锡合金、锌合金等低熔点的合金材料，通过控制不同的合金成分来控制熔点和流动性，从而适应不同场合的要求。在软钎焊过程中，通常要添加钎剂来促进或加速钎料对母材的润湿。

激光硬钎焊的加热温度比较高，为了避免焊料和母材发生氧化、氮化，必须采用钎剂或保护气氛。对 TiNi 形状记忆合金的钎焊是激光硬钎焊的一个新的应用。该合金是一种新型的功能材料，具有特殊的形状记忆效应、超弹性、高的抗腐蚀性和良好的生物兼容性，在航空航天、核领域、海洋开发、仪器仪表和医疗仪器方面得到重要的应用。吉林大学[2]采用激光钎焊的方法对 TiNi 形状记忆合金和不锈钢进行了连接实验，YAG 激光器的输出功率为 60～65W，钎料为银基钎料，该钎料的液相线为 730℃。对钎焊接头进行了力学性能分析，抗拉强度为 320～360MPa，达到母材强度的 30%，接头塑性良好，反复弯曲到 90℃达 50 次以上不断裂。与微束等离子体钎焊、储能焊对比，激光钎焊强度高、塑性好，对形状记忆合金的性能影响小。

对极薄板的钎焊也是激光钎焊的重要应用领域。清华大学机械系研制了适用于钎焊钛薄板的锡基钎料[3]，并在氩气保护下进行了激光钎焊钛薄板的工艺实验，如图 4-33 所示。钛薄板的厚度为 0.125mm，激光器使用 PRC-3000 CO_2 激光器，焊接接头为角接。在实验中发现在选择钎料时不但要考虑钎焊特性，还要考虑对激光的反射率。在钎焊的过程中激光扫描宽度是影响钎焊质量的重要因素，当输入的线能量增大时，焊缝的强度得到提高。

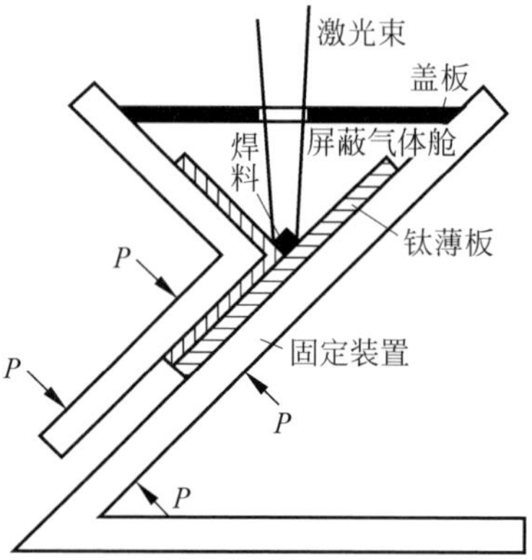

图 4-33　钛薄板钎焊示意图

4.3.5　激光-电弧复合焊接

激光焊接已在航空航天、汽车制造、武器制造、船舶制造、电子轻工等领域得到了日益广泛的应用，但是其也存在一些局限性，主要表现在以下几点。

(1) 受光束质量、激光功率的限制，激光束的穿透深度有限，而加工用高功率、高光束质量的激光器价格昂贵，同时高功率激光束焊接时，等离子体的控制更加困难，焊接过程稳定性恶化，甚至出现屏蔽效应而使熔深下降，因此激光焊接一般应用于较薄材料的焊接。

(2) 激光束的直径很小，热作用区域较窄，对工件装配间隙要求严格。即使采用激光填丝多层焊接也难以完全克服，同时由于焊丝与光束相互作用，使焊接工艺参数的调整更加复杂。

(3) 激光焊接时形成的等离子体对激光的吸收和反射降低了母材对激光的吸收率，使激光的能量利用率降低，同时使焊接过程变得不稳定。

(4) 激光对高反射率、高导热系数材料的焊接比较困难，熔池的凝固速度快使其容易产生气孔、冷裂纹，同时合金元素和杂质元素容易偏析，出现热裂纹等缺陷。

以上不足限制了激光焊接大规模的工业应用。为了解决这些问题，推动激光焊接的工业化应用，20 世纪 70 年代末，英国学者 W. M. Steen 首先提出了激光与电弧复合热源焊接的概念，并进行了试验研究。采用激光-电弧复合焊接相对于单一的激光焊接来说，其焊缝成形美观，无气孔等缺陷，熔深与激光单独焊相比明显增加，焊接速度显著提高，同时缓和了激光焊接时装配间隙的严格要求。这种方法综合了激光与电弧的优点，将激光的高能量密度和电弧的较大加热区组合起来，同时通过激光与电弧的相互作用，改善了激光能量的耦合特性和电弧的稳定性，获得了一种综合的效果，是一种很有前途的新型焊接热源，因此从出现之初就受到广泛的重视，成为激光加工领域和焊接领域的研究热点之一。

激光-电弧复合热源将物理性质、能量传输机制截然不同的两种热源复合在一起，同时作用于同一加工位置，既充分发挥了两种热源各自的优势，又相互弥补了各自的不足，从而形成了一种全新、高效的热源。其原理如图 4-34 所示[4]。

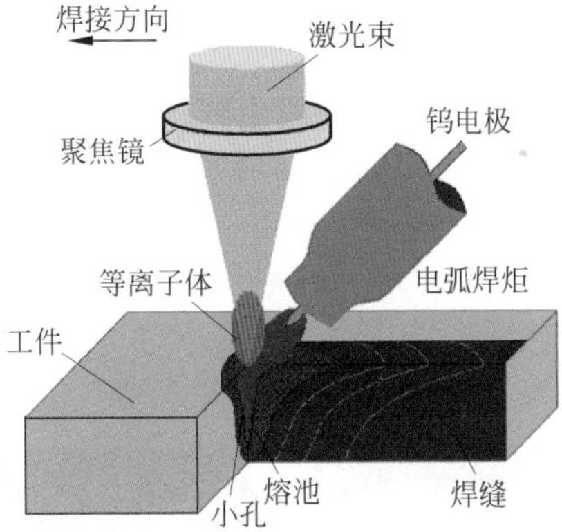

图 4-34　激光-电弧复合焊接原理简图

相对于单一电弧焊接和激光焊接来说，复合焊接由于电弧具有较大的作用区域，相比激光焊接具有更好的熔池搭桥能力，降低了对对接精度的要求，避免了咬边、错位的出现。同时焊接速度也有大幅提高，熔深也可以增加，而相对于电弧焊接又具有较小的热输入量，焊接变形及参与应力小，保持了激光焊接时的优势。同时复合焊接头相对激光焊接接头，其拉伸、弯曲、疲劳等力学性能相差不大。图 4-35 为激光、电弧、激光-电弧复合焊接的协同优势对比。

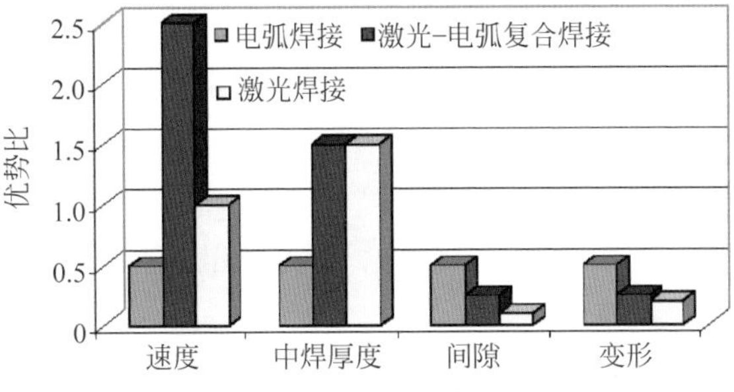

图 4-35　电弧焊接、激光-电弧复合焊接、激光焊接的协同优势对比

采用复合热源焊接与单独采用激光束焊接时相比，熔深可增大 20%。大量试验结果表明，在同一焊接规范下，复合焊接可以明显增大各单一热源的熔深，在一定的焊接规范参数下，激光与电弧发生协调作用，此时复合焊的熔深甚至要大于各单一热源焊接的熔深之和(图 4-36)。这样有利于实现大厚度板的焊接。同时电弧的存在使接头间隙允许范围变宽，即使在间隙宽度超过光斑直径时也可以实现连

接,同时也避免了单纯激光焊接时可能存在的咬边或错位(图 4-37)。

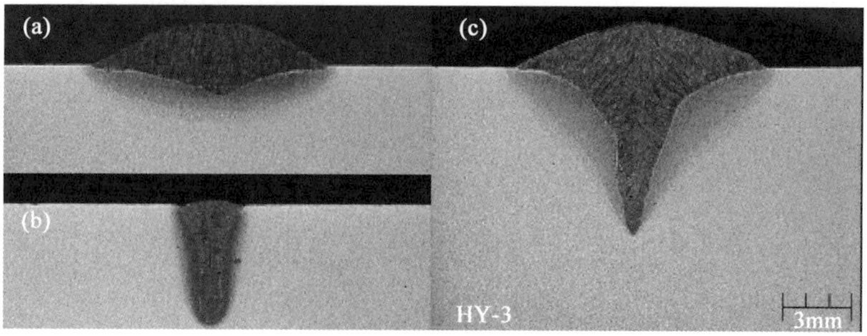

图 4-36　不同焊接过程的熔深对比

(a) 电弧焊接;(b) 激光焊接;(c) 激光-电弧复合焊接

材质:A-36,Nd:YAG,4kW,焊接速度:1m/min

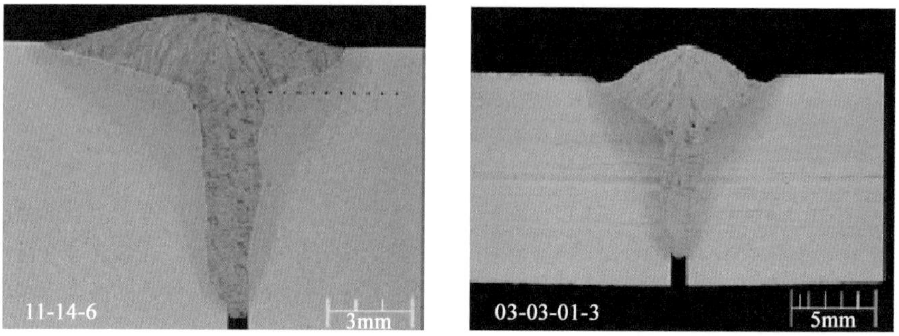

(a)　　(b)

图 4-37　不同间隙条件下激光-电弧复合焊接接头的横截面

(a) 0.89mm;(b) 1.14mm

激光-电弧复合焊接从出现开始就显示出了巨大的优越性,现在已经获得了广泛的工业应用。针对目前广泛应用于航空航天、高速列车、高速舰船等领域的高强铝合金材料,由于其高的反射率和导热率,激光-电弧复合焊接工艺是一种高效、可行的方式。图 4-38 为 20mm 厚 2519-T87 高强装甲铝合金的激光-电弧复合焊接过程及焊缝的表面成形。

图 4-38　2519-T87 铝合金的 CO_2 激光-电弧复合焊接(右图为焊缝表面)

当前，激光-电弧复合焊接技术在制造业中已经获得了非常广泛的应用，德国的 Meyer 船厂采用 CO_2 激光-电弧复合焊接实现了平板对接和筋板焊接。大众汽车公司已经将激光-电弧焊接技术应用于汽车的批量生产中，在 Lupo 轿车的生产过程中，用来焊接汽车侧面铝质车门门槛，将来还将用于新一代 Golf 轿车的镀锌板。以 VW Phaeton（德国大众高档新款车）的车门焊接为例：为了在保证强度的同时又减轻车门的质量，大众公司采用冲压、铸件和挤压成形的铝件代替厚而重的铝铸件。车门的焊缝总长 4980mm，现在的工艺是 7 条电弧焊缝（总长 380mm），11 条激光焊缝（总长 1030mm），48 条激光-电弧复合焊缝（总长 3570mm）。这样既保证了高坚固性能又满足了质量轻的要求，而且在汽车开动时保持噪声最低。图 4-39 为焊接后的车门。

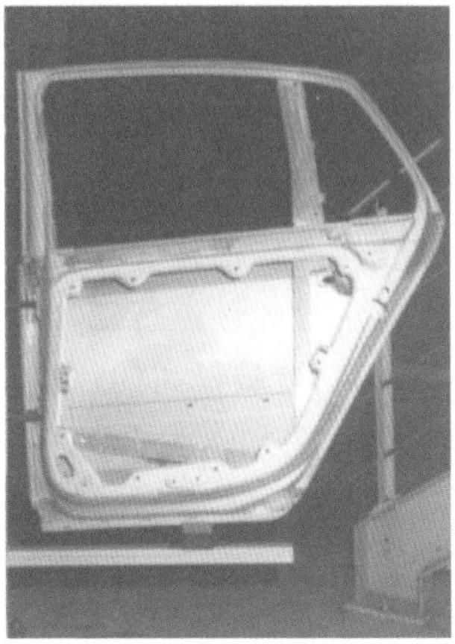

图 4-39　复合焊接的车门

4.4　金属材料的激光焊接

4.4.1　材料的激光焊接性

激光焊接的特点之一就是材料的适应性广，所有可以用常规焊接方法焊接的材料或具有冶金相容性的材料都可以用激光进行焊接。激光焊接属熔化焊范畴，由于熔池中熔化的金属从前部向后端流动的周期变化，使焊缝形成非常细小的层状组织[5]，这些因素与焊缝的净化效应作用，都有利于提高焊缝的力学性能和抗裂性。激光焊接接头具有常规焊接方法所不能比拟的性能，即良好的抗热裂能力和抗冷裂能力。

热裂纹敏感性的评定标准有两个：一是正在凝固的焊缝金属所允许的临界变形速率（V_{cr}）；二是金属处于液固两相共存的“脆性温度区”（1200～1400℃）中单位冷却速度下的临界变形速率（α_{cr}）。试验结果表明，CO_2 激光焊与电弧焊相比，焊接低合金高强钢时，有较大的 V_{cr} 和较低的 α_{cr}，所以焊接时的热裂纹敏感性很低。激光焊虽然有极高的焊接速度，但其热裂纹敏感性却低于电弧焊。这是因为激光焊焊缝组织的晶粒较细，可以有效防止热裂纹的产生。

冷裂纹的评定标准是 24h 在试样中心不产生裂纹所加载的最大载荷，即临界应力（σ_{cr}）。对于低合金高强钢，激光焊接的 σ_{cr} 大于电弧焊，这就是说激光焊的抗冷裂纹能力大于电弧焊。焊接低碳钢时，两种焊接方法的 σ_{cr} 几乎相同，焊接含碳量较高的中碳钢时，激光焊与电弧焊相比，有较大的冷裂纹敏感性。这是由于激光焊接时，在奥氏体向铁素体转变温度区间(500～600℃)，激光焊接的冷却速度比电弧焊大一个数量级，不同的冷却速度影响了奥氏体的转变，进而影响裂纹敏感性。

对于常用合金结构钢，如12Cr2Ni4A，进行电弧焊时，其焊缝和热影响区组织为马氏体加贝氏体组织，而激光焊接时为低碳马氏体，两者的显微硬度相当，但后者晶粒却细得多。高的焊接速度和较小的热输入使激光焊接合金结构钢时，可获得综合性能特别是抗冷裂性能良好的低碳细晶马氏体，接头具有较好的抗冷裂能力。对于含碳量较高的碳素结构钢，情况恰恰相反，激光焊的冷却速度快，导致产生硬度高、含碳量高的片状或板条状马氏体，导致其冷裂纹敏感性较大。

以上叙述的是同种材料的激光焊的焊接性，与传统焊接方法的焊接性类似。而对于不同金属材料间的激光焊接只有在一些特定的材料组合间才可能进行，归纳见表4-1。

表4-1　不同金属材料间采用激光焊接的焊接性

	W	Ta	Mo	Cr	Co	Ti	Be	Fe	Pt	Ni	Pd	Cu	Au	Ag	Mg	Al	Zn	Cd	Pb	Sn
W																				
Ta	A																			
Mo	A	A																		
Cr	A	P	A																	
Co	F	P	F	G																
Ti	F	A	A	G	F															
Be	P	P	P	P	F	P														
Fe	F	F	G	A	A	F	F													
Pt	G	F	G	G	A	F	P	G												
Ni	F	G	F	G	A	F	F	G	A											
Pd	F	G	G	G	A	F	F	G	A	A										
Cu	P	P	P	P	F	F	F	F	A	A	A									
Au	—	—	P	F	P	F	F	F	A	A	A	A								
Ag	P	P	P	P	P	F	P	P	F	P	A	F	A							
Mg	P	—	P	P	P	P	P	P	P	P	P	F	F	F						
Al	P	P	P	P	F	F	P	F	P	F	P	F	F	F	F					
Zn	P	—	P	P	F	P	P	F	P	F	F	G	F	G	P	F				
Cd	—	—	—	P	P	P	—	P	F	F	F	P	F	G	A	P	P			
Pb	P	—	P	P	P	P	—	P	P	P	P	P	P	P	P	P	P	P		
Sn	P	P	P	P	P	P	P	P	F	P	F	P	F	F	P	P	P	P	F	

注：A：优；G：良；F：一般；P：差。

4.4.2 不锈钢

对 Ni-Cr 系不锈钢进行激光焊接时，激光焊接能量密度高和焊接速度快的特点对保证不锈钢焊缝金属的耐腐蚀性能非常有利。同时由于焊接速度快，减轻了不锈钢焊接时的过热现象和线膨胀系数大的不良影响。

采用光纤激光对 304 不锈钢进行焊接，得到焊接接头的正面和背面外观形貌如图 4-40 所示。由图(a)的焊缝正面形貌观察可知，焊缝成形美观，过渡圆滑，无凹陷、咬边、断弧等现象，下塌量小，焊缝表面呈细小致密鱼鳞状结构，且分布均匀一致，无肉眼可见的裂纹，焊缝颜色与不锈钢基体颜色相近，为银白色，表明表面保护效果良好；图(b)为焊缝背部形貌，焊缝全部焊透，基本没有飞溅现象。由于激光热源加热速度快，冷却速度也快，熔池中心和边缘有较大的温度梯度，因此焊缝宽度较窄，正面和背面成形较好。

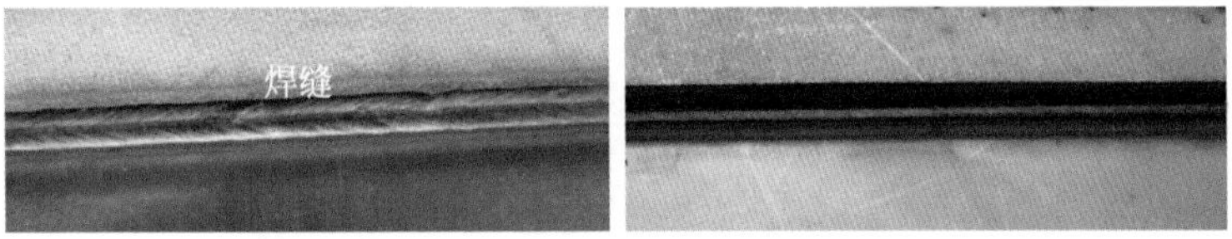

(a)　(b)

图 4-40　激光焊缝的正面和背面形貌

(a) 焊缝正面；(b) 焊缝背面

焊缝宏观金相组织如图 4-41 所示，焊缝表面不存在明显的焊接凹陷现象，表明焊接质量较好。整个焊接区域由焊缝区、热影响区和基体区三大部分组成，焊缝中气孔、夹渣、未熔合等缺陷较少，焊缝中心到母材的过渡区内平滑，焊缝深宽比大，热影响区小，由于激光焊接等离子体的影响，容易形成 Y 形焊缝。

图 4-41　焊缝低倍形貌

图 4-42 为焊缝放大照片，在低倍显微镜下可以清楚看到焊缝组织呈现铸造组织形态，焊接接头从基体到焊缝其组织依次为基体、热影响区、柱状晶区、等轴晶

区。在激光焊接熔池凝固过程中,熔池结晶是从熔合线开始的,焊缝的结晶方向一般是从熔池壁母材处向焊缝中心生长,几乎是平行的;而在焊缝的中下部其结晶方向与激光焊接方向平行,但都向着焊缝中心线生长。由图 4-42 可以看出在热影响区和焊缝界面之间存在一个比较明显的柱状晶区,其放大图如图 4-43 所示。根据分析认为由于不锈钢材料本身合金元素成分多,在熔合线靠近焊缝区域上某些部位达到了形成等轴晶所需的非自发晶核的质点数量,加之未熔化的母材晶粒表面,新相晶核依附在这些现成表面上,以联生结晶的方式在熔合线附近首先形成粗大的柱状晶组织。这个区域为焊接熔池边界的固液相的相界面,焊接熔池的凝固过程就是从熔池边界开始,以部分熔化的母材晶粒为基底,开始形核。由相关资料可知,在这个区域内由于其组织主要为柱状晶,其抗拉强度较差。

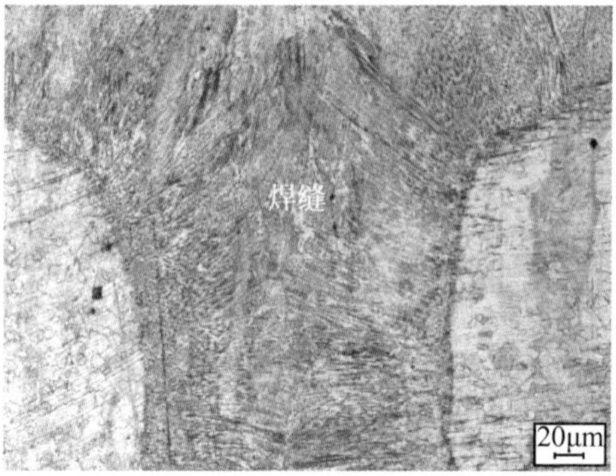

图 4-42　焊缝放大照片

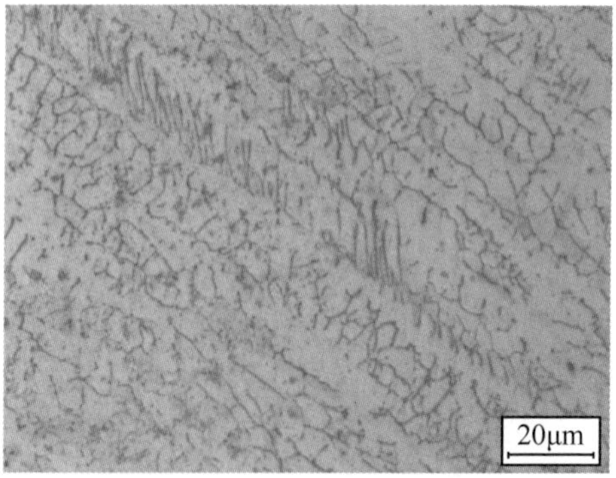

图 4-43　柱状晶组织

熔池中部呈现等轴晶组织,如图 4-44 所示。这是由于焊缝中心的温度梯度相对熔合区较小,液相中形成很宽的成分过冷区,此时不仅在结晶前沿形成树枝状结晶,同时也能在液相的内部生核,产生新的晶粒。这些晶粒的四周不受阻碍,可以自由成长，形成等轴晶。它有利于减小显微偏析，能提高对结晶裂纹的扩展阻力，减小焊缝对结晶裂纹的敏感性。

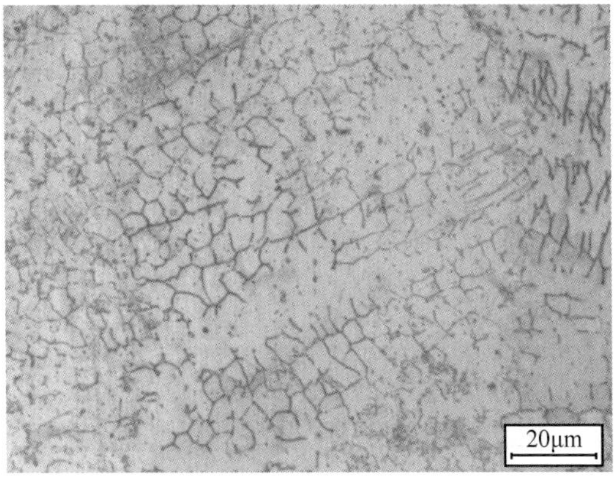

图 4-44　等轴晶组织

4.4.3　铝合金

铝合金是一种重要的轻金属结构材料，不仅具有低的密度和高的比强度，而且具有优良的耐蚀性、导电性、导热性、良好的可加工性和可回收性。由于铝合金自身的物理和冶金特性，如大的热膨胀系数、高的热裂纹敏感性以及时效沉淀强化特性，传统焊接方法过大的焊接热输入不仅造成焊接结构的变形量大，而且焊接接头冶金机械性能差。激光焊接技术的发展为铝合金这类难焊接材料的连接提供了新的机遇。激光焊接不仅解决了常规技术不能解决的 7000 系列铝合金的焊接问题，获得了高的强度和良好的成型性能，而且对于常规技术可以焊接的铝合金，激光焊接改善了接头性能，大大降低了结构变形。

气孔是铝合金激光焊接的主要缺陷，铝合金激光焊接存在两类气孔，即氢气孔和工艺气孔。产生气孔的原因较多，高温下熔池金属溶解的氢在冷却过程中随溶解度的急剧降低而从熔池中析出并形成气泡，当气泡不能从熔池中逸出时就形成气孔，这类气孔大多为球形，且内壁光滑，如图 4-45 所示。氧化膜气孔则是由于激光焊接过程中未完全熔化的氧化膜中的水分因受热分解析出氢，这些氢依附于氧化膜而直接形成气孔。这一类气孔的基本特征是形状不规则，且气孔内一般可以发现尚未熔化的氧化膜，如图 4-46 所示。与常规熔焊方法类似，焊前采用刮刀或化学方法清除表面氧化膜，同时加强对焊接熔池的保护，可以有效防止焊接氢气孔的形成。工艺气孔通常出现在部分穿透焊时，类似于缩孔，主要集中在焊缝底部，如图 4-47 所示。这类工艺气孔是由焊接过程中小孔的突然闭合造成的。研究发现，CO_2 激光焊接时，工艺气孔的倾向明显高于 YAG 激光焊接，这与光致等离子体的波动有关。因此,强化对等离子体的控制,对防止工艺气孔是至关重要的。总之,材料表面状态、熔池保护、焊接参数和焊缝形状都会影响气孔的产生。

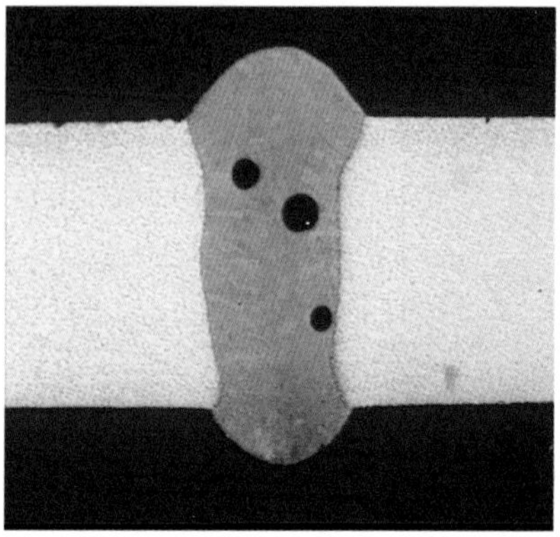

图 4-45　溶解氢气孔

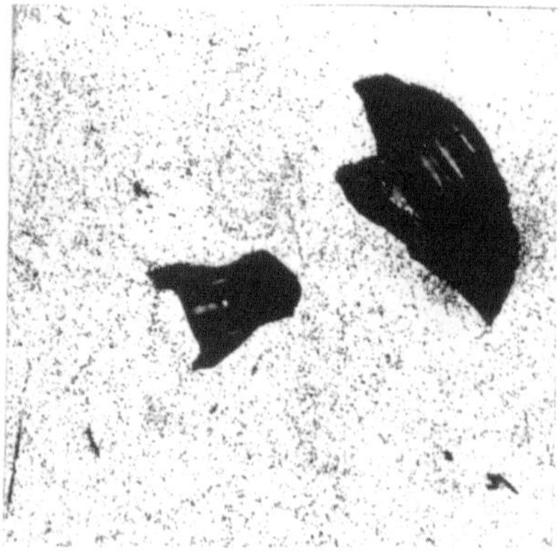

图 4-46　氧化膜气孔

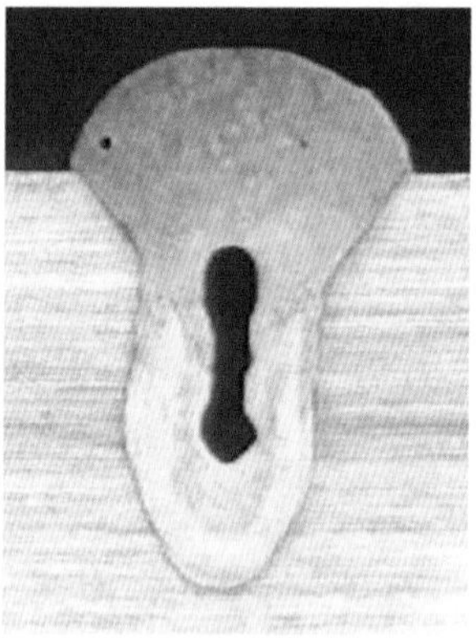

图 4-47　工艺气孔

焊接热裂纹也是铝合金激光焊接中的常见缺陷。图 4-48 为铝合金激光焊接的几种典型裂纹形态。Al-Mg、Al-Si、Al-Mn 系合金焊接性较好,不易产生焊接热裂纹。Al-Cu、Al-Zn 和 Al-Mg-Si 系合金热裂倾向较大,焊接时通过填充含 Zr、Ti、B、V、Ta 等合金元素的填充材料,可以细化晶粒,有效降低热裂纹的产生。焊接方法和工艺参数也对热裂纹的产生有影响,通过调节脉冲波形、控制热输入、降低凝固速度也可以减少结晶裂纹。

7075-T6 铝合金属于超高强不可焊接的铝合金。激光自熔焊接时,裂纹不可避免。为了克服 7075-T6 激光焊接裂纹,采用 AlSi12 和 AlMg4.5MnZr 焊丝,前者通过低熔点 Al-Si 共晶的愈合作用消除裂纹,后者通过微量元素 Zr 的引入,细化

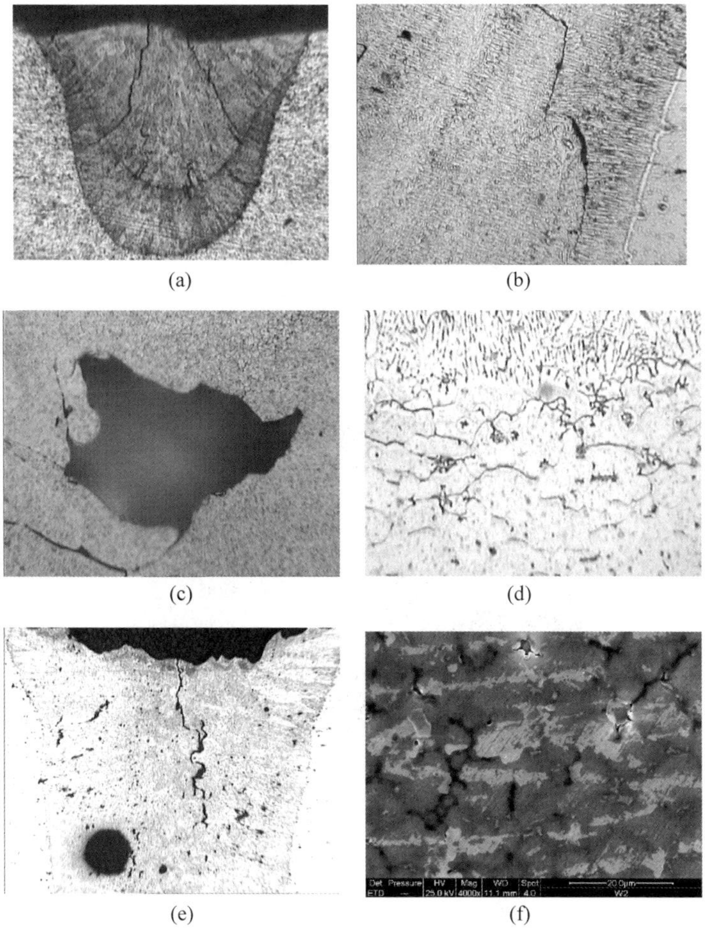

图 4-48　铝合金激光焊接的几种典型裂纹形态

(a) 晶间裂纹；(b) 晶型转变裂纹；(c) 氧化膜气孔引起的裂纹；(d) 热化；(e) 焊心；(f) 沿晶裂纹

晶粒，打乱焊缝结晶组织的方向性，提高抗裂性能。采用 AlSi12 焊丝时，焊态下接头强度为 356～366MPa，达到母材强度的 65％左右，焊后经热处理(470℃固溶处理 45min、60℃水淬、120℃时效 24h)接头强度提高到 398～410MPa，达到母材强度的 74％左右；当采用 AlMg4.5MnZr 焊丝时，焊态下接头强度为 409～418MPa，达到母材强度的 75％左右，热处理(470℃固溶处理 45min、60℃水淬、120℃时效 24h)后接头强度提高到 470～500MPa，达到母材强度的 88％左右，如图 4-49 所示。

铝合金的激光焊接已经开始工业应用，欧洲空中客车公司的大型商用飞机带筋壁板制造采用激光焊接代替铆接，机身质量降低了 18％，成本降低了 25％，如图 4-50 所示。德国奥迪汽车公司的 A2 和 A8 全铝接头轿车也采用了激光焊接。

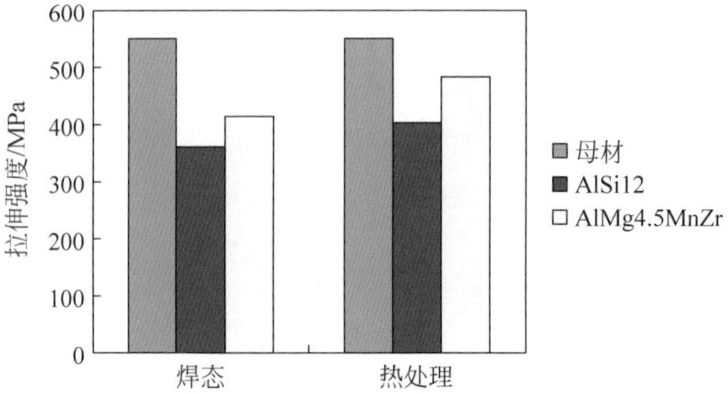

图 4-49　采用不同填充材料时 7075-T6 铝合金激光焊接接头强度对比

图 4-50　欧洲空中客车公司采用激光焊接带筋壁板

4.4.4　钛合金

钛合金的比强度、比刚度高,抗腐蚀性能、高温力学性能、抗疲劳和蠕变性能都很好,具有优良的综合性能,是一种重要的航空航天结构材料。由于钛合金激光焊接时焊缝熔池周围材料温度远远高于 600℃,所以在没有保护措施的情况下,空气中的有害污染物(氢、氧、氮等)就极易侵入焊接区,造成接头脆化,产生气孔,并大幅降低材料韧性。另外,钛的热传导率低,大约只有铁的 1/3,铝的 1/9,而且钛的熔沸点较高,因此焊接熔池在高温停留时间较长,增加了焊接区受污染的可能性。当保护气体不纯,含氢、氧或水时,或母材表面受到外部杂质的污染,焊缝也极易形成气孔。所以在进行钛合金激光焊接时,正反面均必须施加惰性气体保护,一般需采用气体保护拖罩,如图 4-51 所示。

图 4-52 为采用 CO_2 激光器进行 2mm 厚钛合金 Ti-6Al-4V 的对接焊。采用激光功率为 1500～3500W,焊接速度为 2～8m/min。所得焊缝保护效果良好,焊缝为光亮银白色,无气孔、裂纹缺陷。接头的屈服强度、抗拉强度与母材相当,如图 4-53 所示。

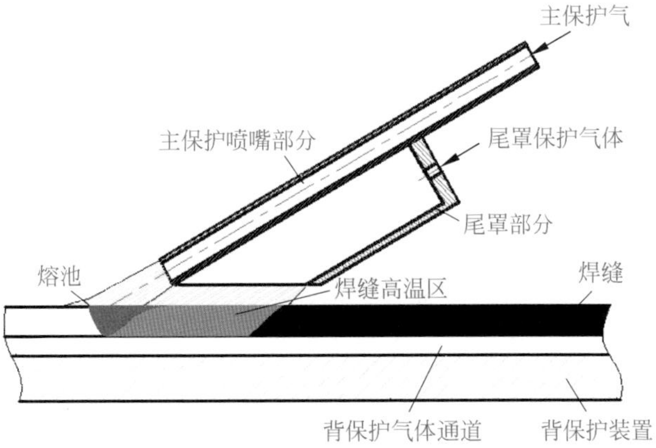

图 4-51　钛合金激光焊接一体化喷嘴

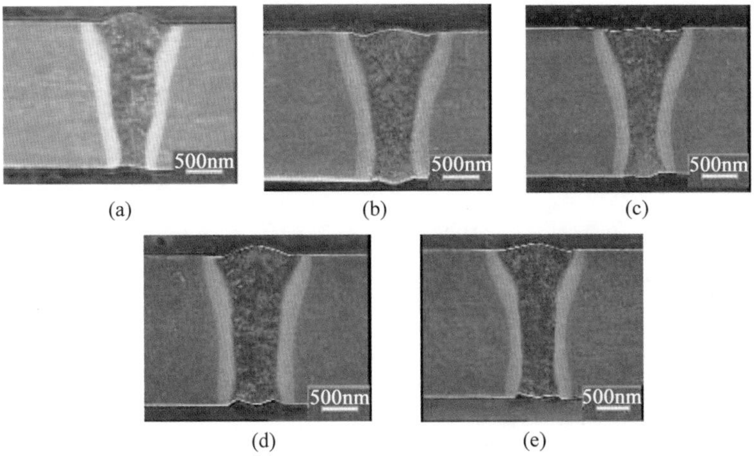

图 4-52　Ti-6Al-4V 钛合金激光焊接的焊缝横截面

(a) $P=1500\text{W}, v=2\text{m/min}$；(b) $P=2500\text{W}, v=4\text{m/min}$；
(c) $P=2500\text{W}, v=6\text{m/min}$；(d) $P=3500\text{W}, v=6\text{m/min}$；
(e) $P=3500\text{W}, v=8\text{m/min}$

图 4-53　Ti-6Al-4V 钛合金激光焊接接头拉伸试样

钛及其合金激光焊接时，氮、氧的溶入对接头性能有不良影响。图 4-54 为保护气中分别掺入不同含量的氮气、氧气时焊接接头的抗拉强度变化曲线。当保护气中氮气含量从 0%增加到 5%时，接头的抗拉强度先增大到最大值 1170MPa 后又呈降低趋势。当氮气含量为 0.5%时，接头抗拉强度最大。

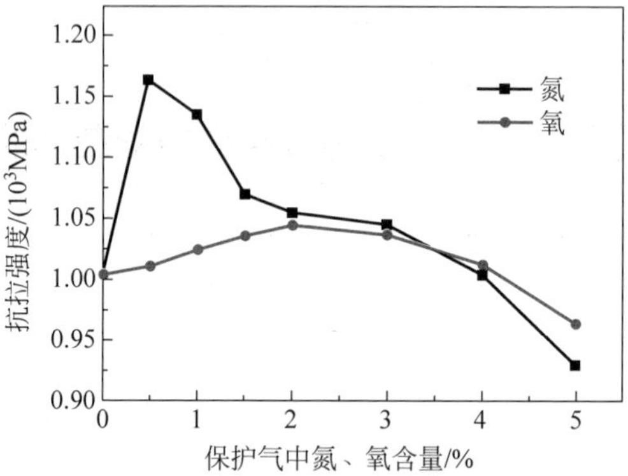

图 4-54　钛及其合金激光焊接时焊缝中氮、氧元素含量对接头性能的影响

4.4.5　镁合金

镁是活泼金属，与氧的亲和力大，在常温下即可形成氧化镁、氢氧化镁等化合物，在焊接过程中形成的氧化膜混杂在比重较轻的熔融金属中不易被排除，易使焊缝产生夹渣等缺陷。

镁合金激光焊接时存在的主要问题是气孔，主要分为两类：氢气孔和由于小孔塌陷所形成的工艺气孔。与其他熔焊相似，镁合金焊缝中氢气孔是激光焊的主要缺陷之一，保护气中的水分和氧化膜中吸附的水分是导致焊缝气孔的主要原因。对于铸造镁合金来说，气孔问题尤为严重(图 4-55)，这是因为镁合金在铸造成型时，结晶温度范围大，枝晶异常发达，同时凝固区域大，液相被分隔，且枝晶封闭的液相内具有更大的氢气过饱和度，有更大的析出压力，析出的氢气还有合并的倾向。由于铸造合金缩孔导致母材的组织不均匀，在焊接时进入熔池的金属量也随时变化，这就使得材料蒸发压力在随时变化，导致维持小孔平衡的条件破坏，这时小孔的不稳定导致了小孔的频繁关闭与形成，产生熔池波动，从而使得熔池会卷入部分在小孔凹槽内的金属蒸气、保护气氛等，最终在冷却时形成气孔。

材料的种类、表面状态、气体保护种类、流量以及保护方法、焊接参数都会影响气体敏感性，选择合适的表面处理方法，加强保护，采用大功率、高光束质量的激光器进行焊接都可以降低气孔敏感性。采用填充焊丝的方法，通过预置间隙，控制间隙与填丝量之间的最佳匹配，可以较好地解决镁合金激光焊接气孔问题，如图 4-56 所示。

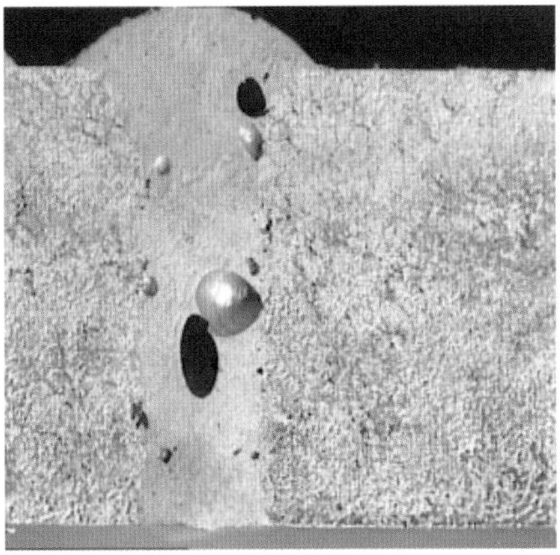

图 4-55　AZ91D 铸造镁合金激光焊缝内的气孔

图 4-56　采用填充焊丝焊接的 AZ91D 铸造镁合金焊缝横截面

4.4.6　异种材料

随着现代工业的发展和科学技术的进步，对焊接构件的性能提出了更高、更苛刻的要求。通过将不同性能的金属材料连接在一起形成异种金属接头，可以充分发挥不同材料的性能优势，又可以降低结构的制造成本，实现构件的结构功能一体化。激光焊接以其特有的技术和经济优势，在异种材料的连接中有着十分广阔的应用前景。根据激光焊接机制的不同，异种合金的激光焊接主要有激光熔焊、激光熔钎焊接、激光深熔钎焊等。

1. 异种金属的激光熔焊

对于同系异种合金的焊接，合金组元与主要组元之间存在互溶度较高或能形成共晶，在熔池中不会形成金属间化合物，因此在同系异种合金的激光焊接中主要采用熔焊机制，如图 4-57 所示。

图 4-57 GH3128-304 不锈钢光纤激光焊接接头

厚度：6mm；功率：6kW，速度：2m/min

对于合金组元互不固溶，并可能形成复杂金属间化合物的异系异种合金，激光熔焊的情况比较复杂，需要通过控制激光能量输入、调节光斑作用位置、采用脉冲、脉冲＋连续激光的方法控制焊接过程中整体的热输入以及能量作用位置，从而控制母材的熔化量，减小金属间化合物以及两种母材冶金性质差异的影响，如图 4-58 所示。为控制界面处金属间化合物的形成，通常在两种母材中间添加恰当的中间金属层。其中间层的作用机制主要有两种：一种在界面添加熔点较高的金属箔片，物理阻断液态金属的混合，抑制脆性相的产生；另一种则添加能与两种母材相结合形成新的三元相的金属箔片，代替两种母材之间生成二元脆性相，采用化学反应的机制阻止脆性相的产生。如在铝合金和钛合金之间添加高熔点铌箔，通过界面处铝钛系金属间化合物（TiAl 和 Ti_3Al）的产生，获得无裂纹的焊缝，如图 4-59 所示。

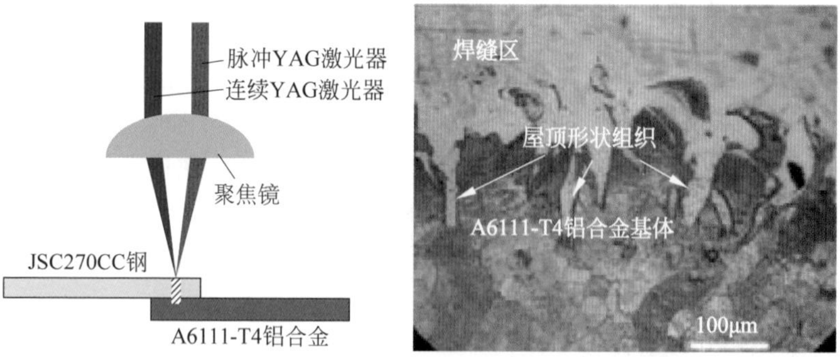

图 4-58 脉冲/连续双光束激光焊接

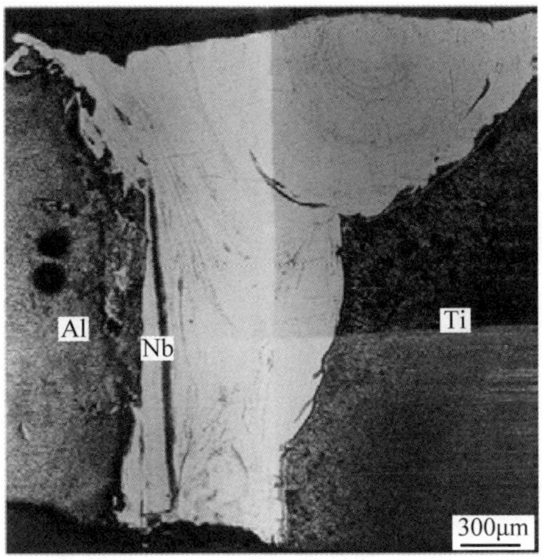

图 4-59　添加铌中间层的铝-钛焊缝

2．异种金属的激光熔钎焊

异种材料的激光熔钎焊的基本原理是利用两种母材之间熔点的差异，采用激光束作用于受焊材料，使熔点较低的母材熔化，而另一侧熔点较高的母材维持固态，液态低熔点母材浸润高熔点母材形成焊缝。这种方法主要适用于熔点差异较大的异种合金组合，例如铝合金-钛合金、铝合金-钢等。

根据接头设计的不同，激光熔钎焊一般有两种方式：一种为高熔点母材在上，低熔点母材在下，激光作用在高熔点母材，如图 4-60(a)所示；另一种为低熔点母材在上，高熔点母材在下，激光作用在低熔点母材，如图 4-60(b)所示。在试验中，根据异种合金的焊接特性可以选择填充材料。在激光熔钎焊中，为了保证加热面积，一般采用散焦激光。

图 4-60　异种合金激光熔钎焊示意图

图 4-61 为采用 Nd：YAG 激光熔钎焊接的铝合金-钛合金(1mm)，铝合金-钢(1mm)搭接接头横截面。

3．异种金属的激光深熔钎焊

激光深熔钎焊是指在激光深熔钎焊的过程中，聚焦的激光直接作用在低熔母

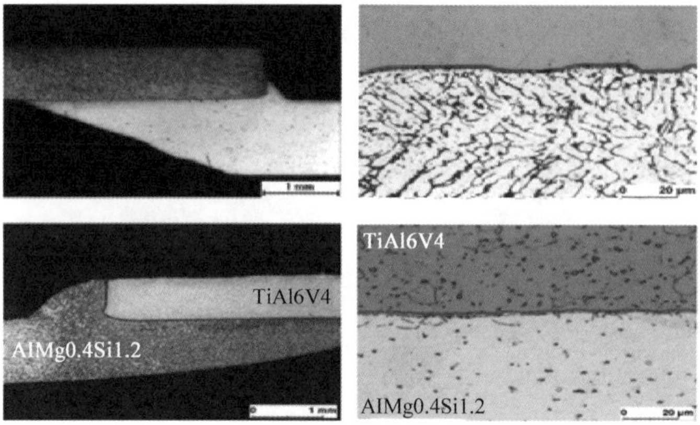

图 4-61　铝和钢、铝和钛激光熔钎焊

材一侧进行深熔焊接，液态的低熔点母材铺展浸润高熔点母材界面，并与高熔点母材的合金元素相互作用形成钎接接头。在低熔点母材一侧为激光深熔焊，而在高熔点母材一侧为钎焊。激光深熔钎焊的原理如图 4-62 所示。激光深熔钎焊综合利用了激光深熔焊及钎焊的优点：一方面，低熔点母材是通过深熔机制实现的，激光能量的利用率以及焊接效率都有很大提高，并且采用深熔焊的机制可以实现一定厚度对接接头的连接；另一方面，在界面位置通过钎焊机制实现两种材料的连接，避免了异种合金两种母材过量熔化，产生的金属间化合物对焊接结果的影响。

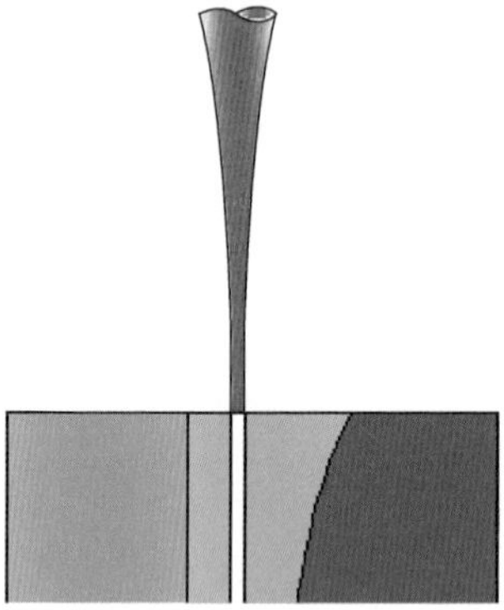

图 4-62　激光深熔钎焊原理图

图 4-63 为黄铜-低碳钢激光深熔钎焊焊缝横截面，液态黄铜在低碳钢表面浸润良好，无明显未熔合、气孔等焊接缺陷。黄铜一侧焊缝有较大的深宽比，呈明显的激光深熔焊特

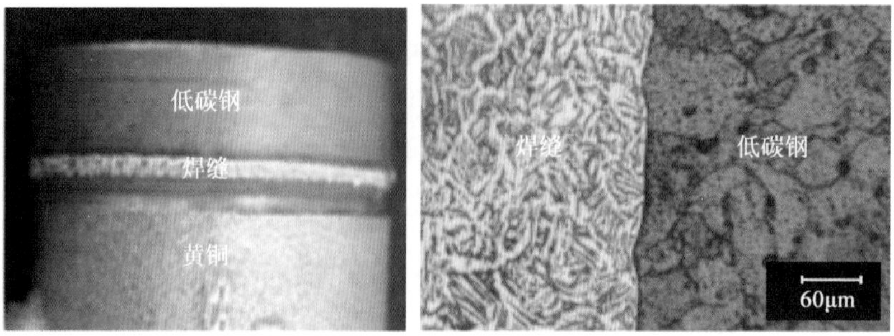

图 4-63　黄铜-低碳钢激光深熔钎焊

点，而在碳钢一侧基本保持了原始对接界面的形态并没有发生明显熔化，呈钎焊特点。图 4-64 为铝-铜 Nd：YAG 激光深熔钎焊的典型横截面。

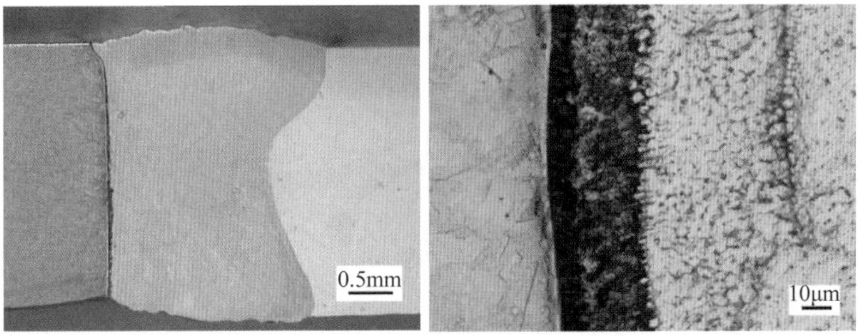

图 4-64　铜母材熔化铝-铜激光深熔钎焊接头

激光功率 3000W，焊接速度 2m/min

与铝-铜的激光深熔钎焊不同，铝合金-钛合金激光深熔钎焊如果钛合金过量熔化，熔池在冷却过程中会在界面形成多种室温脆性较大的金属间化合物，在残余应力的作用下产生裂纹。在铝合金-钛合金激光深熔钎焊试验中，在工艺参数适当的情况下可以获得成形良好、没有明显未浸润以及裂纹缺陷的焊缝，如图 4-65 所示。

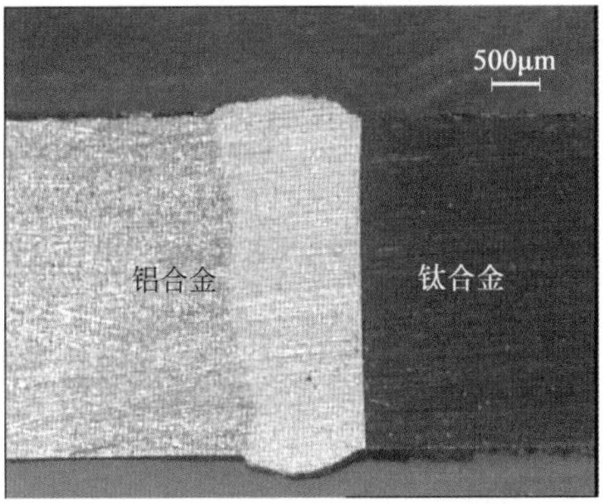

图 4-65　界面浸润良好的焊缝截面

4.5　激光焊接的工业应用

作为标准和成熟的工艺技术，激光焊接在汽车工业中应用最为广泛。激光焊接已应用于底盘、车身、车顶、车门、侧围、发动机盖、发动机架、行李箱、仪表板、变速箱齿轮等结构和零部件。车身在汽车整车制造中占有重要的地位，不仅车身制造成本占整车的40%～50%，而且对汽车制造的安全、节能、环保和快速换型有重要影响。据统计，在车身制造工艺中添加激光加工技术，可节省约2/3的样车新车身开发模具和约70%的夹具，使生产周期缩短约50%，车身质量减少约20%，制造精度(形状、尺寸等)和白车身总体质量(刚度、强度等)显著提高，如图4-66所示。

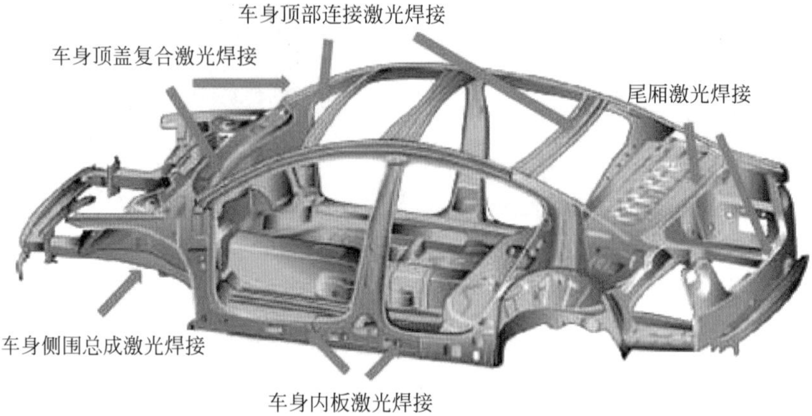

图4-66 激光加工技术在车身制造中的应用

激光焊接在汽车制造业中是应用最多的是激光拼焊板技术。据不完全统计，2000年全球范围内的轿车车身剪切板的激光拼焊生产线已超过100条，年产轿车结构件拼焊板7000万件，在近几年还在继续迅速扩大。轿车车身板的激光拼焊是现代轿车制造业中最先进的方法之一。根据车身不同部分的承载和使用要求，利用激光拼焊方式，将不同材质、不同厚度和不同表面状态的坯板拼焊在一起，车身部件使用激光将不同厚度薄板拼焊成组合板，然后一次压制成型，这样取代了原有电阻焊工艺，节省了材料，大大减轻了车身的质量，显著降低了成本。如凌志轿车采用5种不同厚度和3种不同表面镀层的拼焊侧框架，使模具数量由29套减少为9套，材料利用率由40%提高到65%。

汽车齿轮激光焊是在汽车制造业中的另一个重要应用。汽车复合齿轮传统上采用齿轮组整体制造，加工难度大，制造成本高。采用激光焊接齿轮，结构紧凑，节省材料，几乎没有焊接变形，精度和可靠性高，结构强度高，产品结构及制造工艺大大简化。早在20世纪70年代，意大利菲亚特汽车公司率先将激光焊接应用到汽车组合齿轮的焊接中。至90年代，欧洲许多汽车公司已建立激光焊接汽车组合齿轮生产线。世界各大汽车制造厂如Audi、Fiat、BMW、Nissan和Toyota等都已经采用激光变速器齿轮。

汽车变速箱内部的激光焊接取代了传统的花键连接、电子束焊接，节省了材料，减少了工艺流程，大大提高了汽车变速箱的质量和性能。例如，法国的雷诺汽车公司采用激光焊接变速箱内的传动轴。在焊接齿轮方面,激光焊接工艺从根本上改变了传统的设计和制造理念,为齿轮箱体类部件的加工提供了更具经济性和更为紧凑的结构,如图 4-67 所示。例如奔驰公司的家用车系列变速箱齿轮就采用激光焊接技术,与旧的加工技术相比,不但减少了工序,节约了昂贵的原材料,大幅提高了效率,还使得齿轮箱结构更为紧凑。另外,经过激光深熔焊接的齿轮与传动轴熔化为一体,与原来的齿轮和传动轴相比,无论从使用精度还是从传递扭矩要求上,都有明显的提高。

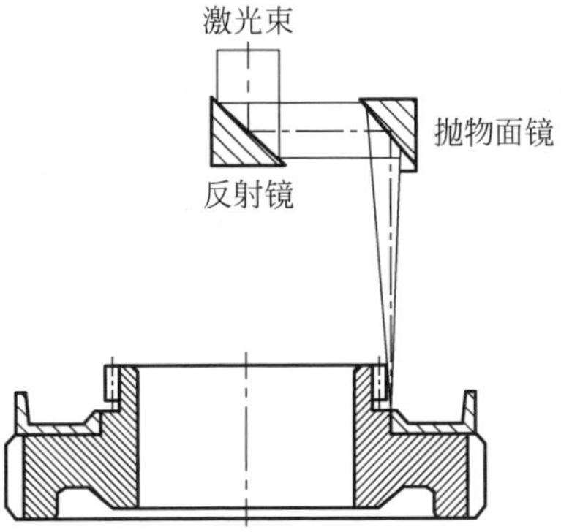

图 4-67　激光焊接变速箱齿轮示意图

激光钎焊也在汽车制造中得到了应用,车身外覆盖件形状复杂,成型难度大,连接部位多,对外观质量要求高。激光钎焊主要应用于汽车顶板、后门、后厢盖镀锌板的连接,Audi 公司已将激光硬钎焊技术应用于 TT 双门跑车 C 立柱部位的连接。上海帕萨特后盖上板与下板也采用带有焊缝跟踪机器人的激光钎焊,车身装配间隙控制在 3.5mm 以内,明显提高了车身表面质量。

图 4-68 为轿车车身激光拼焊图,图 4-69 为激光焊接车身框架现场。

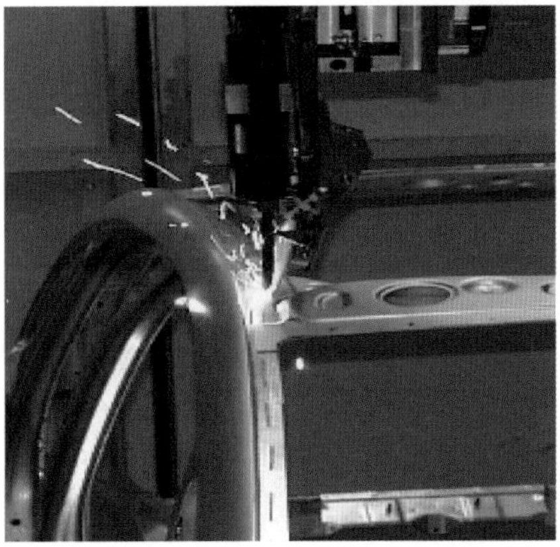

图 4-68　轿车车身的激光拼焊

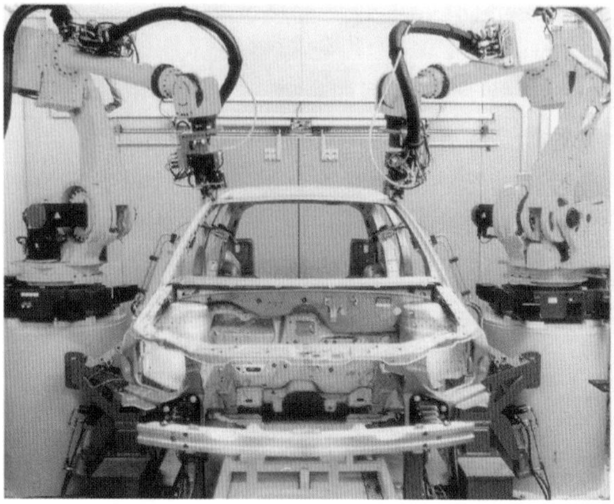

图 4-69　激光焊接车身框架现场

在钢铁冶金行业中激光焊接也获得了广泛的应用。在冷轧钢过程中，每卷钢板首先需经过焊接连在一起才能通过轧辊生产线，以往的焊接采用的是闪光对焊，日本 Kawasaki 钢厂最早采用激光拼焊取代闪光对焊，取得了很好的效果。1985 年，德国的 Thyssen 钢厂也采用了激光拼焊。目前，冷轧线上，激光拼焊已成为标准工艺，其投资成本仅为闪光对焊的 2/3。另外硅钢片也可以采用激光拼焊方法进行焊接，相比传统电弧焊，最大焊接速度可达 10m/min，焊接接头的性能也得到了很大的改善。另外在酸洗线上，板材的最大厚度为 6mm，材料种类繁多，覆盖从低碳钢到高碳钢、硅钢及低合金钢等，一般采用闪光对焊，用激光焊接取代闪光对焊，接头塑性、韧性比闪光对焊有较大改进，可顺利通过酸洗、轧制和热处理工艺而不断裂。

参考文献

[1]　张永康. 激光加工技术[M]. 北京：化学工业出版社，2004.

[2]　李明高，邱小明，孙大千，等. TiNi 形状记忆合金与不锈钢焊接接头性能比较[J]. 焊接，2005，3：17-20.

[3]　姜光强，吴爱萍，任家烈. 极薄钛板的激光钎焊[J]. 中国激光，1999，26(10)：955-960.

[4]　吕高尚. 激光-电弧复合焊接不锈钢的研究[D]. 大连：大连交通大学，2004.

[5]　周振丰，张文钺. 焊接冶金与金属焊接性[M]. 北京：机械工业出版社，1988.

第 5 章

激光微细加工技术

在微细加工领域，激光加工是实现最微细的加工方法之一。其在微电子学领域、精密光学仪器的制造、高密度信息的写入存储、生物细胞组织的医疗等方面，成为未来高新技术前期研究的热点。例如，日本采用激光技术，制造出三维“纳米牛”，这说明在微纳量级的三维激光微成型机制上已经取得了巨大的进展。德国利用激光切割出 56μm 的不锈钢微型弹簧。北京工业大学应用准分子激光，通过掩模方法，已经加工出 10 齿/50μm 和 108 齿/500μm 的微型齿轮等。当前，激光制造技术研究及其应用在国际上竞争十分激烈，光学微加工技术和具有超精细加工能力的光源的研究与开发，已经成为争夺全球制造产业市场的主流。

随着现代工业和科学技术的发展，产品和零件更趋向微型化和精密化，传统的加工已不能满足现状，所以更需要像激光微细加工这样的先进制造技术来改造传统的加工。激光微细加工现已成为加工技术发展的前沿之一，尤其在数控微细加工中得到广泛应用。

5.1 激光微细加工技术概述及研究背景

5.1.1 技术概述

激光加工按其加工尺寸大小可分为宏观加工、微细加工和光刻三类，其对应的加工尺寸分别为＞1mm、1μm～1mm 和＜1μm(表 5-1)[1]。

表 5-1　激光加工的分类

尺　寸	名　称	应用领域
>1mm	宏观加工	切割、焊接、打孔、表面处理等
1μm～1mm	微细加工	精密打标、表面微造型、表面毛化、微电子、MEMS、生物医学、光通信等
<1μm	光刻	大规模集成电路光刻

激光微细加工在激光技术应用方面具有举足轻重的作用。激光加工在今后的发展，主要取决于是否能用激光制备或改造一些适合新技术使用的材料，以及激光能否在大规模微细加工中的应用。

激光微细加工是一种精密制造技术。对于微小元件、印刷电路板集成电路、微电子元件和微小生物传感器等的制作，激光微细加工具有竞争优势。

随着日益增多的、具有多功能装置的如光学器件、微机械系统、电子线路和互连组件等系统的设计和开发，以及这种先进装置加工工艺技术的不断成熟，激光微细加工将在这些装置的加工中起着至关重要的作用，能实现前所未有的特殊的性能技术及要求。

5.1.2　研究背景

铝合金具有耐腐蚀性好、比强度高等优异特性，常被作为航空航天、汽车、海洋设施及军事设备中轻质部件的首选材料。通常在制造形状复杂或尺寸较大的铝合金部件时连接工艺的使用是不可避免的。与螺接、铆接或焊接相比，黏结可形成更轻、更紧凑、密封性更好的结构，以及具有良好的抗疲劳和减震性，而被广泛应用于铝合金的连接中。黏结表面的预处理是黏结工艺中极为关键的工序，甚至直接决定着黏结结构的强度。研究者采用不同的激光微加工策略对铝合金进行了表面处理以提高其黏结强度，研究了各加工策略的特征参数对表面特征、黏结强度及失效模式的影响，并对各加工策略提高黏结强度的特征参数进行优化。

5.2　激光加工点阵微结构

本节将采用脉冲激光在铝合金表面加工一系列点阵微结构，主要研究激光能量密度和烧蚀坑重叠率对铝合金表面特性(纹理特征、润湿性、化学性质和残余应力)及黏结强度的影响。通过单搭接拉伸剪切测试评估接头强度，并对接头断裂面进行失效模式分析，以揭示点阵微结构特征参数影响黏结强度的机制。

5.2.1　点阵微结构加工方法及参数选取

图 5-1 为激光加工点阵微结构的示意图。沿激光扫描方向的烧蚀坑重叠率(β_X)由 C_d、激光重复频率(f)和扫描速度(v)共同确定,沿激光扫描间距方向的烧蚀坑重叠率(β_Y)由扫描间距(L)和 C_d 共同确定。激光加工点阵微结构时,必须保持 $\beta_X=\beta_Y$,则各激光加工参数之间的关系需满足式(5-1)。

$$\beta=\beta_X=\left(1-\frac{v}{C_d f}\right)\times 100\%=\beta_Y=\left(1-\frac{L}{C_d}\right)\times 100\% \tag{5-1}$$

式中,C_d 为烧蚀坑直径,β 为烧蚀坑重叠率。

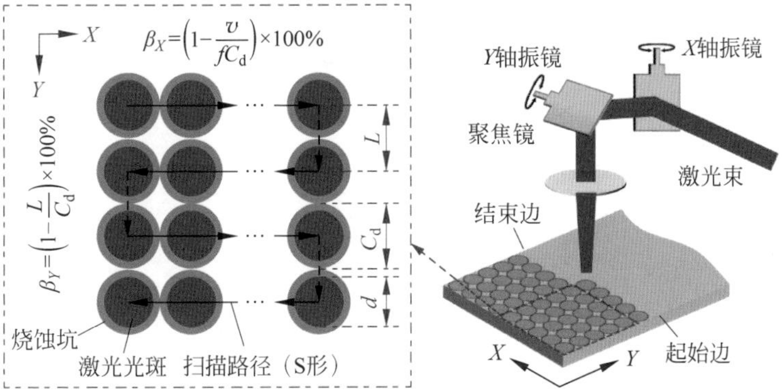

图 5-1　激光加工点阵微结构的示意图

基于上述条件,则 C_d 将仅由脉冲能量密度(Φ)确定,因此点阵微结构的形貌可仅由 Φ 和 β 这两个特征参数确定。基于上述条件,实验中需采取以下步骤加工点阵微结构:①确定 Φ 和 C_d 之间的关系;②将选定的 β 和 C_d 代入式(5-1)计算 v 和 L;③根据计算值设置激光加工所需的 v 和 L;④沿 S 形路径加工所需的点阵微结构。

图 5-2 为不同能量密度下单个烧蚀坑的激光共聚焦显微镜(LSCM)图。可看出,烧蚀坑的中央是基板表层材料吸收激光后通过熔化、汽化和热毛细对流形成的凹坑,边缘是 Marangoni 对流形成的凸起[2],且能量密度越大,凸起越高。这是因为能量密度越大,材料蒸发引起的等离子体压力越大,熔池越不稳定,则熔融金属向外流动越剧烈。

图 5-3(a)显示了沿图 5-2 中所示标记线测量的烧蚀坑横截面轮廓,烧蚀坑的直径 C_d 和深度 C_v 由 LSCM 测量获得。从图中可看出,单个烧蚀坑呈中央深、边缘浅的碗状,这是因为激光束的能量密度呈高斯分布。图 5-3(b)显示了 C_d 和 C_v 随 Φ 的变化关系。可以看出,C_d 和 C_v 随 Φ 的增加大致呈线性增加,这归因于更高的能量密度可产生更深、更大的熔池[3]。

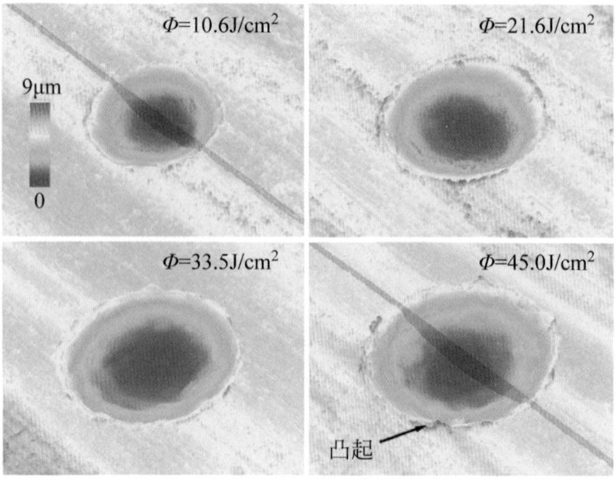

图 5-2　不同能量密度下单个烧蚀坑的 LSCM 图

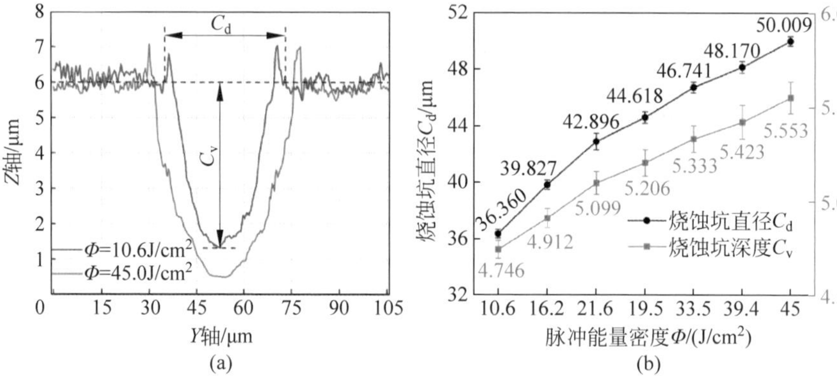

图 5-3　烧蚀坑轮廓及尺寸变化

(a) 沿图 5-2 中标记线测得的烧蚀坑横截面轮廓；(b) C_d 和 C_v 随 Φ 的变化关系

为了方便比较加工区域所消耗的激光能量以及烧蚀坑的数量，定义了两个新的变量：激光加工区域的平均能量密度(φ)(即加工单位面积区域所用的激光能量)和烧蚀坑密度(C_ψ)(即 1mm² 点阵微结构范围内烧蚀坑的数量)可分别由式(5-2)和式(5-3)计算获得。

$$\varphi=\frac{En}{U}=\frac{E\times\dfrac{lf}{v}\times\dfrac{m}{L}}{lm}=\frac{fE}{vL} \tag{5-2}$$

$$C_\psi=\frac{\dfrac{lf}{v}\times\dfrac{m}{L}}{lm}=\frac{f}{vL} \tag{5-3}$$

式中,l 和 m 分别是激光加工区域在扫描速度方向和扫描间距方向的边长,U 是加工区域的面积($l \times m$),n 是加工区域 U 时所用的激光脉冲总数。

根据上述单个烧蚀坑的几何尺寸与能量密度的关系,将选择 Φ=10.6J/cm^2、21.6J/cm^2、33.5J/cm^2 及 45.0J/cm^2,β=−30%、0%、30%及 60%进行烧蚀坑点阵微结构加工,以研究 Φ 和 β 这两个点阵微结构特征参数对铝合金表面特征及黏结强度的影响。表 5-2 列出了点阵微结构的激光加工参数及对应加工区域的平均能量密度和烧蚀坑密度。

表 5-2 激光加工点阵微结构的参数

Φ/(J/cm^2)	δ/%	v/(mm/s)	L/μm	φ/mm^2	C_φ/(J/cm^2)
10.6 (η=25%)	−30	472.680	47.268	447.6	4.565
	0	363.600	36.360	756.4	7.715
	30	254.520	25.452	1543.7	15.745
	60	145.440	14.544	4727.5	48.221
21.6 (η=50%)	−30	557.650	55.765	321.6	6.689
	0	428.960	42.896	543.5	11.304
	30	300.272	30.027	1109.1	23.069
	60	171.584	17.158	3396.7	70.651
33.5 (η=75%)	−30	607.630	60.763	270.8	8.721
	0	467.410	46.741	457.7	14.739
	30	327.187	32.719	934.1	30.079
	60	186.964	18.696	2860.8	92.119
45.0 (η=100%)	−30	650.120	65.012	236.6	10.245
	0	500.090	50.009	399.9	17.314
	30	350.063	35.006	816.0	35.335
	60	200.036	20.004	2499.1	108.209

5.2.2 表面形貌及纹理特征

图 5-4 为不同烧蚀坑重叠率 β 下点阵微结构的表面形貌。当 β=−30%或 β=0%时,加工区域几乎没有熔融残留物,烧蚀坑内部为重铸层,烧蚀坑之间存在未被激光加工的表面;当 β=30%时,加工区域完全被激光烧蚀,其表面由重铸层和熔融残留物共同组成,且存在少量气孔;当 β=60%时,加工区域完全被熔融残留物覆盖,其表面存在大量的气孔。

图 5-5 显示了不同参考试样的表面形貌,铝合金原始表面存在生产过程中形成的固有拉丝条纹,经砂纸打磨的铝合金表面主要为砂粒摩擦所产生的条状划痕,经喷砂处理的铝合金表面主要为砂粒冲击产生的凹坑。

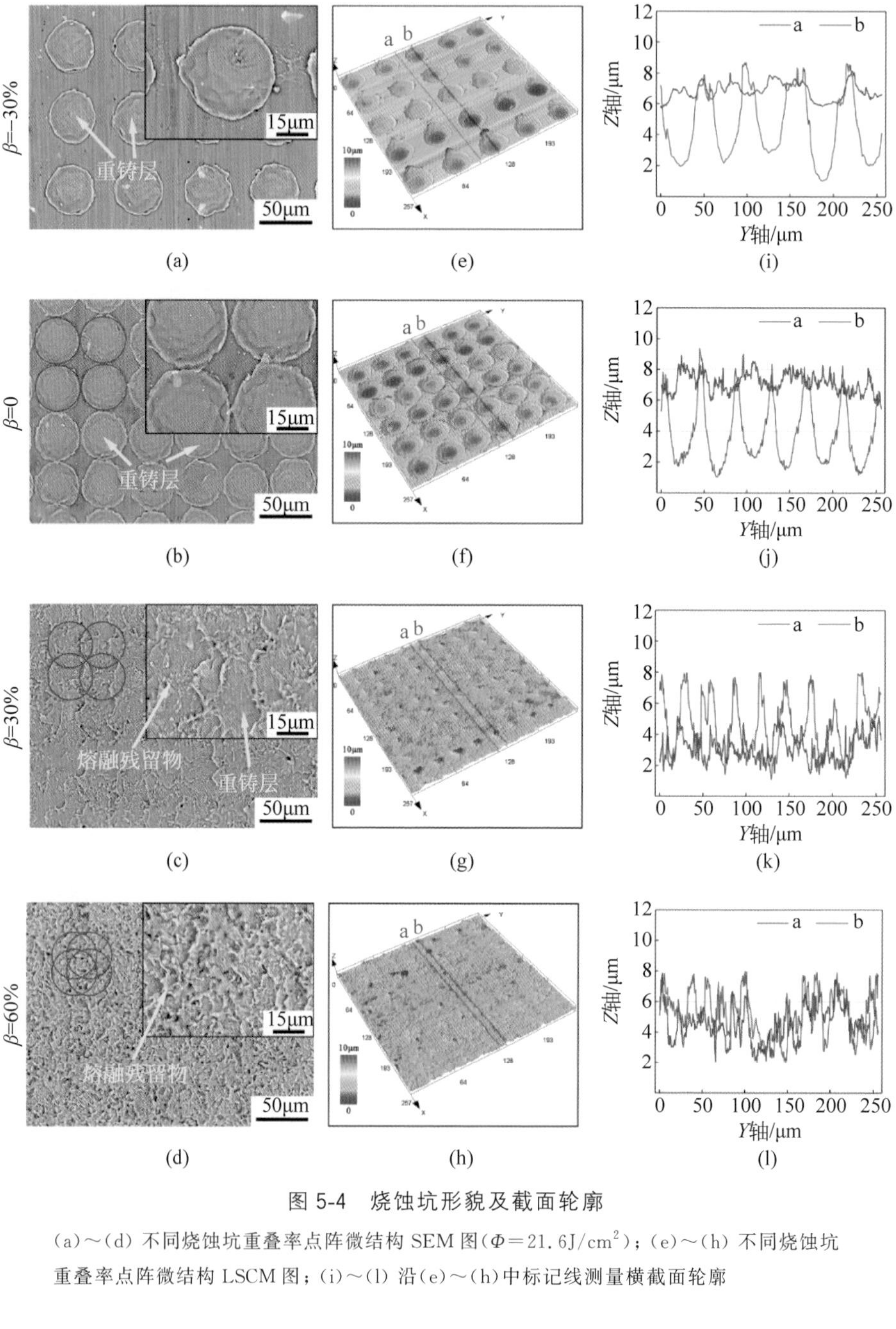

图 5-4 烧蚀坑形貌及截面轮廓

(a)~(d) 不同烧蚀坑重叠率点阵微结构 SEM 图($\Phi=21.6\mathrm{J/cm^2}$);(e)~(h) 不同烧蚀坑重叠率点阵微结构 LSCM 图;(i)~(l) 沿(e)~(h)中标记线测量横截面轮廓

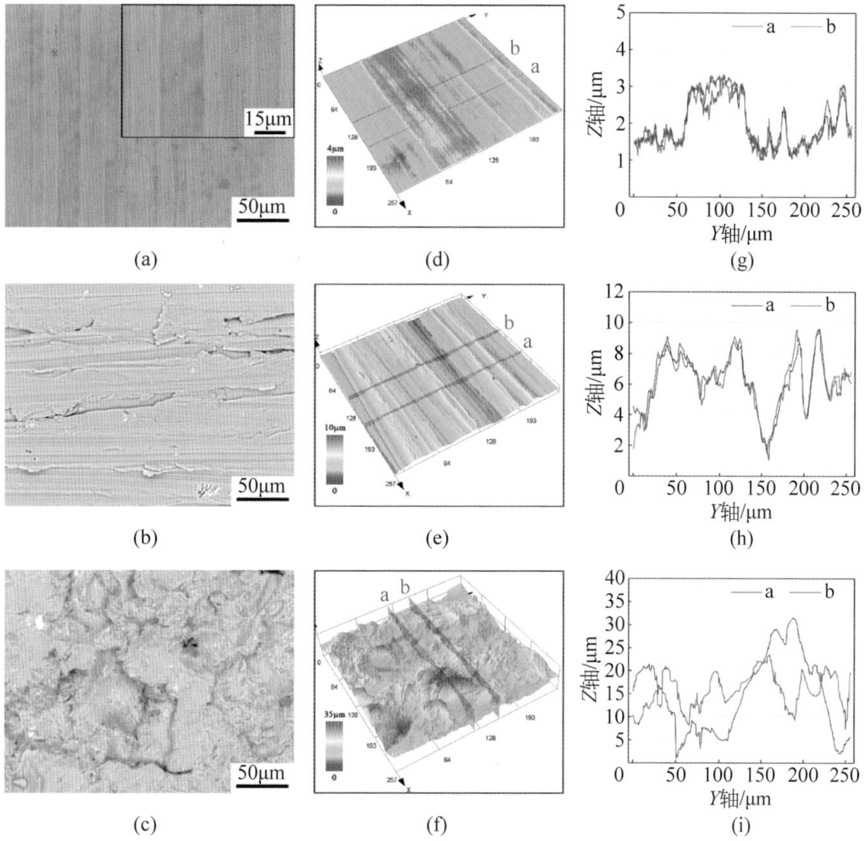

图 5-5　各试样表面形貌及轮廓

(a)～(c) 不同参考试样的 SEM 图；(d)～(f) 不同参考试样的 LSCM 图；(g)～(i) 沿(d)～(f)中标记线测量横截面轮廓

图 5-6(a)给出了不同 Φ 下 β 对表面粗糙度(S_a)的影响。当 β 一定时，Φ 对 S_a 几乎没有影响。这是因为当 β 给定时，C_v 和 C_ψ 是影响 S_a 的主要因素，其中 C_v 随 Φ 的增加而增加，而 C_ψ 随 Φ 的增加而减小(参考表 5-2)，二者的共同作用使得 S_a 几乎不随 Φ 变化。当 Φ 一定时，若 $\beta \leqslant 0$，则 S_a 随 β 的增大而增大。这是因为对于给定的 Φ，当 $\beta \leqslant 0$ 时，点阵微结构的表面高度差相等(参考图 5-4 中截面轮廓图)，此时 C_ψ 是影响 S_a 的主要因素，而 C_ψ 随 β 增大而增大，这使得 S_a 与 β 呈正相关。当 Φ 一定时，若 $\beta \geqslant 0$，则 S_a 随 β 的增大而减小，S_a 与 β 呈负相关。对比可知，S_a 在 $\beta=0$ 时最大(约为 1.73μm)，在 $\beta=-30\%$时次之(约为 1.35μm)，在 $\beta=60\%$时最小(约为 1.17μm)。图 5-6(b)显示了不同参考试样的 S_a。与其他试样相比，喷砂试样有最大 S_a(约为 5.23μm)，因为喷砂试样的表面高度差远大于其他试样(对比

图 5-4 和图 5-5 的截面轮廓)。当 $\beta=0$ 时,激光加工试样的 S_a 相比原始试样提高了 268%,相比砂纸打磨试样提高了 26%。

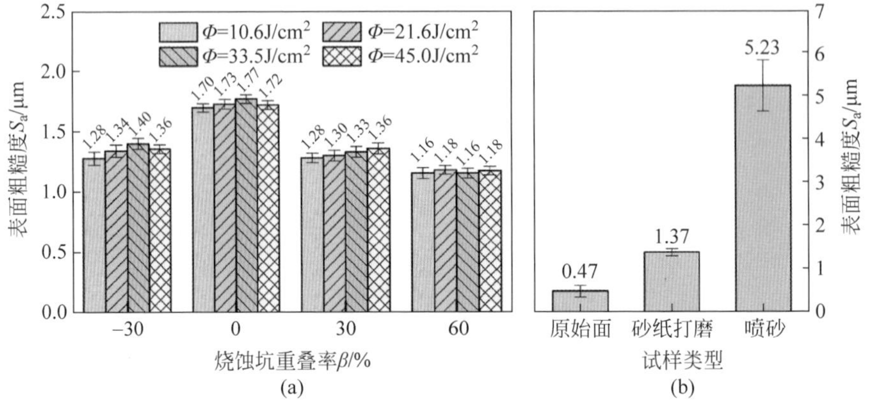

图 5-6 不同能量密度下烧蚀坑重叠率对面粗糙度的影响(a)及不同试样的面粗糙度(b)

图 5-7(a)为不同 Φ 下 β 对表面积增加比(S_{dr})的影响。当 β 一定时,Φ 对 S_{dr} 几乎没有影响。其原因与 Φ 影响 S_a 相同,此处不再复述。当 Φ 一定时,S_{dr} 随 β 的增加而增加,S_{dr} 在 $\beta=60\%$时最大(约为 1.94),在 $\beta=-30\%$时最小(约为 1.14)。这是因为对于给定的 Φ,加工表面产生的熔融残留物和气孔是增加 S_{dr} 的主要因素,β 越大加工表面的熔融残留物和气孔越多,这使得 S_{dr} 越大。图 5-7(b)显示了不同参考试样的 S_{dr}。对比图 5-7(a)可知,与其他试样相比,激光加工可以使 S_{dr} 最大(当 $\beta=60\%$时),相比原始试样提高了 78%,相比砂纸打磨试样提高了 62%,相比喷砂试样提高了 8%。

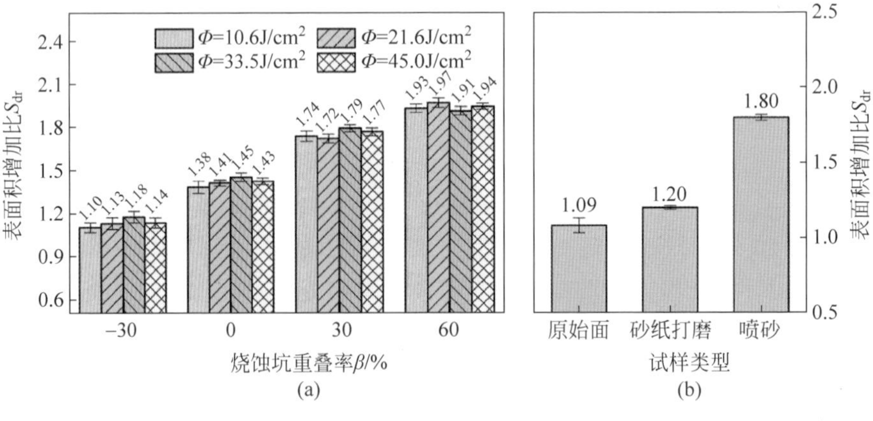

图 5-7 不同能量密度下烧蚀坑重叠率对表面积增加比的影响(a)及不同试样表面积增加比(b)

5.2.3　表面润湿性

图 5-8 显示了不同放置时间及不同能量密度下烧蚀坑重叠率对接触角的影响。图 5-9 为不同放置时间下参考试样的接触角。结果表明，原始表面的接触角约为 78.9°(图 5-8(a))，砂纸打磨和喷砂后，其接触角分别约为 55.4°和 34.3°(图 5-9)。激光加工后，当 $\beta=-30\%$时，接触角随 Φ 的增大而减小，其最大值和最小值分别约为 34.7°和 22.1°；当 $\beta=0$ 时，接触角也随 Φ 的增大而减小，且无论 Φ 取何值，其接触角相比 $\beta=-30\%$时更小；当 $\beta=30\%$或 60%时，无论 Φ 取何值，水滴在到达表面后都会立即散开，表面显现出超亲水性(图 5-8(a))。与打磨或喷砂相比，激光加工后铝合金表面具有更高的润湿性。

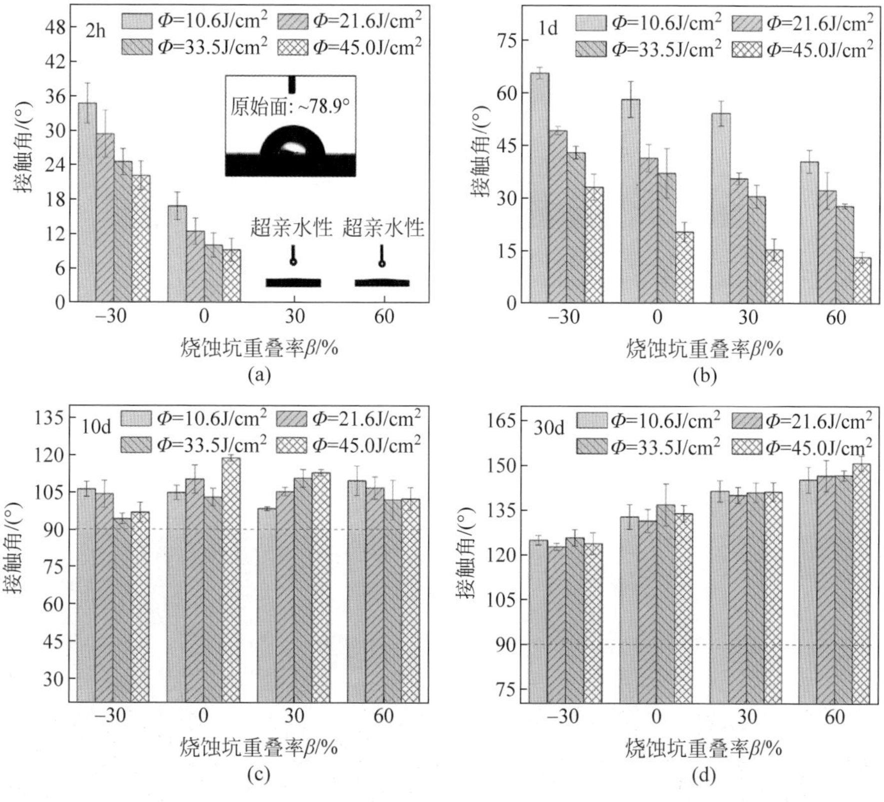

图 5-8　不同放置时间及不同能量密度下烧蚀坑重叠率对接触角的影响

经加工后的铝合金表面在空气中放置 1d 后，其接触角均有所增大，但都小于 90°，具体为：打磨和喷砂试样的接触角分别约为 68.0°和 44.1°(图 5-9)；对于点阵微结构试样，当 Φ 一定时接触角随 β 的增大而减小，当 β 一定时接触角随 Φ 的增大而减小，其最大和最小接触角分别为 13.2°和 65.5°(图 5-8(b))。经加工后的铝合金表面在空气中放置 10d 后，其接触角都增大至 90°以上，表面呈现出疏水性，打磨和喷砂试样的接触角分别约为 121.0°和 111.0°(图 5-9)；对于点阵微结构试样，其接触角随 Φ 或 β 没有明显的变化规律，最大和最小接触角分别为 118.6°和 94.3°(图 5-8(c))。经加工后的铝合金表面在空气中放置 30d 后，接触角都增大至 120°以上，表面呈现出疏水性或超疏水性，打磨和喷砂试样的接触角分别约为 138.2°和 121.5°(图 5-9)；对于点阵微结构试样，当 Φ 一定时，接触角随 β 的增大而增大，当 β 一定时，接触角随 Φ 没有明显变化规律，最大和最小接触角分别为 150.8°和 122.7°(图 5-8(d))。

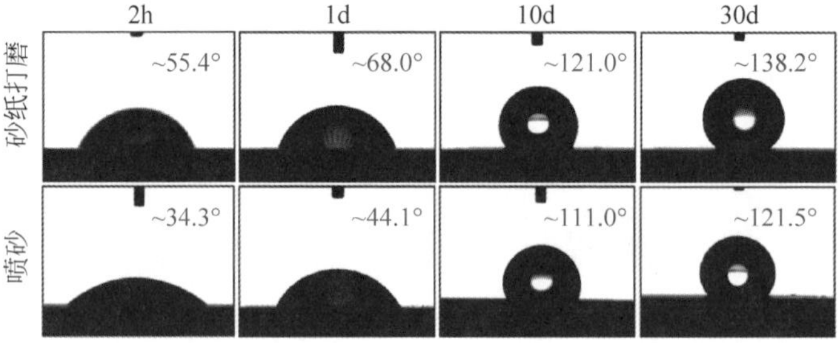

图 5-9　不同放置时间下参考试样的接触角

5.2.4　表面化学性质

图 5-10、图 5-11 和图 5-12 分别为对 $\beta=0$、30% 和 60% 时的点阵微结构进行面扫描获得的 Al、Mg、O、C、Zn、Cu 和 Fe 元素映射图($\Phi=21.6\mathrm{J/cm^2}$，加工后放置 1d)。如图 5-10 所示，烧蚀坑内 Al 和 Mg 的含量高于烧蚀坑边缘，而烧蚀坑内 O

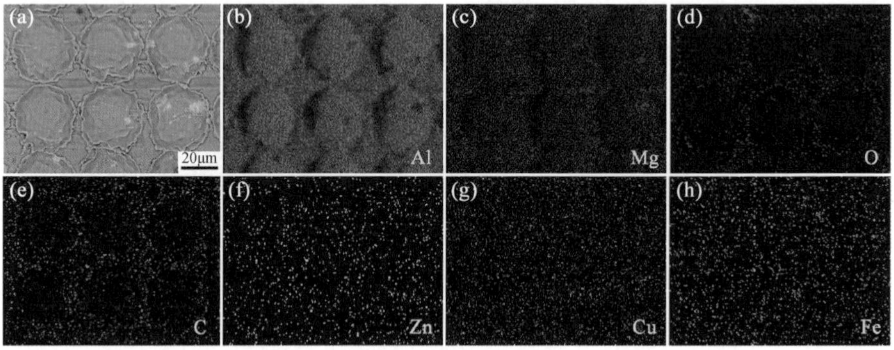

图 5-10　(a) 点阵微结构的 SEM 图像($\Phi=21.6\mathrm{J/cm^2}$，$\beta=0$，加工后 1d)；(b)～(h) EDS 对图(a)所示区域进行面扫描生成的 Al、Mg、O、C、Zn、Cu 和 Fe 元素映射图

和 C 的含量低于烧蚀坑边缘。这是因为 Al、Mg、O 和 C 在烧蚀坑内部的偏析或扩散程度与烧蚀坑边缘不同[4]。对比可发现，无论 β 取何值，点阵微结构表面 Zn、Cu 和 Fe 呈均匀分布，而 Al、Mg、C 和 O 明显呈不均匀分布。还可发现，Al、Mg、C 和 O 在点阵微结构表面的分布会随 β 的增加而逐渐变均匀。这是因为 β 越大烧蚀坑分布越密集，这使得 Al、Mg、C 和 O 在点阵微结构表面偏析或扩散越均匀。

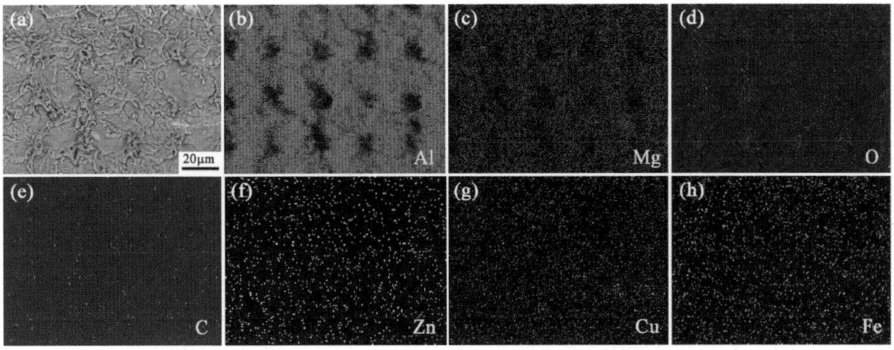

图 5-11　(a) 点阵微结构的 SEM 图像($\Phi=21.6\text{J/cm}^2$, $\beta=30\%$, 加工后 1d)；(b)～(h) EDS 对图(a)所示区域进行面扫描生成的 Al、Mg、O、C、Zn、Cu 和 Fe 元素映射图

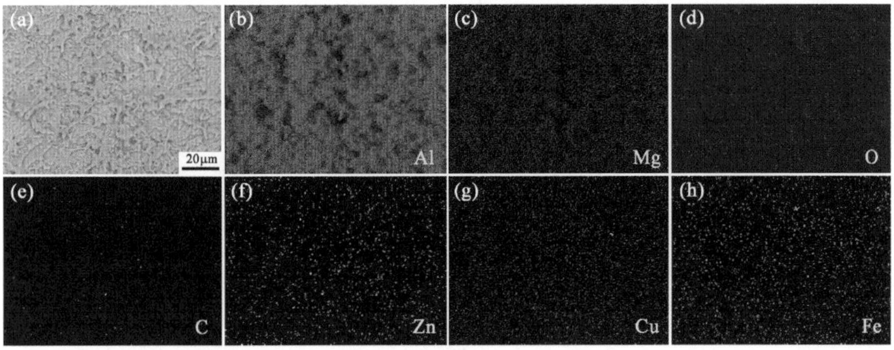

图 5-12　(a) 点阵微结构的 SEM 图像($\Phi=21.6\text{J/cm}^2$, $\beta=60\%$, 加工后 1d)；(b)～(h) EDS 对图(a)所示区域进行面扫描生成的 Al、Mg、O、C、Zn、Cu 和 Fe 元素映射图

表 5-3 列出了面扫描测量的不同状态下铝合金表面的元素含量。对比可知，铝合金表面经激光加工、砂纸打磨或喷砂后，C 含量相比原始表面都会明显减少；点阵微结构和喷砂表面的 O 含量相比原始表面都有所增加，但砂纸打磨表面的 O 含量相比原始表面会明显减少。对于点阵微结构表面，当 Φ 一定($\Phi=21.6\text{J/cm}^2$)时，C 含量会随 β 的增加而减少，O 含量会随 β 的增加而增加，而 Mg、Al、Fe、Cu 和 Zn 随 β 没有明显的变化规律；当 β 一定($\beta=30\%$)时，所有元素随 Φ 都没有明显的变化规律。

表 5-3 EDS 面扫描测量的铝合金表面元素含量 (单位：wt. %)

试样类型	C	O	Mg	Al	Fe	Cu	Zn
Φ=21.6J/cm^2，β=−30%	7.74	2.23	3.46	74.77	1.21	3.14	7.45
Φ=21.6J/cm^2，β=0	6.41	2.66	3.56	74.97	1.22	3.32	7.86
Φ=21.6J/cm^2，β=30%	5.38	3.25	3.26	75.09	1.32	3.43	8.27
Φ=21.6J/cm^2，β=60%	4.17	3.94	3.32	75.87	1.29	3.13	8.28
Φ=10.6J/cm^2，β=30%	5.19	2.45	3.47	75.98	1.28	3.35	8.28
Φ=33.5J/cm^2，β=30%	5.37	3.29	3.29	74.70	1.34	3.42	8.59
Φ=45.0J/cm^2，β=30%	5.28	3.57	3.39	74.92	1.30	3.12	8.42
原始面	11.48	2.25	4.19	71.53	1.15	2.91	6.50
砂纸打磨	5.78	0.25	3.15	80.13	1.26	3.15	7.31
喷砂	5.45	2.21	3.11	75.89	1.43	3.63	8.30

5.2.5 表面残余应力

图 5-13(a)显示了不同 Φ 下 β 对表面残余应力的影响。图 5-13(b)显示了不同参考试样的表面残余应力。铝合金原始表面有较低的残余压应力(约为−5.7MPa)，砂纸打磨或喷砂后表面残余应力进一步降低，其值分别为−100.5MPa 和−79.6MPa，与原始表面相比，分别降低了 94.8MPa 和 73.9MPa。对于点阵微结构表面，当 β 一定时，Φ 对残余应力的影响较小且无明显规律；当 Φ 一定时，β 对残余应力的影响较大且残余应力随 β 的增加而增大；当 β=60%和 Φ=45.0J/cm^2 时，表面残余应力最大(约为 95.7MPa)，相比原始表面增加了 101.4MP。

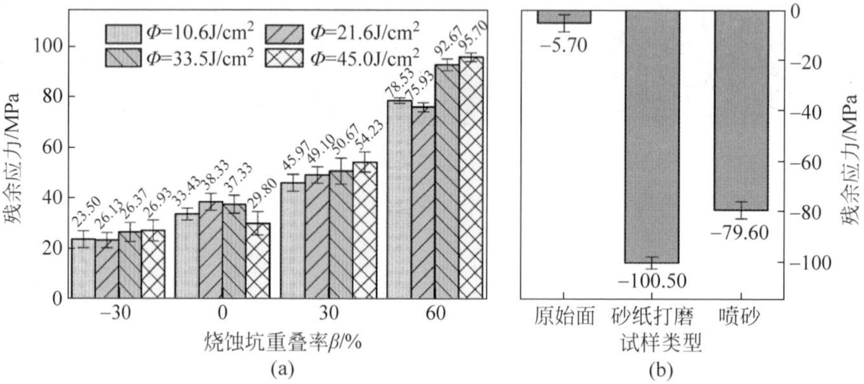

图 5-13 不同能量密度下烧蚀坑重叠率对残余应力的影响(a)及不同试样的残余应力(b)

5.2.6　接头强度及失效模式

通过失效模式及表面纹理特征分析点阵微结构特征参数影响黏结强度的原因。图 5-14(a)为不同 Φ 下 β 对接头剪切强度(τ)的影响。结果表明,Φ 对 τ 影响很小,而 τ 与 β 密切相关。当 $\beta \leqslant 0$ 时,τ 随 β 的增加而增大,这是因为当 $\beta \leqslant 0$ 时,S_a 和 S_{dr} 都随 β 的增大而增大,此时 τ 与 S_a 或 S_{dr} 呈正相关。当 $\beta \geqslant 0$ 时,τ 在 $\beta=30\%$时最大(约为 26.76MPa),在 $\beta=60\%$时次之(约为 26.31MPa),在 $\beta=0$ 时最小(约为 25.31MPa),此时 τ 随 β 无明显变化规律。

图 5-14(b)显示了不同参考试样的剪切强度。对比图 5-18(a)可知,激光加工、砂纸打磨和喷砂都能有效提高 τ,与砂纸打磨和喷砂相比,激光加工点阵微结构(在 $\beta \geqslant 0$ 时)能获得更大的 τ。当 $\beta=30\%$时,点阵微结构获得的 τ 相比原始试样提高了 302%,相比砂纸打磨试样提高了 65%,相比喷砂试样提高了 16%。这表明激光加工相比常规的表面处理方法能进一步提高铝合金黏结接头的强度。

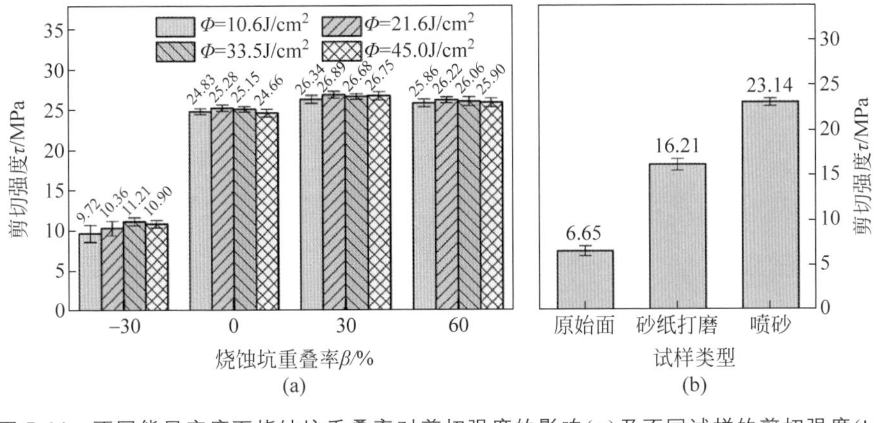

图 5-14　不同能量密度下烧蚀坑重叠率对剪切强度的影响(a)及不同试样的剪切强度(b)

由于 Φ 对 τ 没有影响,以下将仅选择 $\Phi=21.6\mathrm{J/cm^2}$ 下的接头进行断裂模式分析,以进一步揭示 β 对 τ 的影响机理。图 5-15 为不同 β 下黏结接头断裂面的数码照片及典型区域的 SEM 图。无论 β 为何值,上下基板的断裂面都存在两类明显不同的区域(由黄色曲线隔开,分别用 A 和 B 标记)。当 $\beta=-30\%$时,对于区域 A,其烧蚀坑内部仅部分区域有黏结剂残留,而烧蚀坑外部无黏结剂残留;对于区域 B,其烧蚀坑内外均无黏结剂残留。这表明区域 A 中烧蚀坑内为混合失效(即同时发生了内聚失效(CF)和黏合失效(AF)),而烧蚀坑外为黏合失效;而区域 B 中烧蚀坑内外均为黏合失效。当 $\beta=0$ 时,对于区域 A,其烧蚀坑内部完全被残留黏结剂填充,而烧蚀坑外部无黏结剂残留;对于区域 B,其烧蚀坑内外均无黏结剂残留。与 $\beta=-30\%$相比,$\beta=0$ 时发生内聚失效的面积更大,因此 $\beta=0$ 时 τ 更大。当 $\beta=30\%$时,区域 A 大部分被残留黏结剂覆盖,区域 B 无黏结剂残留。这表明区域A为混合失效，而区域B为黏合失效。与$\beta=0$相比，$\beta=30\%$时发生内聚失效的面积更大，因此$\beta=30\%$时τ更大。当$\beta=60\%$时，区域A大部分被残留黏结剂覆盖，而区域B被熔融残留物覆盖。这表明区域A为混合失效，而区域B为基体失效(SF)。这是因为当$\beta=60\%$时，基板黏结区域完全被一层薄薄的熔融残留物层覆盖，而熔融残留物层与基体之间的黏合力小于熔融残留物层与黏结剂之间的黏结力，使得熔融残留物层易从基体上被剥离而覆盖在另一断裂面的黏结剂上，从而形成基体失效。与$\beta=30\%$相比，$\beta=60\%$时易发生基体失效，因此$\beta=30\%$时τ更大。这就是当$\beta\geqslant0$时，τ与S_a或S_{dr}没有直接关系的原因。

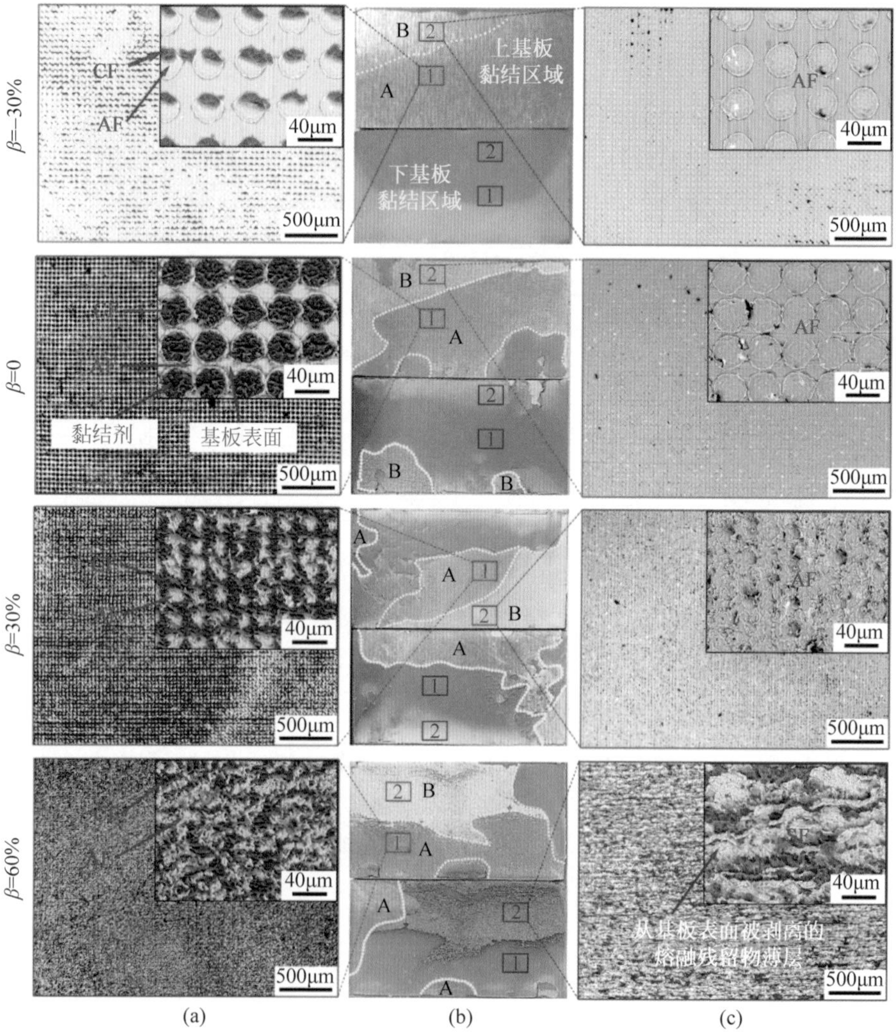

图5-15　不同β下点阵微结构黏结接头断裂面的照片(b)及其典型区域SEM图((a)和(c))，下基板中蓝色矩形标记的区域对应于上基板中红色矩形标记的区域($\Phi=21.6\text{J/cm}^2$)

图 5-16 为不同参考试样断裂面的数码照片及典型区域的 SEM 图。对于原始试样，黏结区域全部黏合失效，这表明铝合金的原始表面极不利于黏结；对于砂纸打磨试样，与激光加工($\beta=30\%$)相比，砂纸打磨的表面不仅具有更小的粗糙度和表面积，且内聚失效仅发生在砂纸摩擦形成的沟槽内，发生内聚失效的区域分布不均匀，不利于形成良好的黏结，因此其获得的 τ 较小；对于喷砂试样，与激光加工相比，虽然喷砂的表面具有更大的粗糙度，但其表面积较小，且内聚失效仅发生在砂粒冲击形成的深坑内，发生内聚失效的区域也分布不均匀，这也不利于形成良好的黏结，因此其获得的 τ 较小。

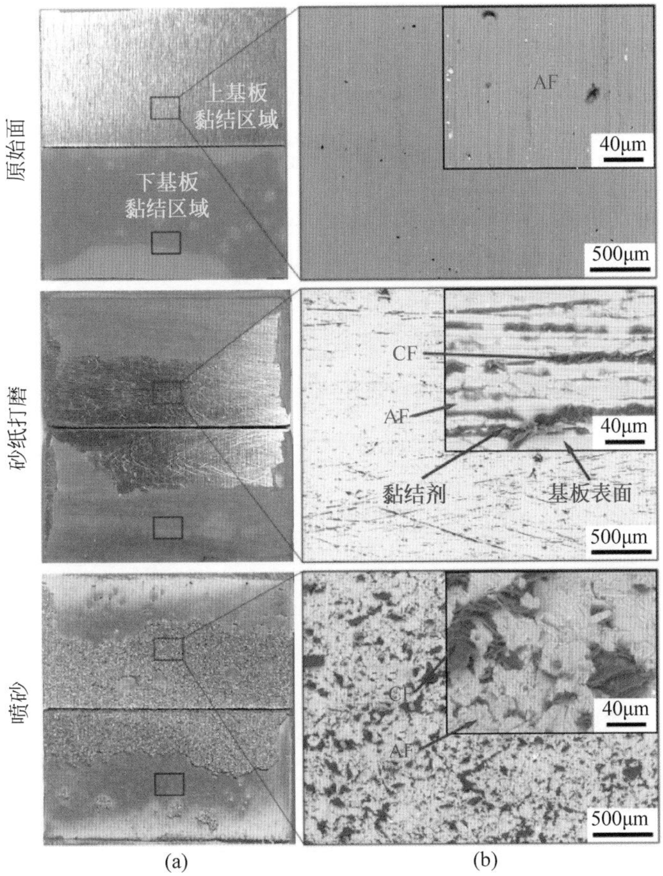

图 5-16　不同参考试样断裂面的数码照片(a)及其典型区域 SEM 图(b)

综上可知，对于激光加工烧蚀坑点阵微结构，当 $\beta=30\%$时最有利于提高黏结强度；当 β 较小($\leqslant 0$)时，烧蚀坑之间未被激光加工的区域容易发生黏合失效，从而不利于黏结；当 β 过大($\geqslant 60\%$)时，基体的黏结区域会被熔融残留物薄层覆盖，导致黏结区域易形成基体失效，这也不利于黏结。值得注意的是，无论加工参数如何选取，点阵微结构都不能使整个黏结区域完全产生内聚失效，因此点阵微结构无法使铝合金黏结接头的强度最大化。

5.3 激光加工多槽微结构

本节将采用激光在铝合金表面加工一系列多槽微结构，主要研究沟槽深度、沟槽间距和沟槽图案三个结构特征参数对铝合金表面特性(形貌、纹理特征、润湿性、化学性质和残余应力)及黏结强度的影响。通过单搭接拉伸剪切测试评估接头强度，并对接头断裂面进行失效模式分析，以进一步揭示多槽微结构特征参数影响黏结强度的机制。

5.3.1 多槽微结构加工方法及参数选取

图 5-17 为激光加工多槽微结构的示意图，其中 G_w 和 H 分别为沟槽宽度和沟槽间距。激光扫描一次形成沟槽的宽度和深度(G_v)由 Φ、f 和 v 共同决定，而 H 由 L 和 G_w 决定($H=L-G_w$)。根据前期基础实验，将设置 $v=100$mm/s、$\eta=100\%$($\Phi=45.0$J/cm^2)进行沟槽加工，因为该条件下激光有足够的功率密度及光斑重叠率，能加工具有一定深度且边沿连续的沟槽。基于上述条件，则激光单次扫描形成沟槽的 G_w 和 G_v 是固定的。

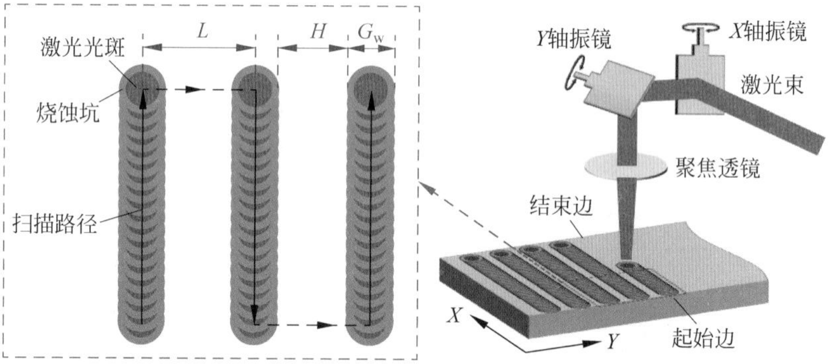

图 5-17 激光加工多槽微结构的示意图

图 5-18 为不同扫描次数下单个沟槽的 LSCM 图。沟槽边沿呈凸起状，且边沿高度随扫描次数的增加而增加。这是因为当基材表面吸收激光后会瞬间熔化或蒸发而形成沟槽，随着等离子体压力急剧上升会在沟槽周围产生强烈的压力，促使熔融材料从沟槽内向外流动并凝固而形成凸起的边缘；随扫描次数的增加，有更多的熔融材料在等离子体压力的作用下喷出沟槽，并聚集在沟槽周围形成相对较高的边缘[5]。

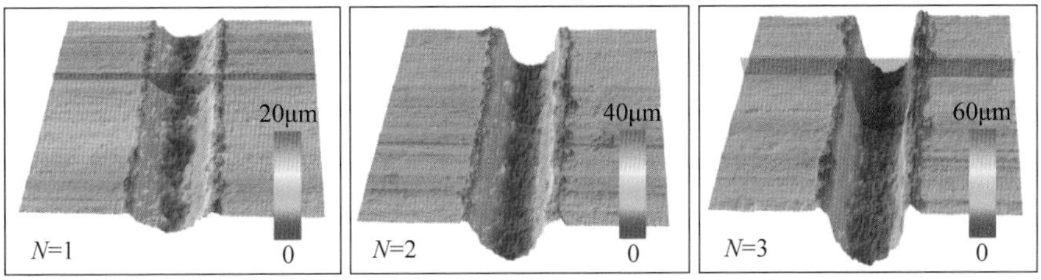

图 5-18　不同扫描次数下单个沟槽的 LSCM 图

图 5-19(a)为沿图 5-18 中所示标记线测得的沟槽横截面轮廓，G_w(沟槽两侧边沿外缘之间的距离)、G_v(基体表面到沟槽底部的距离)和边沿高度 G_h(基板表面到沟槽边沿顶部的距离)由 LSCM 测得。图 5-19(b)显示了 G_w、G_v 和 G_h 随 N 的变化，G_h 和 G_v 随扫述次数(N)增加基本呈线性增加，而 G_w 基本保持不变(约为 54μm)。

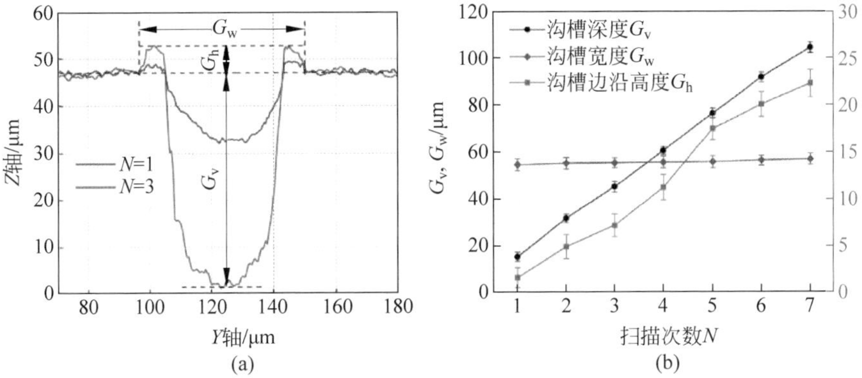

图 5-19　(a) 沿图 5-2 所示标记线测得的单沟槽横截面轮廓；(b) 沟槽深度(G_v)、沟槽宽度(G_w)和边沿高度(G_h)随扫描次数(N)的变化关系

根据预实验结果，将选取不同的沟槽图案、沟槽间距及沟槽深度，采用单因素实验研究多槽微结构的特征参数对铝合金表面特征及黏结强度的影响。表 5-4 列出了所选多槽微结构特征参数的范围。如图 5-20 所示，沟槽图案为 90°、0°和 45°的沟槽为平行沟槽，沟槽图案为±45°和 0°/90°的沟槽为交叉沟槽，角度为沟槽方向与基板轴线(Y 轴)之间的夹角。

表 5-4　激光加工多沟槽参数

沟 槽 图 案	沟槽间距 H/μm	扫描次数 N
90°,0°,45°,±45°,0°/90°	100	2
90°	0,50,100,150,200,250,300,350	2
90°	100	1,2,3,4,5,6,7

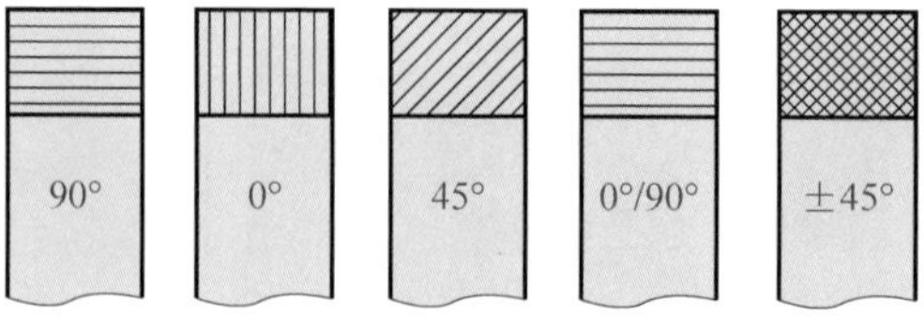

图 5-20　不同沟槽图案的示意图

5.3.2　表面形貌及纹理特征

图 5-21 显示了不同沟槽图案下多槽微结构的 SEM 图、LSCM 图及横截面轮廓($H=100\mu m, N=2$)。可看出,无论沟槽图案如何,激光加工都能在铝合金表面形成均匀分布的多槽微结构;当沟槽间距大于 0 时,平行沟槽的沟槽之间存在未被激光加工的矩形区域,交叉沟槽的沟槽之间存在未被激光加工的正方形区域,且交叉沟槽的沟槽交叉处存在由激光重复加工产生的圆形深坑。

图 5-22(a)和(b)分别显示了多槽微结构的 S_a 和 S_{dr} 随沟槽图案的变化。结果表明,当沟槽图案为平行沟槽时,S_a 或 S_{dr} 的变化幅度很小;当沟槽图案为交叉沟槽时,S_a 或 S_{dr} 的变化幅度也很小。这表明沟槽方向对 S_a 或 S_{dr} 没有影响。与平行沟槽相比,交叉沟槽有更大的 S_a(约为 $15.04\mu m$)和 S_{dr}(约为 3.09),因为交叉沟槽有更大的 G_ψ,且沟槽交叉处存在比槽深更深的凹坑。

图 5-23 显示了不同 N 下多槽微结构的 SEM 图、LSCM 图及横截面轮廓(90°,$H=100\mu m$)。可看出,当 $N\leqslant 3$ 时,沟槽的开口宽度基本保持不变;当 $N\geqslant 5$ 时,沟槽的开口宽度随 N 的增加逐渐变窄,沟槽周围的熔融残留物也变多,且沟槽的边沿会变得不平整。

图 5-24(a)和(b)分别显示了多槽微结构的 S_a 和 S_{dr} 随 N 的变化。可看出,S_a 和 S_{dr} 都随 N 的增加而变大。因为在此情况下,G_v 和 G_h 是影响 S_a 和 S_{dr} 的主要原因,而 G_v 和 G_h 会随 N 的增加而增大,因此 S_a 和 S_{dr} 与 N 呈正相关。还可看出,随 N 的增加 S_a 的增大速率会逐渐变缓,而 S_{dr} 随 N 呈线性增大;当 $N=7$ 时,S_a 和 S_{dr} 有最大值,分别约为 $15.23\mu m$ 和 3.68;当 $N=1$ 时 S_a 和 S_{dr} 有最小值,分别约为 $3.79\mu m$ 和 1.60。

图 5-25 显示了不同 H 下多槽微结构的 SEM 图、LSCM 图及横截面轮廓(90°,$N=2$)。可看出,当 $H=0$ 时,沟槽边沿刚好相连,基板黏结区域完全被激光加工;当 $H>0$ 时,沟槽之间存在未被加工的区域,且 H 越大沟槽之间未被加工区域的面积越大。

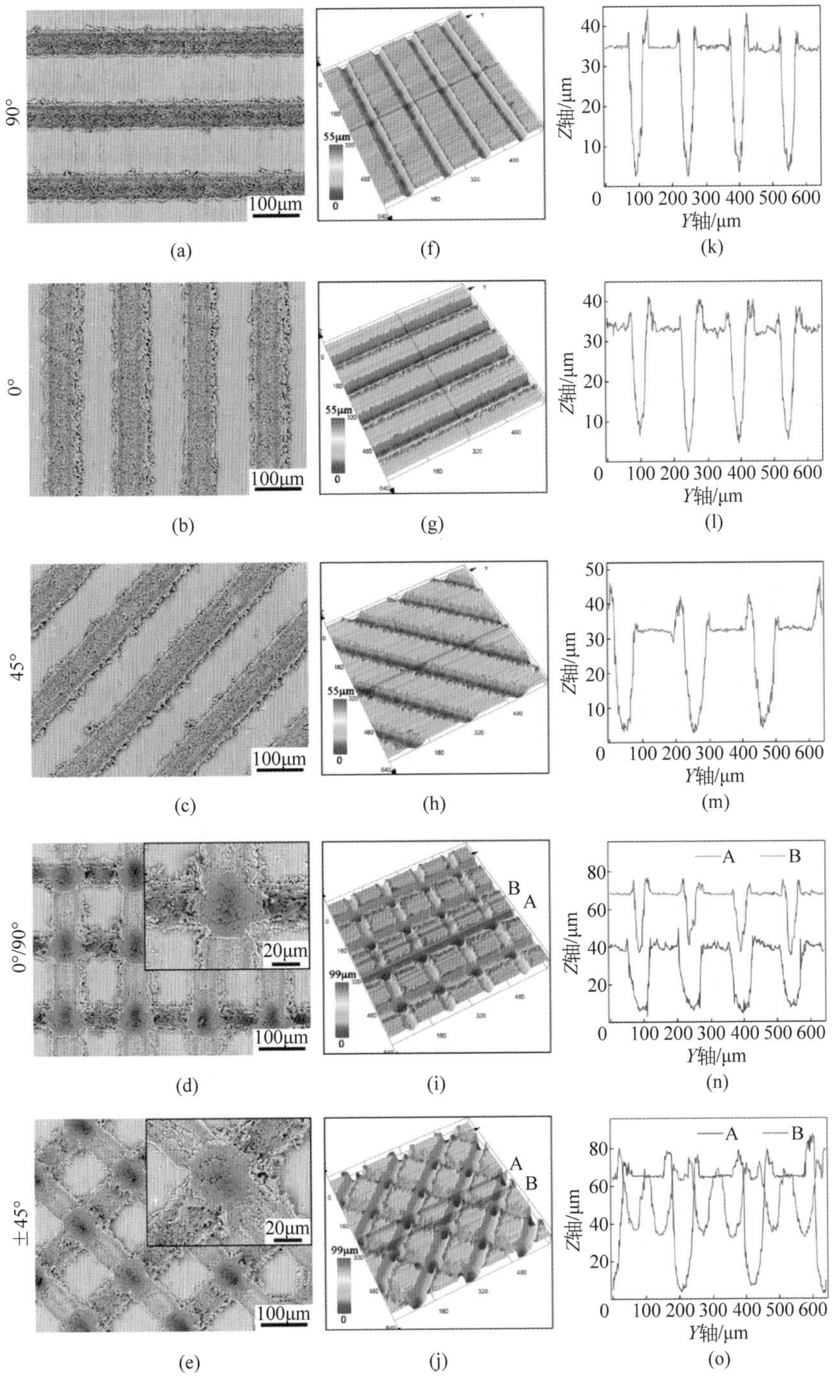

图 5-21　(a)～(e) 多槽微结构的 SEM 图($H=100\mu m, N=2$)；(f)～(j) 不同烧蚀坑重叠率下点阵微结构的 LSCM 图；(k)～(o) 沿(f)～(j)中标记线测量的横截面轮廓

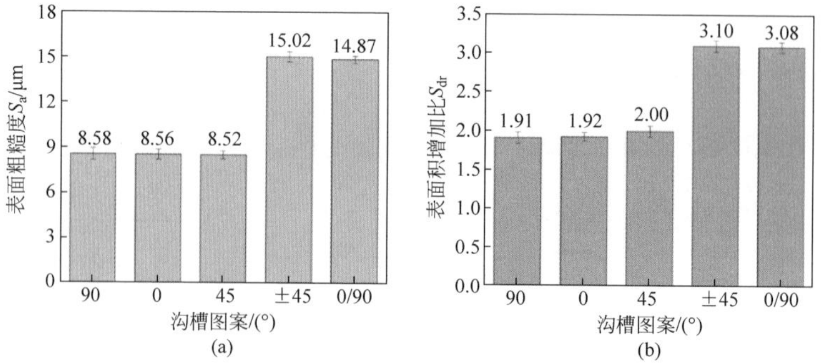

图 5-22　表面纹理参数随沟槽图案的变化关系

(a) 表面粗糙度；(b) 表面积增加比

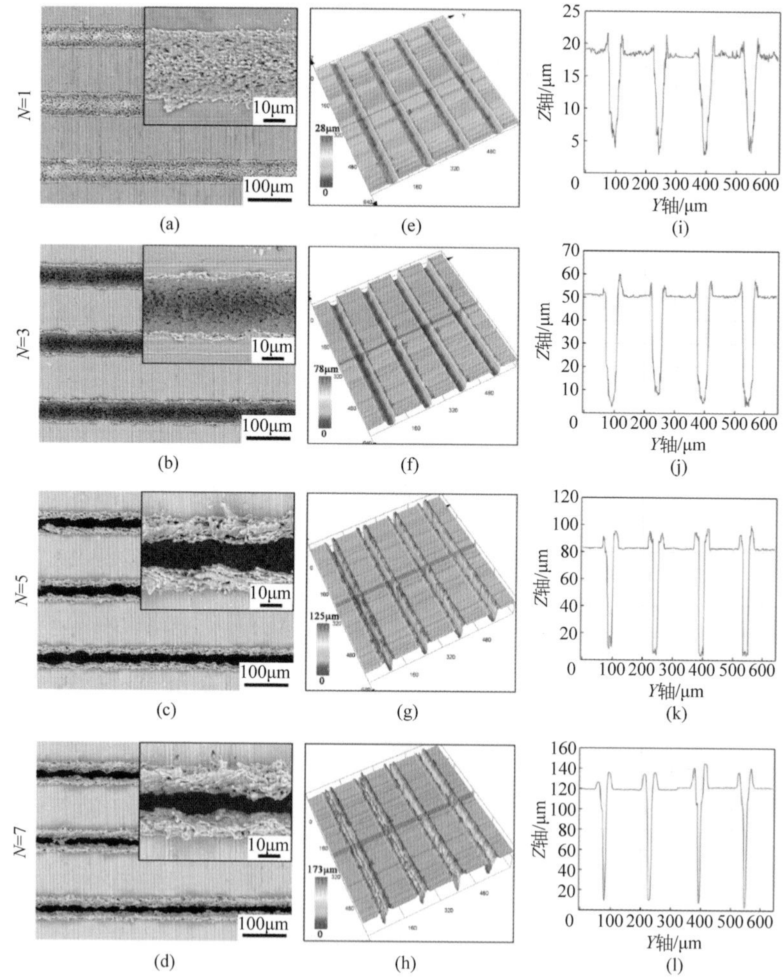

图 5-23　(a)～(e) 不同扫描次数多槽微结构 SEM 图(90°, $H=100\mu m$)；(f)～(j) 不同烧蚀坑重叠率点阵微结构 LSCM 图；(k)～(l) 沿(f)～(j)中标记线测量的横截面轮廓

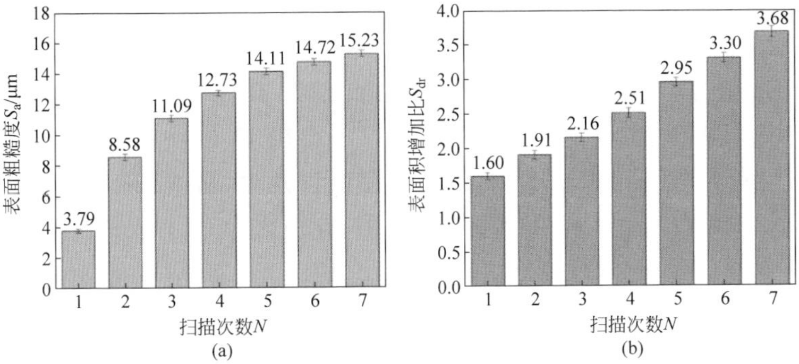

图 5-24　表面纹理参数随扫描次数的变化关系

（a）表面粗糙度；（b）表面积增加比

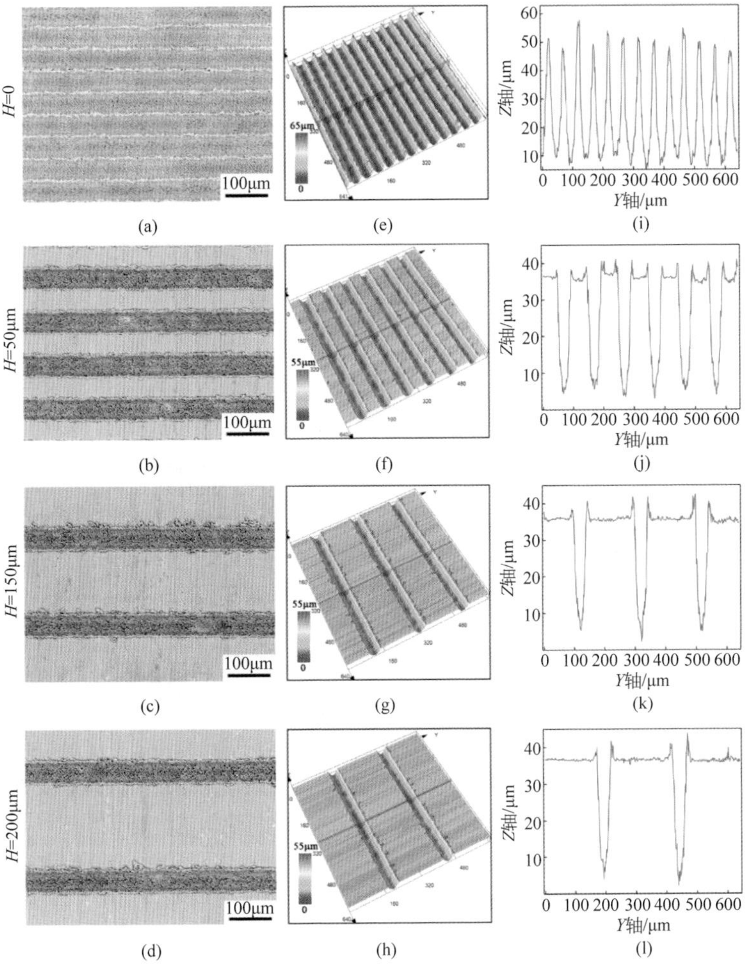

图 5-25　（a）～（d）不同沟槽间距下多槽微结构 SEM 图（90°，$N=2$）；（e）～（h）不同烧蚀坑重叠率点阵微结构 LSCM 图；（i）～（l）沿（e）～（h）中标记线测量横截面轮廓

图 5-26(a)和(b)分别显示了多槽微结构的 S_a 和 S_{dr} 随 H 的变化。结果表明,S_a 和 S_{dr} 随 H 的增加而减小。因为在此情况下,多槽微结构的 G_v 和 G_h 相等,则 G_ψ 是影响 S_a 和 S_{dr} 的主要原因,而 G_ψ 会随 H 的增加而减小,因此 S_a 和 S_{dr} 与 H 呈负相关。随 H 的增加 S_a 大致呈线性减少,而 S_{dr} 随 H 的增加其减小速率会变缓;当 $H=0$ 时 S_a 和 S_{dr} 有最大值,分别约为 13.33μm 和 3.88;当 $H=350$ 时 S_a 和 S_{dr} 有最小值,分别约为 2.04μm 和 1.23。

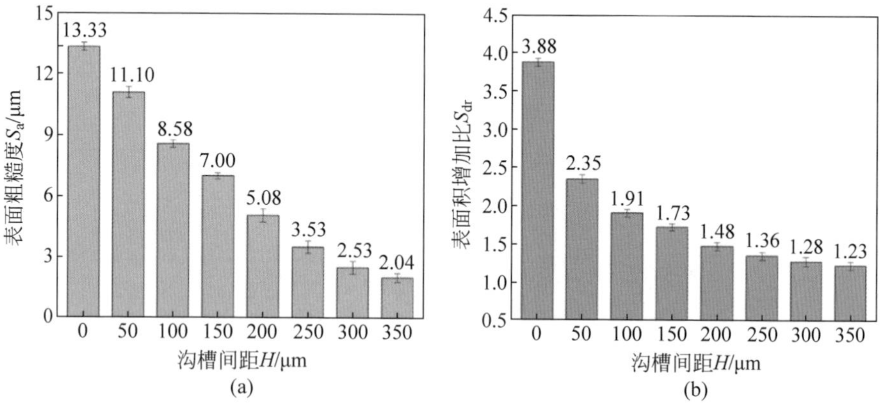

图 5-26 表面纹理参数随沟槽间距的变化关系

(a) 表面粗糙度;(b) 表面积增加比

综上可知,对于激光加工多槽微结构,交叉沟槽相比平行沟槽有更大的表面粗糙度和表面积;增加扫描次数可以增大槽深和边沿高度,从而有效增大表面粗糙度和表面积;增加沟槽间距会降低沟槽密度,从而使表面粗糙度和表面积减小。

5.3.3 表面润湿性

图 5-27 显示了不同放置时间下多槽微结构表面的接触角随沟槽图案的变化。

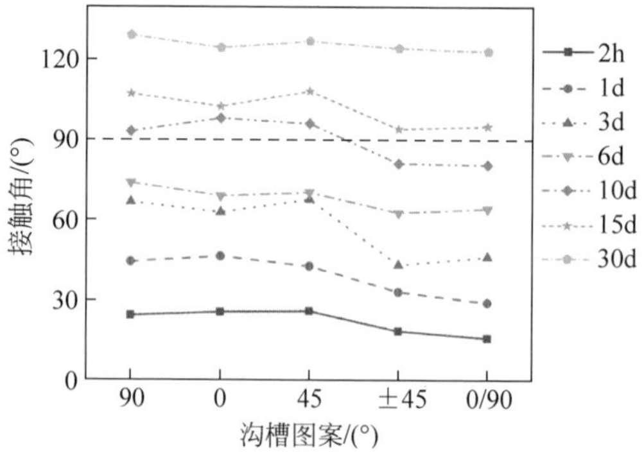

图 5-27 不同放置时间下多槽微结构表面的接触角随沟槽图案的变化($N=2$,$H=100$μm)

无论沟槽图案如何选取（$N=2, H=100\mu m$），多槽微结构表面都不能呈现出超亲水性，且随放置时间的增加，多槽微结构表面的接触角都会增大；在放置时间大于10d 时，平行沟槽的接触角会增大至 90°以上；在放置时间大于 15d 时，交叉沟槽的接触角也会增大至 90°以上；当放置时间为 30d 时，平行沟槽与交叉沟槽的接触角大致相等（约为 125°）。

图 5-28 显示了不同放置时间下多槽微结构表面的接触角随 N 的变化。无论 N 如何选取（$90°, H=100\mu m$），多槽微结构表面都不能呈现出超亲水性，且接触角会随放置时间的增加而增大，接触角随 N 没有明显的变化。

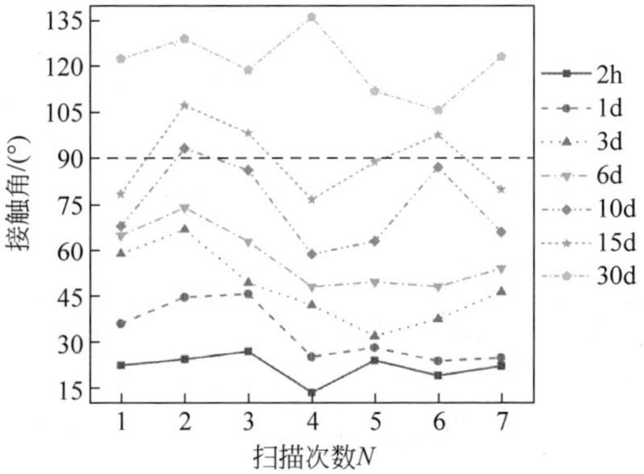

图 5-28　不同放置时间下多槽微结构表面的接触角随扫描次数的变化（$90°, H=100\mu m$）

图 5-29 显示了不同放置时间下多槽微结构表面的接触角随 H 的变化。可看出，对于多槽微结构（$90°, N=2$），当且仅当 $H=0$ 时，多槽微结构表面能呈现出超亲水性；当 $H \leqslant 250\mu m$ 接触角会随 H 的增大而增大，当 $H \geqslant 250\mu m$ 接触角会随 H 的增大而减小；无论 H 如何选取，接触角都会随放置时间的增加而增大，当放置时间达 30d 时，接触角都会增大至 90°以上。

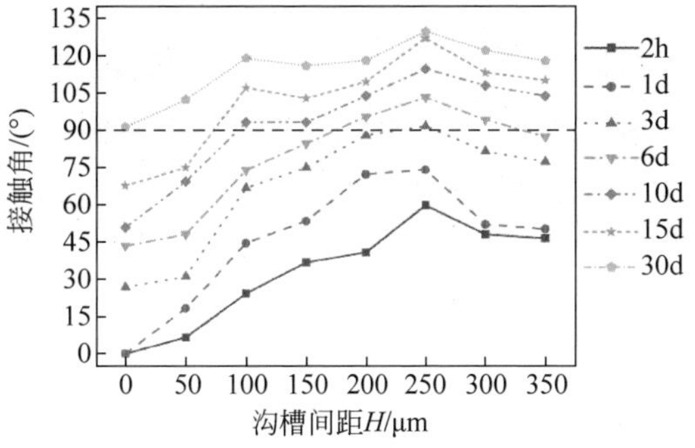

图 5-29　不同放置时间下多槽微结构表面的接触角随沟槽间距的变化（$90°, N=2$）

5.3.4 表面化学性质

图 5-30 和图 5-31 分别为采用 EDS 对 $N=1$ 和 $N=3$ 时的多槽微结构进行面扫描获得的 Al、Mg、O、C、Zn、Cu 和 Fe 元素映射图(90°,$H=100\mu m$,放置时间小于 1d)。可发现,多槽微结构表面 Zn、Cu 和 Fe 呈均匀分布,而 Al、Mg、C 和 O 明显呈不均匀分布,具体表现为:沟槽内 Al 和 Mg 的含量高于沟槽边缘,而沟槽内 O 和 C 的含量低于沟槽边缘。还可发现,沟槽内部 C 和 O 的含量明显低于未加工的区域(原始表面)。

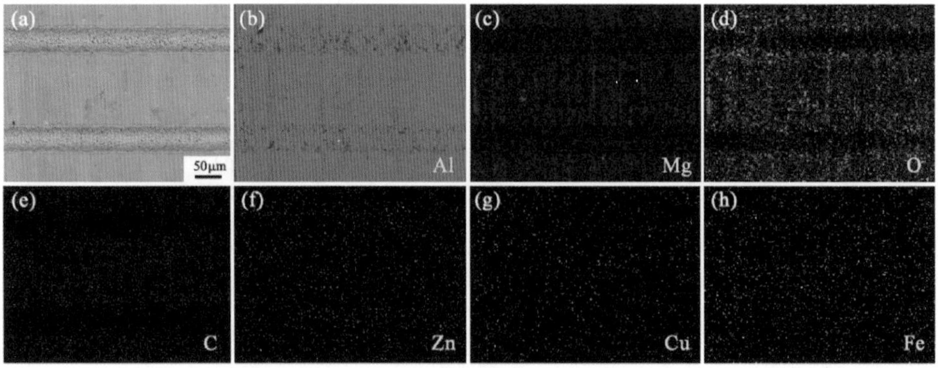

图 5-30 (a)多槽微结构 SEM 图像(90°,$H=100\mu m$,$N=1$,放置时间小于 1d);(b)~(h)EDS 对(a)区域面扫描生成的 Al、Mg、O、C、Zn、Cu 和 Fe 元素映射图

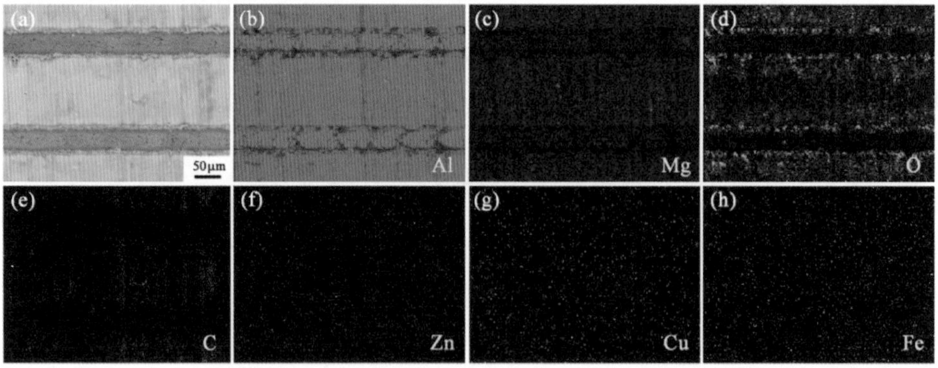

图 5-31 (a)多槽微结构的 SEM 图像(90°,$H=100\mu m$,$N=3$,放置时间小于 1d);(b)~(h)EDS 对(a)区域面扫描生成的 Al、Mg、O、C、Zn、Cu 和 Fe 元素映射图

表 5-5 列出了 EDS 测量的不同多槽微结构下铝合金表面的元素含量。与原始表面相比,多槽微结构表面 C 和 Mg 的含量更少,O、Fe、Cu 和 Zn 的含量更多。

多槽微结构特征参数对元素含量的影响表现为：C的含量随扫描次数的增加而减少，O、Cu和Zn的含量随扫描次数的增加而增多，而Mg、Al和Fe含量随扫描次数没有明显的变化规律；C、Mg、Fe、Cu和Zn的含量随沟槽间距的增加而增加，O的含量随沟槽间距的增加而减少，而Al的含量随沟槽间距没有明显变化规律；与平行沟槽相比，交叉沟槽O、Fe、Cu和Zn的含量更高，而C、Al和Mg的含量更低。

表5-5 EDS测量的多槽微结构下铝合金表面元素含量 （单位：wt.%）

试样类型		C	O	Mg	Al	Fe	Cu	Zn
原始面		11.48	2.25	4.19	71.53	1.15	2.90	6.50
90°，$H=100\mu m$	$N=1$	10.42	4.11	3.76	70.52	1.20	3.04	6.95
	$N=3$	9.59	4.93	3.98	69.58	1.21	3.13	7.58
	$N=5$	8.75	5.33	3.91	69.54	1.25	3.31	7.91
	$N=7$	7.54	5.62	3.84	70.51	1.22	3.32	7.95
90°，$N=2$	$H=0$	4.85	4.15	2.62	78.51	1.18	2.81	5.88
	$H=50\mu m$	6.89	3.35	3.45	74.86	1.23	3.14	7.08
	$H=100\mu m$	9.89	2.53	3.92	71.95	1.24	3.20	7.27
0°/90°，$H=100\mu m$	$N=2$	6.69	3.13	3.84	72.21	1.37	3.97	8.79

5.3.5 表面残余应力

图5-32(a)～(c)分别显示了多槽微结构的沟槽图案、沟槽深度及沟槽间距对残余应力的影响。如图5-32(a)所示，对于给定的N和H，当沟槽图案分别为90°、0°和45°时，表面残余应力分别为56.1MPa、53.2MPa和59.6MPa，其变化幅度较小(约为6.4MPa)；当沟槽图案分别为±45°和0°/90°时，表面残余应力分别为80.7MPa和82.2MPa，其变化幅度也较小(约为1.5MPa)。这表明与平行沟槽相比，交叉沟槽有更大的残余应力，且沟槽方向对残余应力的影响较小。如图5-32(b)所示，对于给定的沟槽图案和H，铝合金表面的残余应力随N的变化幅度较小(约为5.4MPa)，且没有明显规律；当$N=2$和$N=5$时残余应力分别有最大值(约为56.1MPa)和最小值(约为51.1MPa)。这表明N对残余应力基本没有影响。如图5-32(c)所示，对于给定的沟槽图案和N，激光加工多槽微结构后，铝合金表面的残余应力会随H的增加而减小，且当$H\geqslant 250\mu m$时残余应力的减小幅度会趋于饱和；当$H=0$和$350\mu m$时残余应力分别有最大值(约为101.3MPa)和最小值(约为21.3MPa)。

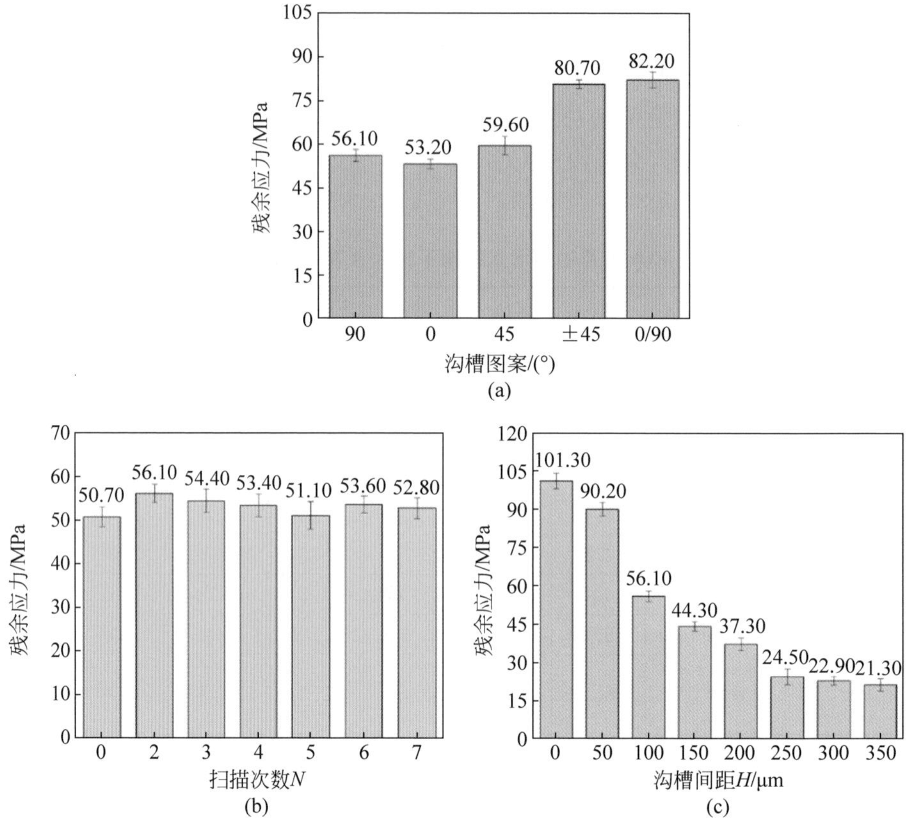

图 5-32　多槽微结构特征参数对残余应力的影响

(a) 沟槽图案($H=100\mu m, N=2$)；(b) 沟槽深度($90°, H=100\mu m$)；(c) 沟槽间距($90°, N=2$)

5.3.6　接头强度及失效模式

图 5-33(a)～(c)分别显示了多槽微结构的沟槽图案、沟槽深度及沟槽间距对 τ 的影响。如图 5-33(a)所示，对于给定的 N 和 H，多槽微结构的沟槽方向对 τ 没有影响。与平行沟槽相比，交叉沟槽有更大的 S_a 和 S_{dr}，但 τ 更小。如图 5-34 所示断裂面可知，沟槽交叉处存在未被黏结剂填充的气孔，这会很大程度削弱黏结接头的强度，因此交叉沟槽相比平行沟槽有更小的 τ。

如图 5-33(b)所示，对于给定的沟槽图案和 H，当 $N=1$ 时 τ 最小(约为 22.07MPa)；当 $N=2$ 至 5 时，τ 基本不随 N 变化，且 τ 有最大值(约为 26.37MPa)；当 $N=6$ 或 7 时，τ 为中值(约为 25.04MPa)。如图 5-35 所示，造成上述现象的原因如下：当 $N=1$ 时，沟槽较浅且截面呈 V 型，沟槽与黏结剂形成的互锁结构强度较低，使得沟槽内的失效模式为AF和CF；而沟槽外未被加工的区域不能与黏结剂形成互锁结构，使得沟槽外的失效模式为AF；与$N>1$相比，黏结区域发生CF的面积最小，这使得τ最小。当$N=2$到5时，沟槽具有足够的深度且截面呈U型，沟槽能与黏结剂形成良好的互锁结构，使得沟槽内的失效模式都为CF；而沟槽外未被加工的区域不能与黏结剂形成互锁结构，使得沟槽外的失效模式都为AF；这使得$N=2$到5时黏结区域发生CF的面积相同，则τ不随N变化。当$N=6$或7时，沟槽具有较大的深度且截面呈水滴型，此时沟槽开口较窄，导致沟槽部分区域未被黏结剂填满，这会极大程度地减弱黏结强度；而沟槽外未被加工区域不能与黏结剂形成互锁结构，使得沟槽外的失效模式都为AF或AF和CF；这二者的共同作用导致τ较小。

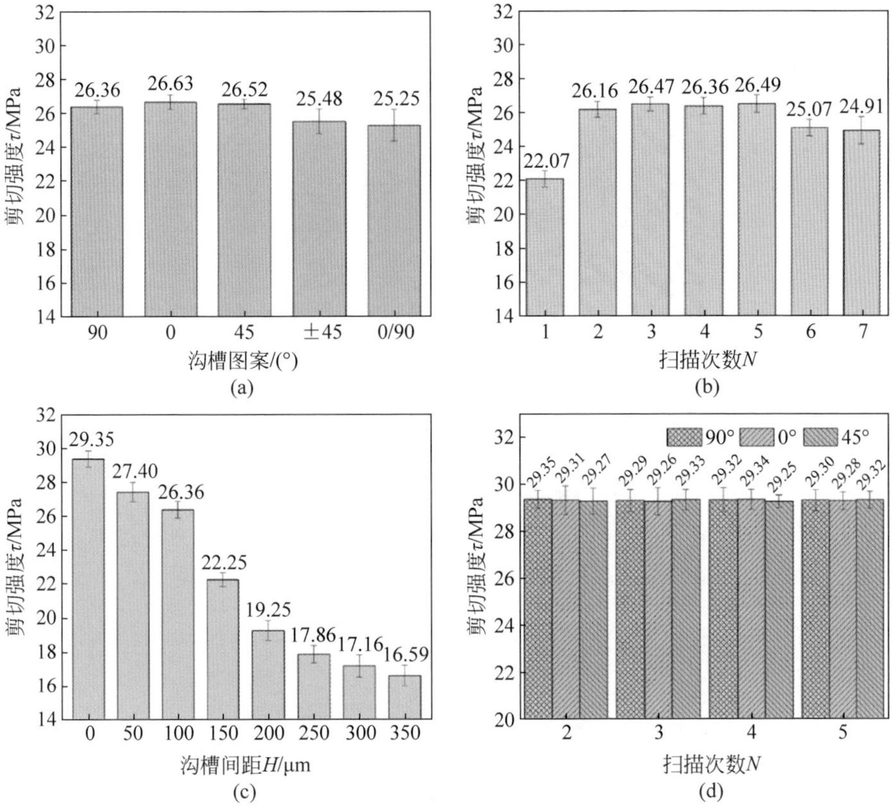

图5-33　多槽微结构特征参数对剪切强度的影响

(a) 沟槽图案($H=100\mu m$, $N=2$)；(b) 沟槽深度(90°, $H=100\mu m$)；

(c) 沟槽间距(90°, $N=2$)；(d) 优化后剪切强度($H=0$)

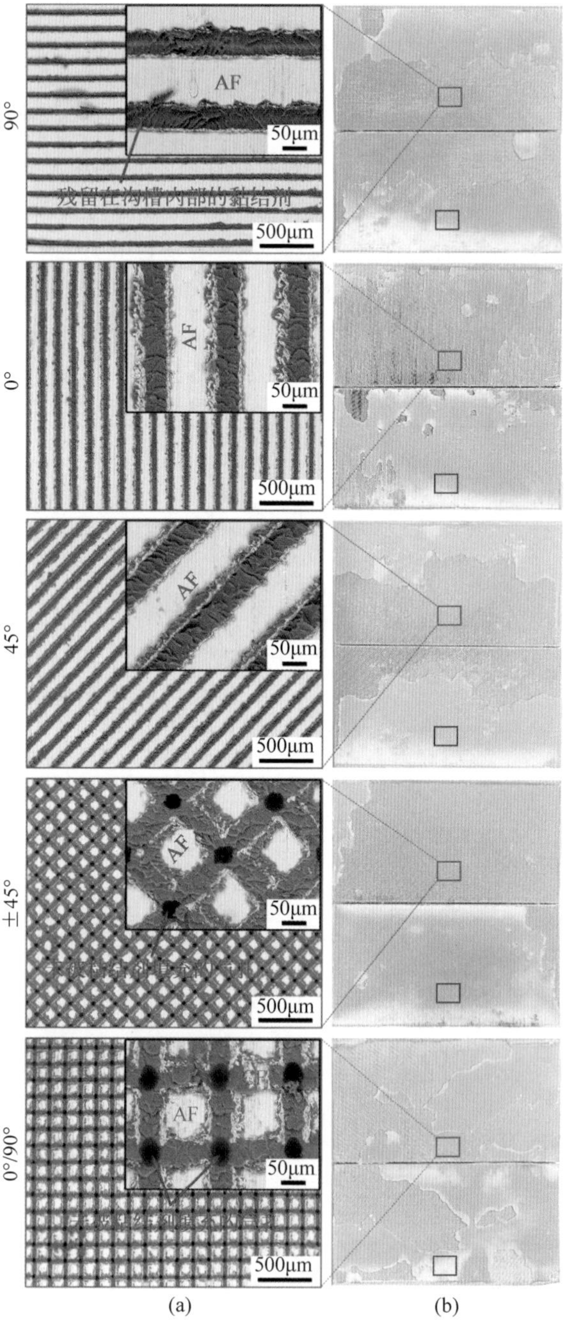

图 5-34　多槽微结构在不同沟槽图案下断裂面的数码照片(b)及典型区域的 SEM 图(a)

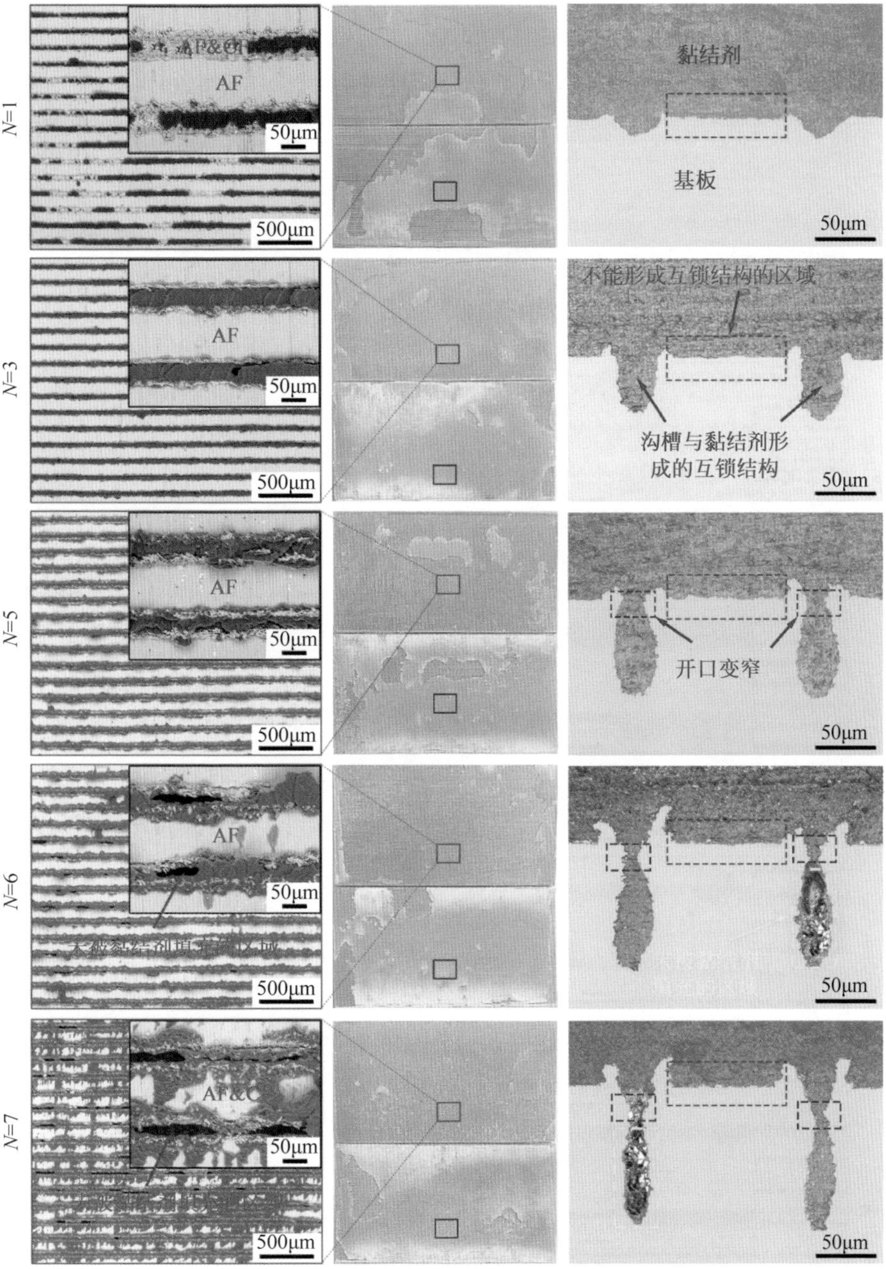

图 5-35　多槽微结构在不同扫描次数下断裂面的数码照片(b)和
典型区域的 SEM 图(a)及接头横截面的显微图(c)

如图 5-33(c)所示，对于给定的沟槽图案和 N，τ 随 H 的增加而减小。如图 5-36 所示，造成此现象的原因如下：当 $H=0$ 时，黏结区域的失效模式皆为 CF，表明此时黏结接头的强度已达最大值；当 $H\geqslant 50\mu m$ 时，无论 H 取何值，沟槽内的失效模

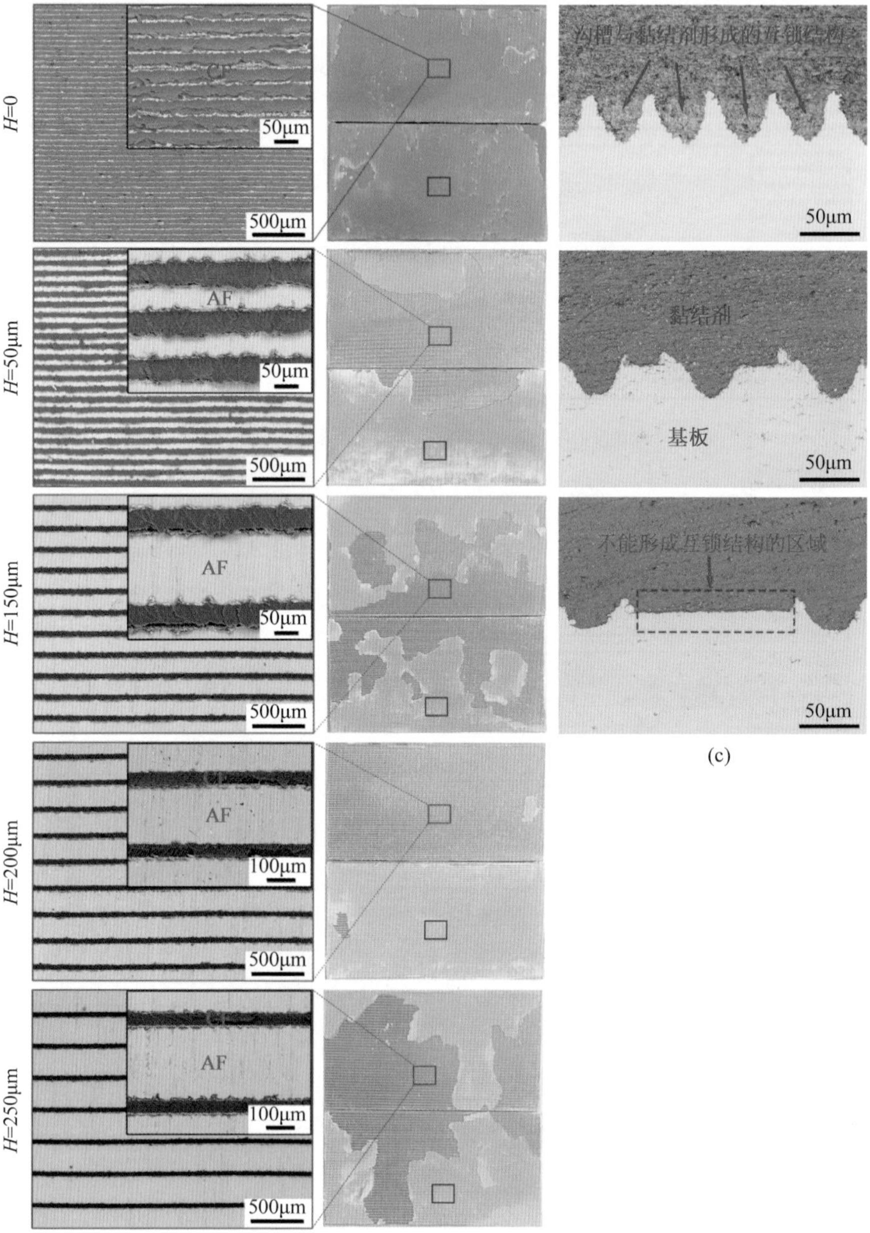

图 5-36　多槽微结构在不同沟槽间距下断裂面的数码照片(b)和典型区域的 SEM 图(a)及接头横截面的显微图(c)

式都为 CF，而沟槽外的失效模式都为 AF，在这种情况下黏结区域中 CF 的面积随 H 的增加而减小，AF 的面积随 H 的增加而增加，因此 τ 会随 H 的增加而减小。综上可知，对于多槽微结构，沟槽之间未被加工的区域易形成黏合失效，从而不利于提高黏结强度，且未被加工区域的面积越大越不利于黏结。

由于上述实验组相对独立，能使接头强度最大化的多槽微结构特征参数将取决于上述参数的优化组合。根据上述多槽微结构特征参数影响黏结强度的实验结果，选取 $H=0$，沟槽图案为 90°、0°和 45°，$N=2$、3、4 和 5 对参数进行优化。图 5-33(d)显示了优化后的实验结果。可看出，当 $H=0$，沟槽图案为 90°、0°或 45°，$N=2$、3、4 或 5 时接头剪切强度变化很小，且与黏结区域完全发生内聚失效时的剪切强度基本相等，这表明这些参数组合都能使接头强度最大化。从节省能量或提高加工效率的角度应该选择 $H=0$，沟槽图案为 90°、0°或 45°，$N=2$ 作为多槽微结构能使接头强度最大化的最优参数。

5.4　激光加工复合微结构

本节设计了一种激光加工复合微结构以增加黏结面与黏结剂形成互锁结构的强度，主要研究沟槽深度、沟槽间距和沟槽图案对铝合金表面特性及黏结强度的影响。并通过断裂面失效模式及表面纹理特征揭示复合微结构特征参数影响黏结强度的机制。

5.4.1　复合微结构加工方法及参数选取

图 5-37 为激光加工复合微结构的示意图，采用单因素变量法研究复合微结构的沟槽特征参数（沟槽图案、沟槽间距及沟槽深度）对铝合金表面特征及黏结强度的影响。

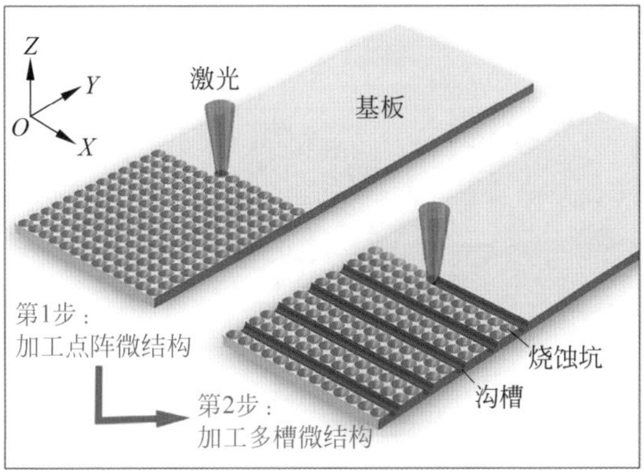

图 5-37　激光加工复合微结构的示意图

5.4.2 表面形貌及纹理特征

图 5-38 显示了不同沟槽图案下复合微结构的 SEM 图、LSCM 图及横截面轮

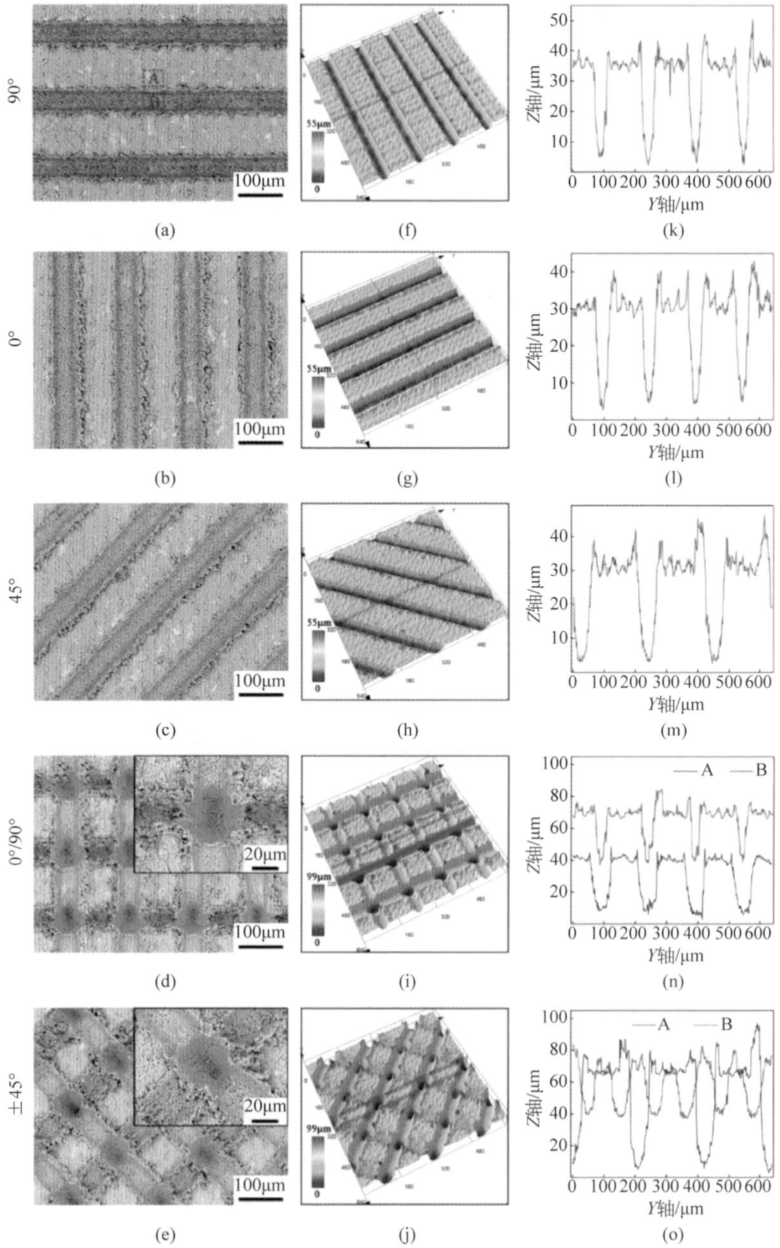

图 5-38 (a)～(e)不同沟槽图案下复合微结构的 SEM 图($H=100\mu m$，N=2)；(f)～(j) 不同烧蚀坑重叠率下复合微结构的 LSCM 图；(k)～(o) 沿(f)～(j)中标记线测量的横截面轮廓

廓($H=100\mu m$，$N=2$)。图 5-39 为图 5-38(a)中标记区域的高倍数 SEM 图。无论沟槽图案如何，激光加工都能在基板表面形成周期性分布的复合微结构，平行沟槽(90°、0°或 45°)的沟槽之间为点阵微结构形成的矩形区域，交叉沟槽(±45°或 0°/90°)的沟槽之间为点阵微结构形成的正方形区域。

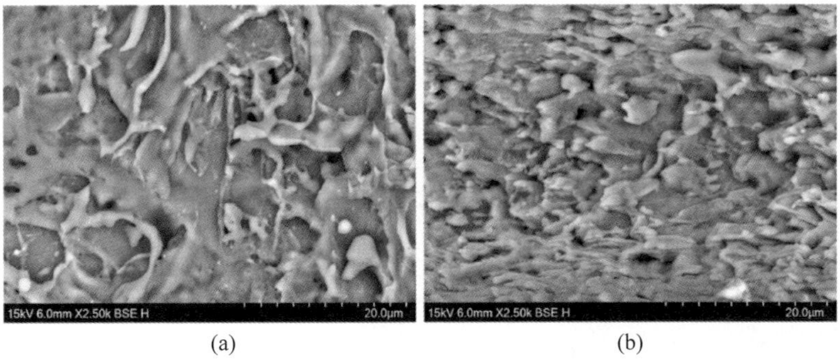

图 5-39　图 5-38(a)中标记区域的高倍数 SEM 图

图 5-40(a)和(b)分别显示了复合微结构的 S_a 和 S_{dr} 随沟槽图案的变化。结果表明，当沟槽图案为平行沟槽时，S_a 或 S_{dr} 基本不变；当沟槽图案为交叉沟槽时，S_a 或 S_{dr} 也基本不变。这表明复合微结构的沟槽方向对 S_a 或 S_{dr} 没有影响。与平行沟槽相比，交叉沟槽有更大的 S_a(约为 15.22μm)和 S_{dr}(约为 3.41)。这是因为交叉沟槽有更大的 G_ψ，且沟槽交叉处存在比槽深更深的凹坑，这二者都会使 S_a 或 S_{dr} 增大。与多槽微结构相比，对于给定的沟槽图案，复合微结构具有更大的 S_a 或 S_{dr}。这是因为多槽微结构沟槽外部为原始表面，而复合微结构的沟槽外为粗糙度和表面积更大的点阵微结构。

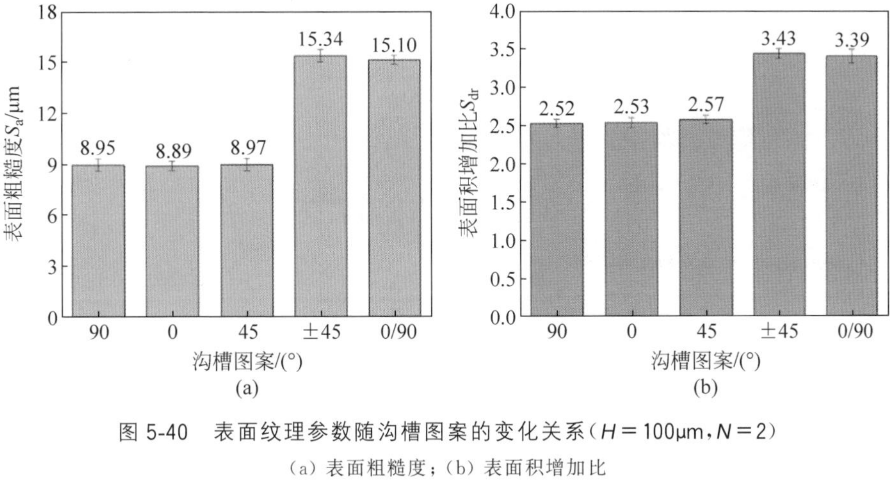

图 5-40　表面纹理参数随沟槽图案的变化关系($H=100\mu m$，$N=2$)

(a) 表面粗糙度；(b) 表面积增加比

图 5-41 显示了不同 N 下复合微结构的 SEM 图、LSCM 图及横截面轮廓(90°，$H=100\mu m$)。与多槽微结构一样，当 $N \leqslant 3$ 时，沟槽的开口宽度基本保持不变；当 $N \geqslant 5$ 时，沟槽的开口宽度随 N 的增加逐渐变窄，且沟槽周围的熔融残留物也越多，沟槽的边沿会变得不平整。

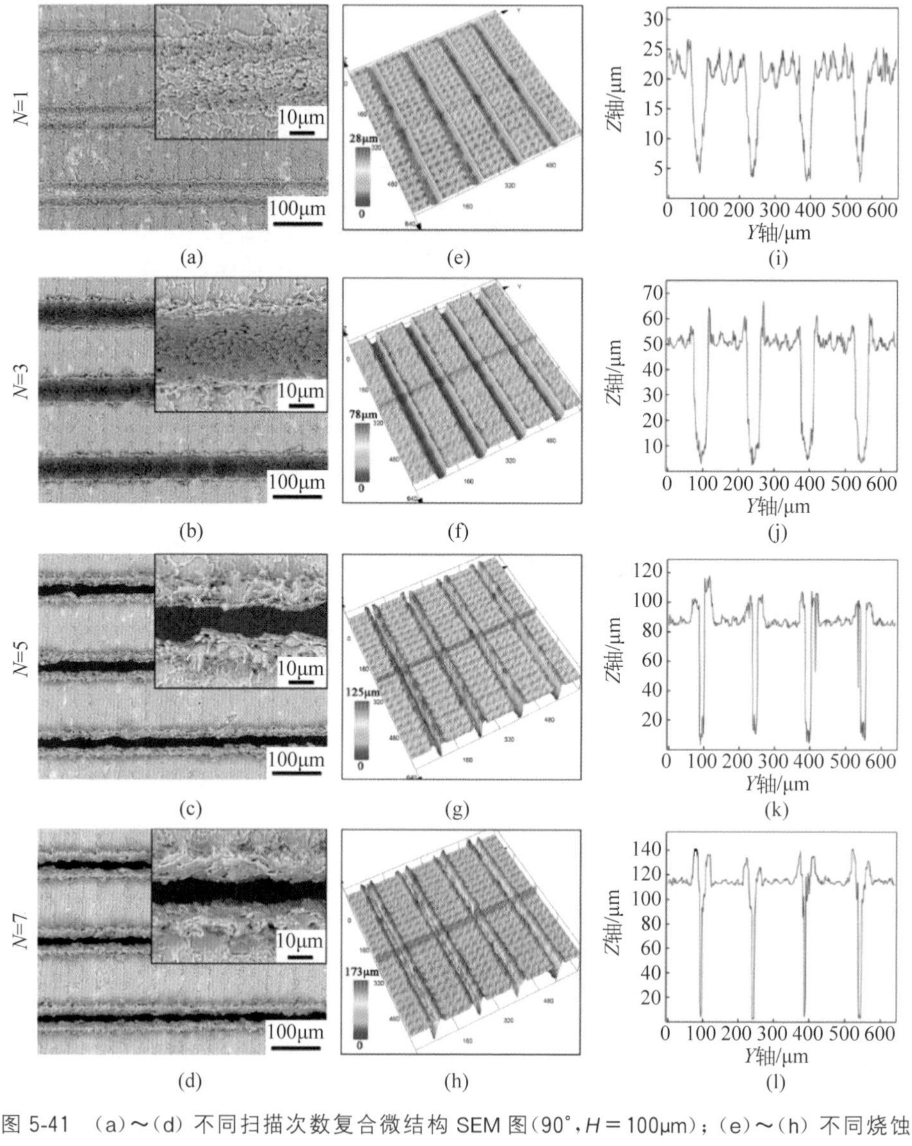

图 5-41 (a)～(d) 不同扫描次数复合微结构 SEM 图(90°，$H=100\mu m$)；(e)～(h) 不同烧蚀坑重叠率复合微结构 LSCM 图；(i)～(l) 沿(e)～(h)中标记线侧的横截面轮廓

图 5-42(a)和(b)分别显示了复合微结构的 S_a 和 S_{dr} 随 N 的变化。S_a 和 S_{dr} 都随 N 的增加而变大，而 G_v 和 G_h 随 N 的增加而增大，因此 S_a 和 S_{dr} 与 N 呈正相关。随 N 的增加 S_a 的增大速率会逐渐变缓，而 S_{dr} 随 N 的增加呈线性增大；当 $N=7$ 时 S_a 和 S_{dr} 有最大值，分别为 S_a(约为 15.55μm)和 S_{dr}(约为 4.51)；当 $N=1$ 时 S_a 和 S_{dr} 有最小值，分别为 S_a(约为 4.25μm)和 S_{dr}(约为 2.12)。

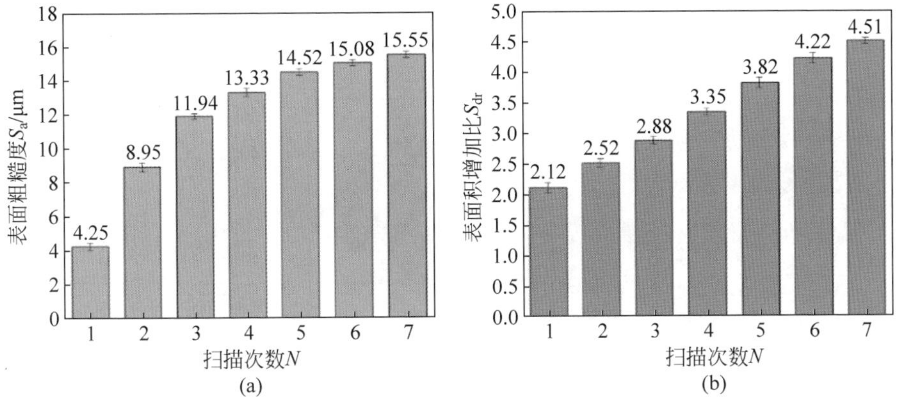

图 5-42 表面纹理参数随扫描次数的变化关系(沟槽图案为 90°，$H=100$μm)

(a) 表面粗糙度；(b) 表面积增加比

图 5-43 显示了不同 H 下复合微结构 SEM、LSCM 及横截面轮廓(90°，$N=2$)。可看出，当 $H=0$ 时，黏结区域完全被沟槽覆盖而不存在点阵微结构；当 $H>0$ 时，沟槽之间为点阵微结构，且 H 越大沟槽之间点阵微结构的面积越大。

图 5-44(a)和(b)分别显示了复合微结构的 S_a 和 S_{dr} 随 H 的变化。可看出，S_a 和 S_{dr} 都随 H 的增加而减小，S_a 大致呈线性减少，而 S_{dr} 随 H 的增加其减小速率会变缓；当 $H=0$ 时 S_a 和 S_{dr} 有最大值，分别为 S_a(约为 14.06μm)和 S_{dr}(约为 4.13)；当 $H=350$ 时 S_a 和 S_{dr} 有最小值，分别为 S_a(约为 2.46μm)和 S_{dr}(约为 1.40)；与多槽微结构相比，对于给定的 H，复合微结构也具有更大的 S_a 或 S_{dr}，其原因与之前所述相同。

综上可知，对于激光加工复合微结构，沟槽方向对表面粗糙度和表面积无影响，交叉沟槽相比平行沟槽有更大的表面粗糙度和表面积；增加扫描次数可以增大槽深和边沿高度，从而能有效增大表面粗糙度和表面积；增加沟槽间距会降低沟槽密度，从而使表面粗糙度和表面积减小；与多槽微结构相比，对于给定的加工参数，复合微结构具有更大的粗糙度和表面积。

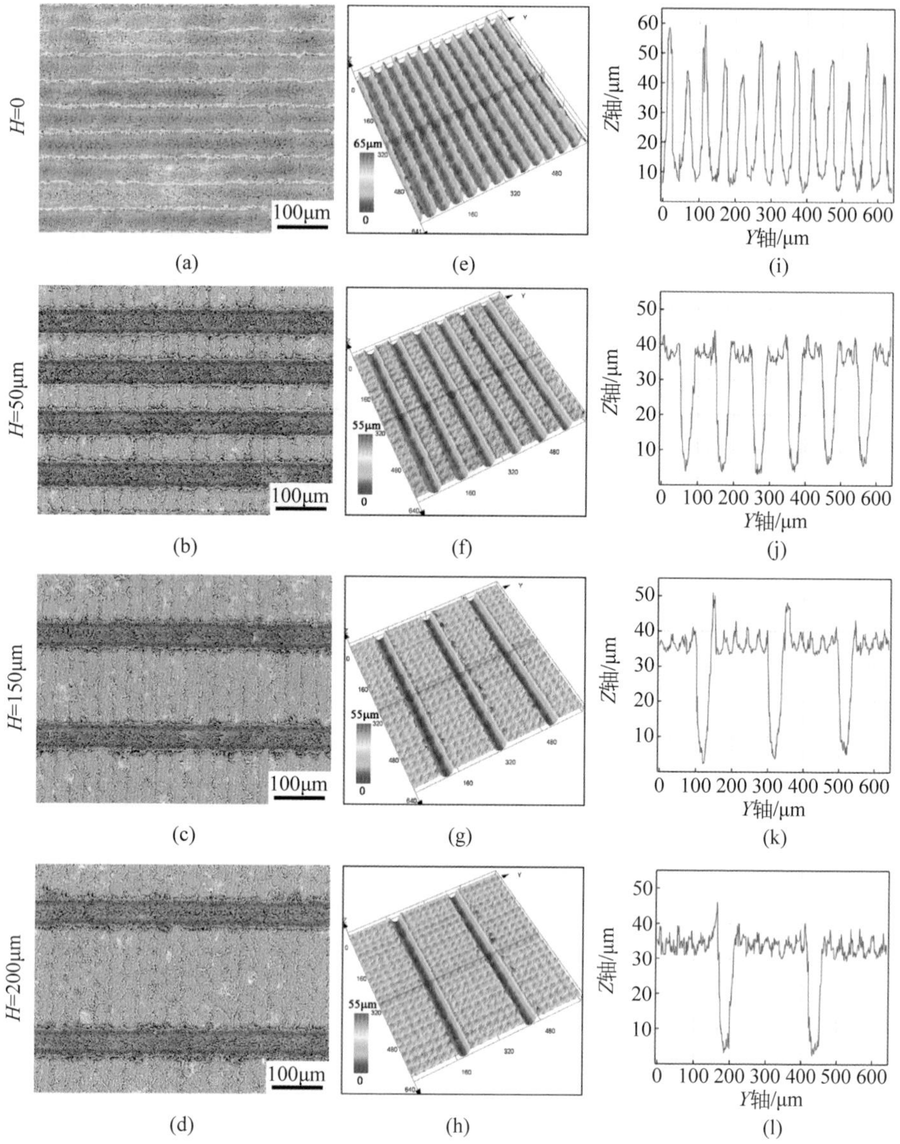

图 5-43 (a)～(d) 不同沟槽间距复合微结构 SEM 图(90°,$N=2$)；(e)～(h) 不同烧蚀坑重叠率复合微结构 LSCM 图；(i)～(l) 沿(e)～(h)中标记线测量的横截面轮廓

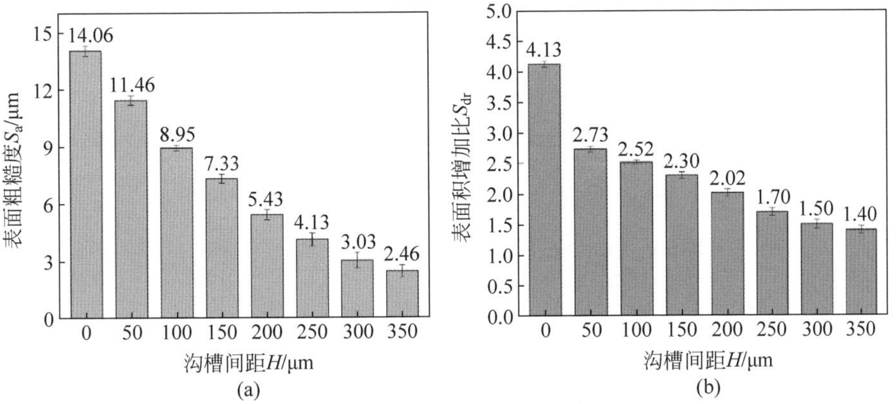

图 5-44　表面纹理参数随沟槽间距的变化关系(90°，$N=2$)

(a) 表面粗糙度；(b) 表面积增加比

5.4.3　表面润湿性

图 5-45 显示了不同放置时间下复合微结构接触角随沟槽图案的变化($H=100\mu m$，$N=2$)。无论沟槽图案如何选取，若放置时间小于 2h，复合微结构表面都能呈现出超亲水性；随放置时间的增加，复合微结构的接触角会增大，当放置时间大于 10d 时交叉沟槽的接触角会增大至 90°以上，当放置时间大于 15d 时平行沟槽的接触角会增大至 90°以上。与平行沟槽相比，当放置时间为 1d 时，交叉沟槽的接触角更小；当放置时间大于 1d 时，交叉沟槽的接触角更大，且沟槽方向对接触角的影响较小。

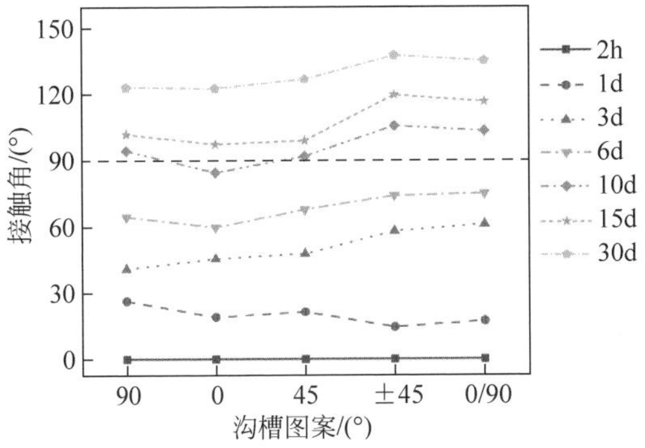

图 5-45　不同放置时间下复合微结构的接触角随沟槽图案的变化($H=100\mu m$，$N=2$)

图 5-46 显示了不同放置时间复合微结构接触角随 N 的变化(90°，$H=100\mu m$)。无论 N 如何选取，若放置时间小于 2h，复合微结构表面都能呈现出超亲

水性；随放置时间增加，复合微结构的接触角都会增大，当放置时间超过 15d 时，复合微结构的接触角都会增大至 90°以上，最大值和最小值分别为 144.1°和 101.9°；无论放置时间如何，复合微结构的接触角随 N 都没有明显的变化规律。

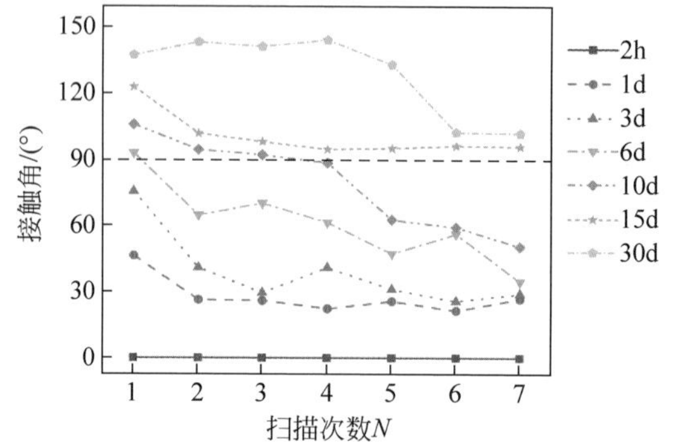

图 5-46　不同放置时间下复合微结构的接触角随扫描次数的变化(90°，$H=100\mu m$)

图 5-47 显示了不同放置时间下复合微结构的接触角随 H 的变化(90°，$N=2$)。无论 H 如何选取，若放置时间小于 2h，复合微结构表面都能呈现出超亲水性；无论放置时间如何，当 $H \leqslant 250\mu m$，复合微结构的接触角会随 H 的增大而增大，当 $H \geqslant 250\mu m$，复合微结构的接触角会随 H 的增大而减小；无论 H 如何选取，复合微结构的接触角都会随放置时间的增加而增大，当放置时间达 30d 时，接触角都会增大至 90°以上，最大值和最小值分别约为 140°和 96°。

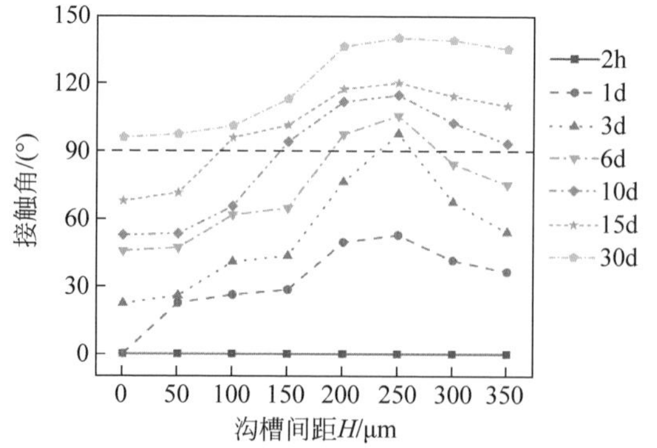

图 5-47　不同放置时间下复合微结构的接触角随沟槽间距的变化(90°，$N=2$)

综上可知，对于复合微结构，若放置时间小于 2h，无论加工参数如何，复合微结构都能呈现出超亲水性；与平行沟槽相比，当放置时间为 1d 时交叉沟槽的接触角更小，当放置时间大于 1d 时交叉沟槽的接触角更大；扫描次数(沟槽深度)对接触角的影响没有明显的规律；当沟槽间距小于 $250\mu m$ 时，接触角会随沟槽间距的增加而增加，当沟槽间距大于 250μm 时，接触角会随沟槽间距的增加而减小；无论加工参数如何选取，复合微结构的接触角都会随放置时间的增加而增加，当放置时间达 30d 时接触角都会增大至 90°以上；与多沟槽微结构相比，当放置时间小于 1d 时，复合微结构的接触角更小，其表面润湿性更好。

5.4.4 表面化学性质

图 5-48 和图 5-49 分别为 EDS 对 $N=1$ 和 $N=3$ 时的复合微结构进行面扫描获得的 Al、Mg、O、C、Zn、Cu 和 Fe 元素映射图（90°，$H=100\mu m$，放置时间小于 1d）。在复合微结构表面 C、Zn、Cu 和 Fe 都呈均匀分布，沟槽内 Al 和 Mg 的含量高于沟槽边缘，而沟槽内 O 的含量低于沟槽边缘。

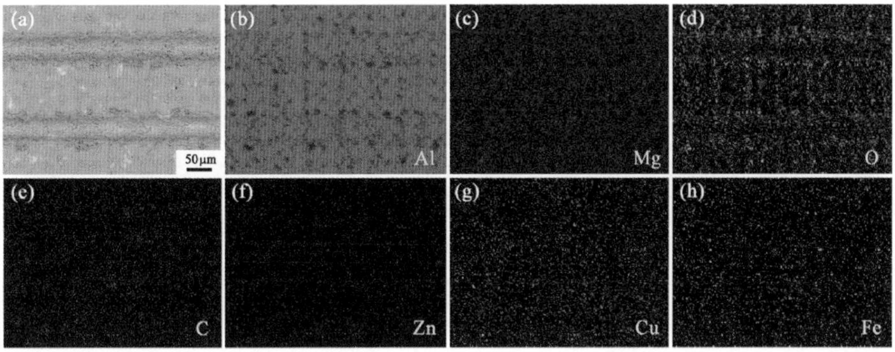

图 5-48 (a) 复合微结构的 SEM 图像（90°，$H=100\mu m$，$N=1$，放置时间小于 1d）；(b)～(h) EDS 对(a)进行面扫描生成的 Al、Mg、O、C、Zn、Cu 和 Fe 元素映射图

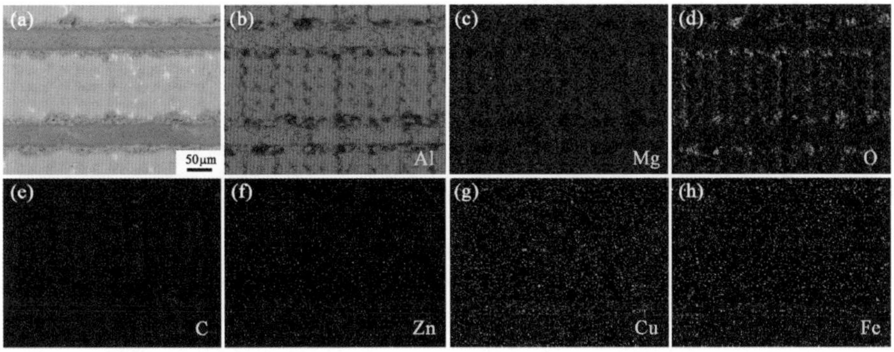

图 5-49 (a) 复合微结构的 SEM 图像（90°，$H=100\mu m$，$N=3$，放置时间小于 1d）；(b)～(h) EDS 对(a)进行面扫描生成的 Al、Mg、O、C、Zn、Cu 和 Fe 元素映射图

表 5-6 列出了 EDS 测量的不同复合微结构表面的元素含量。与原始表面相比，复合微结构表面 O 和 Al 的含量更多，而 C 和 Mg 的含量更少。与多槽微结构相比，复合微结构表面 C 的含量更少，而 O 的含量更多。这表明复合微结构表面清洁度更高，且具有更多的金属氧化物。C 和 Al 的含量随扫描次数的增加而减少，O 和 Cu 的含量随扫描次数的增加而增多，而 Mg、Fe 和 Zn 的含量随扫描次数没有明显变化；C、Al、Fe 和 Zn 的含量随沟槽间距的增加而增加，O 和 Cu 的含量随沟槽间距的增加而减少，而 Mg 的含量随沟槽间距没有明显变化；与平行沟槽相比，交叉沟槽表面 O、Mg、Fe、Cu 和 Zn 的含量更高，而 C 和 Al 的含量更低。

表 5-6　EDS 测量的不同复合微结构表面的元素含量　（单位：wt. %）

试样类型		C	O	Mg	Al	Fe	Zn	Cu
原始面		11.48	2.25	3.19	72.53	1.15	6.50	2.90
90°，$H=100\mu m$	$N=1$	4.69	4.40	2.64	78.57	1.06	6.07	2.57
	$N=3$	4.56	4.98	2.78	77.35	1.18	6.51	2.64
	$N=5$	4.29	5.79	2.68	77.09	1.12	6.39	2.64
	$N=7$	4.11	6.32	2.64	76.54	1.12	6.32	2.95
90°，$N=2$	H=0	4.07	4.86	2.69	78.46	1.08	5.98	2.86
	$H=50\mu m$	4.33	4.03	2.55	78.94	1.11	6.29	2.75
	$H=100\mu m$	4.57	2.76	2.61	79.87	1.13	6.35	2.71
0°/90°，$H=100\mu m$	N=2	4.13	4.24	2.94	78.26	1.10	6.46	2.87

5.4.5　表面残余应力

图 5-50(a)～(c)分别显示了复合微结构的沟槽图案、N 及 H 对残余应力的影响。如图 5-50(a)所示，对于给定的 N 和 H，当沟槽图案分别为 90°、0°和 45°，表面残余应力分别为 73.2MPa、75.6MPa 和 72.1MPa，其变化幅度较小(约为 3.5MPa)；当沟槽图案为±45°和 0°/90°时，表面残余应力分别为 96.2MPa 和 97.3MPa，其变化幅度也较小(约为 1.1MPa)。如图 5-50(b)所示，对于给定的沟槽图案和 H，铝合金表面的残余应力随 N 的变化幅度较小(约为 7.3MPa)，当 $N=5$ 和 $N=3$ 时残余应力分别有最大值(约为 79.6MPa)和最小值(约为 72.3MPa)。如图 5-50(c)所示，对于给定的沟槽图案和 N，当 $H\leqslant 200\mu m$ 时，铝合金表面的残余应力会随 H 的增加而减小，当 $H\geqslant 200\mu m$ 时残余应力的变化幅度很小；当 $H=0$ 时残余应力最大(106.6MPa)，当 $H=200\mu m$ 时残余应力最小(61.2MPa)。

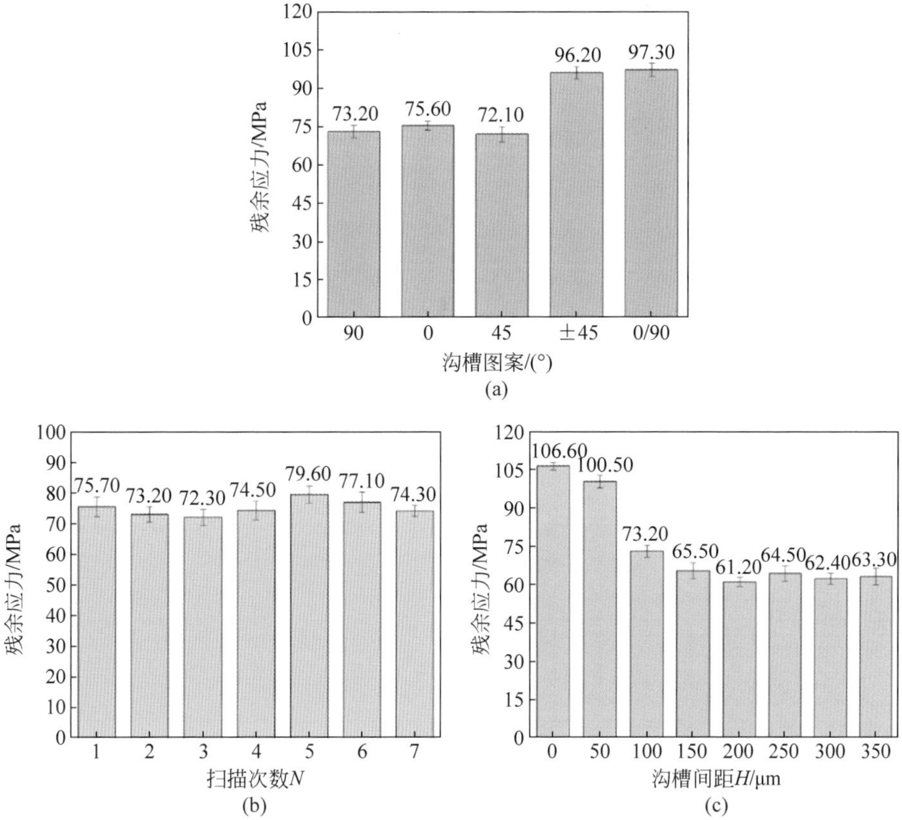

图 5-50　复合微结构特征参数对残余应力的影响

(a) 沟槽图案($H=100\mu$m,$N=2$);(b) 沟槽深度(90°,$H=100\mu$m);(c) 沟槽间距(90°,$N=2$)

5.4.6　接头强度及失效模式

图 5-51(a)~(c)分别显示了复合微结构的沟槽图案、H 及 N 对 τ 的影响。如图 5-51(a)所示,对于给定的 N 和 H,当沟槽图案为平行沟槽时,复合微结构的沟槽方向对 τ 没有影响。如图 5-52 所示,造成上述现象的原因如下:当沟槽图案为 90°、0°或 45°时,沟槽内外的失效模式都为 CF,此时发生 CF 的面积相同且 CF 发生在整个黏结区域,则接头强度都已达到最大值;当沟槽图案为±45°或 0°/90°时,黏结区域发生 CF 的面积也相同,因此沟槽方向对 τ 没有影响。

如图 5-51(b)所示,对于给定的沟槽图案和 H,当 $N=1$ 时 τ 为中值(约为 28.79MPa);当 $N=2$ 至 5 时,τ 基本不随 N 变化,且 τ 有最大值(约为 29.36MPa);当 $N=6$ 或 7 时,τ 最小(约为 27.35MPa)。如图 5-53 所示,造成上述现象的原因如下:当 $N=1$ 时,沟槽内的失效模式为 CF,沟槽外的失效模式为 AF 和 CF,与

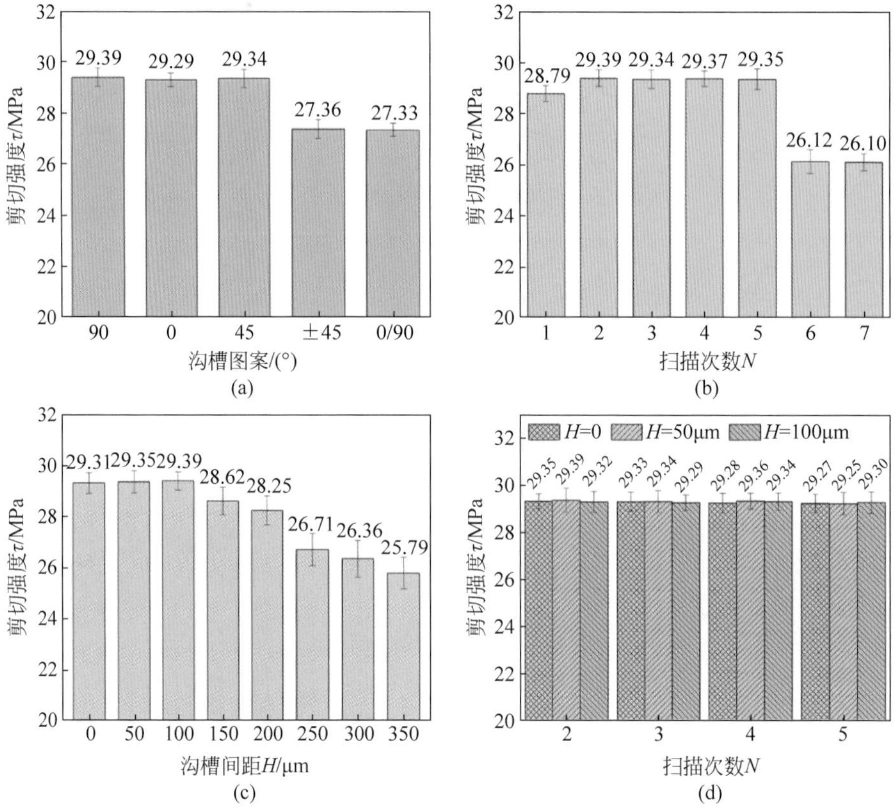

图 5-51 复合微结构特征参数对剪切强度的影响

(a) 沟槽图案($H=100\mu m, N=2$)；(b) 沟槽深度(90°, $H=100\mu m$)；

(c) 沟槽间距(90°, $N=2$)；(d) 优化后的剪切强度(90°)

$N=2$ 至 5 相比黏结区域发生 CF 的面积更小，这使得 τ 更小；当 $N=2$ 到 5 时，沟槽内和沟槽外的失效模式皆为 CF，此时 CF 发生在整个黏结区域，τ 都已达最大值，则 τ 不随 N 变化；当 $N=6$ 或 7 时，虽然沟槽外的失效模式为 CF，但沟槽内存在未被黏结剂填充的区域，这会极大程度地减弱黏结强度，从而使得 τ 最小。

如图 5-51(c)所示，对于给定的沟槽图案和 N，当 $H\leqslant 100\mu m$ 时，τ 基本不随 H 变化，且有最大值(约为 29.35MPa)；当 $H\geqslant 100\mu m$ 时，τ 随 H 的增大而减小，在 $H=350\mu m$ 时 τ 有最小值(约为 25.79MPa)。如图 5-54 所示，造成上述现象的原因如下：当 $H\leqslant 100\mu m$ 时，CF 发生在整个黏结区域，此时 τ 已达到最大值。当 $H\geqslant 100\mu m$ 时，黏结区域上有两个明显不同的区域 A 和区域 B，对于区域 A，沟槽内部和外部的失效模式分别为 CF 和 AF；而对于区域 B，沟槽内部和外部的失效模式分别为 CF 和 AF&CF，则黏结区域发生 CF 的面积随 H 的增加而减小，因此

τ 随 H 的增加而减小。

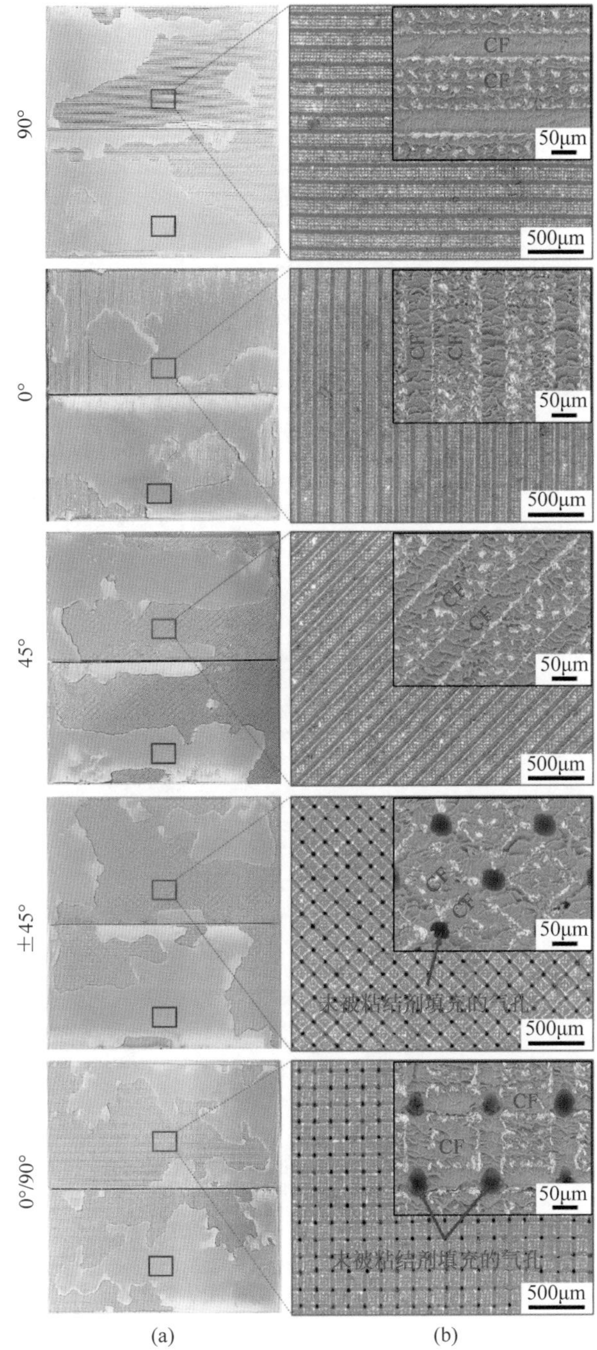

图 5-52　不同沟槽图案下断裂面的数码照片(a)及典型区域 SEM 图(b)

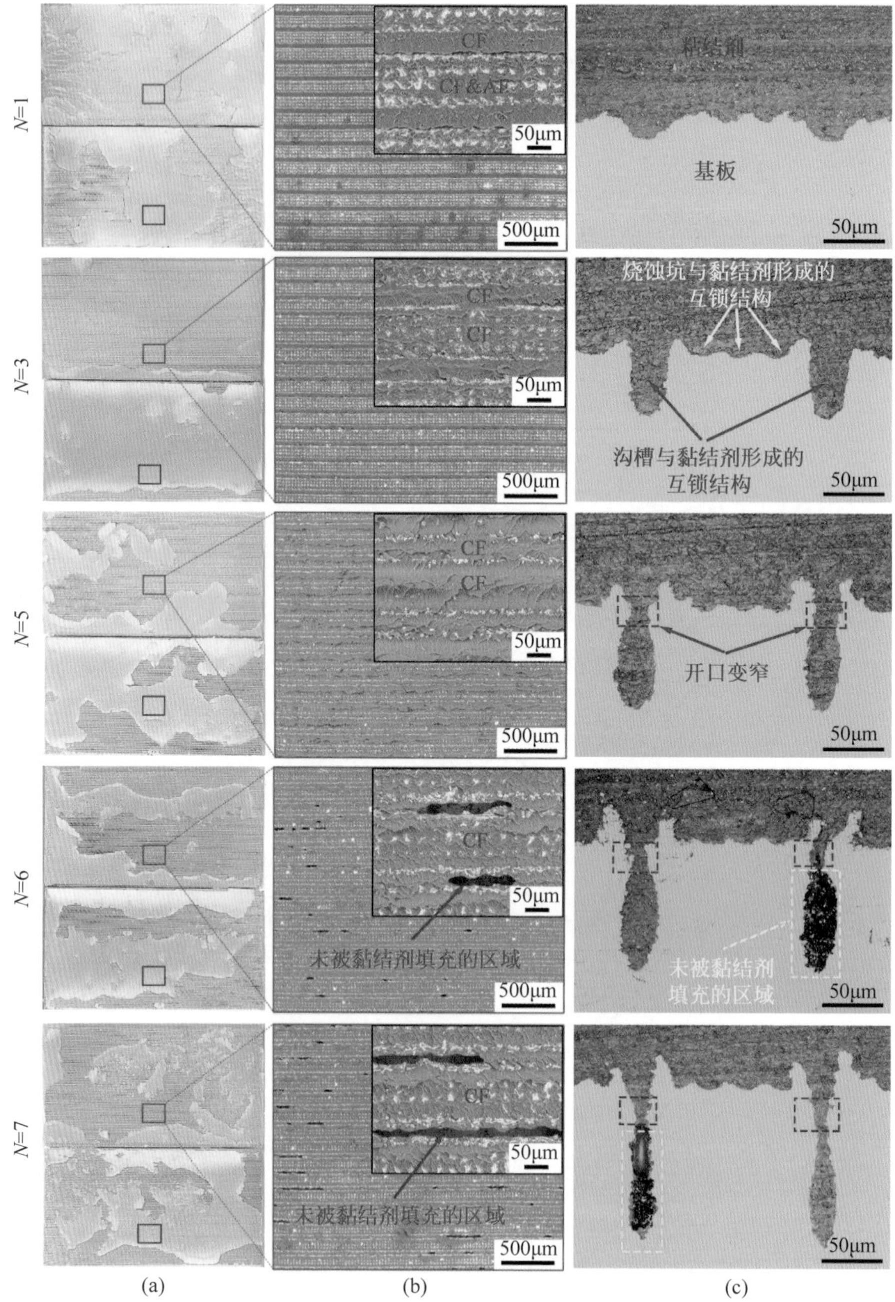

图 5-53　复合微结构在不同扫描次数下断裂面的数码照片(a)和典型区域的 SEM 图(b)及接头横截面的显微图(c)

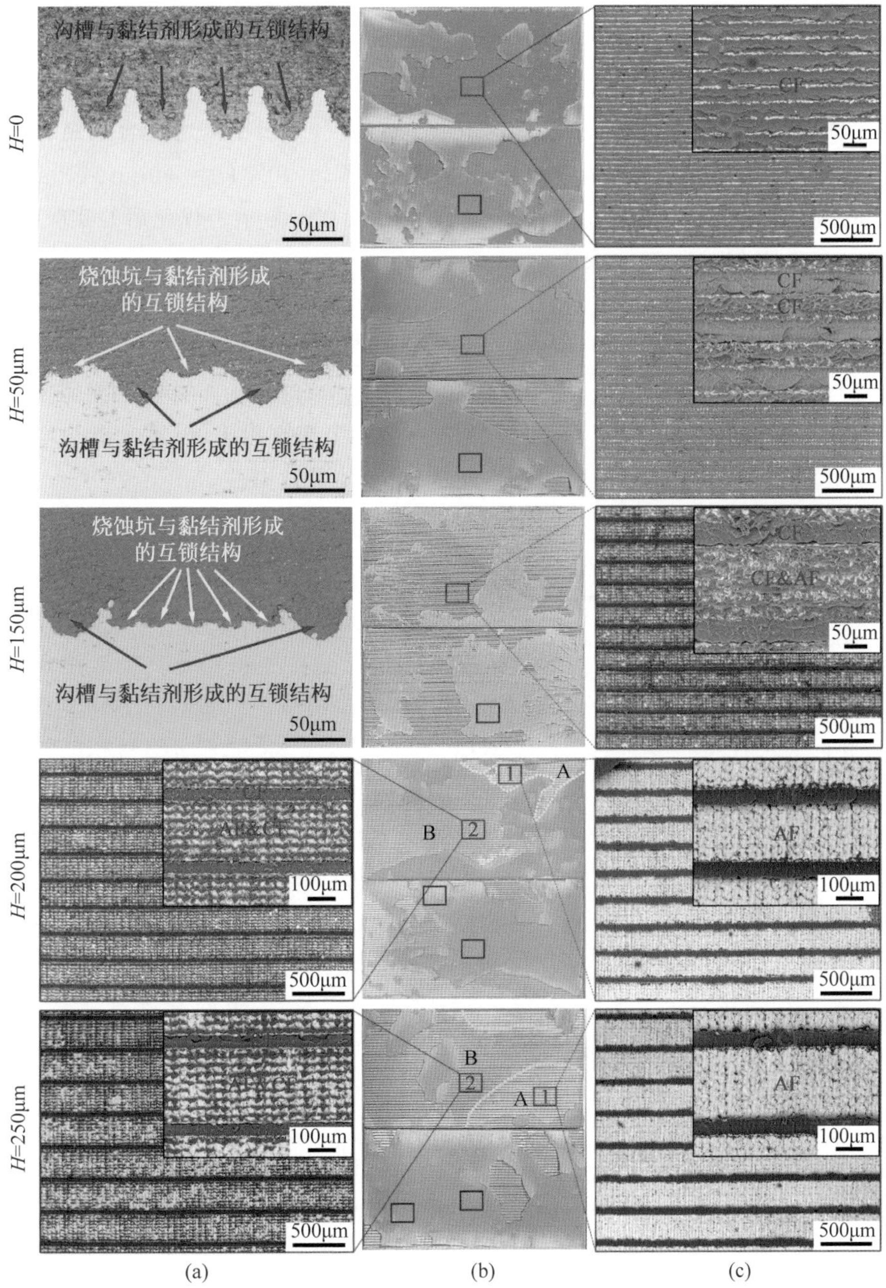

图 5-54　复合微结构在不同沟槽间距下断裂面的数码照片(b)和典型区域的 SEM 图(a)和图(c)及接头横截面的显微图(a)

上述实验组相对独立,能使接头强度最大化的多槽微结构特征参数将取决于上述参数的优化组合。此外,由于平行沟槽的沟槽方向对黏结强度没有影响,为了减少实验量,后续将仅选取沟槽图案为 90°的复合微结构,对其沟槽深度和沟槽间距进行优化,以获取能使接头强度最大化的参数组合。根据上述复合微结构特征参数影响黏结强度的实验结果,选取沟槽图案为 90°,$H=50\mu m$、$100\mu m$ 和 $150\mu m$,$N=2$、3、4 和 5 特征进行参数优化。图 5-51(d)显示了优化后的实验结果。可看出,当沟槽图案为 90°、0°或 45°,$H=0$、$50\mu m$ 或 $100\mu m$,$N=2$、3、4 或 5 时接头剪切强度的变化很小,且与黏结区域完全发生内聚失效时的剪切强度基本相等,这表明这些参数组合都能使接头强度最大化。从节省能量或提高加工效率的角度应该选择沟槽图案为 90°、0°或 45°,$H=100\mu m$ 及 $N=2$ 作为复合微结构能使接头强度最大化的最优参数组合。与多槽微结构的最优参数相比,该最优参数能使接头强度最大化的同时,还能进一步节省能量、提高加工效率。

5.5 不同微结构的对比与讨论

图 5-55 显示了不同微结构下黏结接头横截面的显微照片及其失效模式示意图。对比可知,对于点阵微结构,激光能有效地去除铝合金表面的污染物及自然氧化层,并形成具有高润湿性的表面。然而,烧蚀坑较浅,点阵微结构与黏结剂形成的互锁结构强度不足(图 5-55(a)),使得部分黏合区域容易发生 AF(图 5-55(d)),因此点阵微结构不能使黏结强度最大化。对于多槽微结构,除沟槽间距为零外,虽然沟槽具有足够的深度,能使沟槽和黏结剂形成具有足够的强度的互锁结构,但沟槽外未经激光加工的区域润湿性较差,且不能与黏结剂形成互锁结构(图 5-55(b)),这使得沟槽外未加工区域易发生黏合失效(图 5-55(e)),因此多槽微结构仅在沟槽间距为零时能使黏结强度最大化。

对于复合微结构,三个方面是显而易见的(图 5-55(c)):①在第一步加工点阵微结构时,激光能清洁基板表面去除表面自然氧化层,形成具有高润湿性的表面;②点阵微结构弥补了多槽微结构中沟槽之间未被加工的区域不能与黏结剂形成互锁结构的缺陷;③多槽微结构弥补了点阵微结构与黏结剂形成的互锁结构强度较低的问题。在这三种效应的共同作用下复合微结构能使整个黏结区域完全发生内聚失效(图 5-55(f)),从而能使黏结强度最大化。此外,与多槽微结构在沟槽间距为零时相比,复合微结构在使黏结强度最大化的同时,其沟槽数量更少,因此能进一步提高加工效率,节省激光能量。

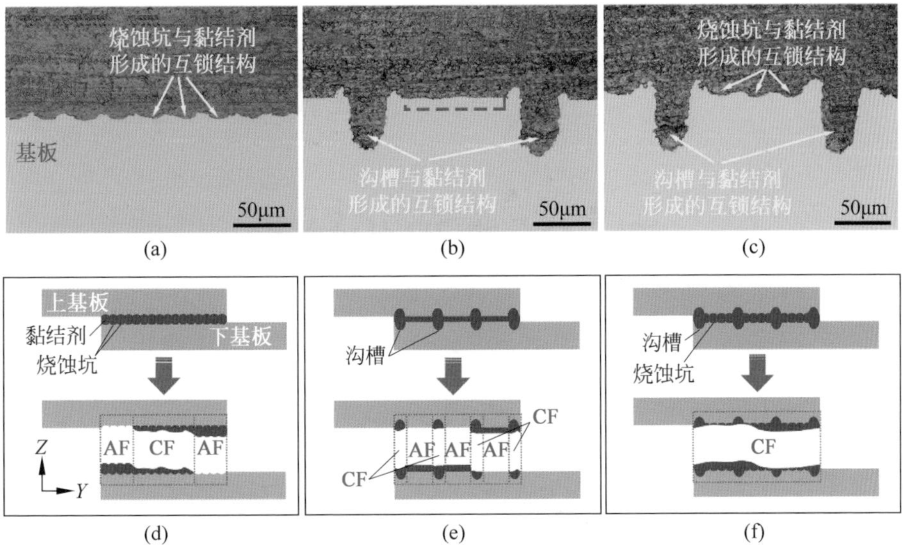

图 5-55 不同微结构下黏结接头横截面的显微照片

(a) 点阵微结构($\Phi=21.6\text{J/cm}^2$, $\beta=30\%$); (b) 多槽微结构(沟槽图案为 90°, $H=150\mu\text{m}$, $N=3$);
(c) 复合微结构(沟槽图案为 90°, $H=150\mu\text{m}$, $N=3$),不同微结构下黏结接头失效模式示意图;
(d) 点阵微结构; (e) 多槽微结构; (f) 复合微结构

参考文献

[1] 林子光. 激光微精处理的应用[J]. 天津纺织工学院学报,1999,18(2): 7-11.

[2] GILBERT D, STOESSLEIN M, AXINTE D, et al. A time based method for predicting the workpiece surface micro-topography under pulsed laser ablation[J]. Journal of Materials Processing Technology, 2014, 214(12): 3077-3088.

[3] MANNION P T, MAGEE J, COYNE E, et al. The effect of damage accumulation behaviour on ablation thresholds and damage morphology in ultrafast laser micro-machining of common metals in air[J]. Applied Surface Science, 2004, 233(1-4): 275-287.

[4] MEYER III H M, SABAU A S, DANIEL C. Surface chemistry and composition-induced variation of laser interference-based surface treatment of Al alloys[J]. Applied Surface Science, 2019, 489: 893-904.

[5] FAN H Q, LIU S Y, LI Y Q. The effect of laser scanning array structural on metal-plastic connection strength[J]. Optics and Lasers in Engineering, 2020, 133: 106107.

第 6 章

激光冲击强化技术

激光在材料表面除了产生热效应，还可产生类似机械喷丸的力效应，利用激光与材料相互作用所产生的冲击波（力效应）来改善材料表面的性能即激光冲击强化。

6.1 激光冲击强化技术概述

激光冲击强化技术（laser shock processing，LSP），是一种利用强短脉冲激光束与物质作用产生的强冲击波对材料表面进行改性，提高材料的抗疲劳性、磨损和腐蚀等性能的技术。激光冲击强化技术不同于一般的激光加工技术，它不是利用激光产生的热效应，而是利用激光诱导等离子体冲击波产生的力学效应来改善材料表面组织和性能。

6.1.1 基本原理及过程

激光冲击强化基本原理如图 6-1 所示[1-2]。为了提高材料对激光能量的吸收和保护材料表面不受激光热损伤，在激光冲击前，一般在工件的待冲击区域涂上一层不透明的材料，称之为吸收层，然后再覆盖一层透明的材料，称之为约束层。

当短脉冲（几十纳秒）、高功率密度（$>10^9\ W/cm^2$）的强激光透过透明约束层，作用于覆盖材料表面的能量吸收层时，能量吸收层充分吸收激光能量，在极短时间内汽化电离形成高温（$>10000K$）、高压（$>1GPa$）的等离子体，该等离子体迅速膨胀向外喷射。由于约束层的存在，等离子体的膨胀受到约束限制，导致等离子体压力迅速升高，结果施予靶面一个冲击加载，产生向金属内部传播的强冲击波。由于这种冲击波压力高达数吉帕，远远大于材料的动态屈服强度，使材料表面产生塑性

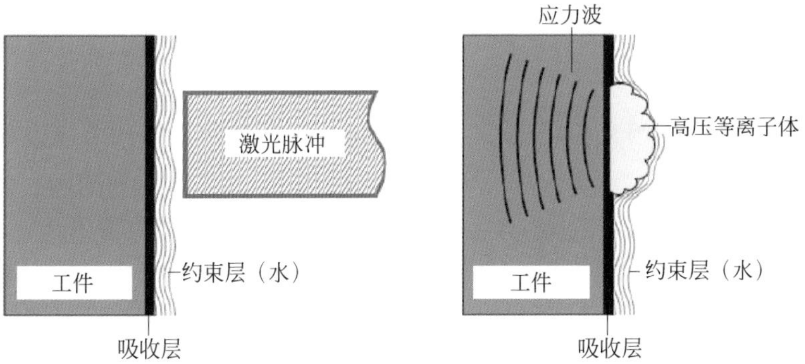

图6-1 激光冲击强化原理图

应变，形成极其细小的位错亚结构，并使材料表层形成很大的残余压应力，从而大幅度改善材料机械性能。

在激光冲击过程中，由于能量吸收层的“牺牲”作用，加之激光冲击的时间极短，保护了工件表面不受激光热损伤，故热学效应可以忽略不计，因此将激光冲击强化工艺归为冷加工工艺，约束层的存在大大提高了激光冲击波的压力幅值和作用时间。激光冲击产生冲击波的过程可分成四个阶段：激光能量的吸收、传热、汽化、离子体爆炸形成冲击波。而激光诱导的冲击波压力经历了快速增强、保压和衰减三个过程[3]。

根据以上分析，可以把激光冲击强化过程分成三个阶段：靶面吸收高能激光并汽化；等离子体形成高压冲击波加载于靶面；靶材动态响应而产生残余压应力。激光冲击强化处理的实质就是冲击波即应力波与材料相互作用的结果[4]。

6.1.2 工艺特点

激光冲击强化工艺与传统表面加工工艺相比，具有如下优点。

(1) 激光冲击强化能有效保护被处理试样表面。激光与材料的作用时间极短(纳秒级)，加上具有一定厚度的能量吸收涂层的保护作用，避免了热效应对材料机械性能的不利影响。

(2) 激光冲击强化具有可叠加性。多次冲击不仅可以提高强化效果，而且可以增加强化区域，通过一系列的搭接冲击可以实现大面积的强化处理。

(3) 激光冲击强化可获得特别高的冲击力，产生很深的强化层。激光冲击强化往往在几十纳秒的持续时间内，在试样表面形成吉帕量级的冲击压力，并以应力波的形式传播至相当的深度，形成塑性变形层，达到深度强化的目的。

(4) 激光冲击强化可在室温、空气条件下进行，工艺过程清洁、无污染，是一种绿色、环保的表面强化技术。

(5) 激光冲击加工柔性好,在常规方法无法进入的局部表面或不规则复杂空间的强化处理方面,具有明显的优势。且其易于精确定位和控制,便于实现自动化生产。

(6) 与传统机械喷丸相比,激光冲击强化获得的材料表面残余应力深度可达1mm,为机械喷丸的2～5倍,而其加工硬化程度则明显低于机械喷丸;同时可保留较好的表面形貌,激光冲击强化后的表面不平度明显低于机械喷丸。

其中,最显著的三个特点是:①**超高压**,冲击波峰压达到数万个大气压;②**超快**,塑性变形时间仅仅为几十纳秒;③**超高应变率**,达到 $10^7 s^{-1}$,比机械喷丸强化高万倍。由于这些独特的优点,能解决其他技术难以解决的技术难题,激光冲击技术已经逐渐在工业、国防等行业实现应用。

6.2 激光冲击应力波产生及传播

激光冲击引起的冲击波起源于迅速蒸发与膨胀的高温等离子体对靶材的反冲压力。基于激光与材料相互作用的机理,本节分析材料表面对激光能量吸收过程及其影响因素,并对等离子体冲击波的产生过程进行研究。然后,定性分析激光光束参数对冲击处理效果的影响,为冲击处理实验中光束参数的选择提供指导。

6.2.1 冲击波产生

1. 靶材对激光能量的吸收

激光与物质的相互作用是从入射激光被物质反射和吸收开始的。辐照在材料表面的激光束部分被反射,其余部分进入材料内部被吸收。假设涂覆于金属板料表面的涂层仅起到提高金属表面对激光的吸收作用,将吸收涂层与金属作为一个整体,仅考虑金属板料的热物理特性。当激光能量被靶面吸收后,其强度减弱,所吸收的激光功率密度在固体内部按布格-拉姆别尔定律变化[5]:

$$I(x)=I_0 A \mathrm{e}^{-\int_0^{\alpha}\beta(x)\mathrm{d}x} \tag{6-1}$$

式中,I_0 为入射到材料表面的激光功率密度;A 为材料的吸收率,$A=1-R$(R 为反射率);$\beta(x)$为激光在介质中的吸收系数(x:从材料表面向内为正)。

式(6-1)适用于各种不同的材料[6]。但是 A 和 $\beta(x)$的具体数值因光的吸收及其转换为热的机理不同,不同的材料有很大的差别。

2. 等离子体形成

由于冲击强化时所采用的激光功率密度非常高,一般在 $\mathrm{GW/cm^2}$ 量级,任何金属在这样高激光功率密度作用下,表面达到汽化所需时间均小于1ns(假设没有激光能量浪费）。由此可见，激光冲击时金属表面温升速度极大（大于 10^{12}℃/s），因此可以忽略液相的存在。由于实验中所采用的激光功率密度非常高，吸收层吸收入射激光能量后会发生汽化、电离，若汽化物质继续吸收激光能量，温度将会继续升高，最终导致汽化物质电离，产生一种高温高密度状态的物质——等离子体。等离子体是由数量相同的带异种电荷的粒子以及部分中性粒子组成的。在电磁力及其他长程力作用下，粒子的运动和行为是一个以集体效应为主的非凝聚系统。它与物质固体、液体、气体状态属于同一层次的物质存在形式。

3. 等离子体爆炸

从开始汽化这一瞬间起，向内层热扩散不再起作用。此后，仅是表层汽化过程不断向内层迁移。由于约束层的作用，金属蒸气被限制在工件表面，继续吸收激光辐射的能量后，发生爆炸与电离，体积急剧膨胀，形成由激光束能量支持的爆轰波（强冲击波），约束层被击穿。根据蒸发物质量的比热能应等于激光作用时间 t 内形成蒸气的比能 U，对最小功率密度提出如下关系式：

$$I_{\min} \approx \frac{\rho_0 U \sqrt{\alpha}}{\sqrt{t}} \tag{6-2}$$

式中，ρ_0 为吸收涂层密度（kg/m^3）；α 为吸收涂层导温系数。

若 $\rho_0 = 10000kg/m^3$，比能 $U = 10J/kg$，$\alpha = 10^{-3}m^2/s$，则由式（6-2）可估算出该类金属物质发生蒸发所需的最小激光功率密度为 $10^6W/cm^2$。

根据现有文献的研究结果，激光冲击所采用的激光功率密度为 $10^9W/cm^2$ 量级，脉宽为纳秒量级，靶体表面产生等离子体近乎是瞬间的，因此反冲机制起主导作用。此时入射激光被靶蒸气吸收，产生以热传导或流体动力学机制传播的激光吸收波——激光维持的燃烧波（LSC）和爆轰波（LSD）[7]。当靶面受到较强激光功率密度照射时，靶蒸气部分电离、加热，进而依靠热传导、热辐射等输运机制，也使其前方的冷气体加热和电离，形成 LSC 波，如图 6-2(a)所示。这时仍有部分激光透过等离子体区入射到靶表面，增强激光与靶蒸气的热耦合，随着等离子体向前离去，其耦合受到削弱，逐渐形成对靶的屏蔽。随着激光功率密度增大，LSC 吸收区运动加快，吸收增强，直至与前方冲击波会合，形成 LSD 波，如图 6-2(b)所示。这时辐射的激光能量直接被激波波前所吸收，激光所提供的能量相当于一般爆轰波中的化学反应所提供的能量。因此，爆轰波在沿着光束的方向被支持住，继续吸收激光能量后，发生爆炸与电离，形成由激光束能量支持的爆轰波，其体积急剧膨胀，压力增大。

综上所述，激光诱导等离子体冲击波产生主要经过以下四个阶段：①低温传热；②熔融汽化；③等离子体形成；④离子体爆炸形成冲击波。

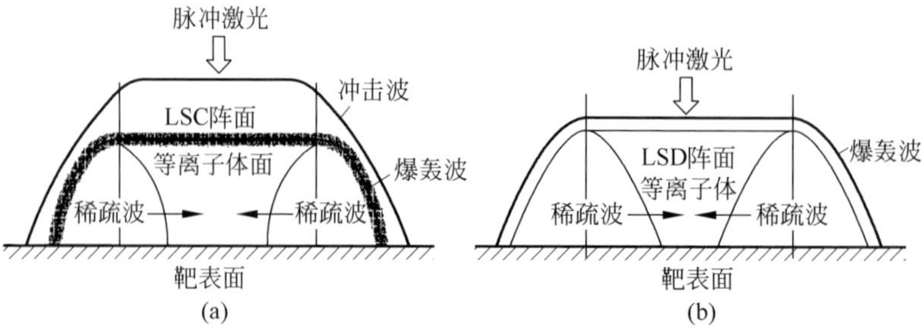

图 6-2 强激光与靶材表面形成的爆轰波与燃烧波[8-9]

(a) 激光维持的燃烧波(LSC);(b) 激光维持的爆轰波(LSD)

6.2.2 冲击波传播

激光冲击作用下,材料的动态响应是复杂的应力波传播与相互作用的过程。该过程中瞬态弹塑性加载与弹塑性卸载共存,同时还伴随着复杂的应变率效应和边界效应。固体中的应力波通常分为纵波和横波两大类。如果扰动传播方向和介质质点运动方向平行称为纵波,如果方向垂直则称为横波。纵波又包括加载波和卸载波。加载波的特点是扰动引起的介质质点相对运动方向和波的传播方向一致,而卸载波波后介质质点的相对运动方向和波的传播方向相反。此外还有介质质点纵向运动和横向运动结合起来的应力波,如弹性介质表面波。

1. 一维应变平面波

一维应变平面波理论的研究对象为半无限空间受到均匀分布的法向冲击载荷的响应,需要满足下列条件[10]:

$$u_x = u_y = 0 \tag{6-3}$$

$$\varepsilon_x = \frac{\partial u_x}{\partial x} = 0,\quad \varepsilon_y = \frac{\partial u_y}{\partial y} = 0 \tag{6-4}$$

$$v_x = \frac{\partial u_x}{\partial t} = 0,\quad v_y = \frac{\partial u_y}{\partial t} = 0 \tag{6-5}$$

其中,ε 为应变,σ 为应力,v 为粒子速度,u 为位移,x 和 y 分别表示 x 轴和 y 轴方向的分量。材料只有纵向应变 ε_z 的扰动传播,称为一维应变平面波。

在激光冲击处理过程中,由于激光光斑尺寸有限,而一般靶材体积较大,因此,激光冲击引起的材料变形可视为局部材料在其周边为刚性约束条件下的塑性变形,激光冲击应力波近似按一维应变平面波方式传播。激光冲击时,激光诱导的强冲击波沿轴线向材料内部传播,冲击波在传播过程中强度逐渐衰减,由于在靶材表面冲击波的峰值压力高达吉帕量级,可使靶材表面一定深度的材料沿轴向产生压缩塑性变形，同时导致这部分材料在平行于材料表面的平面内产生伸长变形，如图6-3(a)所示。当冲击波压力消失后，这部分材料保留一定的塑性变形，但由于材料内部是一个整体，这部分发生塑性变形的材料与周围材料保持几何相容性，即周围材料试图把这部分发生塑性变形的材料推回到激光冲击前的初始形状，因此这部分发生塑性变形的材料受到周围材料的反推力作用，在平行于靶材表面的平面内产生沿半径方向的压应力场，如图6-3(b)所示。

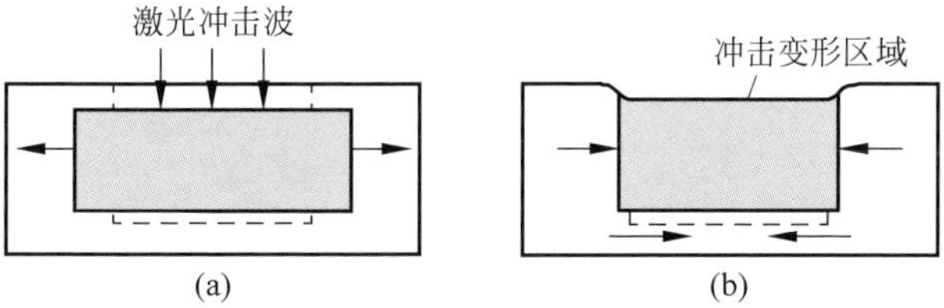

图6-3　激光冲击诱导材料一维应变示意图[11]

(a) 激光冲击中；(b) 激光冲击后

用于描述一维应变平面波状态参量特征的控制方程包括运动学条件(连续方程或质量守恒方程)、动力学条件(运动方程或动量守恒方程)以及材料本构关系(物性方程)。它们在拉格朗日坐标下可分别表示为[10]

$$\frac{\partial v_z}{\partial z}=\frac{\partial \varepsilon_z}{\partial t} \tag{6-6}$$

$$\rho\frac{\partial v_z}{\partial t}=\frac{\partial \sigma_z}{\partial z} \tag{6-7}$$

$$\sigma_z=\sigma_z(\varepsilon) \tag{6-8}$$

代入$v=\frac{\partial u}{\partial t}$，可得一个二阶偏微分方程即波动方程：

$$\frac{\partial^2 u}{\partial t^2}-C^2\frac{\partial^2 u}{\partial x^2}=0 \tag{6-9}$$

其中，C为拉格朗日坐标下的应力波传播速度：

$$C=\sqrt{\frac{\mathrm{d}\sigma}{\rho\mathrm{d}\varepsilon}} \tag{6-10}$$

式中，ρ为物体密度。

2. 弹性波

一维应变平面波问题中介质处于三维应力、一维应变状态。对于各向同性材料，弹性阶段应力应变关系遵从广义胡克定律中的应力应变关系[12]：

$$\begin{cases}\sigma_x = \dfrac{E}{(1+\nu)(1-2\nu)}[(1-\nu)\varepsilon_x + v(\varepsilon_y + \varepsilon_z)] \\ \sigma_y = \dfrac{E}{(1+\nu)(1-2\nu)}[(1-\nu)\varepsilon_y + v(\varepsilon_z + \varepsilon_x)] \\ \sigma_z = \dfrac{E}{(1+\nu)(1-2\nu)}[(1-\nu)\varepsilon_z + v(\varepsilon_x + \varepsilon_y)]\end{cases} \tag{6-11}$$

式中,E 为材料的弹性模量,ν 为材料泊松比。对于一维应变,$\varepsilon_x=0$,$\varepsilon_y=0$,所以

$$\begin{cases}\sigma_z = \dfrac{(1-\nu)E}{(1+\nu)(1-2\nu)}\varepsilon_z \\ \sigma_x = \sigma_y = \dfrac{\nu E}{(1+\nu)(1-2\nu)}\varepsilon_z \\ \dfrac{\mathrm{d}\sigma_z}{\mathrm{d}\varepsilon_z} = \dfrac{(1-\nu)E}{(1+\nu)(1-2\nu)}\end{cases} \tag{6-12}$$

式中的纵向应力和应变关系可写成

$$\sigma_z = \left(K + \frac{4}{3}G\right)\varepsilon_z \tag{6-13}$$

其中,$K=\dfrac{E}{3(1-2\nu)}$为材料体积模量,$G=\dfrac{E}{2(1+\nu)}$为材料切变模量,可得一维应力应变条件下,弹性波波速为

$$C_e = \sqrt{\frac{\mathrm{d}\sigma_z}{\rho\,\mathrm{d}\varepsilon_z}} = \sqrt{\frac{K+\frac{4}{3}G}{\rho}} \tag{6-14}$$

可得一维应变下侧向应力和纵向应力之间的关系:

$$\sigma_x = \sigma_y = \frac{\nu}{1-\nu}\sigma_z \tag{6-15}$$

其中$\dfrac{\nu}{1-\nu}$为小于 1 的正值。

由于侧向应力与纵向应力同号,在激光诱导等离子体冲击压力作用下,材料将处于三向应力状态,这是激光冲击在材料表面形成侧向残余压应力场的原理。

3. 塑性波

当冲击压力幅值较大,使材料产生屈服时,将会在材料内部产生塑性变形,形成塑性波。在复杂应力问题中,判别材料是否达到屈服状态,经常采用米泽(Mises)准则或者特雷斯卡(Tresca)准则。按照米泽准则,则有[12]

$$(\sigma_x - \sigma_y)^2 + (\sigma_y - \sigma_z)^2 + (\sigma_z + \sigma_x)^2 = 2\sigma_s^2 \tag{6-16}$$

按照特雷斯卡准则,则有

$$\max\left[\frac{|\sigma_x-\sigma_y|}{2},\frac{|\sigma_y-\sigma_z|}{2},\frac{|\sigma_z-\sigma_x|}{2}\right]=\frac{\sigma_s}{2} \tag{6-17}$$

其中，σ_s 为屈服应力，代入得

$$\sigma_z=\pm\frac{1-\nu}{1-2\nu}\sigma_s \tag{6-18}$$

$$\sigma_z-\sigma_x=\pm\sigma_s \tag{6-19}$$

式(6-16)～式(6-19)给出了一维应变问题中材料屈服时的应力值，以及材料屈服时纵向应力和侧向应力应满足的条件。

由于一维应变问题中介质处于三向应力状态，塑性阶段的应力、应变关系比较复杂，下面借助最简单的理想弹塑性模型来讨论应力波传播引起的材料内部加卸载过程，理想弹塑性模型完全忽略硬化效应。当加载达到初始屈服极限后，塑性变形开始出现在材料表面，材料的屈服应力恒定。

在一维应变问题理想弹塑性模型中[12]，按照米泽准则或特雷斯卡准则，塑性应力之间都应该满足 $\sigma_z-\sigma_x=\pm\sigma_s$。将应力写成静水压力 p_z 和应力偏量 S_z 部分。静水压力 p_z 与体应变成正比，比例系数为体积模量，这部分应力只引起体积变化，不产生塑性变形。在一维应变条件下，$\varepsilon_x=0$，$\varepsilon_y=0$，静水压力 p_z 可以表示为

$$p_z=-K\varepsilon_z \tag{6-20}$$

因为应力偏量 S_z 引起形状畸变，是产生塑性变形的原因。在一维应变条件下侧向应力处于均匀状态 $\sigma_x=\sigma_y$，应力偏量 S_z 可以表示为

$$S_z=\sigma_z+p_z=\frac{2}{3}(\sigma_z-\sigma_x) \tag{6-21}$$

若进入塑性阶段，对于理想弹塑性模型其应力之间应该满足 $\sigma_z-\sigma_x=\pm\sigma_s$，因此偏应力表示为

$$S_z=\pm\frac{2}{3}\sigma_s \tag{6-22}$$

将上述两部分叠加，获得一维应变平面波问题在理想弹塑性模型条件下塑性阶段的应力应变关系：

$$\sigma_z=-p_z+S_z=K\varepsilon_z\pm\frac{2}{3}\sigma_s \tag{6-23}$$

由上式可知，一维应变问题中，理想弹塑性模型的塑性应力、应变曲线是斜率为 K、截距为 $\pm\frac{2}{3}\sigma_s$ 的两条直线，相应的一维应变塑性波波速：

$$C_p=\sqrt{\frac{1}{\rho}\frac{\mathrm{d}\sigma_x}{\mathrm{d}\varepsilon_x}}=\sqrt{\frac{K}{\rho}} \tag{6-24}$$

可知 $C_P<C_e$，塑性波波速将小于弹性波波速。因此，在激光冲击作用下，当冲击压

力幅值较大,使材料产生屈服时,材料内部将出现弹塑性双波。

6.2.3 材料力学响应及其应变率效应

激光冲击过程是一个高应变率下的动态塑性变形过程,涉及激光冲击波技术和金属对高压冲击波的动态响应。因此,在分析金属材料与激光相互作用的基础上,除了要理解激光冲击波的形成机理,还要清楚激光冲击波的传播特性以及在冲击波作用下材料的动态响应。

1. 材料在激光脉冲辐照下的力学响应

当激光束辐照材料时,由于等离子体爆炸,表层材料将受到力的冲击作用,由表及里的物质质点的运动及状态参量变化在材料中形成向纵深发展、传播的应力波。依据载荷强度和材料本构特征的不同,材料有不同的力学响应而处于不同的状态[9],主要包括弹性、弹-塑性、塑-弹性、塑-弹-塑性、弹-塑-蠕变等。在高速碰撞以及爆炸冲击等强动载荷问题中,比较细致的研究有时要涉及应变率效应,这时材料呈现出黏性,因此,除了弹塑性体、流体等状态,材料还将可能处于黏弹性、黏塑性、黏弹-塑性、弹-黏性等状态。

材料对激光辐照的响应大致可分为流体力学、有限塑性、弹性三种类型。在很强冲击载荷下(几十吉帕级以上),应力将使材料压缩10%～30%,甚至更多,这时强度效应可以忽略,本构关系可用状态方程 $p=p(\nu,E)$ 描述,这是流体力学响应;当冲击载荷超出材料的屈服强度不多或为同数量级时,材料的可压缩性和塑性或强度效应都是重要的,材料处于弹塑性流体力学区,当材料进入塑性区后,可能出现大的变形和材料的破坏等;一旦应力状态处在屈服应力以下时,所有控制方程变为线性的,广义胡克定律开始适用,这就是线性弹性区。本实验研究的是有限塑性情况。

2. 激光脉冲辐照下材料的应变率效应

从材料的变形机理考虑,除了理想弹性变形可看作瞬态响应,各种类型的非弹性变形及断裂都是以有限速率进行的非瞬态响应,因此,材料的力学性能及响应本质上是与应变率相关的,这是塑性变形的一个重要性质,反映材料超过弹性极限之后显示出来的对应变率的敏感性,其表现如下:材料准静态应力加卸载迟滞回路的存在;低应变率下的蠕变;应力松弛现象;应力波传递中的吸收和弥散;随着应变率的提高,材料的屈服滞后;强度极限提高的强化现象和延伸率降低的脆化现象;断裂滞后等。总之,材料在冲击载荷作用下,尤其是高应变率下所表现出来的许多力学性能明显地不同于准静态,应变率的影响也是动态应力-应变关系和准静态应力-应变关系的主要区别之一。材料在冲击载荷作用下力学响应不同于准静态的原因可归结为在冲击时材料质点的惯性效应作用,以及体现材料本身在高应变率下动态力学性能的本构关系对应变率具有相关性。

在不同的应变率下，固体材料的力学性能及响应特征往往是不相同的。表 6-1 给出了不同应变率下材料的力学响应。

表 6-1　不同应变率下材料的力学响应

特征时间/s	10^{6}	10^{4}	10^{2}	10^{0}	10^{-2}	10^{-4}	10^{-6}	10^{-8}	10^{-10}
应变率/s^{-1}	10^{-8}	10^{-6}	10^{-4}	10^{-2}	10^{0}	10^{2}	10^{4}	10^{6}	10^{8}
载荷状态	蠕变		准静态		中等应变率		冲击		高速冲击

从上可以看出应变率与冲击加载的特征时间 t_0 满足以下近似关系式：

$$\text{应变率}=\frac{10^{-2}}{t_0}(s^{-1}) \tag{6-25}$$

应变率对材料力学性能的影响比较复杂，不同材料之间差异也悬殊。具体表现在以下几个方面：①对每一种应变率都存在一条与之相应且互不相同的应力-应变曲线，但应变率对应力-应变关系的影响只有在应变率相差几个量级时才变得较为显著；②应力与应变率的关系依赖于应变和温度；③应变率增加时，应力-应变曲线提高；④大多数金属和合金，应变率增加时，屈服强度增加；⑤材料在强动载荷下出现的断裂是一个微孔洞、微裂纹的活化的复杂细观速率相关过程，不同应变率不仅影响材料的断裂强度，也影响断裂过程和断裂模式。

6.3　激光冲击铝合金

本节采用激光冲击强化技术研究 7075 铝合金改性层的物相、组织及力学性能，并对强化机理进行分析探讨。

6.3.1　物相分析

图 6-4 为 7075 铝合金单次激光冲击前后的 XRD 图谱。从图谱可以看出 7075 铝合金中存在两种相，分别是 α-Al 和 $MgZn_2$，α-Al 的百分比最大，衍射峰最明显，所以主要以 α-Al 为研究对象来分析激光冲击对 7075 铝合金的影响。激光冲击后铝合金没有产生新的相，但是 α-Al(111)晶面和(200)晶面的衍射峰强度明显降低，半高宽明显变大，说明激光冲击后铝合金的晶粒发生了细化。

图 6-5 为 7075 铝合金激光冲击不同次数后的 XRD 图谱。随着激光冲击次数从 $N=0$ 增加到 $N=4$，α-Al 的(111)、(200)、(220)和(311)晶面的衍射峰强度先增大后减小。而且 α-Al 的(111)晶面和(200)晶面的衍射峰强度的差距在不断缩小。α-Al 的最大衍射强度 I_{max} 由冲击前的(200)衍射峰强度变为(111)衍射峰。不同冲击次数对(111)和(200)的相关参数的影响见表 6-2。

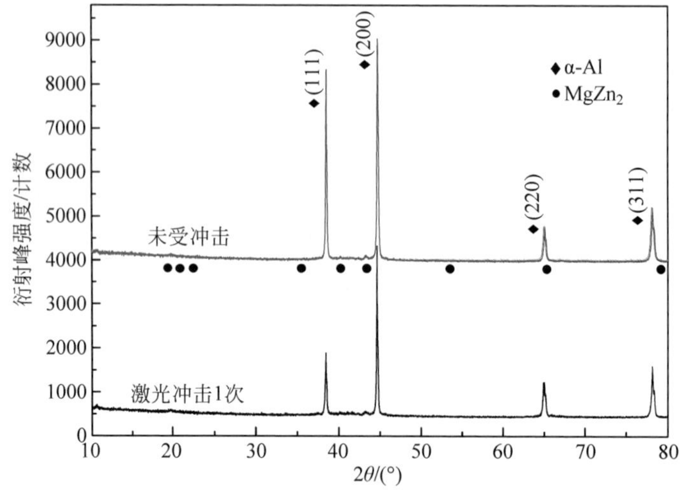

图 6-4　7075 铝合金单次激光冲击前后 XRD 图谱

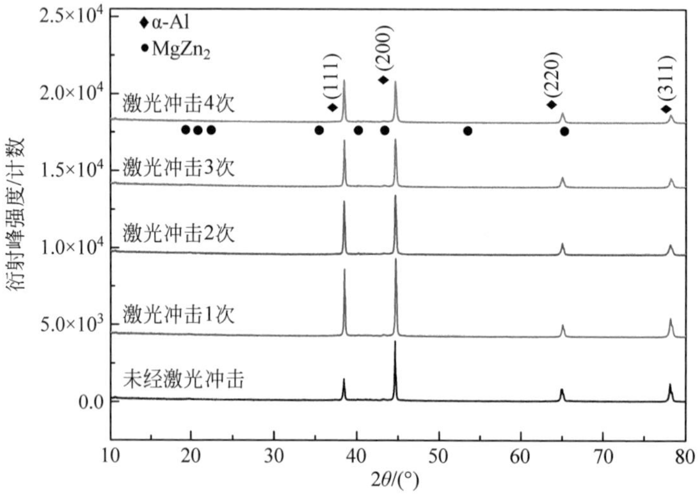

图 6-5　7075 铝合金激光冲击不同次数后的 XRD 图谱

表 6-2　7075 铝合金不同激光冲击次数后 XRD 图谱中两个高衍射峰的参数对比

冲击次数	$2\theta/(°)$	(111)峰高	FWHM	$2\theta/(°)$	(200)峰高	FWHM	I_{max}
$N=0$	38.427	1387	0.155	44.625	3934	0.182	(200)
$N=1$	38.413	4287	0.159	44.625	4989	0.196	(200)
$N=2$	38.402	3443	0.175	44.599	3821	0.215	(200)
$N=3$	38.389	2958	0.181	44.599	3054	0.225	(111)
$N=4$	38.388	2726	0.201	44.592	2653	0.242	(111)

晶粒尺寸和晶格显微畸变的数值可以用谢乐(Sherrer)和威尔逊(Wilson)公式来进行计算：

$$\beta_1(2\theta)=\frac{K\lambda}{D_{hkl}\cos\theta} \tag{6-26}$$

$$\beta_2(2\theta)=4\varepsilon\tan\theta \tag{6-27}$$

式中，$\beta_1(2\theta)$和$\beta_2(2\theta)$分别为晶粒细化和显微畸变导致的衍射峰积分宽度；θ是布拉格(Bragg)角，D_{hkl}为粒子直径；λ为波长，取0.15046nm；K为布拉格常数，由于这里以积分宽计算，取1；ε为晶格弹性显微畸变。由于衍射峰的积分宽度计算不仅与晶粒细化和晶格畸变有关，还与衍射峰的形状有关。本节的衍射峰为柯西函数形状，因此衍射峰的总积分宽度$\beta(2\theta)$为

$$\beta(2\theta)=\beta_1(2\theta)+\beta_2(2\theta) \tag{6-28}$$

可得

$$\beta(2\theta)=\frac{K\lambda}{D_{hkl}\cos\theta}+4\varepsilon\tan\theta \tag{6-29}$$

令$X=2\sin\theta/\lambda$，$Y=\beta(2\theta)\cos\theta/\lambda$，将$D_{hkl}$转成晶粒平均直径$\bar{d}$，则

$$Y=\frac{1}{\bar{d}}+2\varepsilon\cdot X \tag{6-30}$$

式中，$\beta(2\theta)$积分宽度等于衍射峰面积除最大衍射强度，通过测量Jade软件激光冲击1次的衍射峰，根据其衍射峰的位置，可以获得X、Y的四组变量做出如图6-6所示的图形，通过线性拟合，可以获得激光单次冲击后的直线方程为：$Y=0.000471+0.00357X$，由此算出激光单次冲击后的晶粒平均直径$\bar{d}=1/0.000471=2123\text{nm}$，晶格弹性显微畸变$\varepsilon=0.00357/2=0.175\%$。

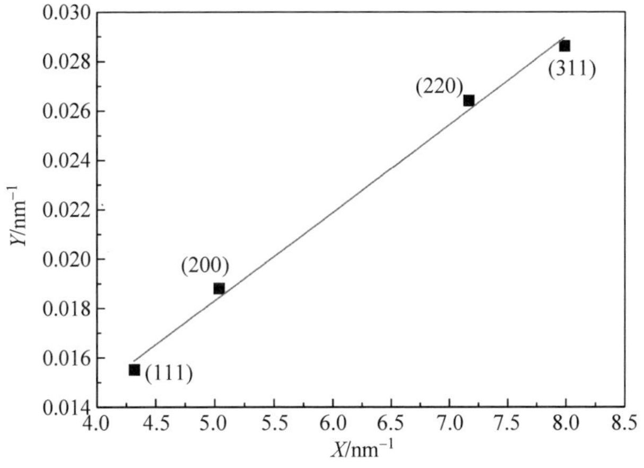

图6-6　7075铝合金激光单次冲击后 X-Y 图

其他冲击次数后,7075 铝合金的平均晶粒直径和平均晶格弹性显微畸变见表 6-3。可以看出随着激光冲击次数增加,晶粒的平均直径和显微畸变都在减小,说明随着激光冲击次数的增加,组织变得更加均匀和稳定。

表 6-3　铝合金激光冲击后晶粒尺寸与冲击次数的关系

	冲击次数			
	1	2	3	4
$\bar{d}$/nm	2123	370	305	187
$\bar{\varepsilon}$/%	0.175	0.172	0.164	0.154

晶粒尺寸和晶格畸变与位错密度的关系为

$$\rho=\frac{2\sqrt{3}\varepsilon}{db} \tag{6-31}$$

式中,ρ 为位错密度,b 为柏氏(Burgers)矢量,取 $b=2\times10^{-8}$cm,可以计算出激光冲击不同次数的位错密度如图 6-7 所示,从图中可以看出随着激光冲击次数的增加位错密度在不断增加,激光冲击 4 次后位错密度上升了 1 个数量级。

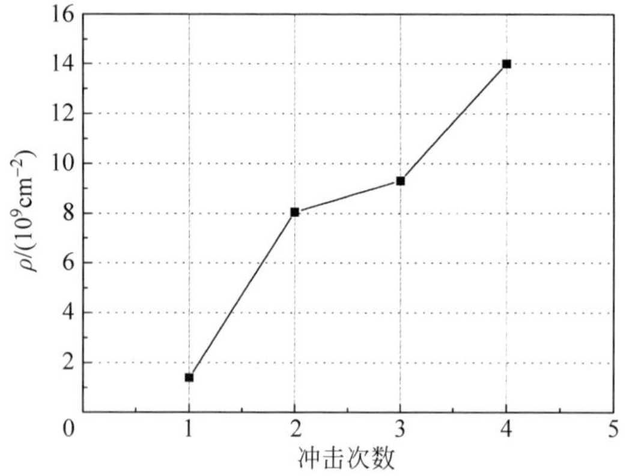

图 6-7　7075 铝合金激光冲击后的位错密度随冲击次数的变化

6.3.2　微观结构

图 6-8 是激光冲击 2 次铝合金试样表面的 TEM 图、SAED 图和 HRTEM 图像。从图 6-8(a)可以看出激光冲击后试样表面形成了大小比较均匀的等轴晶组织,晶界十分清晰,平均晶粒大小约为 350nm,同一晶粒内衬度有变化,说明部分晶粒内部存在残余应力。衍射斑由一系列的同心圆组成,可以看出铝合金表面晶粒细化比较均匀。从图 6-8(b)HRTEM 图像可以看出铝合金材料的晶界不是很清晰,主要是由于铝合金表面发生了剧烈塑性变形,导致晶界位错增殖,各晶粒与相

邻晶粒发生交互作用，导致两晶粒间的晶界被缩短，不同的缩短量会引起晶界位错增殖的应力出现，晶间应力会继续诱发新的位错，最终造成晶界处产生高密度的位错而塞积，从而晶界显得不清晰。

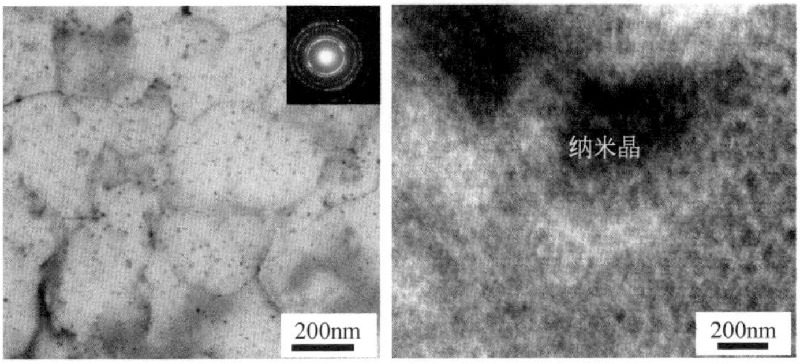

(a)　　　　(b)

图 6-8　激光冲击处理后铝合金表面的 TEM 图、SAED 图(a)和 HRTEM 图像(b)

图 6-9 是在距离激光冲击 2 次铝合金试样表面约 0.5mm 的 TEM 图像。从图 6-9(a)中看出平均晶粒尺寸约 600nm，晶粒大小比较均匀，呈现为等轴晶状态，晶界比较清晰，图中实心箭头代表位错墙；随着激光冲击的进行，这些有可能逐渐演变成小角度晶界；随着位错密度的增加，位错不断积聚、湮灭，最后导致成为亚晶界(空心箭头所示)。图 6-9(b)为局部的高密度位错和大量的位错胞，胞内位错密度降低，说明在塑性变形导致材料发生超高应变，位错随着应变的增加而不断增加。

(a)　　　　(b)

图 6-9　距离激光冲击处理后铝合金表面 0.5mm 处的 TEM 图、SAED 图(a)和 HRTEM 图像(b)

图 6-10 是在距离激光冲击 2 次铝合金试样表面约 1mm 的 TEM 图像。从图 6-11(a)中看出晶粒尺寸约 1200nm，晶界比较清晰。图 6-11(b)为方框处的局部放大，主要是晶粒滑移和线位错，滑移线细长，而且比较均匀，说明此处受激光冲

击的影响在变小，晶粒的应变也在减小。

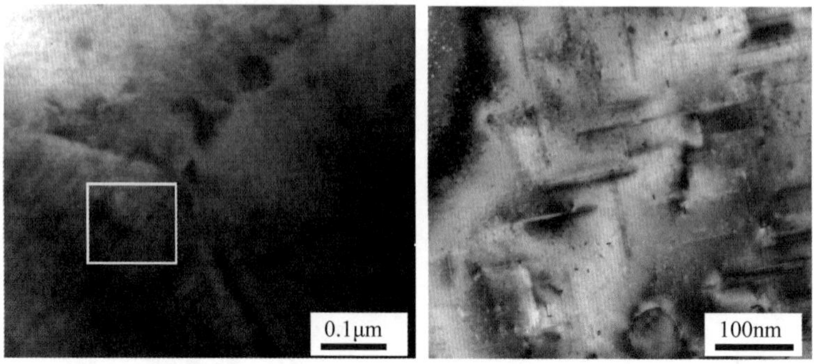

(a) (b)

图 6-10 距离激光冲击处理后铝合金表面 1mm 处的 TEM 图(a)和局部放大图(b)

激光冲击对铝合金材料微观结构在材料的厚度方向上有了不同层次的改变，随着与冲击表面的距离减小，塑性变形程度越来越大，材料的晶粒细化程度越高。图 6-11 为 7075 铝合金在激光冲击时材料内部晶粒细化过程图。当激光冲击诱导的冲击波压力作用在材料表面时，使得应力波作用在材料表层的晶粒上，部分应力会转换为对位错的作用力，并造成晶体内位错的运动。随着冲击波压力的继续增大，位错缺陷继续增加。一般来讲，激光冲击脉冲持续的时间越长，为位错重新组织提供的时间就越多，更容易导致孪晶和细小位错胞的出现，增加激光冲击次数就是给位错运动提供更多的时间，可以细化晶粒并伴有孪生行为。所以 7075 铝合金的晶粒细化机制主要是由于激光冲击引起的塑性变形，产生了大量的位错，位错受到应力作用产生点缺陷，最后形成位错墙或小角度亚晶结构，在位错集聚、湮灭的过程中达到细化晶粒的目的。

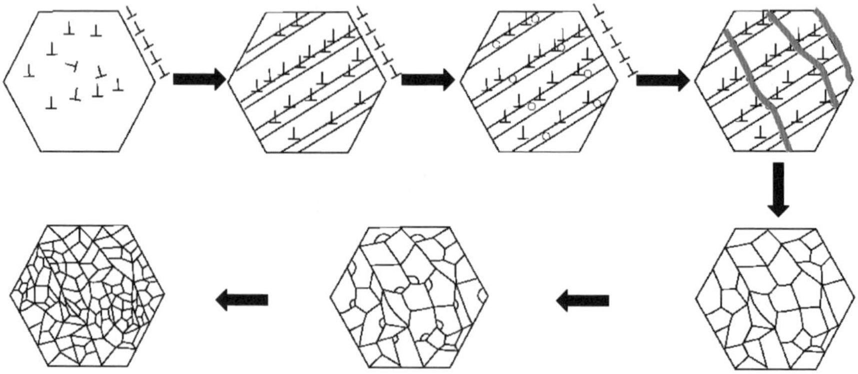

图 6-11 激光冲击 7075 铝合金表层晶粒细化机制示意图

6.3.3 残余应力

在相同激光能量(8J)和相同脉宽(8ns)情况下，分别以光斑直径 3mm、5mm、7mm、9mm 对铝合金进行激光冲击，其残余应力随深度方向分布的测试结果如图 6-12 所示。光斑直径从 3mm 增大到 5mm 时，激光冲击波在铝合金表层诱导的残余压应力在不断减小，影响层的深度也在不断减小。但是当光斑直径继续从 5mm 增加到 7mm 时，表面残余应力值减小 25%，影响层的深度减小 50%，此时冲击波的峰值压力降到了约 $1.6\sigma_{HEL}$。从图 6-12 可以看出，随着光斑直径增大，残余应力变化的梯度越来越大，残余应力在材料中的这种分布会大大降低材料的疲劳性能。这说明在相同的激光能量和脉宽下，随着激光光斑直径的增加，由于冲击波的峰值压力的降低，它所诱导的表面残余应力在不断减小，从节约能量的角度讲，在相同的能量下，小光斑诱发的残余应力场更为有利。

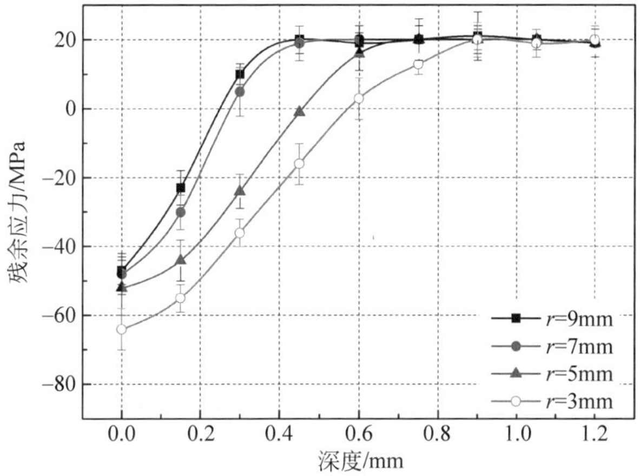

图 6-12　不同光斑直径激光冲击铝合金残余应力测试结果

图 6-13 为铝合金在不同激光冲击次数下深度方向的残余应力图(光斑直径 3mm，脉冲能量 8J，脉宽 10ns)。随着激光冲击次数从一次增加到两次，铝合金表面残余应力增加了约 1 倍，残余压应力影响层增加 50%。当冲击次数从三次增加到四次、五次时，表面残余应力增加量较小，材料硬化程度提高，材料的塑性变形难度加大，导致残余压应力增幅减小。所以，对于本次研究，比较合适的冲击次数是三次。

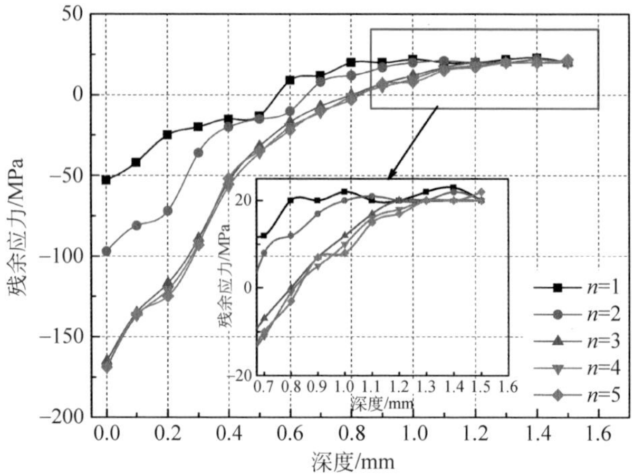

图 6-13　不同激光冲击次数的铝合金深度方向残余应力

6.3.4　显微硬度

图 6-14 为激光不同次数单点冲击后材料表面的硬度分布图。随着激光冲击的增加,材料的硬度也在增加,两次冲击比一次冲击的硬度增加 10%,三次冲击比两次冲击硬度增加 3%,四次冲击比之前一次只增加了 1%。可以看出,当冲击次数达到三次以上,硬度趋于平缓,主要是随着次数增加,弥补了能量不均的缺点,硬化效果开始均匀。

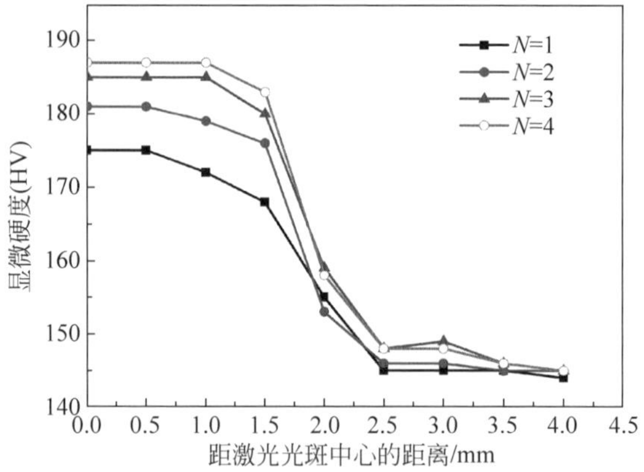

图 6-14　不同冲击次数下单点表面硬度分布图

6.4　激光冲击镁合金

本节研究了激光冲击 AZ31B、AZ91 和 AM50 镁合金微观组织及性能变化。

6.4.1　AZ31B 镁合金

对 AZ31B 镁合金试样进行单点多次激光冲击强化时，选用 0.1mm 铝箔作为吸收层，流水作为约束层，水层的厚度为 2mm。

对将进行应力腐蚀试验的 AZ31B 镁合金弯梁试样进行多点激光冲击强化处理，同样选取 0.1mm 铝箔作为吸收层，2mm 的水层作为约束层，激光冲击强化参数见表 6-4。

表 6-4　多点激光冲击强化试验参数

试　　样	激光脉冲能量 E/J	激光脉宽 t/ns	光斑直径 d/mm	吸收层	约束层	搭接率/%
AZ31B 镁合金弯梁试样	25	23	3	铝箔	流水	50
预制应力腐蚀微裂纹的 AZ31B 镁合金弯梁试样	25	23	3	铝箔	流水	50

AZ31B 镁合金弯梁试样的激光冲击区域为试样的下半部分，冲击路径如图 6-15 所示。将冲击与未冲击预制应力腐蚀裂纹弯梁试样通过应力腐蚀试验后试样深度方向上最大裂纹的比较来分析激光冲击强化对应力腐蚀裂纹扩展的影响。

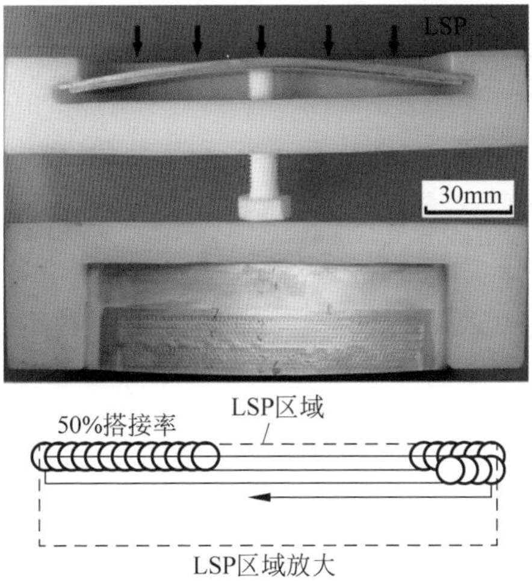

图 6-15　激光冲击弯梁试样示意图

1. 宏观形貌

图 6-16 是脉冲激光一次冲击、两次冲击和四次冲击试样表面形成的微凹坑(激光能量 25J,激光脉宽 23ns,光斑直径 5mm)。经激光作用过的区域产生了明显的塑性变形,凹坑呈现出中间深边缘浅的特点,这与激光光斑的能量分布相对应。从图中可以直观检验出多次冲击的强化效果要优于一次冲击处理。

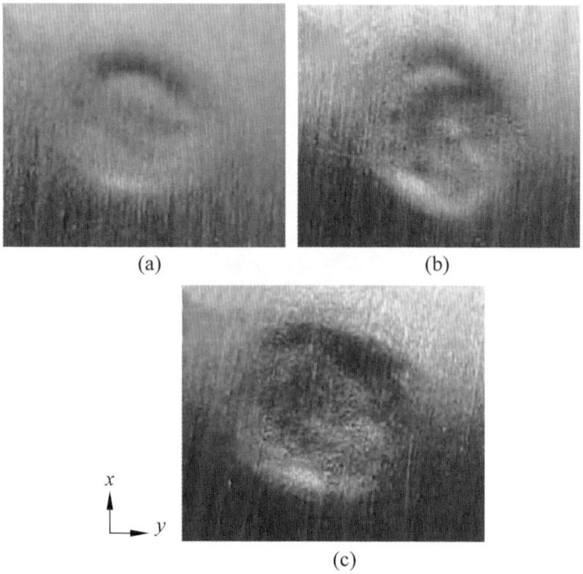

图 6-16 激光冲击后试样表面的微凹坑

(a) 一次冲击;(b) 两次冲击;(c) 四次冲击

对图 6-16 中激光冲击区域的凹坑深度用光学轮廓仪 WYKO NT1100 进行检测,得出激光冲击一次后凹坑的深度约为 49.3μm,激光冲击两次时,凹坑的深度约为 62.1μm,而激光冲击四次后,凹坑的深度约为 82.1μm。随着冲击次数的增多,凹坑的深度明显增大。

2. 微观形貌

图 6-17 为激光冲击前后 AZ31B 镁合金表面的金相组织,图(a)为未激光冲击的金相组织,图(b)、(c)、(d)分别为经过一次、两次和四次激光冲击的组织。图(a)中原始晶粒尺寸在 5～20μm,图(b)～(d)中的平均晶粒尺寸分别为 10.2μm、7.6μm 和 5.8μm。经激光冲击强化后的晶粒相对于原始晶粒得到了明显的细化,并且经过四次冲击的试样表层晶粒细化程度比经过两次和一次冲击的更加明显。

图 6-18 为 AZ31B 镁合金在激光冲击前后的 XRD 图谱：图(a)为未激光冲击的 XRD 图谱，图(b)、(c)、(d)分别为经过一次、两次和四次激光冲击处理的 XRD 图谱，图(e)为综合对比图。可以看出 AZ31B 镁合金主要由 α-Mg 和 β-$Al_{12}Mg_{17}$ 组成，且激光冲击前后，物相没有发生明显的变化。由图(f)可以看出 α 相上的(002)峰值强度明显弱于激光冲击处理前，且随着冲击次数的增加峰值强度越来越弱。另外最大峰值的位置发生了偏移，这是由于激光冲击强化处理所产生的晶粒细化和微变形所造成的。

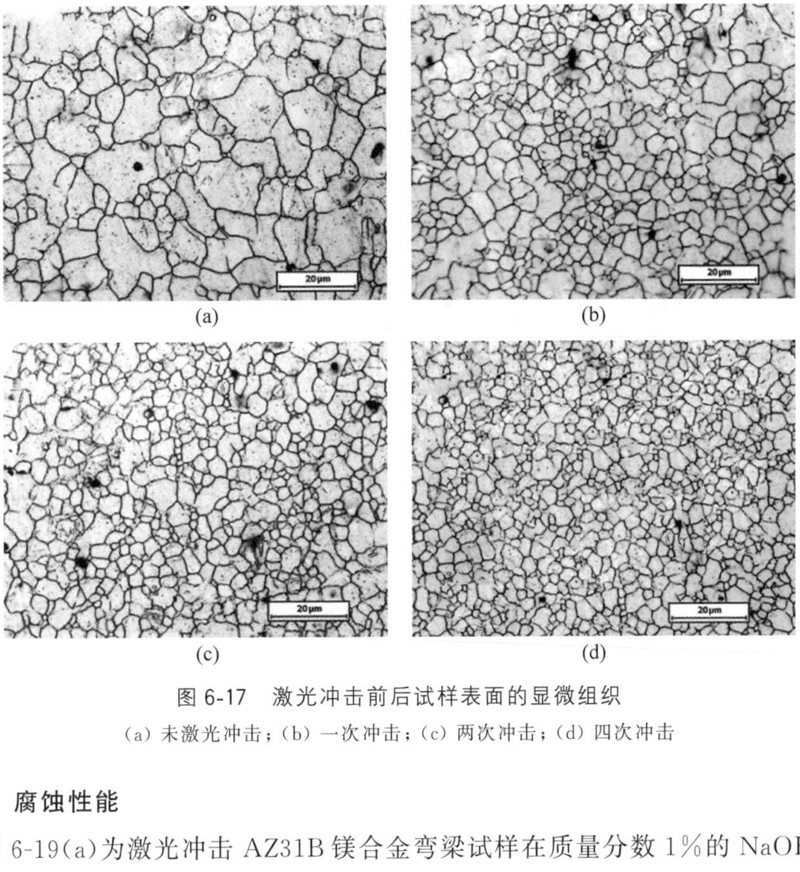

图 6-17　激光冲击前后试样表面的显微组织

(a) 未激光冲击；(b) 一次冲击；(c) 两次冲击；(d) 四次冲击

3. 腐蚀性能

图 6-19(a)为激光冲击 AZ31B 镁合金弯梁试样在质量分数 1%的 NaOH 水溶液中浸泡 500h 的结果。图 6-19(b)为该应力腐蚀裂纹的微观形貌。可以看出试样经激光冲击的区域没有应力腐蚀裂纹出现，而未激光冲击的区域出现了裂纹，并且该裂纹出现在弯梁试样凸形表面的最大处，即拉应力最大处，而在激光冲击区域的边缘停止扩展。可见激光冲击在试样表面所产生的残余压应力破坏了应力腐蚀开裂发生的必要条件，有效抑制了应力腐蚀裂纹的产生。

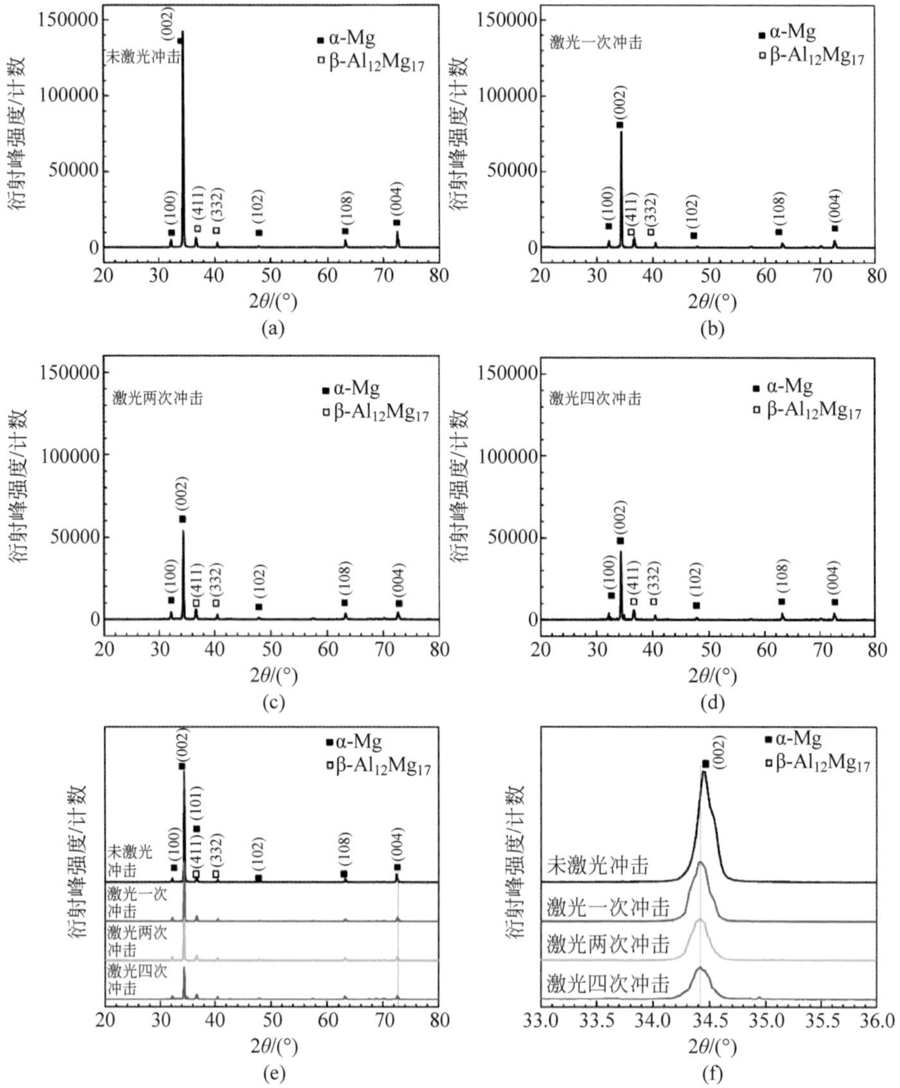

图 6-18　AZ31B 镁合金激光冲击前后的 XRD 图谱

(a) 未激光冲击；(b) 一次冲击；(c) 两次冲击；

(d) 四次冲击；(e) 综合对比图；(f) 综合对比图在 33°～36°的放大图

图 6-20 为预制裂纹的试样在应力腐蚀试验后，最大裂纹在其深度方向上的分布。图(a)和(b)为预制试样的最大裂纹在深度上的分布，裂纹的深度分别为 0.214mm 和 0.192mm；图(c)为预制裂纹试样经激光冲击后在质量分数 1%的 NaOH 溶液中浸泡 100h 后试样上最大裂纹在深度上的分布，裂纹的深度为 0.237mm；图(d)为预制裂纹未激光冲击在质量分数为 1%的 NaOH 溶液中浸泡

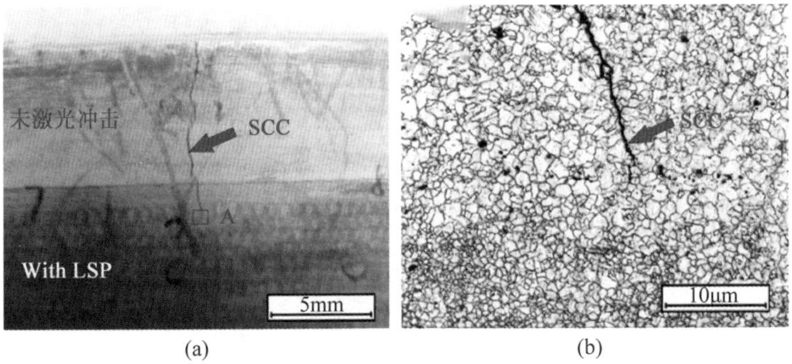

图 6-19　激光冲击 AZ31B 镁合金弯梁试样的应力腐蚀

(a) 宏观形貌；(b) 微观形貌

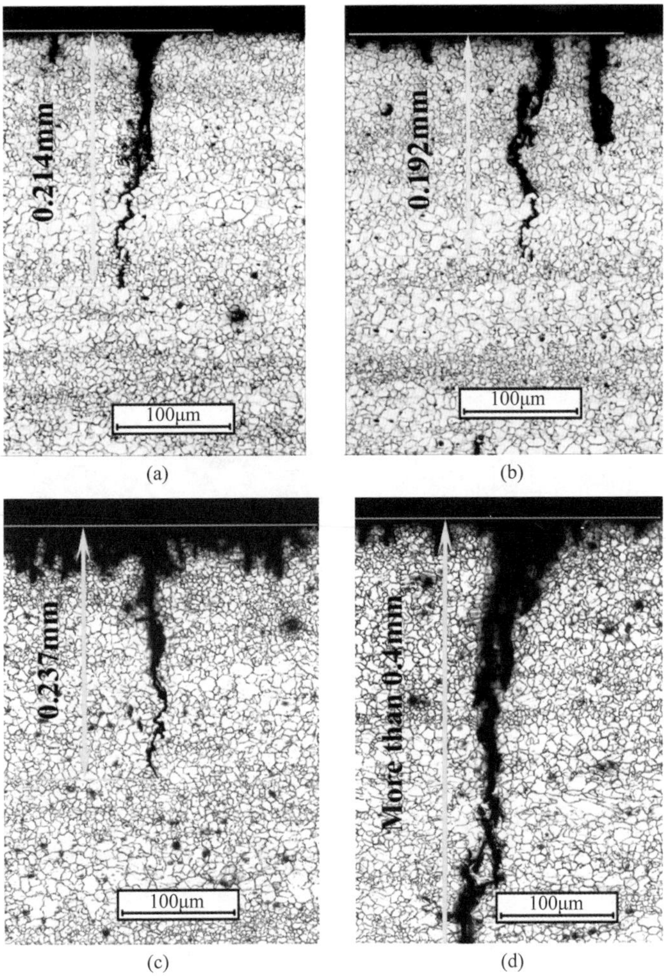

图 6-20　预制裂纹 AZ31B 镁合金弯梁试样在应力腐蚀后最大裂纹在深度方向上的分布

(a) S1；(b) S2；(c) S3；(d) S4

100h 后，试样上最大裂纹在深度上的分布，裂纹的深度大于 0.4mm。可以看出未激光冲击处理的预制裂纹试样(S4)的裂纹扩展速度要比经激光冲击强化(S3)的快。并且经过激光冲击的试样(S3)在应力腐蚀试验后裂纹与预制的裂纹(S1 与 S2)在深度方向上没有明显的差异。结果表明，激光冲击强化产生的残余压应力层能有效地延缓微小应力腐蚀裂纹的扩展。

上述试验结果表明，在质量分数为 1% 的 NaOH 溶液中进行应力腐蚀试验的 AZ31B 镁合金试样在腐蚀过程中，由阴极反应而产生了氢。腐蚀反应如下：

$$Mg + 2H_2O \longrightarrow Mg(OH)_2 + H_2\uparrow \tag{6-32}$$

试样浸泡在腐蚀液中一段时间，可见一些气泡吸附在试样表面，这些气泡正是式(6-32)中产生的氢。当裂尖沿裂纹扩展通道上氢的偏聚达到饱和状态时，多余的氢将向裂纹扩展通道两旁的晶界内扩散，使晶界结合力下降，使得裂纹在一般的拉应力下沿晶界扩展，即氢脆。因为氢富集到临界浓度需要一定的时间，所以微裂缝的形成是一个能量逐渐聚集，最后突然释放的过程。裂缝与裂缝之间的金属被阳极溶解和机械撕裂使微裂缝连接起来，在宏观上表现出裂纹向前扩展。因此，AZ31B 镁合金的应力腐蚀机理可以认为是阳极溶解与氢脆的共同作用。

图 6-21 给出了 AZ31B 镁合金弯梁试样的应力腐蚀断口形貌，断口 A 处没有明显的塑性变形，并被一层颜色较深的腐蚀产物所覆盖；断口 B、C 处出现冰糖块状晶间应力腐蚀典型断口形貌，这是氢脆断裂的典型特征。由于进入金属内的氢

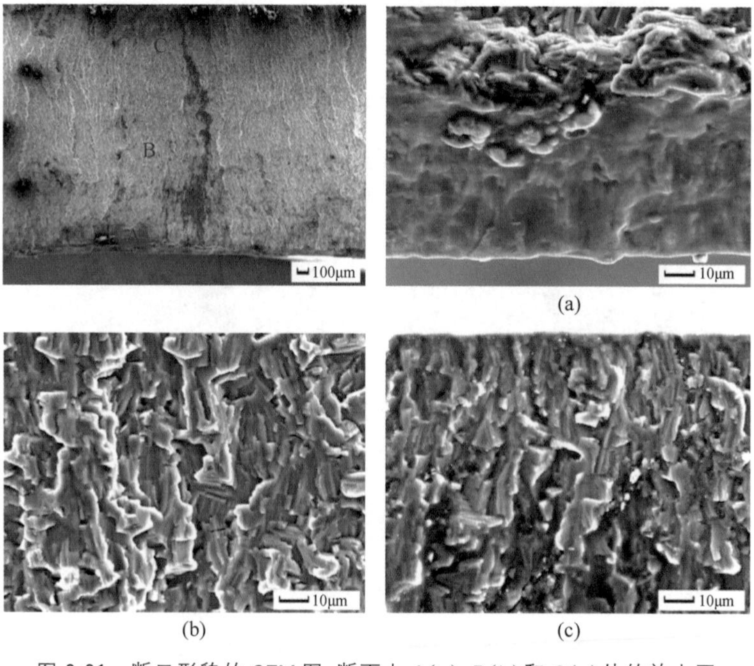

图 6-21　断口形貌的 SEM 图，断面上 A(a)、B(b)和 C(c)处的放大图

在晶界处的偏聚，削弱了金属原子的结合力，在外加拉伸应力作用下产生沿晶破坏。AZ31B 镁合金不仅沿晶断裂，而且在断口上还可见蚀坑和蚀沟，冰糖块状的棱角已明显变钝，这是由于 AZ31B 镁合金在晶界受到严重腐蚀的结果。

镁合金的应力腐蚀起源于表面，没有明显的塑性变形；裂纹的深度比宽度要大几个数量级；裂纹的走向与所受的拉应力相垂直。因此，激光冲击强化镁合金弯梁试样预防其应力腐蚀裂纹的产生和延缓其应力腐蚀裂纹的扩展主要是两个方面：一是消除残余拉应力，二是向镁合金表层引入残余压应力，最终都是为了使构件的工作应力和残余应力叠加后，实际应力低于临界应力，避免应力腐蚀。

4. 残余应力

图 6-22 为单点多次激光冲击强化前后 AZ31B 镁合金试样表层残余应力分布的状态。可见激光冲击强化能有效改变材料的残余应力的分布状态，形成残余压应力。最大残余应力出现在激光冲击区域的表面，随着到表面距离的增加，残余压应力逐渐减小，残余压应力层深度约为 0.8mm。此外，在冲击时采用的是双束搭界无重合激光束，而最终在试样表面形成椭圆形的冲击光斑，与传统的单点叠加冲击模式相比（直径长度 50%叠加），效率提高了近 20%。从测量结果来看，激光冲击强化使冲击区表层产生相对较高的残余压应力。材料表面的残余压应力可以平衡材料使用过程中的拉应力，从而延缓疲劳裂纹的产生和扩展，能有效提高材料的抗疲劳寿命。已有的研究结果表明，应力波在材料内传播时，其峰值压力随传播距离的增加呈指数规律衰减。因此，表层材料的残余压应力较大，随着到表面距离的增加，材料的残余应力逐渐减小。

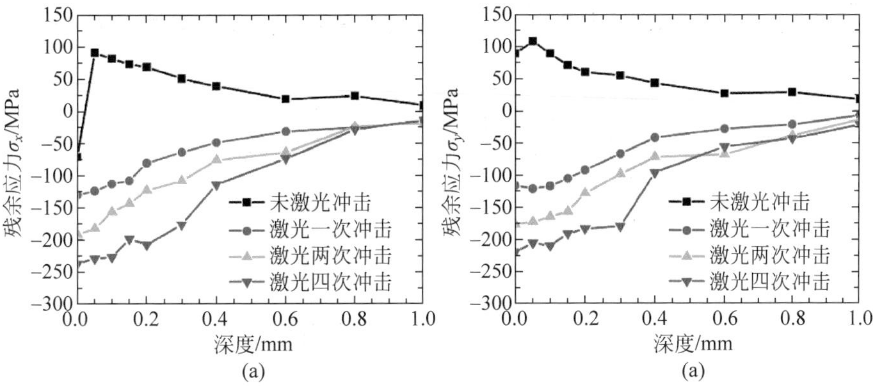

图 6-22　AZ31B 镁合金激光冲击前后在深度方向上的残余应力分布图

(a) σ_x；(b) σ_y

同时可以看出，经过一次冲击后试样表面 x 方向上的残余应力 σ_x 为 −130MPa；经过两次冲击后，σ_x 为 −190MPa；而经过四次冲击后，σ_x 为

-240MPa。实验结果表明,随着冲击次数的增加,表面的残余应力增加,但是残余应力的增长率却降低。y 方向上的残余应力也有相似的规律。同时实验发现,表面残余应力的深度并不随冲击次数的增加而增加。

6.4.2 AZ91 镁合金

在实验的基础上,研究了 AZ91 镁合金激光冲击后表面的周期性波纹结构以及其表层金相组织的变化,并且分析了冲击前后材料表面的组织变化情况。

1. 表面波纹结构

不同能量脉冲激光冲击下各试样冲击区域的表面形貌如图 6-23 所示。可以看到,冲击试样表面出现了周期性波纹结构。激光能量为 5J 时,试样冲击区域表面波纹间距很大,除了在图中底部处波纹分布可视性较差,总体看来波纹纹理清晰;波纹的线性有的区域较好,有的区域扭曲性较大;冲击区表面有轻微凹陷现象

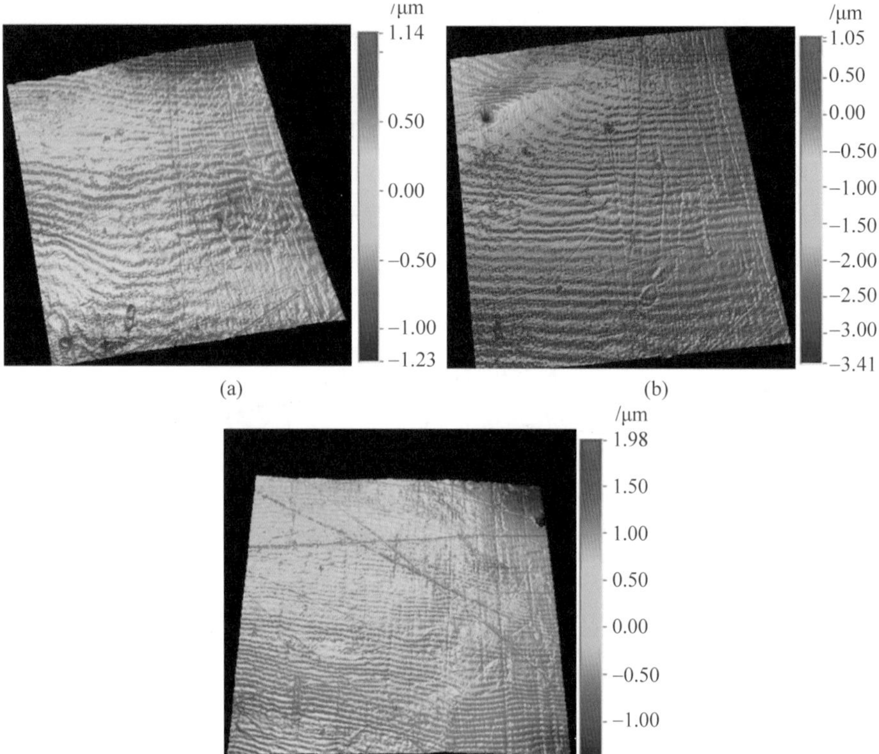

图 6-23 不同能量脉冲激光冲击下试样的表面波纹分布状况

(a) 5J;(b) 10J;(c) 15J

产生，且在该区域的波纹较其他区域线性和清晰度都较差。激光能量为10J时，试样冲击区表面周期损伤分布状况的规律性整体比较良好，波纹纹理清晰；且波纹的线性也较好，近似一系列相互平行的直线，波纹的间距较能量为5J时的波纹要小。激光能量为15J时，试样表面波纹规律性分布状况最好，只有局部区域出现轻微凹凸现象，波纹纹理清晰，整体都近似一组相互平行的直线。

表6-5给出了不同能量脉冲激光冲击后试样表面周期性波纹的平均间距和平均高度分布情况。冲击区域表面周期性波纹间距随着能量的升高不断减小；波纹高度的变化范围比后面两个能量状态下得到结果的变化范围要大，但变化的只是下限的波纹高度，上限波纹高度三者保持一致，且激光能量为10J和15J时平均高度的变化范围相同。

表6-5 不同脉冲能量下试样表面波纹的平均间距和平均高度

脉冲能量/J	5	10	15
平均间距/μm	8.6	7.3	4.7
平均高度/μm	0.02～0.2	0.05～0.2	0.05～0.2

2. 表面周期性波纹产生机理

在激光与材料相互作用过程中，有多种能量耦合机制，激光、材料、等离子体间的热、力以及电磁等耦合关系极其复杂。本节从等离子体对试样的作用和等离子体内部相干受激光散射引起的光栅效应两个方面出发，耦合了热传导、热辐射以及激光照射等因素对试样表面产生热微扰动的影响，进而由表面的热微扰动引起的表面非平衡状态来探讨表面波纹的形成机理。

1）等离子体产生、作用过程及其内部相干受激光散射影响

当一束脉冲强激光照射在有约束层和吸收涂层的试样表面，吸收层汽化并电离，形成等离子体。当等离子体在吸收激光能量后，会膨胀、爆炸，产生冲击波并作用于试样表面。相干光入射时，其内部会产生受激光散射现象；在其内部，首先产生自发散射，自发散射光在入射光束内与入射光束差频激发具有确定相位的声子，声子继续散射入射光子得到新的散射光子，散射光子的频率与相位及传播方向都与前面产生的散射光子相同。即在入射光的传输过程中可以获得散射光的相干放大，在介质中形成两束相干光，它们的差频信号也是相干的，激发的声子也应该是相干的。激光为相干光，当激光辐照材料表面时，伴随着光与材料的能量交换以及产生的其他效应，材料表面的极化强度可能受到固定的空间调制，并在材料表面出现光栅效应。前面假定当激光达到一定强度时是可以穿过等离子体直接照射到试样表面的。因此，在等离子体内部，同样也受相干激光散射机制作用，产生光栅效应。

等离子体在吸收激光能量时，同时也要向外释放能量。其释放能量过程存在

多种方式，在此仅考虑热传导和热辐射这两种。在脉冲激光作用过程中，由于等离子体吸收了脉冲激光能量，等离子体也具有较高的温度。等离子体在向试样传递能量时主要以两种形式；一种是以热能的形式通过热传递由等离子体向材料表面传递；另一种是以热辐射的方式向材料表面辐射能量。当等离子体吸收激光能量后，温度升高，通过热辐射向外界释放能量。由于受到等离子体内部相干散射机制产生的光栅效应的作用，辐射到试样表面的激光和等离子体向试样表面辐射的热能都以偏振态存在。材料表面受到偏振态激光照射和偏振态热辐射作用以及热应变作用下产生的压电效应、热电效应和温差效应等影响，表面应变张量可能以驻波的形式存在。使作用于材料表面的能量分布不均，因此表面就会受热不均，当能量达到材料熔融阈值时，受热不均导致材料表面出现周期性热微扰动现象，破坏材料表面的均匀性。

2）材料表面热微扰动对波纹产生的作用

在材料表面产生熔融现象之前，首先在等离子体内部产生相干受激光散射机制，形成光栅，导致材料表面出现周期性热微扰动现象，破坏材料表面的均匀性，使材料表面出现轻微的形变量。这种材料表面轻微形变进而对等离子体产生的冲击波产生影响，会诱导波纹状的冲击波。一旦产生波纹状的冲击波，在冲击波波阵面后的横向液相运动就会诱导一个压力扰动，当压力扰动持续增加熔融波阵面的形变量时，压力扰动就会使冲击波波阵面的波纹得以保存并产生振荡。因为振荡压力区域会随着冲击波的扩展而膨胀，压力扰动和波纹状表面的振幅会随时间逐渐衰减，因为在熔融表面的压力扰动也随时间而减弱，熔融表面的形变量将会达到一个定值。

6.4.3 AM50 镁合金

压铸镁合金 AM50 显微组织如图 6-24 所示，主要由基相 α-Mg 及少量分布于晶界的析出相 $\beta\text{-}Mg_{17}Al_{12}$ 组成。

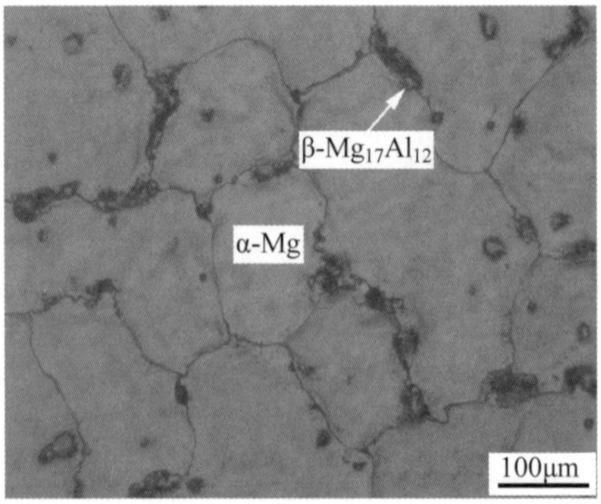

图 6-24　AM50 镁合金的显微组织

1. 微观组织

图 6-25 为未处理试样及激光冲击试样表面的 X 射线衍射图谱。由图可见，激光冲击并没有生成新的物质，基体和激光冲击强化层由 Mg 相和少量的 $Mg_{17}Al_{12}$ 相组成。

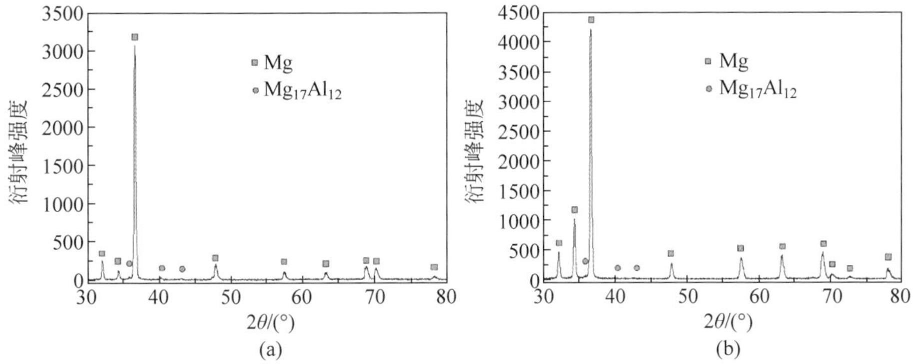

图 6-25　激光冲击前后试样表面 X 射线衍射图谱

(a) 未激光冲击；(b) 激光冲击

图 6-26 是未激光冲击和激光冲击后试样横截面的微观组织形貌，激光冲击后表层材料的原始晶界清晰完整，这进一步说明激光冲击对材料表面的热影响很小。与未激光冲击试样的微观组织相比，经激光冲击后，晶粒内部出现大量滑移线和孪晶，其原因是，金属表层承受激光诱导的强冲击应力波作用时经历了激烈的塑性变形过程，由于镁合金属于密排六方晶体结构，对称性低，滑移系数小，塑性变形能力较差，其塑性变形依赖于位错滑移和孪生的协调作用[13]。激光冲击后的镁合金，由于孪晶穿越，位错密度提高，导致更多晶界形成，晶粒细化，从而也使得材料的强度、硬度得到提高。

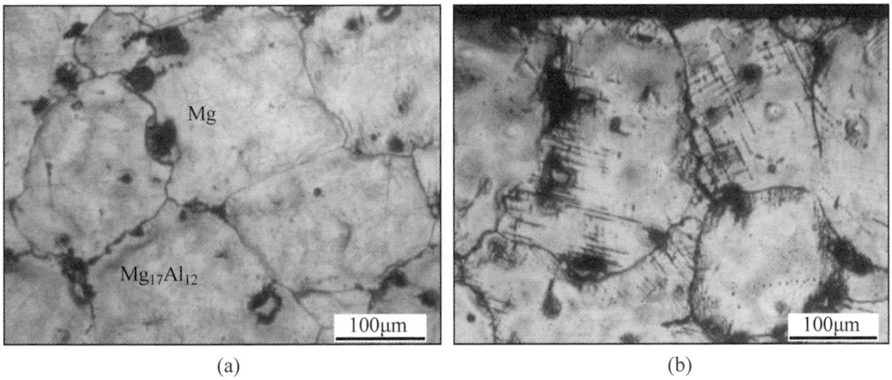

图 6-26　AM50 镁合金的显微组织

(a) 未激光冲击；(b) 激光冲击

2. 残余应力与显微硬度

实验测得激光冲击区的残余应力及显微硬度沿深度的分布如图 6-27 所示，表层材料的残余应力和显微硬度较高，分别为 146MPa 和 67HV。随着到表面距离的增加，残余应力与显微硬度逐渐减小，强化层深约 0.8mm。激光冲击时，激光诱导的冲击波向靶材内部传播过程中，其峰值压力随传播距离的增加逐渐衰减，在靶材表面时最强，对材料的强化效果最好。随着冲击波向靶材内部传播距离的增加，强度逐渐减小，对材料的强化效果也逐渐减弱。因此，表层材料的残余应力和显微硬度较高，随着到表面距离的增加，残余应力和显微硬度逐渐减小。

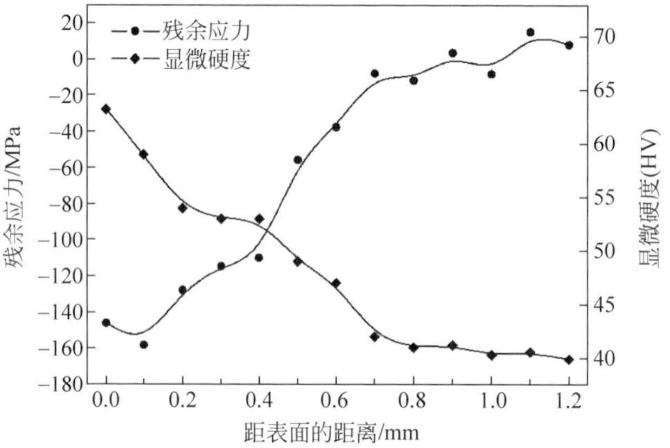

图 6-27　激光冲击区残余应力与显微硬度分布

3. 电化学极化曲线

试样在 3.5% NaCl 溶液中的电化学极化曲线测试结果如图 6-28 所示，图中分别标出了激光冲击和未处理试样的自腐蚀电位 E_{corr} 和点蚀电位 E_{pit}。经激光冲

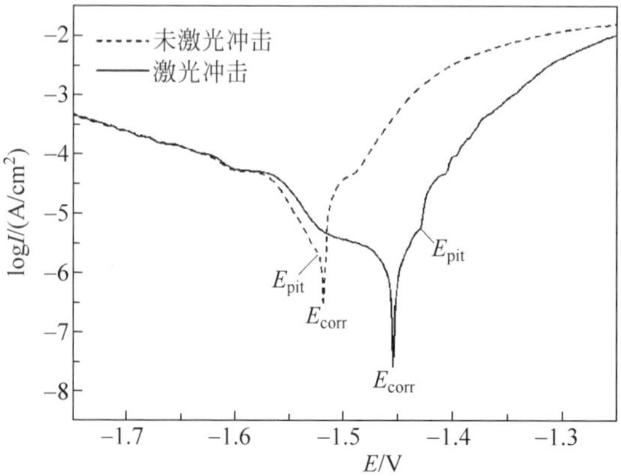

图 6-28　激光冲击和未冲击 AM50 试样在 3.5%NaCl 溶液中的电化学极化曲线

击处理后，镁合金的自腐蚀电位和点蚀电位分别提高了 64mV 和 92mV。采用电化学测试软件对极化曲线进行分析计算可得，激光冲击试样和未处理试样的腐蚀电流密度分别为 $2.701\times10^{-6}\mathrm{A/cm^2}$ 和 $2.359\times10^{-5}\mathrm{A/cm^2}$。进一步仔细观察可见，未处理试样的点蚀电位比它的自腐蚀电位负，但激光冲击试样的点蚀电位比它的自腐蚀电位正。这样的极化行为意味着激光冲击前，镁合金在 NaCl 溶液中会自发地产生点蚀破坏，而激光冲击后，材料的点蚀倾向则较小。可见，激光冲击使镁合金的电化学稳定性得到显著提高。

4. 盐雾腐蚀实验

盐雾腐蚀实验在 YWX/Q010 型盐雾腐蚀试验箱中进行，实验温度为(35±1)℃，采用连续喷雾方式，实验过程中定期观察试样表面的变化。不足 30min，未激光冲击试样表面就出现了肉眼可见的腐蚀点，而经激光冲击的试样，2h 后才出现明显的腐蚀点。随着时间的推移，腐蚀点逐渐扩展变大，并有新的腐蚀点出现，但激光冲击试样表面的腐蚀点扩展速度及新腐蚀点的出现速度明显缓慢于未处理试样。图 6-29 为连续喷雾 20h 后的试样表面形貌，由图可见，未激光冲击试样表面的腐蚀点数量和尺寸明显大于激光冲击试样。

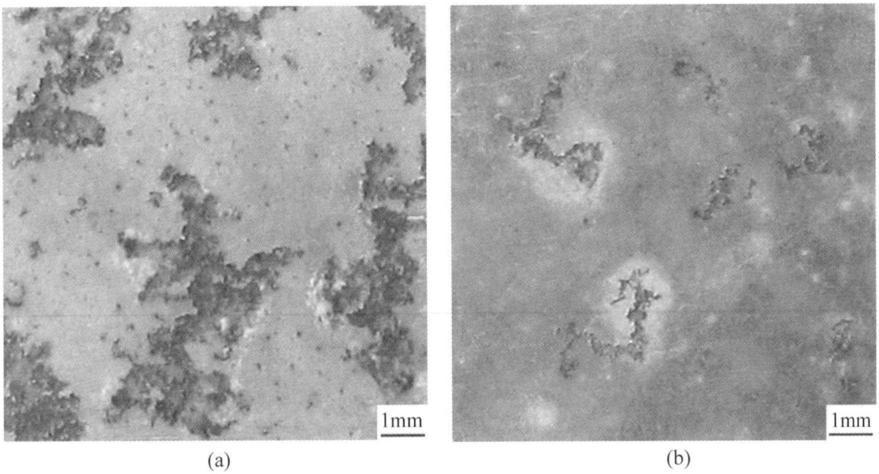

(a)　　(b)

图 6-29　经盐雾腐蚀 20h 后的试样表面形貌

(a) 未激光冲击；(b) 激光冲击

采用 SISC IAS V8.0 金相图像分析软件对腐蚀表面的腐蚀面积进行分析，分析结果如图 6-30 所示。未激光冲击试样表面的腐蚀面积占试样表面积的 20.9%，而激光冲击试样仅为 3.2%。激光冲击试样表面的腐蚀面积仅为未激光冲击试样的 15.4%。可见，激光冲击明显提高了镁合金的耐蚀性能。

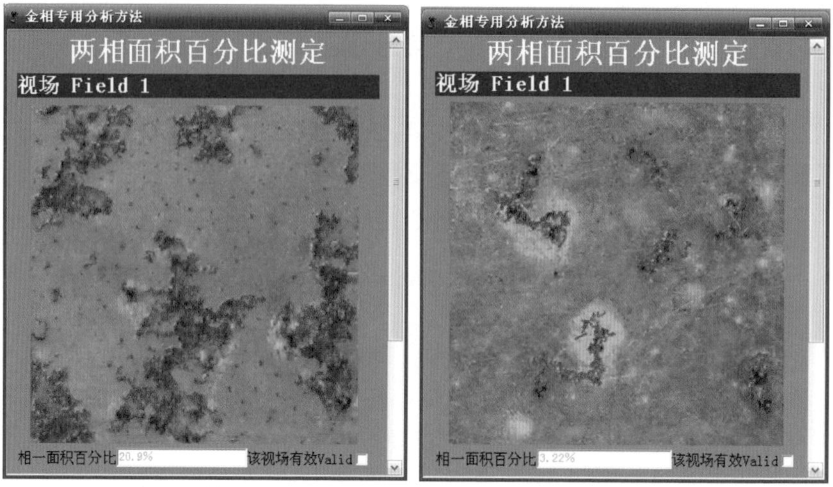

(a) (b)

图 6-30 腐蚀面积分析

(a) 未激光冲击；(b) 激光冲击

6.5 激光冲击不锈钢

新能源日益成为人们关注的焦点，用天然气代替燃油，有利于减少污染和节省能源。通过压缩冷却，天然气能在－196℃形成液化天然气(LNG)，奥氏体不锈钢是LNG设备关键零件的主要材料[1-2]，但在LNG设备运行过程中，不锈钢表面会出现气蚀现象，尤其是焊接件，气蚀导致材料表面剥落，严重降低设备使用寿命[3-6]。针对该现状，基于激光冲击强化理论，本节采用激光冲击强化技术改善不锈钢低温泵焊接件抗气蚀性能。

6.5.1 表面形貌

根据气蚀ASTM G32-09标准[14]，采用超声振动粉碎仪对未激光冲击、脉冲能量分别为6J和9J激光冲击的不锈钢焊接件进行气蚀试验。

由图6-31可以看出，气蚀之后，不同激光冲击的不锈钢焊接件表面都遭受气蚀破坏，表面出现起伏组织。未激光冲击不锈钢焊接件的起伏组织比经激光冲击的更深且更密；另外，经6J激光冲击的起伏组织比9J的更深更密。由于气蚀的破坏作用，在不锈钢焊接件表面出现起伏组织。起伏组织越明显，表示材料表面被破坏的程度越大[15-16]，气蚀后未激光冲击的不锈钢焊接件表面的起伏组织要比经激光冲击得明显，反映了激光冲击强化能提高不锈钢焊接件表面抗气蚀性能。

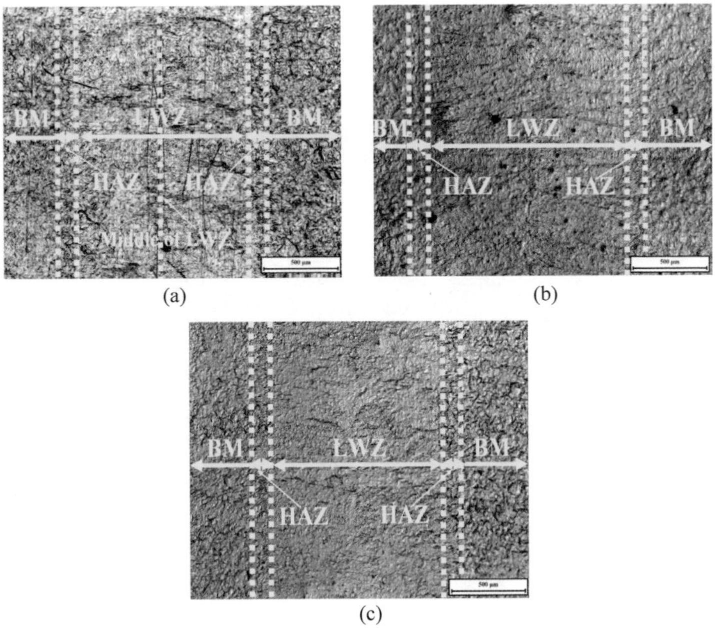

图 6-31　不锈钢焊接件激光冲击处理气蚀后的表面形貌光学显微镜(OM)照片

(a) 未激光冲击；(b) 6J 激光冲击；(c) 9J 激光冲击

6.5.2　气蚀行为

图 6-32(a)～(e)是不锈钢焊接件焊缝区分别在气蚀 6min、10min、20min、50min 以及 360min 时的表面形貌。气蚀初期，如图 6-32(a)所示，枝状晶的轮廓很模糊；随着气蚀时间的增加，在气蚀 10min 到 360min 过程中，枝状晶的轮廓变得越来越明显、更深更密，像麦穗形状，并且形成了气蚀条纹，如图 6-32(b)～(e)所示。经气蚀 360min 后，焊缝区的材料从表面剥落，从而产生了气蚀坑，如图 6-32(e)所示。图 6-32(f)是气蚀 360min 时气蚀坑的放大照片，从图中可以清楚看到气蚀破坏区域沿着枝状晶轮廓开裂，并且一直蔓延到枝状晶的尾端。从气蚀过程来看，气蚀破坏首先在孪晶界开始，接着材料的剧烈剥落现象发生在晶界突出部分，最后就形成了疲劳条带断口形貌。

图 6-33(a)～(e)是不锈钢焊接件热影响区经气蚀 6min、10min、20min、50min 以及 360min 后的典型表面形貌特征。对该系列组织进行深入分析，研究不同气蚀影响时间下的不锈钢焊接件热影响区中微观组织形貌的变化规律，并且与焊缝区的表面气蚀形貌特征进行对比。

气蚀 6min 后，普通形态的起伏组织和析出的孪晶界出现在热影响区的表面，在高倍扫描电镜下可以清楚辨认出这些起伏组织的形状呈现出四边形或三角形，

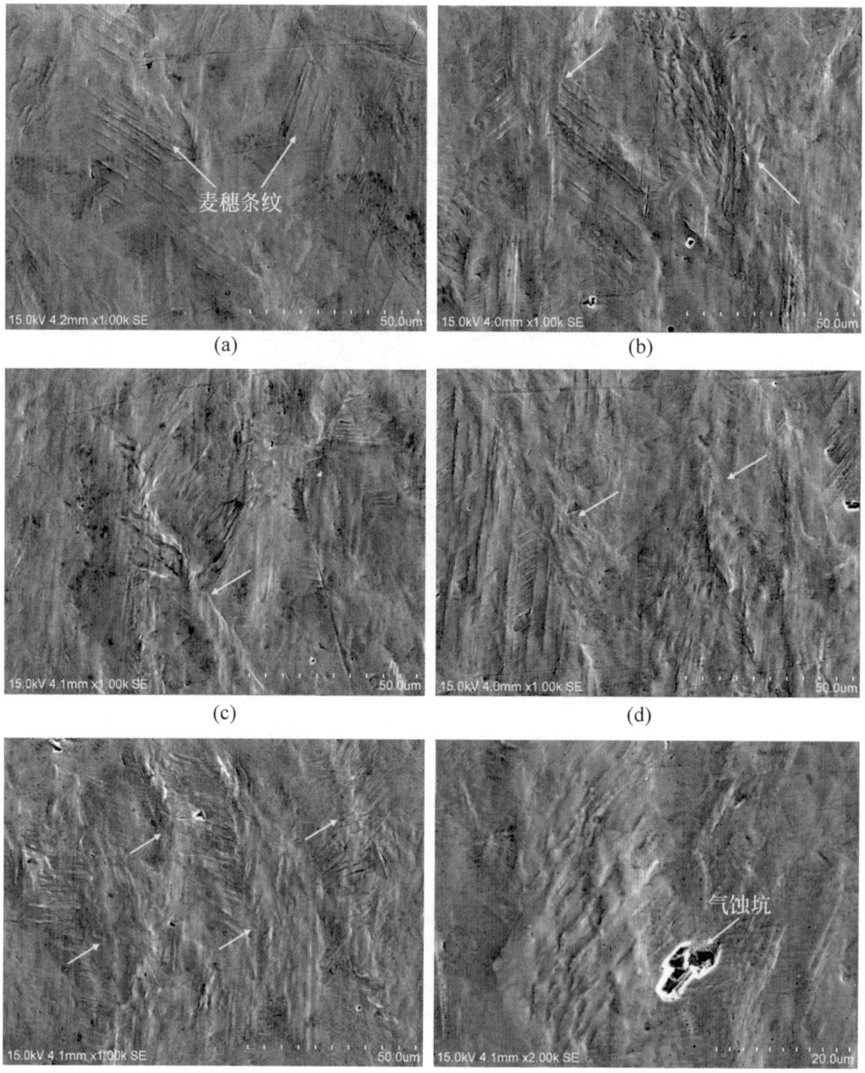

图 6-32 不锈钢焊接件焊缝区表面气蚀形貌特征

(a) 6min；(b) 10min；(c) 20min；(d) 50min；(e) 360min；(f) 气蚀 360min 时的气蚀坑放大图

如图 6-33(a)所示。由于气蚀过程中水锤冲击效应的存在，沿奥氏体{111}平面发生面心立方(fcc)结构的 γ 奥氏体到密排六方(hcp)结构的 ε 马氏体之间的相变，从而形成三角形结构的起伏组织。图 6-33(b)给出了气蚀 10min 后热影响区的表面形貌，普通形态的起伏组织轮廓和勾勒出的孪晶界更加凸显，同时出现了一些小气蚀坑，如孪晶界处，材料表面变形逐渐严重。经 20min 气蚀后，三角形起伏组织边

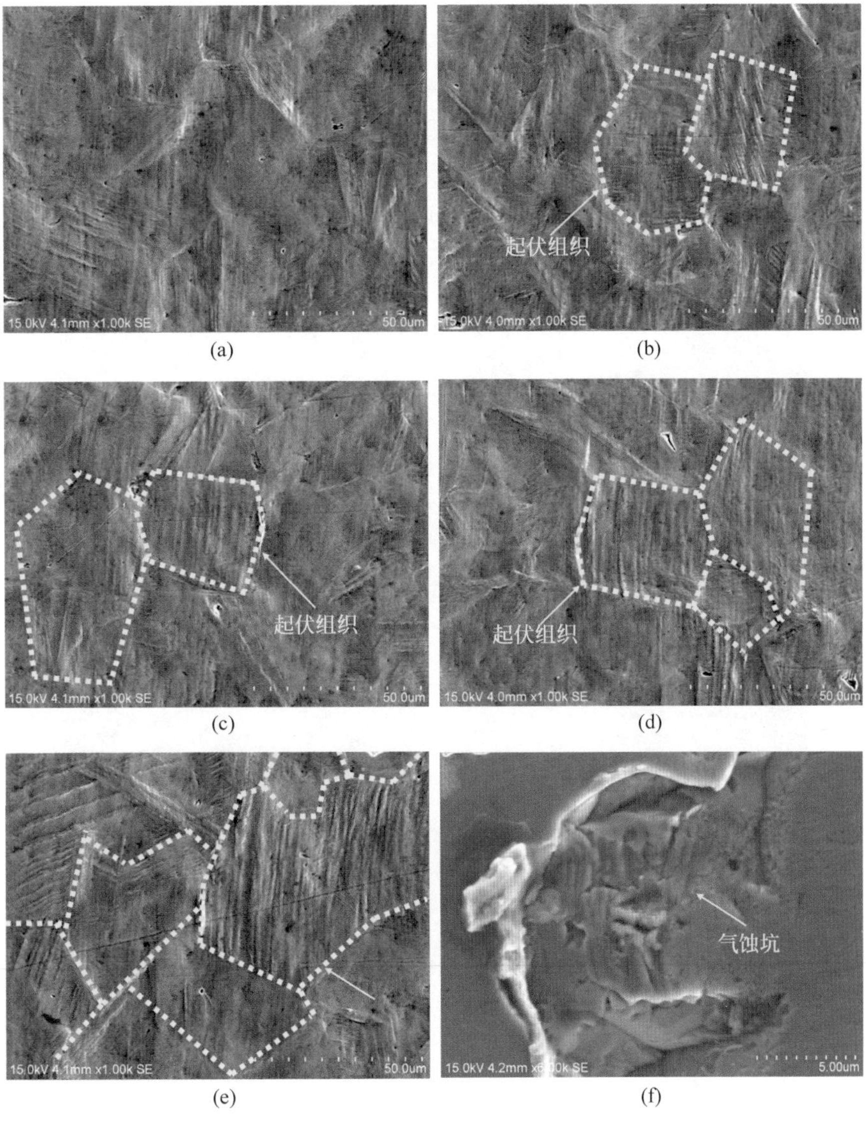

图 6-33　不锈钢焊接件热影响区表面气蚀形貌特征

(a) 6min；(b) 10min；(c) 20min；(d) 50min；(e) 360min；(f) 气蚀 360min 时气蚀坑的放大形貌

缘变得扭曲，如图 6-33(c)所示，再加上热影响区的机械性能较差，导致该区域表面出现了断层，晶界处出现空洞，材料从表面剥落，致使马氏体的体积分数在一个常数范围内波动。从图 6-33(d)中气蚀 50min 到图 6-33(e)中气蚀 360min，热影响区出现的普通形态的起伏组织数量越来越多，轮廓更密更深。图 6-33(f)是热影响区表面其中一个气蚀坑的高倍 SEM 照片，从图中可以清楚地看见气蚀坑里面出现海绵状组织。

图 6-34(a)和(b)分别是激光冲击后不锈钢焊接件焊缝区和热影响区气蚀360min时的OM形貌。与图6-34(c)中未激光冲击的焊缝气蚀形貌相比,经激光冲击强化后,图6-34(a)焊缝区表面的起伏组织轮廓浅一些、更稀疏。图6-34(b)热影响区表面气蚀的形貌,比图6-34(d)中未激光冲击的热影响区更浅更稀疏。对经激光冲击的不锈钢焊接件来说,其表面气蚀破坏程度变得更小,这证明激光冲击强化对不锈钢焊接件抗气蚀性能起到了改善效果。

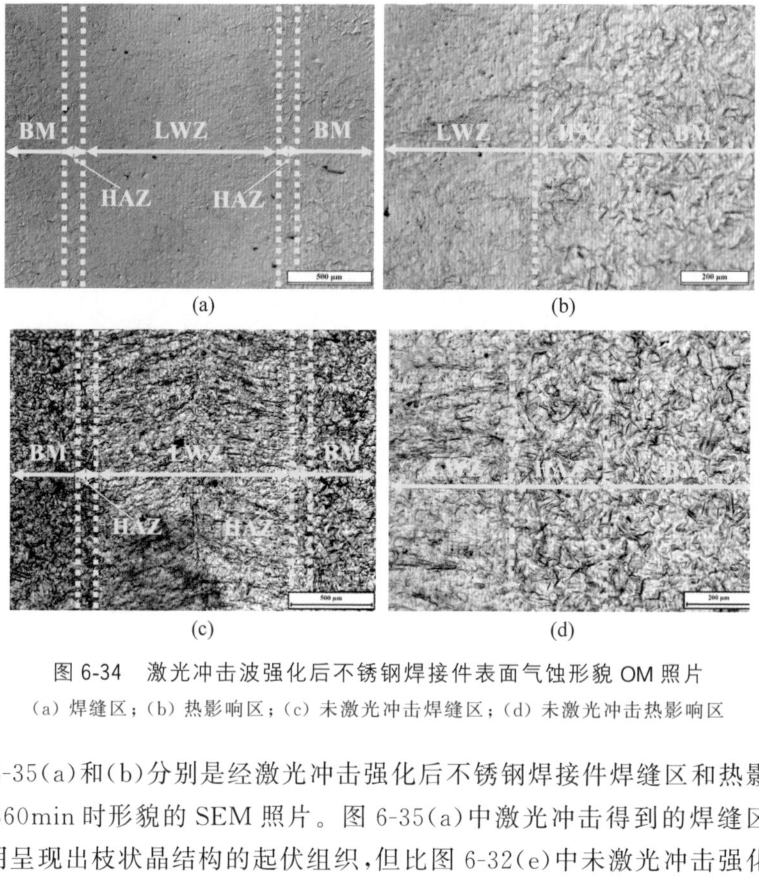

图 6-34 激光冲击波强化后不锈钢焊接件表面气蚀形貌 OM 照片

(a) 焊缝区;(b) 热影响区;(c) 未激光冲击焊缝区;(d) 未激光冲击热影响区

图 6-35(a)和(b)分别是经激光冲击强化后不锈钢焊接件焊缝区和热影响区表面气蚀360min时形貌的SEM照片。图6-35(a)中激光冲击得到的焊缝区表面经气蚀作用呈现出枝状晶结构的起伏组织,但比图6-32(e)中未激光冲击强化焊缝区得到的起伏组织要浅、更稀疏。图6-35(b)是经激光冲击强化后热影响区表面气蚀360min时的形貌,与图6-33(e)中未激光冲击的热影响区相比,经激光冲击波强化后,起伏组织和孪晶界的轮廓要浅,气蚀坑的数量更少。在图6-35(b)中也能观察到三角形起伏组织,由于受到激光冲击波强化作用的影响,这些起伏组织的边缘很难被扭曲。并且发现,经激光冲击波强化后不锈钢焊接件很少发生表面扭曲和气蚀坑的形成。

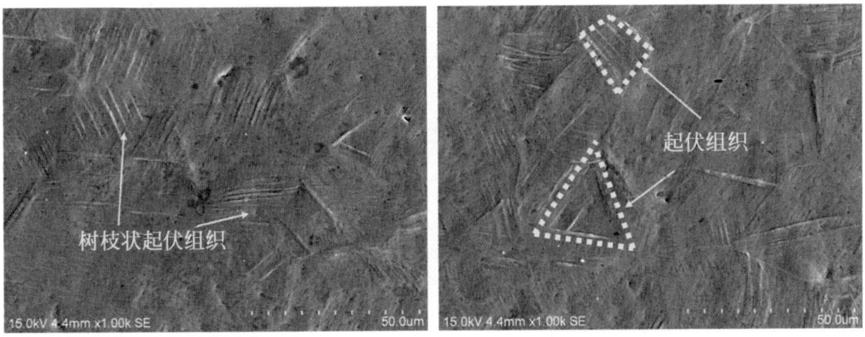

(a)　　　　　　(b)

图 6-35　激光冲击波强化后不锈钢焊接件表面气蚀 360min 时的形貌 SEM 照片

(a) 焊缝区；(b) 热影响区

6.5.3　电化学腐蚀性能

气蚀是一个复杂的过程，该过程是由机械效应、化学效应和电化学效应相互作用的结果[17-19]，在这些效应当中，电化学效应是必不可少的部分，在特定腐蚀环境下，冲蚀和腐蚀具有协同作用[20-21]，共同影响材料的腐蚀疲劳性能。另外，奥氏体不锈钢大量用于 LNG 设备中，而在不锈钢低温泵表面就会发生气蚀现象，尤其是在焊接件等薄弱部分的表面，所以需要提高奥氏体不锈钢焊接件抗气蚀电化学腐蚀性能。

1. 动电位极化曲线

图 6-36 是未激光冲击和经激光冲击的不锈钢焊接件焊缝区和热影响区在 3.5 wt.%的 NaCl 腐蚀介质中测得的气蚀动电位极化曲线。曲线 a 和曲线 b 代表的分别是未激光冲击的焊缝区和热影响区的气蚀动电位极化曲线，曲线 c 和曲线 d 则分别代表经激光冲击的焊缝区和热影响区的气蚀动电位极化曲线。表 6-6 给出了相应的自腐蚀电位和自腐蚀电流的具体数值。根据图 6-36 和表 6-6，比较得到焊缝区的气蚀电化学腐蚀性能优于热影响区，在图中表现为曲线 b 的阳极极化部分向曲线 a 的右下方移动。曲线 a 的自腐蚀电位大约是－648mV，而曲线 b 的自腐蚀电位大约是－522mV；同时，曲线 a 的自腐蚀电流大约是 31.6μA/cm^2，而曲线 b 的自腐蚀电流大约是 20.0μA/cm^2。与未激光冲击的不锈钢焊接件相比，激光冲击强化提高了焊缝区和热影响区的抗气蚀电化学腐蚀性能。经激光冲击强化后，不锈钢焊接件各区域的自腐蚀电位提高，而自腐蚀电流降低。图 6-36 中表现为曲线 c 和曲线 d 的阳极极化部分向曲线 a 和曲线 b 的右下方移动。曲线 c 的自腐蚀电位增加到约 372mV，曲线 d 的自腐蚀电位增加到约 646mV；另外，曲线 c 的自

腐蚀电流增加到约 4.0μA/cm^2，曲线 d 的自腐蚀电流增加到约 2.5μA/cm^2。

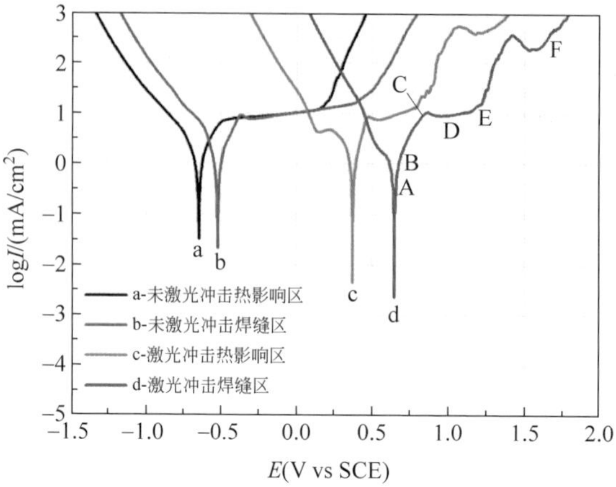

图 6-36　未激光冲击和经激光冲击的不锈钢焊接件焊缝区和热影响区在 3.5wt.% 的 NaCl 腐蚀介质中得到的气蚀极化曲线

表 6-6　未激光冲击和经激光冲击的不锈钢焊接件焊缝区和热影响区在 3.5wt.%的 NaCl 腐蚀介质中的气蚀腐蚀性能

	未激光冲击		激光冲击	
	a-热影响区(HAZ)	b-焊缝区(LWZ)	c-热影响区(HAZ)	d-焊缝区(LWZ)
E_{corr}/mV	−648	−522	372	646
I_{corr}/(μA/cm^2)	31.6	20.0	4.0	2.5

在图 6-36 中还发现经激光冲击后焊缝区和热影响区的气蚀极化曲线出现了明显的钝化区域，包括活化、钝化和过钝化特征[23]，其中活性溶解区域较短。以电化学曲线 d 为例，极化曲线的阴极反应是在 3.5wt.%的 NaCl 腐蚀介质中自腐蚀电位下的析氢反应，而阳极反应则是电极溶解反应。对于曲线 d 来说，活性溶解区域集中在 AC 段，可以看出工作电极的电位高于在热力学平衡下不锈钢焊接件的电位，因此不锈钢焊接件可以视为阳极，因为失去了电子，而发生氧化反应。随着电位增加，阳极电流密度也跟着增加，AB 段是线性 Tafel 区域。当过了曲线上的 B 点后，极化曲线斜率逐渐减小，到达 C 点时，斜率几乎为零，电流密度的增长速率逐渐减慢。在 AD 段部分，阳极电流密度达到最大值，电位值是 874mV。CD 段部分属于过渡区域，居于活化区域和钝化区域之间，阳极电流密度随着电位的增加逐渐降低，表明阳极溶解速率受到不锈钢焊接件表面钝化膜生成与溶解反应的制约，而这种制约作用又随着电位的增加而增强。DE 段部分是钝化区域，随着电位增加，

阳极电流密度则保持不变，表明在钝化膜生成与溶解反应之间存在着一种动态平衡。EF段是过钝化区域，随着电位的增加，阳极电流密度迅速增加；当阳极电流密度出现振荡现象时，电位达到1400mV。

2. 电化学腐蚀形貌

图6-37是激光冲击强化前后不锈钢焊接件焊缝区和热影响区在3.5wt.%的NaCl腐蚀介质中得到的气蚀电化学腐蚀形貌照片。图6-37(a)是未激光冲击的焊缝区气蚀电化学腐蚀形貌，从图中可以看到许多大而深的腐蚀坑。在焊接过程中，随着铁素体-奥氏体相间边界处铬(Cr)元素的偏析，粗大铁素体增加，从而形成贫铬区[22-23]。另外，焊缝区之前受到过气蚀中水锤效应的冲蚀，而电化学腐蚀试验中的氯离子又进一步加深了焊缝区表面的腐蚀程度，导致大量的腐蚀坑在焊缝区表面生成。图6-37(c)是激光冲击焊缝区的气蚀电化学腐蚀形貌，经激光冲击强化后，焊缝区的机械性能增强，使得图6-37(c)中的气蚀电化学腐蚀形貌不同于图6-37(a)，腐蚀坑的分布和尺寸都很均匀，并且腐蚀坑的尺寸小于未激光冲击处理的。在图6-37(a)和(c)中焊缝区表面出现的是许多单个点蚀坑，而在热影响区则是一片腐蚀严重的大区域，如图6-37(b)所示。由于气蚀和电化学腐蚀共同作

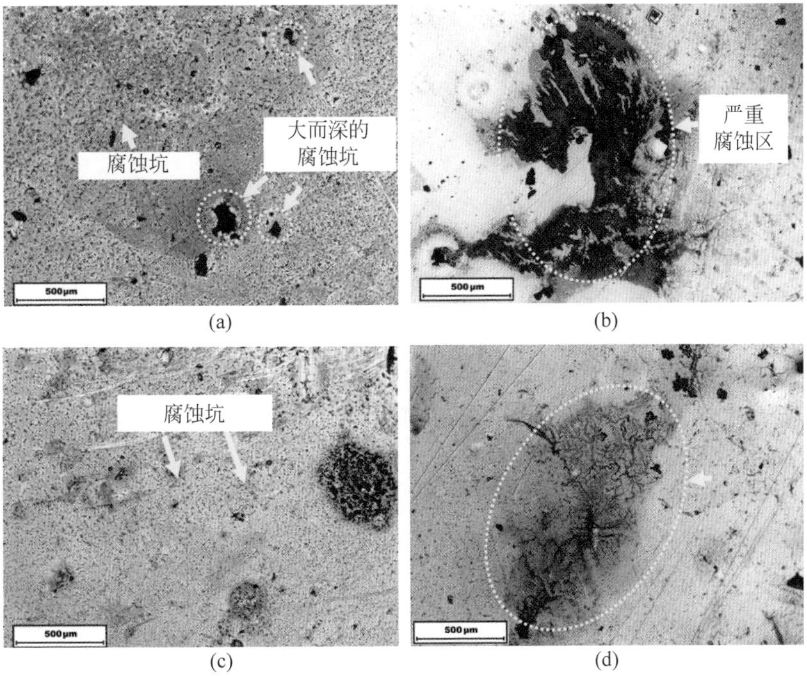

图6-37 不锈钢焊接件在3.5wt.%NaCl腐蚀介质中的气蚀电化学腐蚀形貌
(a) 未激光冲击的焊缝区；(b) 未激光冲击的热影响区；(c) 激光冲击的焊缝区；(d) 激光冲击的热影响区

用，腐蚀产物会持续沿着初始腐蚀区域向周围扩散，随着腐蚀进行，初始腐蚀区域逐渐扩大，最后在热影响区表面形成一大片严重的腐蚀区域。结合上述对电化学性能的研究，发现电位从正值突变为负值的现象表明在热影响区表面出现了腐蚀坑。图 6-37(d)是激光冲击热影响区的气蚀电化学腐蚀形貌，与图 6-37(b)相比，经激光冲击强化后严重的片状分布腐蚀区域变小变浅。综上所述，可以得出激光冲击波强化增强了不锈钢焊接件的抗气蚀电化学腐蚀性能。

6.6 激光斜冲击 FGH95 高温合金

激光冲击强化加工时一般都是激光束垂直于工件加工表面，而对于形状复杂、空间狭小的区域，激光无法垂直作用于冲击强化目标区域的零件，如发动机涡轮盘榫槽、齿轮齿面与轴颈连接处圆角等，这就需要开发新的激光斜冲击强化技术。

本节以 FGH95 高温合金涡轮榫接材料为主要研究对象，研究了不同角度的激光斜冲击对材料残余应力、表面形貌、表面粗糙度、显微硬度以及微观组织的影响，探究了激光斜冲击对 FGH95 高温合金的强化效果。本次试验共制备 10 件试样，编号 01～10，依次分为 5 组，每组分别采用入射角 30°、40°、50°、60°和 75°(斜入射角度指的是入射激光与工件表面法线的夹角)进行激光斜冲击强化。

6.6.1 概述

在激光斜冲击强化过程中，金属表面冲击区域涂覆能量吸收层(一般为黑胶布、黑漆等)，覆盖 1～2mm 的透明约束层，一束高峰值激光功率密度、短脉冲的激光束以一定的入射角照射、穿过约束层冲击金属材料表面的吸收层，不透明的吸收层充分吸收激光能量，瞬时汽化、电离，从而形成高温高压等离子体层。该等离子体层迅速向外喷射，但受限于约束层，使得等离子体难以向外四处膨胀，使得等离子体压力迅速上升，从而产生高达数吉帕峰值压力冲击波，并向金属靶材内部传播，如图 6-38 所示。

该技术产生的冲击波峰值压力高达数吉帕，远远超过了金属靶材的动态屈服极限，从而使材料产生微观塑性形变，在靶材内部产生残余压应力，形成具有一定深度的压应力层和硬化层，延缓甚至阻止裂纹萌生扩展。另外，位错缠结和位错密度提高，使材料在一定程度上提升自身的屈服极限，进一步阻碍了位错的产生和运动，加大了裂纹产生的阻力，从而使得材料的力学性能，如硬度、耐磨性、抗疲劳性、抗外物损伤能力、热稳定性等得到有效改善。

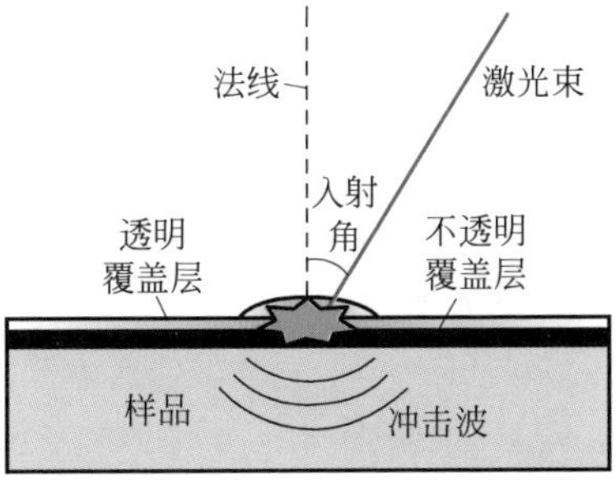

图 6-38　激光斜冲击强化技术原理图

6.6.2　表面质量

在激光能量 6J，光斑直径 3mm，横、纵光斑搭接率 30%、脉宽 20ns、重复频率 5Hz 下，对 FGH95 高温合金进行不同激光入射角斜冲击强化。

图 6-39(a)是 FGH95 高温合金在激光斜冲击下的三维表面形貌，可以发现试样表面存在微凹坑塑性变形，这是由于强激光束诱导产生的瞬时冲击波在单个光斑区域内的能量分布不均，进而整个冲击区域能量分布也不均，因此作用于试样表面后导致材料表面受力不均匀，材料表面形成峰谷高度差。与图 6-39(b)激光垂直冲击情形下的三维表面形貌相比，主要体现在微凹坑形状的差异，激光斜冲击下的光斑为类椭圆形，材料表面的峰谷高度差偏小且不均匀。

10 个试样的三维表面微凹坑形貌如图 6-40 所示，微凹坑呈类椭圆形状，激光入射角从 30°增至 75°，试样表面微凹坑形状和边界越来越不明显，说明随着入射角增大表面粗糙度越来越小，激光冲击强化作用越来越小。另外，微凹坑之间的边界各异，即使采用了 30%的光斑搭接率，但是搭接后的形貌效果不明显，说明与圆形光斑相比，类椭圆形光斑在搭接方面更易因为激光折射反射作用以及材料整体形状和表面形状差异，而减弱其搭接效果，因此显得微凹坑之间边界各异且搭接形貌不明显。综上，激光斜冲击强化加工可选用更大的光斑搭接率，以便获得更好的搭接效果。

随着入射角增大，试样表面粗糙度变化如图 6-41 所示，未激光冲击试样的平均粗糙度为 1.157μm，采用 30°、40°、50°、60°和 75°入射角激光冲击后，试样表面平均粗糙度分别为 2.831μm、2.375μm、1.986μm、1.958μm 和 1.475μm，同未激光冲击试样相比，增幅分别约为 144.7%、105.3%、71.7%、69.2%和 27.5%。由此可以发现，入射角增大，表面粗糙度随之减小。这是由于激光斜冲击产生的光斑形状呈椭圆形，与激光垂直冲击产生的圆形光斑相比，在激光能量一定时，随着入射角的

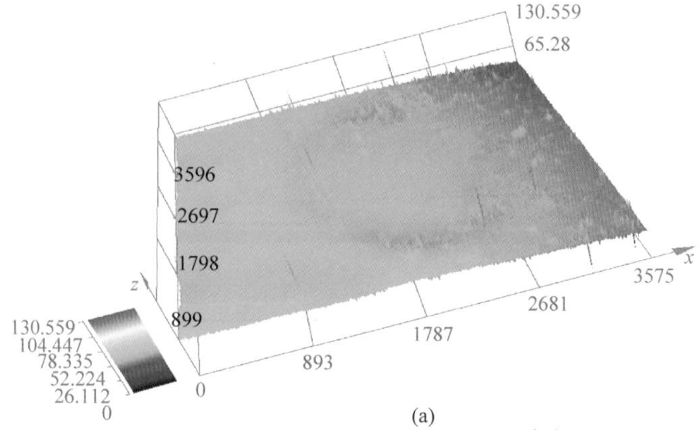

(a)

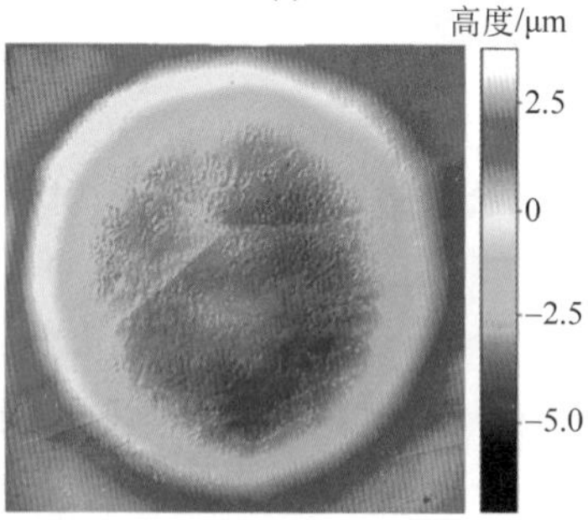

(b)

图 6-39　激光冲击后的试样表面形貌

(a) 激光斜冲击；(b) 激光垂直冲击[21]

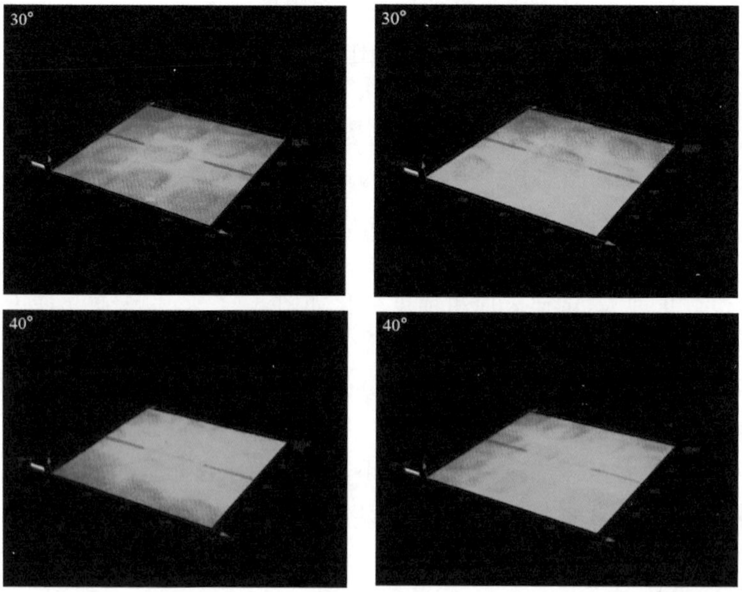

图 6-40　不同试样的三维表面微凹坑形貌

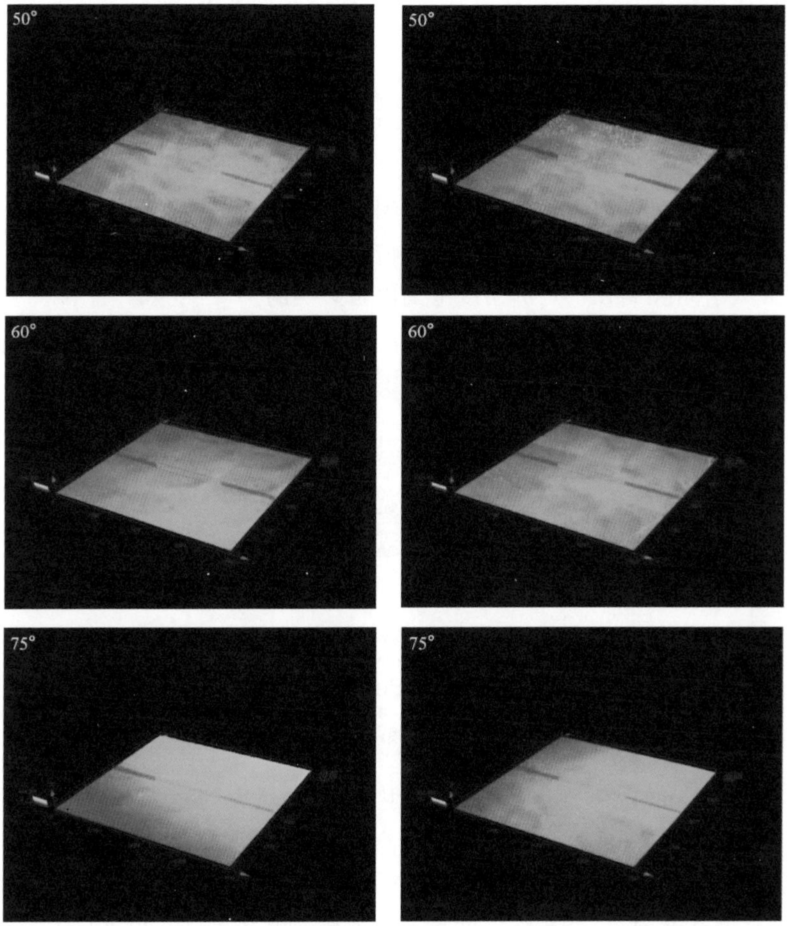

图 6-40　（续）

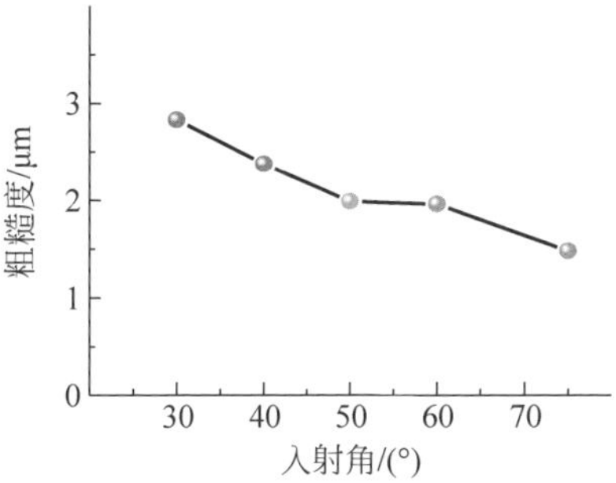

图 6-41　不同激光入射角对表面粗糙度的影响

增大，光斑面积越大，试样表面接收到的激光功率密度越小，表现为高度差减小，试样表面粗糙度减小。虽然入射角越大，表面粗糙度越小，但残余应力也越小，说明表面粗糙度和残余压应力不可兼得。

激光斜冲击表面残余应力如图 6-42 所示，试样表面产生残余压应力，随着入射角的增大，残余压应力随之降低。当入射角从 40°到 50°时，残余压应力降幅最大，入射角大于或等于 50°后，入射角对于引入残余压应力变化不大，且随着入射角继续增大，残余压应力趋近于未冲击时的情形，说明角度过大无法达到预期的强化效果，因此入射角控制在一定的角度范围内是必要的。

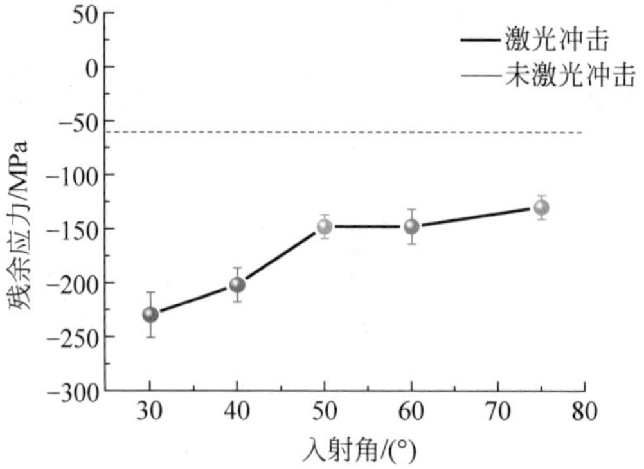

图 6-42　激光入射角对残余应力的影响

显微硬度分布如图 6-43 所示。当入射角从 30°增大到 60°时，硬度降低幅度较为一致，当入射角大于或等于 60°后，硬度突然下降，下降幅度大于 30°～60°时的下降幅度。分析认为，随着入射角增大，作用于试样表面的激光能量减少，导致试样表面显微硬度逐渐减小，且最终硬度与未激光冲击硬度相近。根据已有研究，材料表面的显微硬度越高，比磨损率就越低，耐磨性就越好[24]。因此，为了提高 FGH95 的耐磨性能，在进行激光斜冲击时选择尽可能小的入射角将是最有益的。

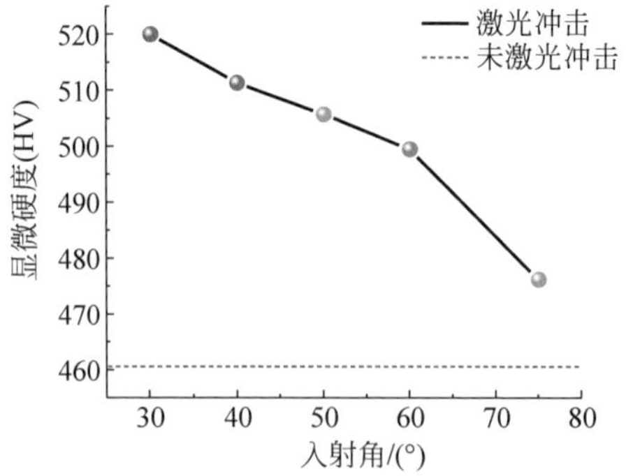

图 6-43　激光入射角对表面显微硬度的影响

6.6.3 微观组织

激光斜冲击后 FGH95 试样的截面显微形貌如图 6-44 所示。其中，靠近上冲击表面的截面形貌如图 6-44(a)所示，合金中分布着大小不一的一次粗大 γ' 相，为 0.5～4μm，且形状不规则，如红色箭头所示；其放大后的形貌如图 6-44(b)所示，可以发现大量细小二次 γ' 相弥散析出，尺寸约为 0.2μm，如黄色箭头所示。

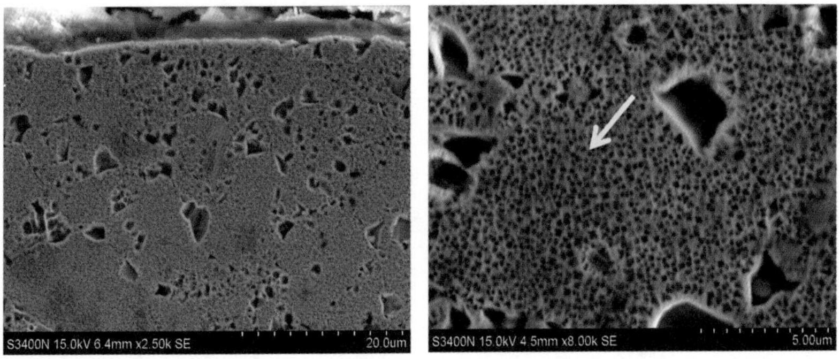

(a)　(b)

图 6-44　激光斜冲击后试样微观组织

(a) 放大 2.5k 倍；(b) 放大 8k 倍

不同入射角下试样形貌如图 6-45 所示，其中图(a)～(e)分别为入射角 30°、40°、50°、60°和 75°下的组织形貌，可以看出经冲击强化后粗大 γ' 相明显变小，且周围分布着形状规则、细小的二次 γ' 相。

在入射角为 30°时，几乎不存在粗大 γ' 相，且细化的二次 γ' 相尺寸更小，而随着入射角的增大，粗大 γ' 相数量相对增多且尺寸变大。分析认为，随着入射角增大，作用于试样表面的激光能量越小，激光冲击强化作用越小，晶粒细化效果越来越不明显，体现为 γ' 相尺寸变大且数量增多。而未进行冲击强化的试样存在大量粗大 γ' 相(图 6-45(f))。

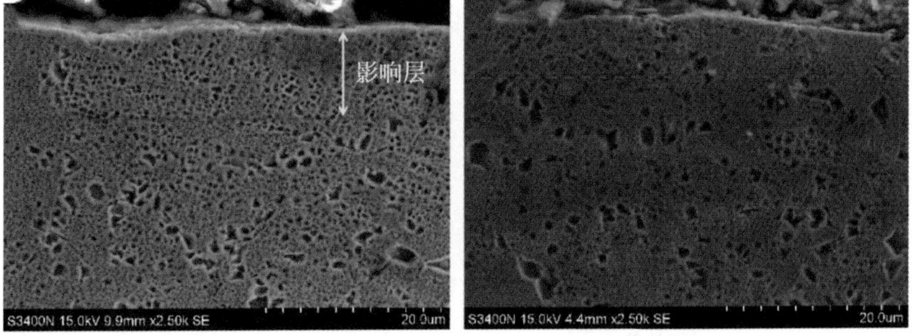

(a)　(b)

图 6-45　不同入射角下试样的微观组织形貌

(a) 30°；(b) 40°；(c) 50°；(d) 60°；(e) 75°；(f) 未激光冲击

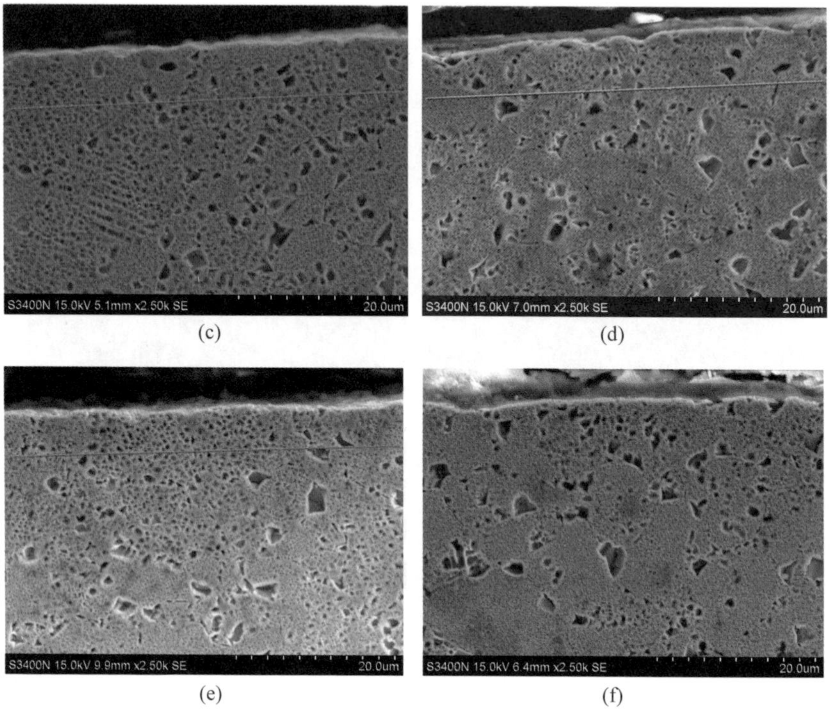

图 6-45 （续）

6.6.4 拉伸性能

图 6-46 为 10 块试样在不同激光工艺参数下进行拉伸试验得到的应力-位移曲线。从图中可以看出，激光冲击前后材料的应力位移曲线呈现大致相同的变化趋势，均经历了弹性变形、塑性变形、冷作硬化以及颈缩瞬断 4 个阶段。由图 6-46(a)可知，9 块试样经激光冲击后，在弹性变形阶段时(应力 σ<弹性极限 σ_e)，拉伸位移与加载应力近似成线性关系，9 块试样的弹性极限 σ_e 基本处在位移 4～4.7mm 范围内；图 6-46(b)中未激光冲击的试样，在弹性变形阶段(位移≤3.9mm)，拉伸位移与加载应力也基本为线性关系，之后试样进入塑性变形阶段，此后应力大小随着位移的增加而缓慢增大，塑性变形抵抗力不断增大并产生冷作硬化，当应力达到最大抗拉强度时，拉伸试样进入颈缩瞬断阶段，因断裂而导致应力急剧衰减至零。

图 6-47 是 11～14 号试样(单面垂直冲击、双面垂直冲击、单面倾斜冲击和双面倾斜冲击)进行拉伸试验后得到的应力-位移曲线。由图可知，11～14 号试样的应力位移变化规律与 1～9 号试样的规律基本一致，在弹性变形阶段，这 4 块试样的弹性极限 σ_e 基本处在位移 4～4.5mm 范围内。通过对比分析表明，双面冲击相较于单面冲击方式，强化后的拉伸效果更好，抗拉强度和屈服强度都略有增加。对

比单面/双面斜冲击和单面/双面垂直冲击的数据，也可发现不管是单面冲击还是双面冲击，垂直冲击获得的效果总比斜冲击好，相比斜冲击，抗拉强度提高了7.42%/0.67%，屈服强度提高了6.21%/0.99%。综上，在实际加工中，可选用双面激光冲击的方式作为加工工艺，既能获得更好的表面质量、更优的拉伸性能，又能在一定程度上起到校形的作用。

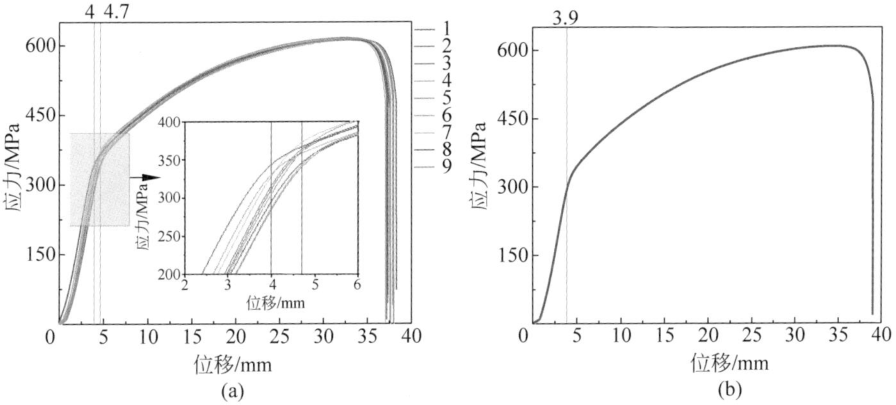

图 6-46　拉伸试样应力-位移曲线

(a) 试验组；(b) 对照组(未激光冲击)

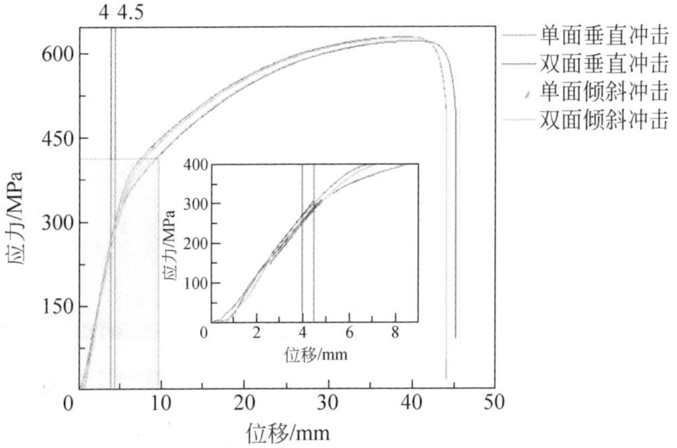

图 6-47　11～14号拉伸试样应力-位移曲线

FGH95高温合金拉断试样如图6-48和图6-49所示。宏观上，试样断口截面均有明显收缩现象。

拉伸后的宏微观断口形貌如图6-50所示。试样在受到单向拉力时，沿与外力成约45°的方向快速发展至断裂，如图6-50(a)和(c)所示；断口表现为贯穿断口截面特征，如图6-50(b)所示，试样断口的中部位置不平坦部分呈现“杯底”形貌，且表

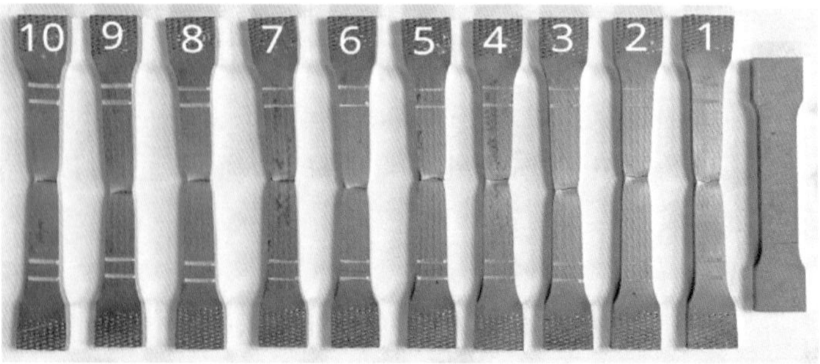

图 6-48　拉断后的 1～10 号拉伸试样与未激光斜冲击试样

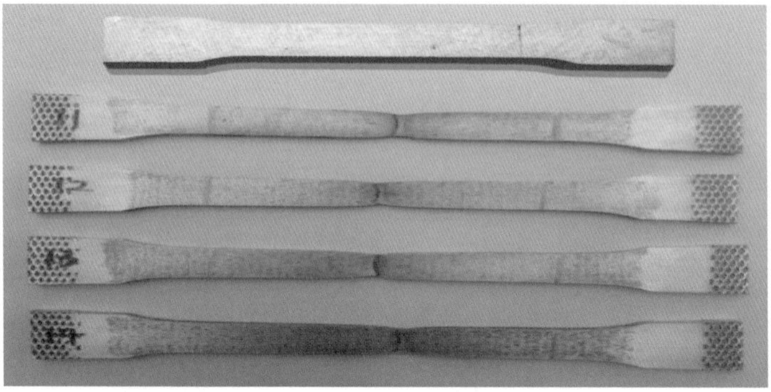

图 6-49　拉断后的 11～14 号拉伸试样与未激光斜冲击试样

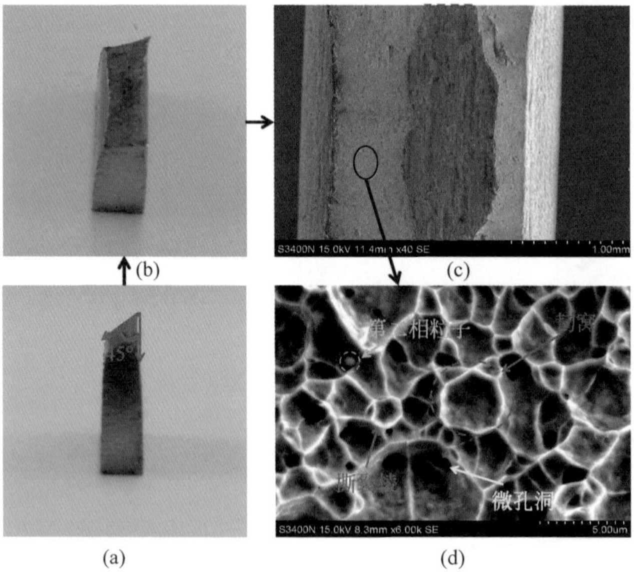

图 6-50　FGH95 标准拉伸试样的断口形貌

(a) 沿 45°方向切断的断口；(b) 断口特征；(c) 断口 40 倍放大；(d) 断口 6000 倍放大

现为多条分层状特征，并产生不同程度的紧缩，断面呈灰暗色，如虚线圈出区域所示，断后伸长率指标较高，塑性较好；在图6-50(c)实心圆圈区域放大得到图6-50(d)，在断口表面发现大量的撕裂棱、微孔和等轴韧窝，在韧窝周围的白色脊线为撕裂棱，韧窝尺寸大小不一，在一些微孔洞底可以发现第二相粒子，其尺寸、形状、分布是影响韧窝尺寸的主要因素之一；微孔尺寸宽且深，试样发生塑性变形时，在变形区域会形成微孔洞，初期孔洞较小，且相互隔绝，在加载力的作用下相互连通，造成试样破坏，这也是裂纹扩展的原因之一。

1～10号试样的拉伸断口微观形貌如图6-51所示。由图可知，未激光冲击10号试样表面呈现等轴韧窝或呈轻微拉长韧窝，例如虚线圆圈所示。从图6-51(a)～(d)可以看出，从冲击表面沿材料内部方向有着逐渐过渡且形状呈抛物线形的拉长韧窝，例如虚线椭圆圈所示。分析认为，这是由于拉伸过程中受到单向拉力和残余应力的合力作用，导致韧窝沿着受力方向拉长；从图6-51(e)～(i)可知，随着激光能量增大到6～8J时，断口形貌主要表现在韧窝尺寸小且深度较浅，韧窝分布较均匀，例如实线圆圈所示，这得益于激光冲击处理导致的晶粒细化和形变硬化，形变硬化程度越高，材料越难发生颈缩，故韧窝尺寸也就越小[25]。

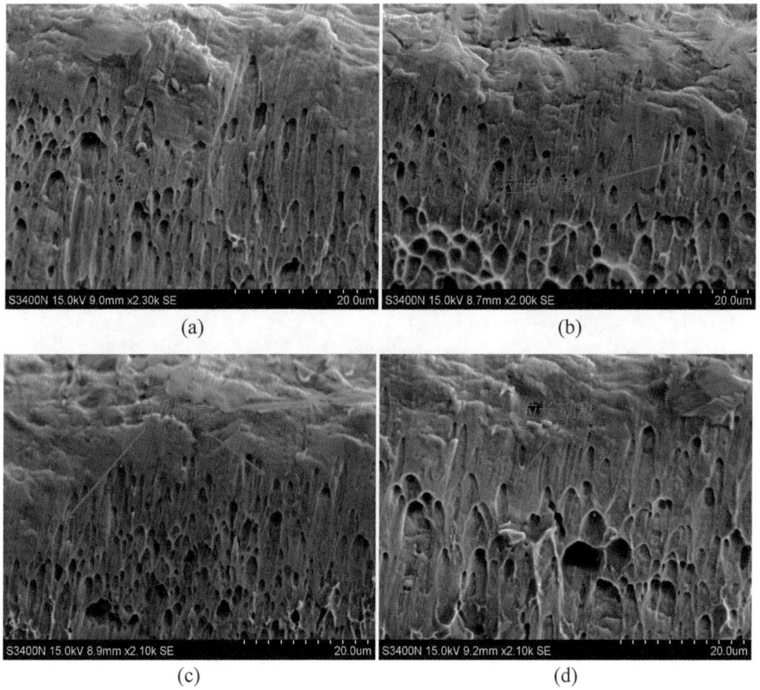

图6-51　1～10号试样断口形貌

(a) 1号试样；(b) 2号试样；(c) 3号试样；(d) 4号试样；(e) 5号试样；(f) 6号试样；(g) 7号试样；(h) 8号试样；(i) 9号试样；(j) 10号试样

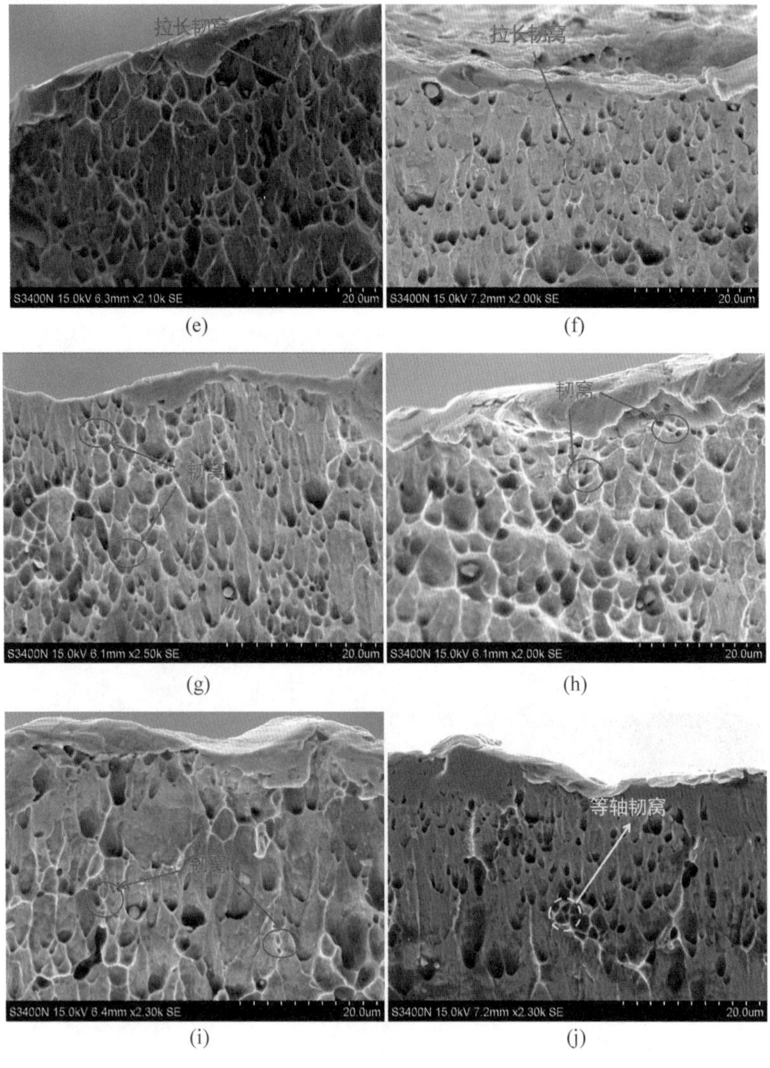

图 6-51 （续）

在激光能量为 8J，光斑直径为 3mm，进行单双面垂直或斜冲击强化，试样编号为 11～14 号，拉伸断口微观形貌如图 6-52 所示。对比图(a)和(b)，图(a)中单面垂直冲击处理，韧窝分布较均匀，微孔洞小且浅，基本无拉长韧窝，而图(b)中单面斜冲击处理，韧窝尺寸较大，靠近冲击面的韧窝拉长效果明显，微孔洞底还出现了第二相粒子；对比图(c)、(d)和(e)、(f)可以发现，双面垂直冲击相较于双面斜冲击而言，韧窝尺寸较小且分布均匀，微孔洞小且浅。单面斜冲击的残余应力提升幅值和显微硬度仅比单面垂直冲击低 9.56％和 5.25％；双面斜冲击的残余应力提升幅值和显微硬度仅比双面垂直冲击低 7.73% 和 5.72%；表明双面冲击比单面冲击的效果更好，垂直冲击比斜冲击的效果更好，但进行斜冲击强化加工时，30°的斜冲击效果接近于垂直冲击。因此 FGH95 高温合金激光斜冲击强化工艺上激光入射角 30°的斜冲击强化是可行的。

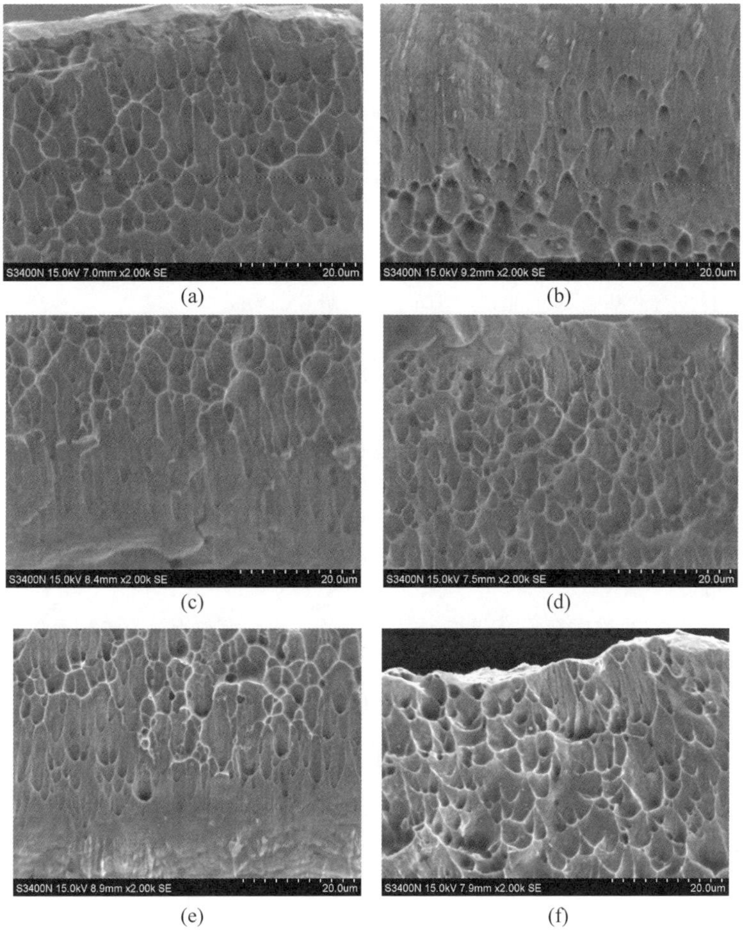

图 6-52　11～14 号试样断口微观形貌

(a) 11 号试样单面垂直冲击；(b) 13 号试样单面斜冲击；(c) 12 号试样正面垂直冲击；(d) 12 号试样反面垂直冲击；(e) 14 号试样正面斜冲击；(f) 14 号试样反面斜冲击

参考文献

[1] CLAUER A H, FAIRAND B P, WILCOX B A. Laser shock hardening of weld zones aluminum alloys [J]. Metallurgical and Materials Transactions A, 1977, 8(12): 1871-1876.

[2] FAIRAND B P, CLAUER A H. Laser generation of high-amplified stress waves in materials [J]. Journal of Applied Physics, 1979, 50(3): 1497-1502.

[3] 于水生. AZ31B 镁合金中强激光诱发冲击波的实验研究及数值模拟[D]. 镇江: 江苏大学, 2010.

[4] 张永康, 周建忠, 叶云霞. 激光加工技术[M]. 北京: 化学工业出版社, 2004.

[5] 雷卡林, 乌格洛夫, 科科拉. 材料的激光加工[M]. 王绍水, 译. 北京: 科学出版社, 1982.

[6] 沃道瓦托夫, 维依科, 契尔南, 等. 激光在工艺中的应用[M]. 朱裕栋, 译. 北京: 机械工业出版社, 1980.

[7] 孙承纬. 激光辐照效应[M]. 北京: 国防工业出版社, 2002.

[8] KRUUSING A. Underwater and water-assisted laser processing: Part 1-general features, steam cleaning and shock processing [J]. Optics and Lasers in Engineering, 2004, 41(2): 307-327.

[9] 周南, 乔登江. 脉冲束辐照材料动力学[M]. 北京: 国防工业出版社, 2002.

[10] 王礼力. 应力波基础[M]. 北京: 国防工业出版社, 2005.

[11] YANG C H, HODGSON P D, LIU Q C, et al. Geometrical effects on residual stresses in 7050-T7451 aluminum alloy rods subject to laser shock peening [J]. Journal of Materials Processing Technology, 2008, 201(1-3): 303-309.

[12] 郭伟国, 李玉龙, 索涛. 应力波基础简明教程[M]. 西安: 西北工业大学出版社, 2007.

[13] 王冰洁, 郭鹏程, 李世康, 等. 应变速率对 AM80 镁合金压缩变形行为的影响[J]. 中国有色金属学报, 2015, 25(3): 560-567.

[14] ASTM. G32-09 Standard test method for cavitation erosion using vibratory apparatus[S]. PA: 2009.

[15] 雷玉成, 冯良厚, 赵晓军. 一种奥氏体不锈钢的空泡腐蚀行为[J]. 江苏大学学报(自然科学版), 2006, 27(3): 241-244.

[16] 雷玉成, 秦敏明, 徐桂芳, 等. Cr-Ni-Co 奥氏体堆焊材料的空泡腐蚀行为[J]. 焊接学报, 2011, 32(6): 21-24.

[17] RICHMAN R H, MCNAUGHTON W P. Correlation of cavitation erosion behavior with mechanical properties of metals[J]. Wear, 1990, 140(1): 63-82.

[18] SANTA J F, BLANCO J A, GIRALDO J E, et al. Cavitation erosion of martensitic and austenitic stainless steel welded coatings[J]. Wear, 2011, 271(9-10): 1445-1453.

[19] OKADA T, HATTORI S, SHIMIZU M. A fundamental study of cavitation erosion using a magnesium oxide single crystal (intensity and distribution of bubble collapse impact loads) [J]. Wear, 1995, 186-187: 437-443.

[20] KWOK C T, CHENG F T, MAN H C. Synergistic effect of cavitation erosion and corrosion of various engineering alloys in 3.5% NaCl solution[J]. Materials Science and Engineering: A, 2000, 290(1-2): 145-154.

[21] VYAS B, HANSSON I L H. The cavitation erosion-corrosion of stainless steel [J]. Corrosion Science, 1990, 30(8-9): 761-770.

[22] AQUINO J M, ROVERE C A D, KURI S E. Intergranular corrosion susceptibility in supermartensitic stainless steel weldments [J]. Corrosion Science, 2009, 51 (10):

2316-2323.

[23] KWOK C T, LO K H, CHAN W K, et al. Effect of laser surface melting on intergranular corrosion behaviour of aged austenitic and duplex stainless steels[J]. Corrosion Science, 2011, 53(4): 1581-1591.

[24] 张超,花银群,帅文文,等.激光冲击对WC-Co硬质合金微观结构和残余应力的影响[J].表面技术,2018,47(4):230-235.

[25] GE M Z, XIANG J Y. Effect of laser shock peening on microstructure and fatigue crack growth rate of AZ31B magnesium alloy[J]. Journal of Alloys and Compounds, 2016, 680: 544-552.

第 7 章

激光冲击锻造技术

7.1 激光冲击锻打技术

7.1.1 概述

激光冲击锻打技术(laser forging)首次被广东工业大学张永康团队提出[1],是利用脉冲激光能量直接作用于激光熔覆过程中的高温熔覆层,通过产生的高压冲击波冲击锻打熔覆层,使熔覆层由铸态向锻态转变[1]。其实质是两束不同功能的激光束同时且相互协同制造金属零件的过程,如图 7-1 所示。第一束连续激光进行增材制造;与此同时第二束短脉冲激光(脉冲能量 10～20J,脉冲宽度 10～20ns)直接作用在高温金属沉积层表面,金属表层吸收激光束能量后汽化电离形成冲击波(冲击波峰值压力为吉帕量级)对易塑性变形的中高温度区进行“锻造”,增材制造与激光锻造同步进行,直至完成零件制造[2]。

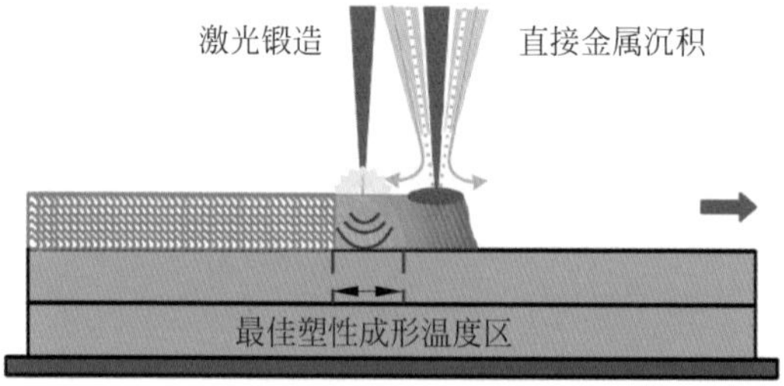

图 7-1　激光冲击锻打技术原理

7.1.2　特点

激光冲击锻打技术中的激光锻造虽来源于激光喷丸，但与其有非常大的区别。

第一，冲击波激发介质不同：激光喷丸一般需要吸收层和约束层，吸收层吸收激光能量后汽化电离形成冲击波，汽化层深度不足 1μm；激光锻造无需吸收层和约束层，激光束直接辐照在中高温沉积层上，金属直接吸收激光能量汽化电离形成冲击波，由于增材制造是逐层累积进行的，每一层不足 1μm 的汽化层厚度对零件的尺寸和形状几乎没有影响[3]。

第二，作用对象不同：激光喷丸一般是对常温零件进行强化处理，激光锻造是对中高温金属进行冲击锻打。

第三，主要功能不同：激光喷丸主要是改变残余应力状态，其次是改变微观组织，其很难改变材料原有的内部缺陷；激光锻造主要是在中高温度下消除金属沉积层内部缺陷（如气孔、微裂纹等），提高致密度和机械力学性能，其次是改变残余应力状态[2]。

7.2　激光冲击锻打 H13 模具钢

7.2.1　XRD 分析

图 7-2 为不同工艺参数下激光锻打 H13 模具钢试样的 XRD 图谱。由图可知，激光熔覆和激光锻造 H13 钢试样的物相均为 α-Fe（特征峰：(110)、(200)、(211)、(220)）。随着激光能量的提高和脉冲频率的增加，特征峰的强度逐渐降低、宽化程度变大，说明试样内部晶粒变小。

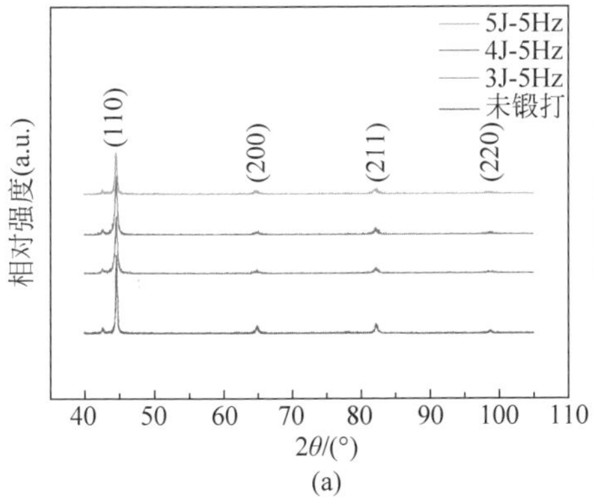

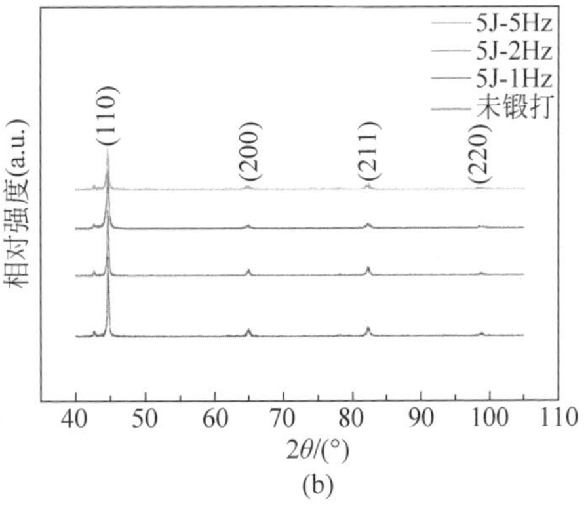

图 7-2　激光锻打前后 H13 模具钢 XRD 图谱

(a) 不同激光能量；(b) 不同脉冲频率

7.2.2 金相组织

由于激光熔覆是一个快速熔化-快速凝固过程，熔覆层内部的组织分布不均匀，且晶粒较大，在 15～45μm(图 7-3(a)～(c))；通过激光冲击锻打后熔覆层内部晶粒被锻碎，晶粒大小更为均匀，尺寸在 5～25μm(图 7-3(d)～(f))。结果表明，通过在激光熔覆过程中引入激光冲击锻打工艺，可以明显细化熔覆层内部晶粒，使其分布更为致密，提高熔覆层质量。

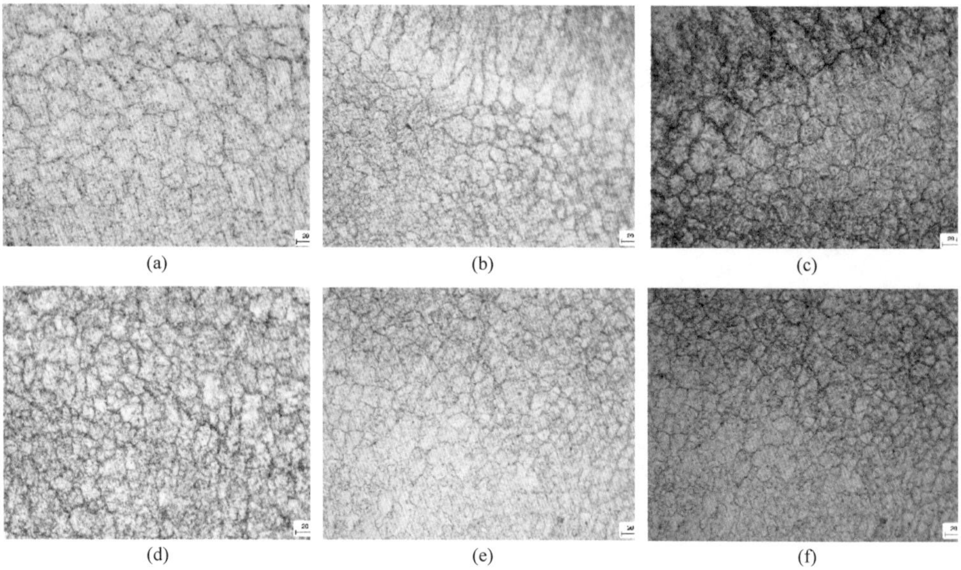

图 7-3　激光熔覆与激光锻打试样金相

(激光熔覆：(a)、(b)、(c)；激光锻打：(d)、(e)、(f))

7.2.3 显微硬度

在激光熔覆过程中进行激光冲击锻打工艺可以明显提高熔覆层的显微硬度，如图 7-4 所示。在激光冲击锻打前，熔覆层的平均硬度为 464.8HV，在 3J 激光锻打能量下，1Hz、2Hz 和 5Hz 的试样硬度分别为 490.7HV、512.3HV、533.6HV，硬度提升了 5.57%、10.22%和 14.80%；在 4J 激光锻打能量下，1Hz、2Hz 和 5Hz 的试样硬度分别为 506HV、522.32HV 和 545.8HV，硬度提升了 8.86%、12.38%和 17.43%；在 5J 激光锻打能量下，1Hz、2Hz 和 5Hz 的试样硬度分别为 518.8HV、542.3HV 和 560.1HV，硬度提升了 11.62%、16.67%和 20.50%。可见，随着激光能量的提高，试样硬度逐渐增大；硬度随着锻打次数的增多而增大，但锻打次数达到一定值时，锻打次数对试样硬度的影响逐渐减小。在实际模具工作中，H13 模具钢的工作硬度一般要求在 490HV～580HV，通过激光冲击锻打后的 H13 模具钢试样能够满足工作要求。

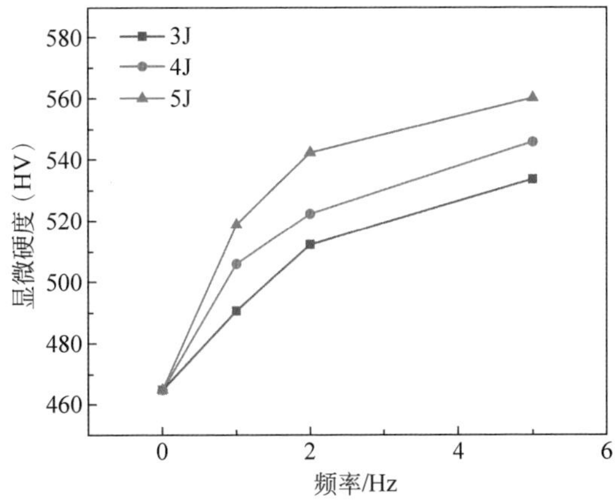

图 7-4　试样硬度分布

7.2.4　残余应力

通过 X 射线应力测定仪对试样进行应力测定，如图 7-5 所示，激光熔覆试样表面有很大的残余拉应力，均值为 568MPa；激光冲击锻打能够很好地消除激光熔覆过程中产生的残余拉应力。并且随着激光能量和脉冲频率的增加，能给熔覆层引入残余压应力，延长零件的使用寿命。当激光能量为 5J，脉冲频率为 5Hz 时，试样表面的残余应力均值为－208MPa。

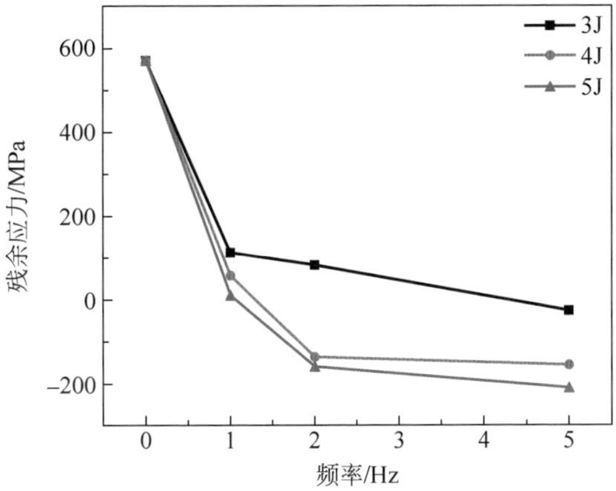

图 7-5　试样残余应力分布

7.3 激光冲击锻打 316L 不锈钢

7.3.1 微观组织

图 7-6 为激光沉积试样截面不同位置微观形貌,图 7-7 为激光冲击锻打试样截面不同位置微观形貌,可以看到激光熔化沉积试样存在较多的孔隙裂纹,激光冲击锻打试样存在较少的孔隙裂纹。结果表明:激光冲击锻打可以显著减少激光熔覆成形过程中产生的气孔、裂纹等内部缺陷,提高熔覆层的内部质量。

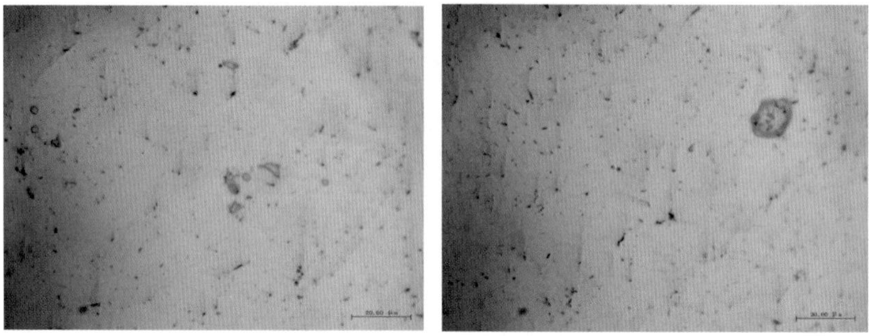

图 7-6 激光沉积试样微观形貌

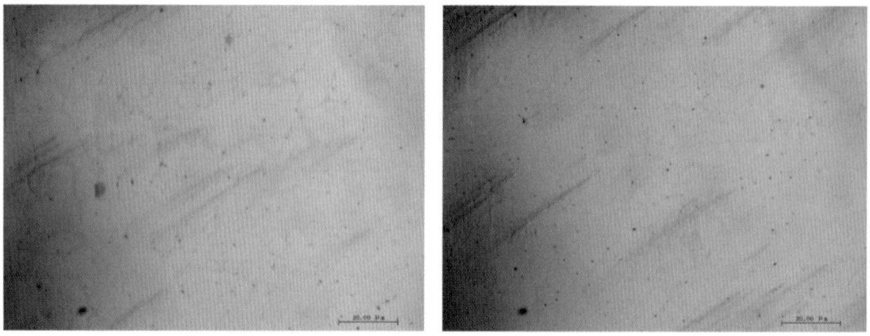

图 7-7 激光冲击锻打试样微观形貌

选取试验中表层熔覆层截面典型的微观组织进行观察,如图 7-8 所示,分别为未激光冲击的激光熔化沉积试样和激光冲击锻打试样的金相显微图,激光熔化沉积试样的晶粒尺寸范围为 10～40μm,激光冲击锻打试样的晶粒尺寸范围为 5～20μm。可以看到激光熔化沉积试样由于熔覆层送粉不均匀或者冷却速度不一致导致材料内部出现一定大小的缩孔。激光冲击波作用于激光冲击锻打试样的熔覆层表面,并产生微塑变形,从而晶粒尺寸变小,微观组织具有致密化特征,并且可以看出由于激光能量过大,晶粒部分位置出现烧蚀现象。

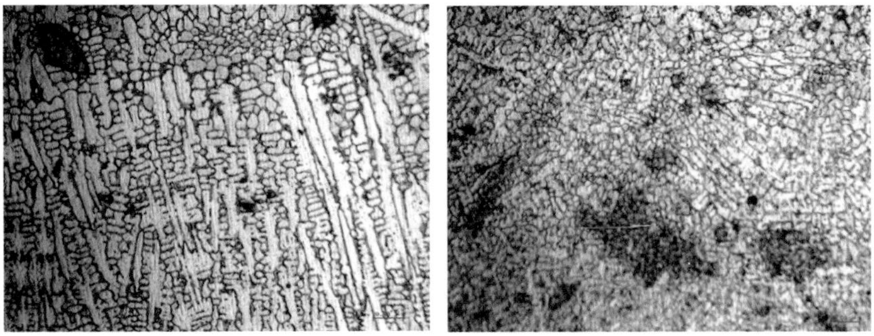

(a)　　　　　　(b)

图 7-8　熔覆层金相组织对比

(a) 激光熔化沉积；(b) 激光冲击锻打

可以看出，未激光冲击的激光熔化沉积试样的熔覆层中存在较多的针状晶和部分柱状晶，并且激光冲击锻打试样熔覆层中存在较多尺寸较小的柱状晶，主要是由组织内较多的针状晶和部分柱状晶分割而成。结果表明：激光冲击锻打工艺能够大幅减少缩孔并且使晶粒组织细化，使其分布更为致密，是提升不锈钢熔覆层质量的有效方法。

7.3.2　显微硬度

图 7-9 为激光冲击锻打和激光熔覆试样显微硬度对比图。激光熔覆 316L 不锈钢试样的表面硬度约为 285HV，激光冲击锻打后(5Hz)试样的表面硬度分别提

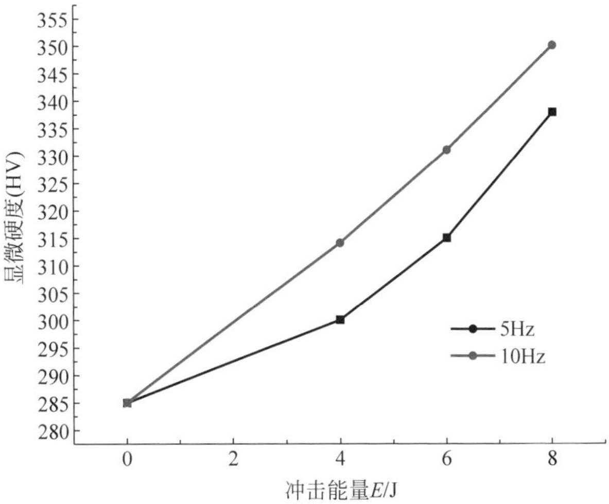

图 7-9　不同冲击参数下的表面硬度

高至 300.2HV、315.6HV、338.1HV，分别提高了 5.19%、10.58%、18.47%。10Hz 时激光冲击锻打试样的表面硬度比 5Hz 时试样硬度分别提高了 4.67%、5.08%、3.55%，表明激光冲击锻打 316L 不锈钢试样能够在激光熔覆基础上进一步提高其表面硬度，且激光能量、重复频率越大，硬度越高。

图 7-10 为激光熔覆和激光冲击锻打试样沿深度方向的硬度分布，当层深增加时，硬度先增大后减小，熔覆层表层的硬度明显小于亚表层的硬度，主要原因是熔覆过程中熔池中的混杂物上浮，导致表层内部组织相对松散。激光熔覆试样的最大硬度为 300HV，而激光冲击锻打的最大硬度为 365HV，提高了近 22%，并且二者的硬度随着深度的增加逐渐趋于平稳，激光冲击锻打件的有效硬化层深度在 8mm 左右，激光熔覆试样有效硬化层深度在 7mm 左右。结果表明：激光冲击锻打不锈钢件的硬度随着深度的增加先增加后减小，并逐渐趋于平稳，激光冲击锻打也能有效增加 316L 不锈钢的有效硬化层深度。

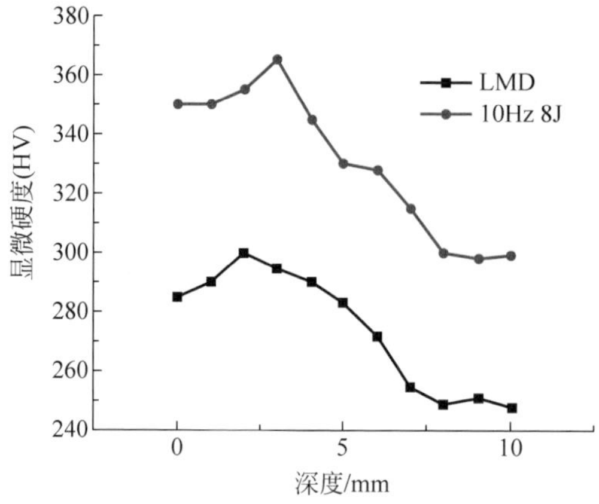

图 7-10　深度方向硬度分布

7.3.3　残余应力

图 7-11 为激光熔覆和激光冲击锻打试样沿深度方向的残余应力分布，分析可知：激光熔覆试样呈现为残余拉应力，当深度为 0.2mm 时，此处温度变化较大，容易产生更多的残余拉应力，最大达到 278MPa。而经过激光冲击锻打处理后，残余应力从拉应力转变为压应力，激光能量越大，残余压应力越大，并且当深度增加时，残余压应力先增加后减少，最终在固定负值附近趋于平缓。当深度为 0.2mm 时，最大残余压应力可达到 −264MPa，深度为 1mm 时仍然受到残余压应力的影响。

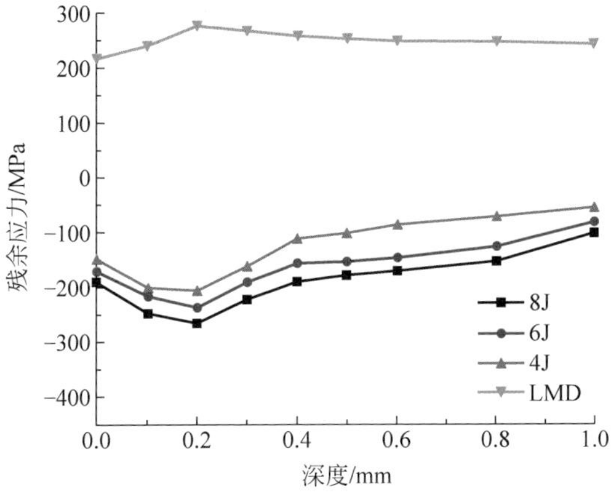

图 7-11　试样残余应力分布

7.3.4　摩擦磨损性能

图 7-12 为激光熔覆和激光冲击锻打试样摩擦系数随磨损时间的变化曲线。

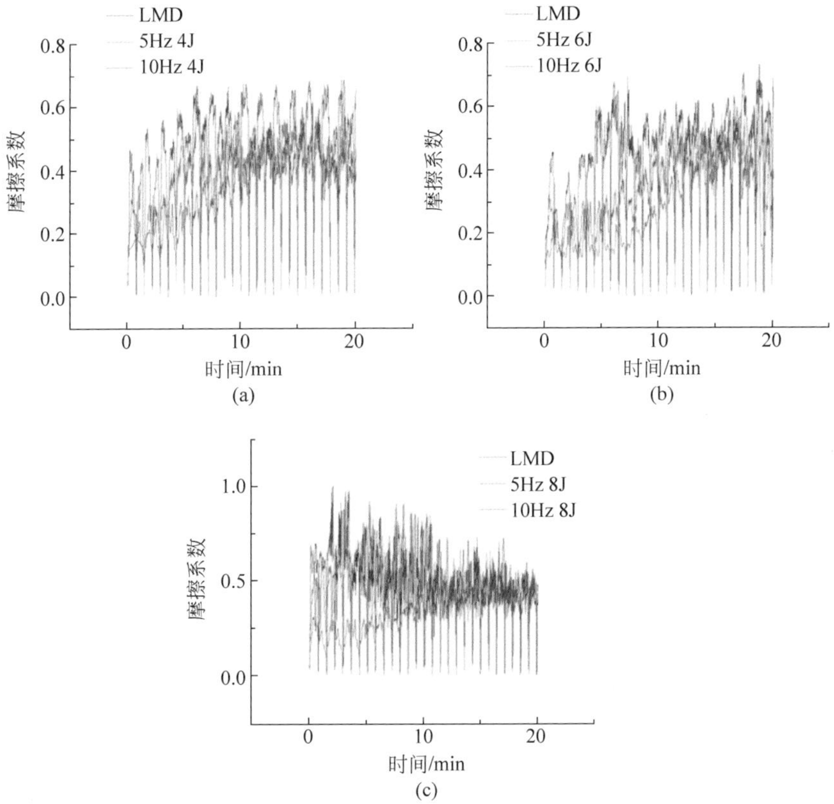

图 7-12　不同重复频率试样的摩擦系数

(a) 4J；(b) 6J；(c) 8J

由图可知,激光冲击锻打试样的摩擦系数较激光熔覆试样的小,而且在激光能量相同的情况下,激光冲击锻打试样的摩擦系数随着重复频率的增加而降低。

图 7-13 给出了激光能量对摩擦系数的影响。分析可知,在重复频率相同的条件下,当激光能量增大时,激光锻打试样表面的摩擦系数将减小,且均小于激光熔覆试样的摩擦系数。

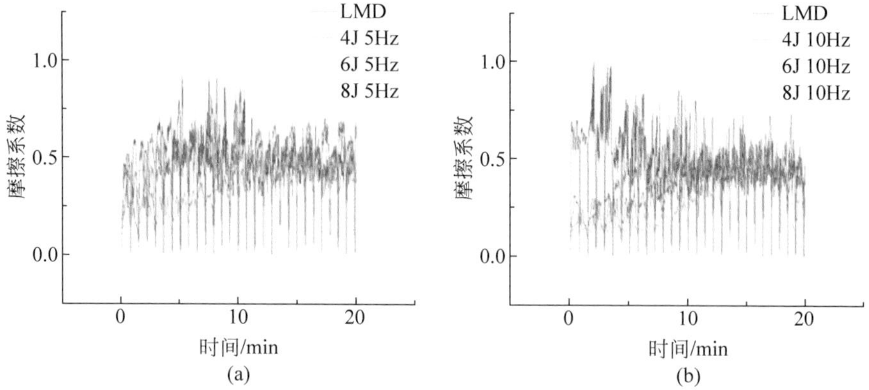

图 7-13　不同激光能量试样的摩擦系数

(a) 5Hz；(b) 10Hz

根据往复摩擦磨损实验数据,绘制激光冲击锻打和激光熔覆试样的平均摩擦系数,如图 7-14 所示。与激光熔覆试样的平均摩擦系数 0.498 相比,在频率为 5Hz、激光锻打能量分别为 4J、6J、8J 时的摩擦磨损试样平均摩擦系数分别为 0.473、0.445、0.404,分别降低了 5.0%、10.6%、18.9%。在频率为 10Hz、激光锻打能量分别为 4J、6J、8J 时的摩擦磨损试样平均摩擦系数分别为 0.367、0.329、0.272,分别降低了 26.3%、34.0%、45.4%。结果表明:激光冲击锻打试样较激光

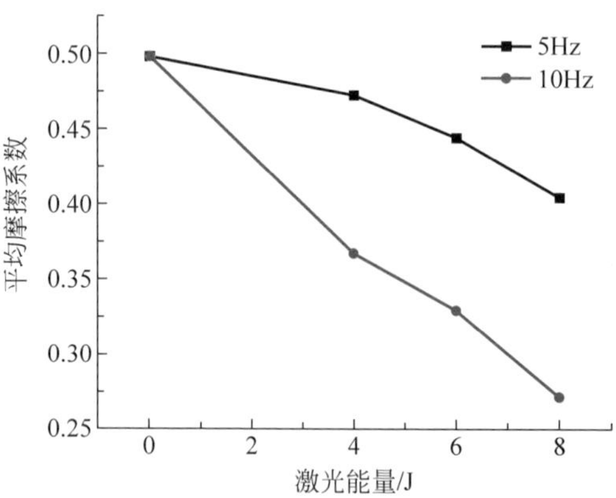

图 7-14　试样的平均摩擦系数

熔覆试样降低了 316L 不锈钢的摩擦系数，并且随着激光能量和重复频率的增大，激光冲击锻打试样的平均摩擦系数减小，表现出较好的减摩耐磨效果。

通过往复摩擦磨损得到的实验数据，绘制激光熔化沉积试样和激光冲击锻打试样的磨痕宽度和磨痕深度，如图 7-15 所示。可以看出，与激光熔化沉积试样的磨痕宽度 0.517mm 相比，重复频率为 5Hz、激光能量分别为 4J、6J、8J 的摩擦磨损试样的磨痕宽度分别为 0.404mm、0.396mm、0.370mm，分别降低了 21.9%、23.4%、28.4%。重复频率为 10Hz，激光能量分别为 4J、6J、8J 的摩擦磨损试样的磨痕宽度分别为 0.328mm、0.307mm、0.271mm，分别降低了 36.6%、40.6%、47.6%。

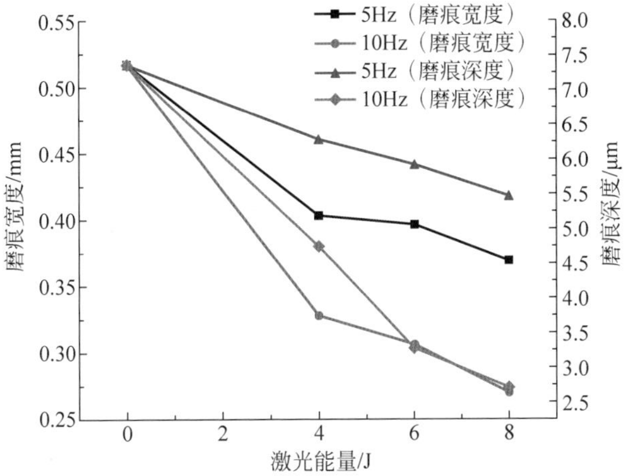

图 7-15　不同冲击参数试样的磨痕宽度和磨痕深度

与激光熔化沉积试样的磨痕深度 7.396μm 相比，重复频率为 5Hz、激光能量分别为 4J、6J、8J 的摩擦磨损试样的磨痕深度分别为 6.296μm、5.928μm、5.486μm，分别降低了 14.9%、19.8%、25.8%。重复频率为 10Hz、激光能量分别为 4J、6J、8J 的摩擦磨损试样的磨痕深度分别为 4.768μm、3.304μm、2.705μm，分别降低了 35.5%、55.3%、63.4%。结果表明：随着激光能量和重复频率的增大，激光冲击锻打试样的抗摩擦磨损性能越好，且都优于激光熔化沉积试样的抗摩擦磨损性能且大幅降低了摩擦磨损试样的磨痕宽度和磨痕深度，显著提高了 316L 不锈钢试样的耐磨损性。

将激光熔覆和激光冲击锻打试样的磨损量作为零件摩擦磨损性能的判断标准，通过三维表面形貌仪的采样数据运算功能计算出相应的磨损量及磨损率。磨损量计算公式为[6]

$$V = SD \tag{7-1}$$

其中，$V(\mathrm{mm}^3)$为磨损体积；$S(\mathrm{mm}^2)$为磨痕截面面积；$D(\mathrm{m})$为磨痕路程。

磨损率公式为

$$K=\frac{V}{FD} \tag{7-2}$$

其中，K（$mm^3 \cdot N^{-1} \cdot m^{-1}$）为磨损率；$F$(N)为加载力。

激光熔覆和激光冲击锻打试样的磨损量如图 7-16 所示，相比激光熔覆试样的磨损量，重复频率为 5Hz、激光锻打能量分别为 4J、6J、8J 时的磨损量分别降低了 33.5%、38.6%、46.9%，重复频率为 10Hz、激光锻打能量分别为 4J、6J、8J 时的磨损量分别降低了 59.1%、73.5%、80.1%。结果证明：当激光能量和重复频率增加时，激光冲击锻打试样相较激光熔覆试样磨损量有大幅下降，表明激光冲击锻打技术能够提升 316L 不锈钢试样的耐摩擦磨损性能。

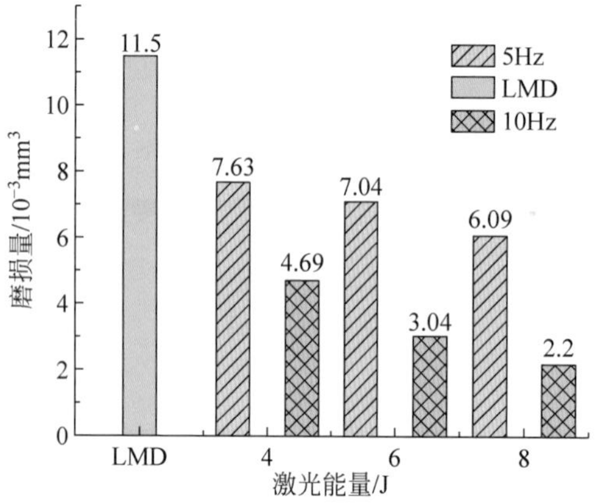

图 7-16　不同冲击参数试样的磨损量

激光熔覆和激光冲击锻打试样的磨损率如图 7-17 所示。相比激光熔覆试样的磨损率 0.255$mm^3 \cdot N^{-1} \cdot m^{-1}$，重复频率为 5Hz、激光锻打能量分别为 4J、6J、8J 时的磨损率分别为 0.170$mm^3 \cdot N^{-1} \cdot m^{-1}$、0.156$mm^3 \cdot N^{-1} \cdot m^{-1}$、

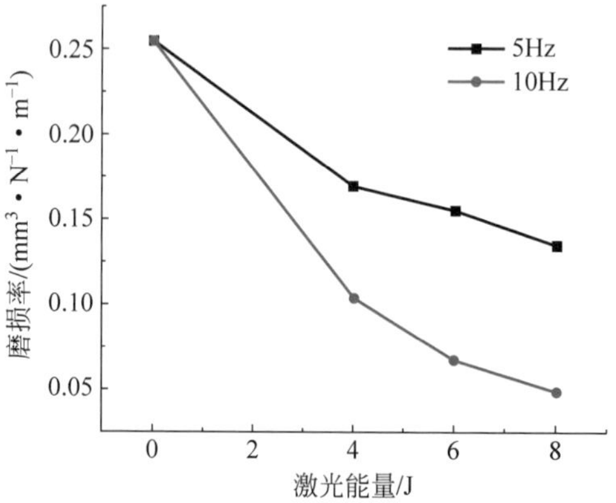

图 7-17　不同冲击参数试样的磨损率

0.135mm³·N⁻¹·m⁻¹,分别降低了 33.3%、38.8%、47.1%;重复频率为 10Hz、激光锻打能量分别为 4J、6J、8J 时的磨损率分别为 $0.104mm^3 \cdot N^{-1} \cdot m^{-1}$、$0.068mm^3 \cdot N^{-1} \cdot m^{-1}$、$0.049mm^3 \cdot N^{-1} \cdot m^{-1}$,分别降低了 59.2%、73.3%、80.8%。结果表明:当激光能量和重复频率增大时,激光冲击锻打试样相较激光熔覆试样磨损率有所下降,可以看出激光冲击锻打工艺比激光熔覆工艺更能提高 316L 不锈钢试样在服役过程中的磨损性能,使零件使用更加安全和高效。

7.4　激光锻造复合电弧焊接技术

7.4.1　技术概述

激光锻造复合电弧焊接技术原理如图 7-18 所示[2]。在焊接过程中,焊嘴按一定速度稳定送丝,电弧将母材与焊丝熔化,在母材上形成金属熔池,连续地保护气体覆盖焊接部位,使焊接过程在保护环境中进行,此时利用短脉冲、高能量的激光通过电弧直接作用在熔池中,对金属熔池进行力效应搅拌振动,改变熔池内金属熔体的流动状态,从而改善焊缝成形规律,达到提高焊缝综合性能的目的[3]。

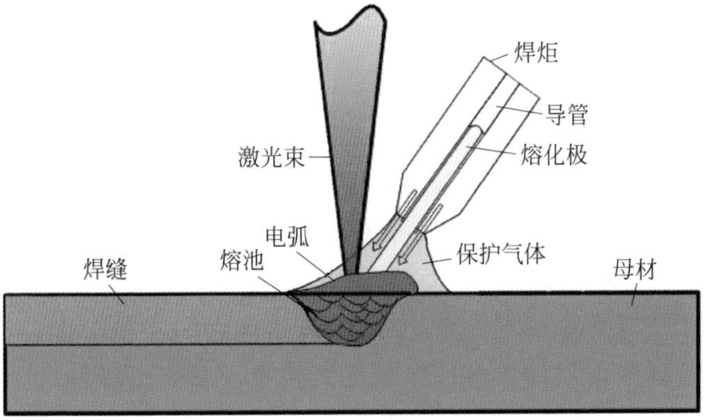

图 7-18　激光锻造复合电弧焊接技术原理

激光锻造电弧焊接技术为复合焊接技术提供了一种全新的研究思路,该项技术的主要特点如下:

(1) 减少焊缝缺陷,提高焊缝质量。

在激光锻造复合电弧焊接过程中,激光束通过力效应对熔池进行搅拌振动,在激光力效应与电弧力对金属熔池的耦合作用下,加速了熔池液态金属的流动速率,改变了熔池金属的冷却速度及成形方式,可有效减少焊缝缺陷的产生,提高焊缝质量[4]。

(2) 细化晶粒,增强焊缝性能。

在金属焊接过程中,熔合区在激光力作用和金属液体相对流动时产生剪切力的综合作用下,一部分粗晶直接发生断裂;一部分粗晶随着金属熔体的流动与之产生相对运动,当粗晶接触到熔池中高温金属熔体时,部分枝晶熔化,并在金属流动产生的剪切力作用下破坏形成细小的枝晶碎片,细小的枝晶碎片随着金属熔体的流动快速扩散,此时枝晶碎片作为新的晶体核分布在金属熔池的各个区域,晶粒的数量大幅增加,尺寸大幅减小,此时焊缝晶粒得到细化,性能得到增强[5]。

(3) 减少焊接成本,节约资源。

在复合焊接过程中,电弧使母材以及焊丝熔化,熔池温度升高,此时激光束通过电弧直接作用在熔池中,激光束反射率降低,提高了激光在熔池中的作用效果,减少了能源的浪费[6]。

7.4.2 微观组织

轴类零件的整体修复过程是通过多条焊道拼接而成的,在焊接过程中,母材与焊道会经历交替的加热与冷却阶段,金属会由固体状态升温转变为液体状态,液态金属又由于降温转变为固体金属,此外还会受到焊接的热影响,金属的组织性能会发生相应的变化。

1. 宏观形貌

图 7-19 为不同激光频率焊道表面与截面形貌(焊接电流 130A,电压 34V,焊接速度 160mm/min)。当激光频率为 2～5Hz 时,焊道表面相对平整,但表面纹路分布不均匀,且有大量飞溅产生。分析认为,当激光频率较小时,激光作用在熔池中的时间较长,在焊接速度一定的情况下,激光搭接率很小甚至没有,此时激光产生的搅拌作用使金属熔体呈不规则的流动,且熔体之间互相干扰,当金属凝固后,导致焊缝表面纹路的不均匀。通过焊缝截面观察,在熔合线附近以及焊道上表面出现较多气孔,主要因为激光频率过低干扰了金属熔体的流动,阻碍了气孔的溢出。随着激光频率增加(6～10Hz),焊道表面均匀平整,表面呈规则鱼鳞状,截面无明显焊接缺陷。随着激光频率的增大,激光作用在熔池中的时间减小,激光搭接率逐渐增大,在激光力效应与电弧力耦合的作用下金属熔体呈规则性的流动状态,当金属凝固后焊道表面呈规则鱼鳞状,又因为激光冲击搅拌作用,使得金属熔体加速流动,对气体的溢出有促进作用。

图 7-20 为不同激光频率下焊道各尺寸参数的变化情况。当激光频率为 2Hz 时,熔高、熔宽、熔深、余高系数分别为 2.487mm、13.413mm、2.200mm、0.1854,此时的余高系数最大,焊道高而窄,焊道与基体的重熔区面积较小,焊接质量较差。

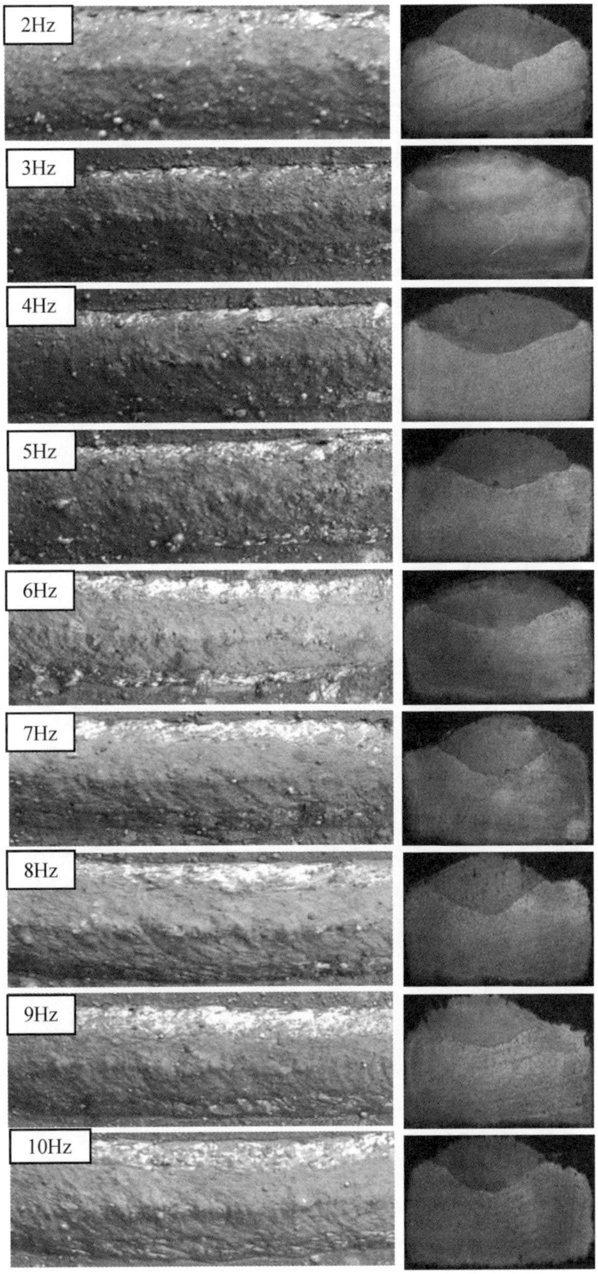

图 7-19　不同激光频率焊道表面及截面形貌

当激光频率为 10Hz 时，焊道的熔宽与熔深达到最大值 15.490mm、2.984mm，熔高与余高系数达到最小值 1.811mm、0.1169，此时的焊道宽而深，焊道与基体的重熔区面积较大。可以看出,随着激光频率的增加,焊缝的熔宽与熔深增加,焊缝的熔高与余高系数减小。

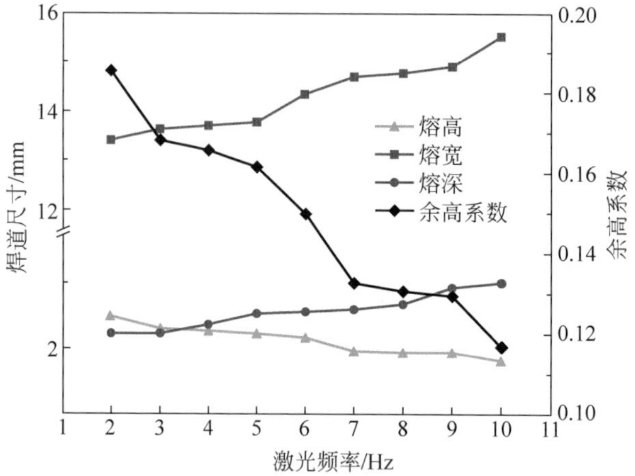

图 7-20　不同激光频率对焊道尺寸参数的影响

图 7-21 为激光锻造复合焊接前后的表面形貌。激光锻造前,表面整体分布较均匀,但在表面分布大量焊瘤,飞溅严重,焊道之间可观察到明显的气孔[7],焊道与焊道之间的过渡起伏较大。激光锻造后,表面光滑平整,焊道之间过渡均匀,表面存在少量细小的飞溅物,且无明显气孔产生,相较于微锻前的修复件,其表面质量更优。

(a)　　　　(b)

图 7-21　激光锻造复合焊接前后表面形貌

(a) 激光锻造前;(b) 激光锻造后

2. 微观结构

图 7-22 为激光锻造前后修复件焊缝区的显微组织,其中图(a)、(b)为锻造前光学显微镜和扫描电镜组织,图(c)、(d)为锻造后组织。经图(a)、(c)对比观察,当修复件未锻造时,其晶粒较粗大,而锻造后,焊缝区的晶粒明显细化。图(b)未锻造

焊缝区的组织主要由针状马氏体和粒状贝氏体组成，而图(d)锻造焊缝区主要由板条状马氏体与少量针状马氏体组成。在焊缝区形成的粗晶受到激光力作用和金属熔体相对流动时的作用发生破坏形成细小的枝晶，焊缝晶粒得到细化。

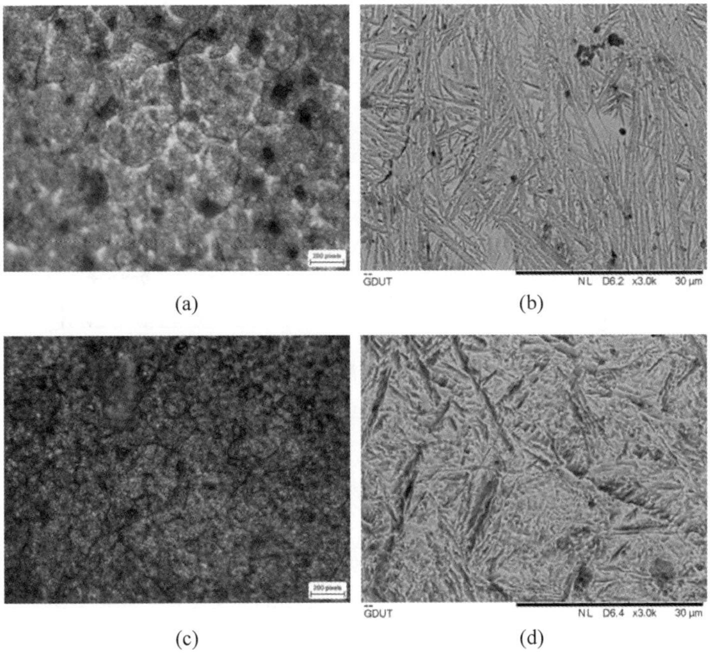

图 7-22　激光锻造前后修复件焊缝区组织

7.4.3　显微硬度

图 7-23 为激光锻造前后修复件的显微硬度分布。A 为焊缝区，锻造后最大显微硬度约为 665HV，平均硬度约为 607HV，未锻造焊缝区最大显微硬度与平均硬度分别为 576HV、562HV。B 为部分熔合区，锻造前后硬度分别为 266HV～278HV、259HV～286HV，差距较小。C 为热影响区，硬度分布呈阶梯状下降，锻造前后平均硬度分别为 224HV、227HV，锻造后热影响区硬度略微减小。D 为母材区，平均硬度为 166HV。分析可知，锻造后较未锻造平均硬度提高了 8.12%，较基材平均硬度提高了近 3 倍。激光锻造对焊缝区硬度影响最大，主要在于激光力效应与电弧力的耦合作用提高了金属熔体流动速度，受力效应作用产生的破碎枝晶随着金属熔体流动，形成新的细小枝晶，增加了晶粒数目，细化了晶粒尺寸，锻造前后焊缝区组织也证实了激光锻造具有细化晶粒的作用，晶粒细化代表着晶界增多，材料表面发生塑性变形的阻力就变大，反映在宏观上即硬度增大。

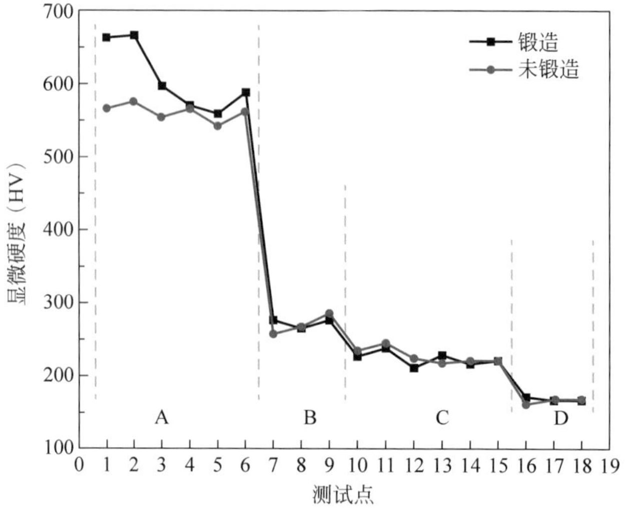

图 7-23 激光锻造前后的硬度分布

7.4.4 摩擦磨损性能

图 7-24 给出了激光锻造前后焊缝区及母材的摩擦系数。由图可知，摩擦系数随着时间的增加呈现规律的上下波动，这是经典的黏滑现象特征，其中锻造区焊缝摩擦系数波动幅度最小，其次是母材区，波动幅度最大的为未锻造焊缝区。母材区的摩擦系数最大，其次是未锻造焊缝区，最小的为锻造焊缝区，表明锻造焊缝区摩擦性能最好。

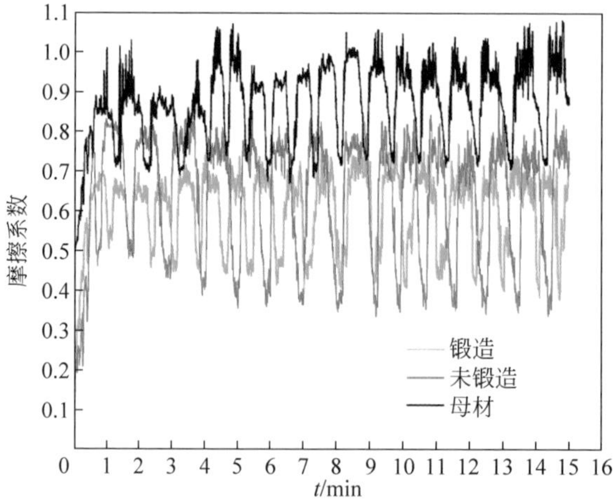

图 7-24 激光锻造前后焊缝区及母材的摩擦系数

图 7-25 为激光锻造前后焊缝区及母材的平均摩擦系数，母材的平均摩擦系数为 0.87055，激光未锻造焊缝区为 0.63742，激光锻造后焊缝区为 0.60520。激光锻造后焊缝区平均摩擦系数最小，相较于未锻造和母材的平均摩擦系数分别降低了 5.055%、30.481%，表现出良好的抗磨能力。

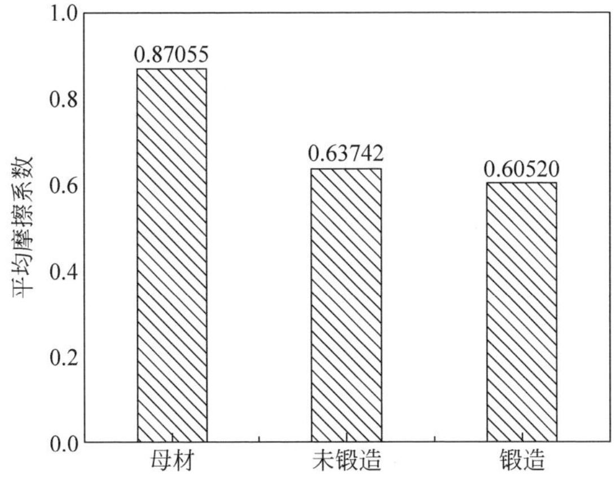

图 7-25　激光锻造前后焊缝区及母材的平均摩擦系数

图 7-26 给出了母材、未锻造区、锻造区的磨损量及磨损率，磨损量分别为 2.45mm^3、0.31mm^3、0.0949mm^3，磨损率分别为 $2.73\times10^{-3}mm^3\cdot s^{-1}$、$3.44\times10^{-4}mm^3\cdot s^{-1}$、$1.05\times10^{-4}mm^3\cdot s^{-1}$。母材、未锻造区、锻造区的磨损量及磨损率依次降低，证明锻造后焊缝区抗磨损性能最优，激光锻造能有效提高焊缝的耐磨性能。

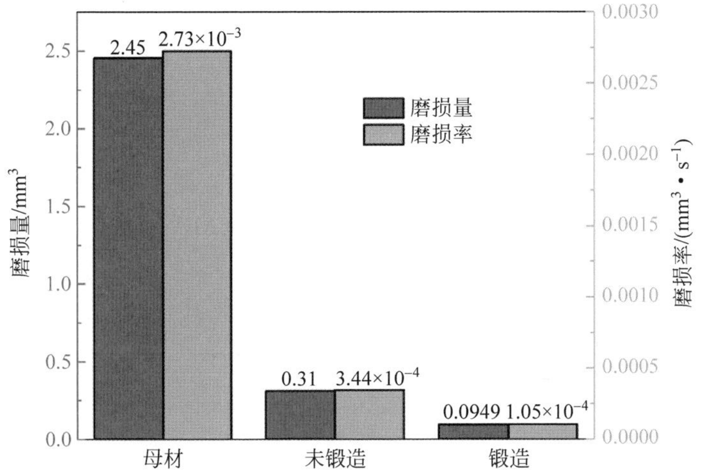

图 7-26　激光锻造前后焊缝区及母材的磨损量及磨损率

图 7-27 是母材、未锻造区、锻造区的磨痕形貌。由于母材硬度远低于对磨材料，磨屑大量保留在母材上，造成了母材磨屑的堆积(图 7-27(a))。母材磨痕表面含有较大尺寸的剥落坑，是接触疲劳磨损所致。产生剥落坑可分为两个阶段：第一阶段为疲劳裂纹产生阶段，当两接触面在一定的负载下相对运动时，接触表面长期处于交应变力的环境中，此时接触表面或者其深度方向的薄弱处将会产生疲劳裂纹；第二阶段是疲劳裂纹扩展阶段，疲劳裂纹在交应变的环境中，将作为疲劳裂纹源开始扩散，当疲劳裂纹扩散到一定程度时，接触表面金属将以薄块的形式脱落形成剥落坑[8]。因此，母材区的磨损机制主要表现为黏着磨损与接触疲劳磨损。图 7-27(b)为未锻造焊缝区的磨痕形貌，其表面含有较多的点蚀坑、小面积的磨屑及较浅的犁沟，磨损机制主要表现为接触疲劳磨损，其中点蚀坑与剥落坑的产生过程相似。图(c)为锻造后焊缝区的磨痕形貌，磨痕表面有较浅的犁沟，犁沟是磨粒在两金属表面相互作用时对接触表面进行切削的结果。激光锻造后，磨痕区无明显疲劳剥落痕迹，无磨屑堆积现象(图 7-27(c))，分析认为，激光锻造后焊缝区在一定程度上增加了其抗疲劳能力，磨损性能得到了提高。

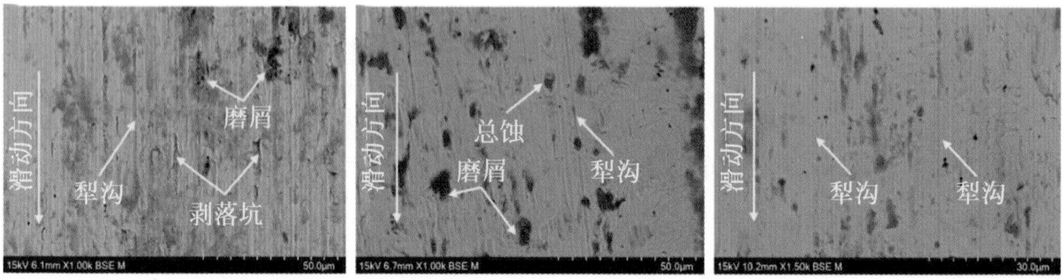

(a) (b) (c)

图 7-27 激光锻造前后焊缝区及母材的磨痕形貌

7.4.5 拉伸性能

图 7-28 为不同频率激光锻造下拉伸试样的应力-应变曲线。当未激光锻造时，试样的抗拉强度为 547MPa，应变为 24.94%。当激光锻造频率分别为 3Hz、6Hz、10Hz 时，试样的抗拉强度分别为 547MPa、536MPa、544MPa，应变分别为 24.94%、16.92%、16.38%。

拉伸试样的断裂形貌如图 7-29 所示。试样拉伸断裂后，几乎没有颈缩现象，断口平齐光亮与正应力方向垂直。根据拉伸断裂现象以及拉伸曲线可知试样没有明显的屈服阶段，能够判断该拉伸断裂方式为脆性断裂。激光锻造前(图 7-29(a))，在拉伸断裂处有明显的缺陷以及夹渣现象，试样发生脆性断裂，主要因为在焊接过程中产生了焊接缺陷，从而引起应力集中，过分集中的拉应力如果超过材料的临界拉应力，将会产生裂纹或缺陷的扩展，形成断裂源，最终导致脆性断裂。激光锻造

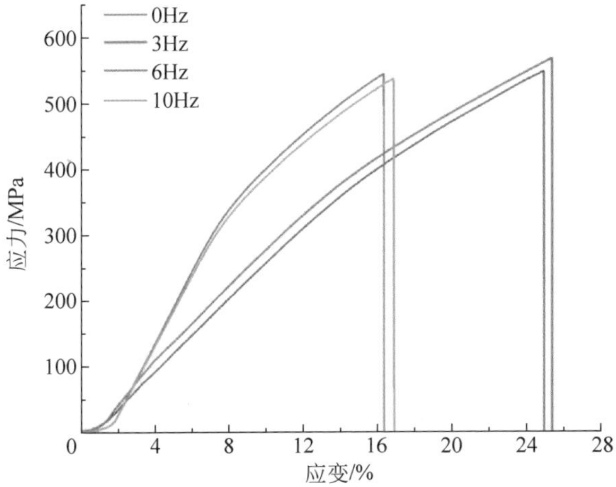

图 7-28　拉伸试样应力-应变曲线

后，如图 7-29(b)～(d)所示，拉伸断裂处的夹渣明显变小，且没有大块缺陷出现。随着激光锻造的引入，焊缝中出现的夹渣和缺陷在激光冲击波的力作用下被打碎和重新焊合，从而提高焊缝处的焊接质量。

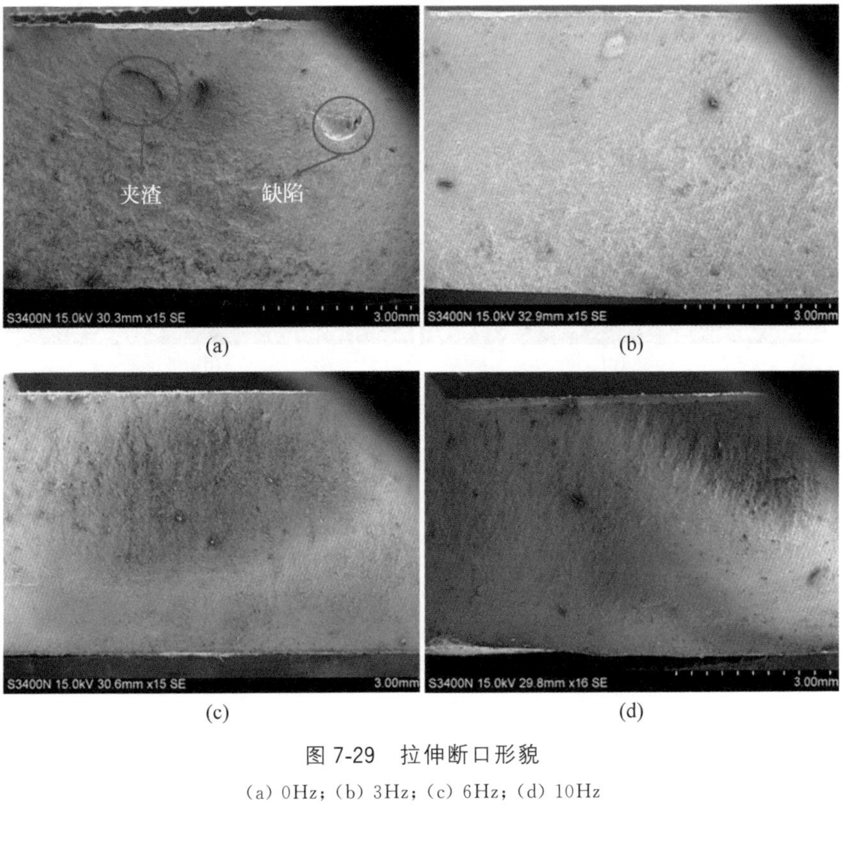

(a) (b) (c) (d)

图 7-29　拉伸断口形貌

(a) 0Hz；(b) 3Hz；(c) 6Hz；(d) 10Hz

图 7-30 为试样拉伸断裂后的微观形貌，图 7-30(a)、(b)中发现了大量第二相粒子，它们是微孔成核的源，第二相粒子一般由夹杂物或者强化相组成，由于焊缝中的夹渣在不大的应力作用下便与基体脱开或本身裂开在焊缝中形成微孔，微孔在拉伸过程中不断聚合使实际承载面积减小而产生了快速剪切裂开，导致材料的韧性及塑性变差。图 7-30(c)、(d)为解理断裂形式，解离面上存在舌状花样，同时在图中还能发现少许韧窝和第二相粒子，当激光锻造频率为 6Hz 和 10Hz 时，拉伸断裂主要形式为解理断裂，其断裂截面上有少量的韧窝，说明它是以解理断裂为主伴随着少量韧性断裂的混合断裂方式。

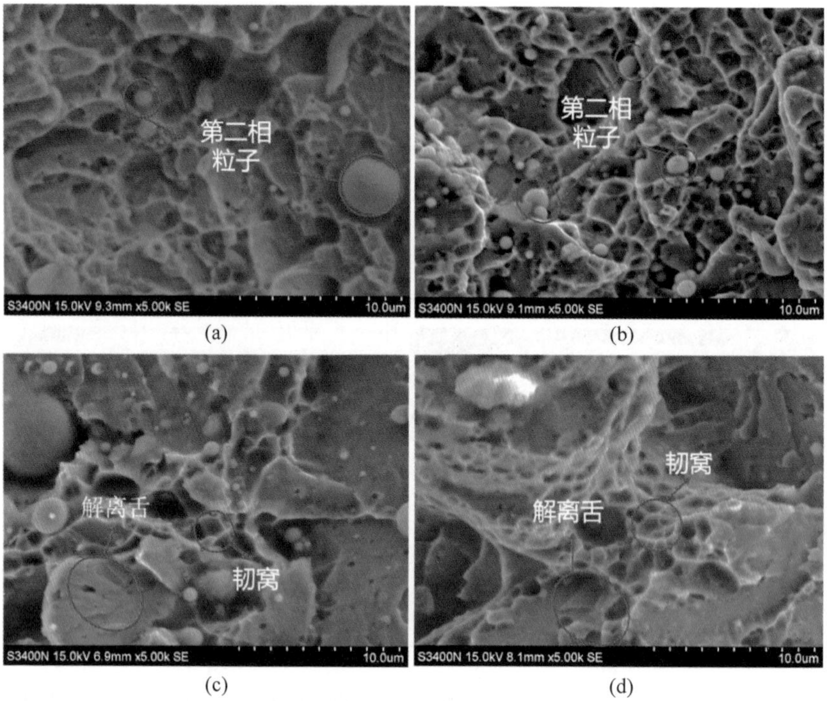

图 7-30　拉伸断裂微观形貌图

(a) 0Hz；(b) 3Hz；(c) 6Hz；(d) 10Hz

7.4.6　电化学腐蚀性能

图 7-31 为试样置于 3.5%NaCl 溶液得到的电化学极化曲线。随着激光锻造频率的增大，极化曲线右移，向正极靠近，自腐蚀电位增大，腐蚀倾向减小，同时极化曲线向下移动，腐蚀电流减小，腐蚀速度相对降低，耐腐蚀性提高。自腐蚀电位由 0Hz 的−0.651V 提高到 3Hz 的−0.647V、6Hz 的−0.637V、10Hz 的−0.614V，分别正移了 4mV、14mV、37mV，腐蚀电流从 0Hz 的 8.141×10^{-6}A 降至 3Hz 的 $7.397\times$

10^{-6} A、6Hz 的 5.056×10^{-6} A、10Hz 的 4.572×10^{-6} A。因此，激光锻造频率的增大可以使试样表面的电化学自腐蚀电位增大且腐蚀电流减小，有效提高焊缝的腐蚀性能。

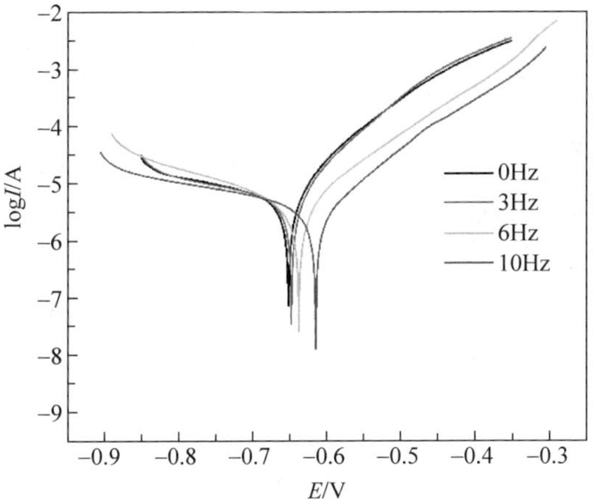

图 7-31　电化学极化曲线

为了进一步分析电化学腐蚀性能，对其阻抗谱进行对比分析，如图 7-32 所示。由图可知，激光锻造后焊接试样的电容阻抗回路半径均大于未激光锻造试样半径，且随着激光锻造频率的增大而逐渐增大。弧半径的大小与材料阻抗大小成正相关，可知 10Hz 时的阻抗最大，耐腐蚀性能最好；0Hz 时的阻抗最小，耐腐蚀性能最差。说明随着激光锻造频率的增大，焊缝耐腐蚀性能逐渐提升。

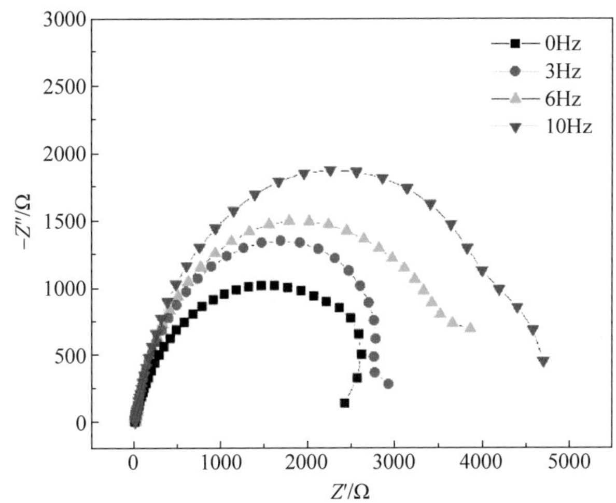

图 7-32　电化学阻抗谱

图 7-33 分别为 0Hz 和 10Hz 时试样表面电化学腐蚀形貌。由图可知，0Hz 的试样表面存在大量的腐蚀坑，且面积较大。而 10Hz 的试样表面腐蚀坑减少，面积也变小，且表面较为平整。

(a)

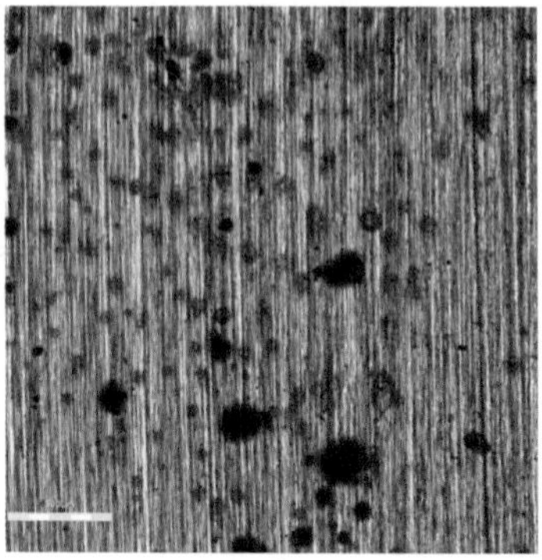

(b)

图 7-33　电化学腐蚀形貌

(a) 0Hz；(b) 10Hz

参考文献

[1] 张永康，张峥，关蕾，等. 双激光束熔敷成形冲击锻打复合增材制造方法[P]. 广东：CN107475709A，2017-12-15.

[2] 杨智帆，张永康. 复合增材制造技术研究进展[J]. 电加工与模具，2019，2：1-7.

[3] HU Y X，GONG C，YAO Z Q，et al. Investigation on the non-homogeneity of residual stress field induced by laser shock peening [J]. Surface and Coatings Technology，2009，203：3503-3508.

[4] 杨春雁，杨卫亚，凌凤香，等. 负载型金属催化剂表面金属分散度的测定[J]. 化工进展，2010，29：1468-1473，1501.

[5] 刘秀波，周仲炎，翟永杰，等. 热处理对激光熔覆钛基复合涂层组织和微动磨损性能的影响[J]. 材料工程，2018，46：79-85.

[6] 李建房. 医用金属材料表面 Zr 及 ZrO_2 合金层的腐蚀、摩擦学及细胞行为研究[D]. 太原：太原理工大学，2018.

[7] 李玉斌，蒙大桥，刘柯钊，等. Be/AlSi/Be 激光焊接接头的显微组织[J]. 中国有色金属学报，2009，19(7)：1203-1208.

[8] 魏丽娜，李光霞，李长春，等. 接触疲劳磨损理论用于激光熔覆层的寿命预测[J]. 湖北工学院学报，1997(3)：22-26.

第 8 章

激光冲击成形技术

金属板材的冲压成形是实际生产中最常见的工艺方法之一，如火车车身、锅炉管板、汽车覆盖件以及新型飞机蒙皮等大型壳体类零件的成形，这些板材类零件的成形通常需要借助模具来完成。但是对于某些形状复杂、对成形精度要求不高且批量小、品种多的产品，模具的设计周期长、制造费用高，既不经济又难以保证质量和工期，克服这些缺点的有效途径是采用半模甚至无模成形技术。随着高功率激光器技术的成熟和商品化设备的推出，人们把目光转向激光成形，以实现板料的快速、高效、精确和柔性成形，以适应产品快速更新的市场竞争需要。

8.1 激光冲击成形技术概述

激光冲击成形是在冲击强化研究的基础上形成的，是在激光冲击强化中逐渐形成的源头创新。1998 年美国的 William Braisted 和 Robert Brocboan 在对激光冲击过程进行有限元模拟时发现，金属板料在激光脉冲的作用下，当冲击波压力超过板料的动态屈服强度时板料会发生塑性变形。2002 年，沙特阿拉伯的 Abul Fazal M. Arif 对金属板料激光冲击塑性变形和残余应力进行了分析研究，并对激光诱导的冲击波在板料中的传播用有限元方法进行了模拟。

广东工业大学张永康等提出利用激光冲击波的力效应使金属板料成形。江苏大学周建忠等用实验的方法对锻铝、不锈钢等材料进行了实验，总结了激光的能量、脉宽、光斑直径的大小、材料的力学性能等工艺参数对板料变形量的影响，吉维民等用 ANSYS/LSDYNA 对金属板料的激光冲击过程进行模拟。

8.1.1 基本原理及成形过程

1. 基本原理

激光冲击成形(laser shock forming,LSF)是利用激光诱导高幅冲击波的力效应使板料产生塑性变形的一种新技术[1-2],成形机理如图 8-1 所示,从激光器发出的高功率密度(GW/cm^2 量级)、短脉冲(纳秒量级)的强激光束,冲击覆盖在金属板材表面的能量转换柔性贴膜,使其汽化电离、形成高温高压的等离子体而爆炸,产生向金属内部传播的强冲击波。由于冲击波压力达到数吉帕,远远大于材料的动态屈服强度,从而使板料产生宏观塑性变形。通过选择激光脉冲能量和脉冲宽度,可控制板料变形量;通过数控系统控制激光冲击轨迹、叠加方式和作用区域的脉冲次数,可实现板料的局部或大面积成形。

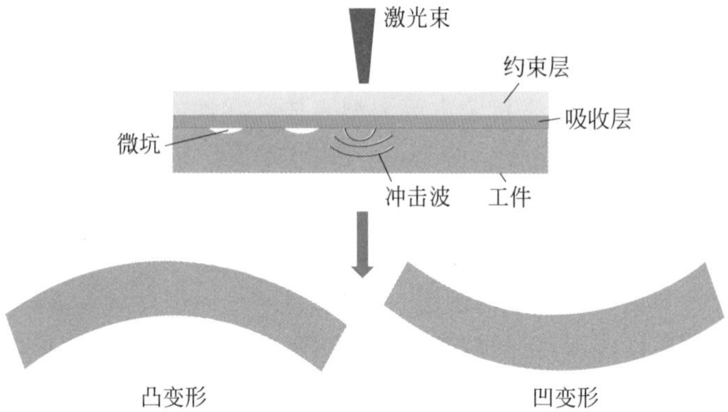

图 8-1 激光冲击成形机理

2. 成形过程

1) 凸面成形与凹面成形

在不同工艺条件下,材料在激光冲击时会表现出不同的变形模式[2]。就板材而言,在接受单点激光冲击时的变形模式与机械喷丸成形类似。当冲击面上的材料流动速度大于板材背面的材料流动速度时,塑性区主要集中在冲击面附近,越靠近板材背面,塑性区越小,冲击区域的塑性变形使该区域的表面积增大,并导致压应力,从而使板材产生面向激光束的拱曲,称为凸面成形。而对于较薄的板材,激光冲击时的塑性区域易于贯穿整个厚度方向,板材背面的材料流动大于冲击面的材料流动,或二者近似,此时则产生背离激光束的凹面成形。

2) 弯曲及复合弯曲

当板材宽度较大,一个光斑不能覆盖板材的宽度范围时,可以采用按一定路径进行逐点冲击的方式进行成形。按复杂的路径进行逐点冲击,可以获得复杂形状的曲面。为了施加约束层以提高冲击效果，可以将板材浸在水槽中，也可以喷水形成流动的水幕。

3）冲压式渐近成形

当板料成形区域或成形深度较大时，就必须采用多点、多次冲击（就好比钳工用小榔头锤击板件），这时要根据板料成形件的精度分别采用粗冲成形和精冲成形。周建忠等[3]采用冲压式渐近成形的方式制造大型复杂零件，其原理类似于成形锤成形法，其基本思想如图 8-2 所示。选用适当的激光参数（光斑尺寸、脉宽、激光能量、光束模式）沿一定的冲击轨迹实施冲击后，板料产生变形量 h_1（图 8-2(a)）。调整冲击头和成形面之间的距离，再以优化的参数和轨迹实施第二轮冲击，板料的变形量增加到 h_2（图 8-2(b)），如此直到满足成形件的尺寸要求，实现冲击量总和成形，这是折线逼近曲面形状的原理。粗冲成形后，采用适当的工艺参数对搭接面处实施正反两面冲击（图 8-2(c)），这是小平面逼近曲面形状的原理，有利于提高板料冲击成形精度及降低表面粗糙度（图 8-2(d)）。

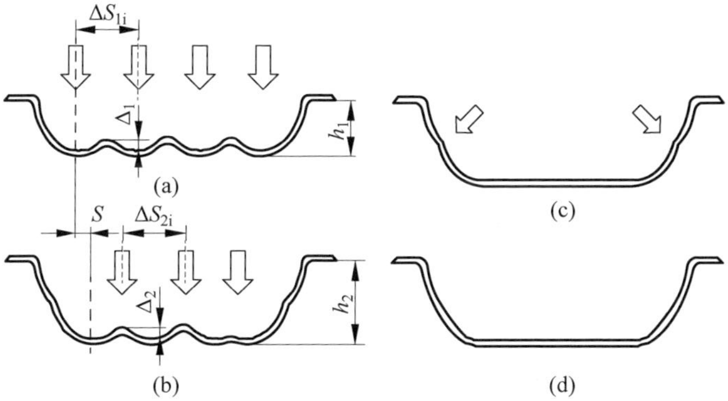

图 8-2　激光冲击成形工艺过程

8.1.2　技术特点

激光冲击成形板料的变形时间仅为几十纳秒，比爆炸成形（1ms 左右）低 4～5 个数量级，成形压力达数吉帕。这种异乎寻常的高速变形条件，使激光冲击成形具有很多特殊规律，使塑性差的难成形材料能实现冷塑性成形。激光冲击成形技术具有如下特点：

(1) 激光冲击成形主要是利用高能激光诱导的高幅冲击波力效应，而非热效应实现金属板料的塑性成形，因而可把激光冲击成形归结为冷加工工艺。

(2) 由于激光的脉宽为纳秒量级，所诱导的板料塑性变形时间仅为几十纳秒，其应变率高达 $10^7 s^{-1}$ 量级，其成形压力高达数吉帕，由此形成了优异的金属成形特征，可使塑性较差的结构钢、钛合金和复合材料等用常规成形方法难以成形的材料进行全塑性成形,拓展了冷冲压成形的零件范围。

(3) 由于是非接触式冲压成形,具有很大的柔性,既可以进行大板的复杂成形,又可以局部微细成形。

(4) 由于激光冲击参数可控,尤其是光斑尺寸可聚焦至微米量级,所以能实现定量精确成形;由于激光冲击后在材料表面形成硬化层和高幅残余压应力,提高了板材成形的稳定性,几乎无回弹,能解决小曲率成形的回弹难题。

(5) 激光冲击波技术可用于板料的局部胀形、三维弯曲、翻边等成形以及板料的柔性校平,多种成形功能的一体化降低了设备的投资成本,重复性好及工作过程的计算机控制为实现自动化流水线生产创造了条件。

(6) 对板材成形前的表面质量要求低于常规冲压加工工艺,成形后的表面粗糙度提高 1～2 个数量级。集材料表面改性强化和成形于一体,特别适合于有抗疲劳及应力腐蚀要求的零部件。

8.2 激光冲击成形冲击波

下面在分析金属材料与激光相互作用的基础上,介绍激光冲击波的形成机理、传播特性以及在冲击波作用下材料的动态响应。

8.2.1 形成机理与加载特征

高能激光冲击板料时,激光能量在极短的时间(纳秒量级)内释放,其与能量转换体相互作用形成高压冲击波(即高幅激波),并以脉冲的形式作用于板料,板料在高幅激波压力作用下产生动态响应。当高幅激波突然加载到板料上时,首先以弹性波或塑性应力波的形式在板料内传播,由于金属材料中的弹性波速通常为几千米每秒(如钢的弹性波速为 5.1km/s),因此一般在纳秒量级内就使板料厚度方向上所有的质点受到波及,而应力波在其中来回反射多次后趋于均匀化。当激光冲击波压力引起材料的内应力大于其变形阈值时,板料呈现出宏观的塑性变形,它通常要经历纳秒到微秒量级的更长时间才会达到板料的最大变形状态,并且随着时间的推移,最终引起结构的断裂或破坏。

由于激光脉冲的脉宽很短,所形成的激波载荷具有以下特点:

(1) 高强度,成形压力高达数吉帕,其大小既依赖于靶面材料的物理性质,也依赖于脉冲激光束的特征;

(2) 上升前沿时间短,载荷瞬间增加到最大值;

(3) 加载作用时间极短,仅为纳秒到微秒量级;

(4) 在载荷作用的同时,伴随有局部材料的剧烈升温汽化及热传导效应;

(5) 作用区域为局部的，通常过程是绝热的，而应变率高达 $10^6\sim10^7\,\mathrm{s}^{-1}$ 量级。

8.2.2 激光冲击波施与板料的冲量

根据前述分析，板料在激光冲击波作用下产生塑性变形，其宏观力学效应可用冲量表征。靶的冲量与靶表面压力的时空分布有关，靶面的压力经历从零—最大—逐步衰减变小—零的过程，随时间和空间位置的变化而不断变化，为此可根据对靶面压力时空分布的理论分析，来估算冲击波压力作用在靶面的冲量。设激光束模式是轴对称的，r 是靶表面上离开激光束中心的距离，p_0 是环境大气压力，$p(r,t)$是靶面的压力分布，$r_a(t)$是 t 时刻压力 $p_0=p$ 处的半径，t_a 为光斑中心压力降为 p_0 的时间，则激光冲击波压力对靶材的冲量为

$$I_t=\int_0^{t_a}\int_0^{r_a(t)}[p(r,t)-p_0]2\pi r\,\mathrm{d}r\,\mathrm{d}t \tag{8-1}$$

由于板料获得的冲击波压力远比环境大气压高得多，可忽略 p_0 的大小，因而其冲量简化为

$$I_t=\int_0^{t_a}\int_0^{r_a(t)}p(r,t)r\,\mathrm{d}r\,\mathrm{d}t \tag{8-2}$$

在激光冲击成形中，板料表面的压力分布采用理论分析方程，板料受到的冲量表示为

$$\begin{aligned}I_t&=\int_0^{t_Z}\int_0^{R_l}P_t2\pi r\,\mathrm{d}r\,\mathrm{d}t+\int_{t_Z}^{t_r}\int_{R_l}^{R_1}P_{t_1}2\pi r\,\mathrm{d}r\,\mathrm{d}t+\int_{t_r}^{t_a}\int_{R_1}^{R_2}P_{t_2}2\pi r\,\mathrm{d}r\,\mathrm{d}t\\&=\pi R_l^2P_tt_Z+2\pi\int_{t_Z}^{t_r}\int_0^{R_1}P_t\left(\frac{t_p}{t}\right)^{\frac{2}{3}}r\,\mathrm{d}r\,\mathrm{d}t+\\&\quad 2\pi\int_{t_r}^{t_a}\int_0^{R_2}P_t\left(\frac{t_p}{t_r}\right)^{\frac{2}{3}}\left(\frac{t_r}{t}\right)^{\frac{6}{5}}r\,\mathrm{d}r\,\mathrm{d}t\end{aligned} \tag{8-3}$$

积分后：

$$\begin{aligned}I_t&=\pi R_l^2P_t\left\{t_Z+\frac{3}{4}t_p^{\frac{1}{3}}\left[\left(\frac{t_r}{t_Z}\right)^{\frac{4}{3}}-1\right]+\frac{15}{17}t_r\left(\frac{t_r}{t_p}\right)^{\frac{1}{3}}\left[\left(\frac{t_a}{t_r}\right)^{\frac{17}{15}}-1\right]\right\}\\&=\pi R_l^2P_t\left\{\frac{2\gamma+1}{\gamma}t_p+\frac{3}{4}t_p^{\frac{1}{3}}\left[\left(\frac{\gamma\cdot t_r}{(2\gamma+1)t_p}\right)^{\frac{4}{3}}-1\right]+\frac{15}{17}t_r\left(\frac{t_r}{t_p}\right)^{\frac{1}{3}}\left[\left(\frac{t_a}{t_r}\right)^{\frac{17}{15}}-1\right]\right\}\end{aligned} \tag{8-4}$$

其中，$P_t=\sqrt{\dfrac{A(\gamma-1)I_0Z_{t0}Z_{c0}\rho}{(2\gamma-1)(K_aZ_{c0}+K_cZ_{t0})}}$ 为靶面中心的峰值压力，I_0 为入射激光的功率密度，R_l 为激光光斑半径，t_p 为激光脉宽，t_r 为侧向稀疏波传播至靶面中心的时间，t_a 为靶面压力衰减为零的时间。

从上可以看出，激光冲击波对板料的冲量主要体现在冲击波压力及其对板料

的作用时间上，与激光参数、能量转换体性能及靶材特性等多种因素有关，只有当冲击波压力大于板料动态屈服强度时的冲量时，才能对板料成形做有用功，而此后作用的冲量对板料成形特性并无多大的影响：

$$C_p = \frac{I_t}{E} = \int_0^{t_a}\int_0^{r_a(t)} p(r,t)2\pi r\,\mathrm{d}r\,\mathrm{d}t \Big/ \int_0^{t_p}\int_0^{R_l} I_0(r,t)2\pi r\,\mathrm{d}r\,\mathrm{d}t \tag{8-5}$$

式中，冲量耦合系数 C_p 定量说明了能量转换体把激光能量转换成冲击波压力效应的贡献。

8.3 激光冲击成形技术分类

8.3.1 半模成形

针对目前金属膜片塑性成形方法的缺点，张永康等提出了基于大光斑单次激光冲击半模精密成形的方法和装置[4]。它由激光发生器、激光束空间解调器、工装夹具系统和控制系统组成，以激光诱导的冲击波压向工件，使工件产生快速的塑性变形，形成与半模相一致的精确形状。这种成形方法借助半模的作用，使成形精度大大提高。其适用于小面积金属薄板(直径≤120mm 或面积≤120mm×120mm，厚度 30～100μm)半模精密成形，特别适用于常规方法难以成形的超薄板料，如精密弹性合金为原料的波纹膜片、弹跳膜片、不锈钢薄片等。

8.3.2 无模成形

金属板料激光冲击无模成形无需模具，在激光力作用下沿预先设定的冲击轨迹实施冲击，获得逼近实物形状的过程。该成形技术必须以实验技术为依托，需进一步优化工艺参数，建立完整的工艺数据库系统。同时它作为一种快速敏捷和极大柔性的先进制造技术，特别适合新产品的开发和小批量生产，对它的研究必将会对钣金业产生深远的影响，并产生良好的经济效益和社会效益。

8.4 金属薄板激光冲击半模成形

在精密仪器仪表中，金属薄板(膜片或膜盒)通常用作弹性敏感元件。其中波纹膜片在一些热工仪表及电子工业中应用很广，这类零件的特点是材料厚度要比直径小得多(比值一般为 1∶20～1∶5000)，凸纹的形状也多种多样，如正弦曲线形、梯形、槽形等。图 8-3 为常见的波纹膜片型面示意图。

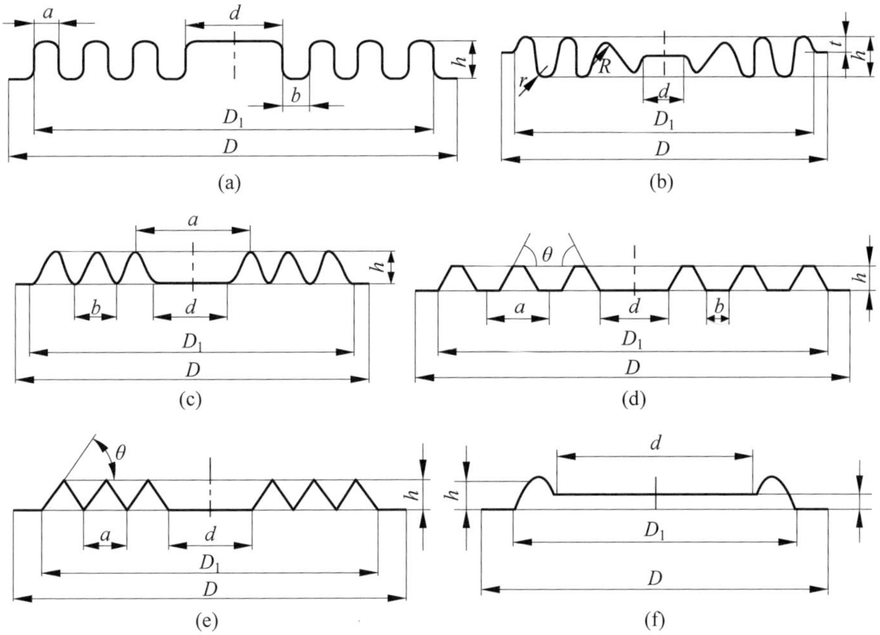

图 8-3　波纹膜片型面示意图

(a) 直角槽形膜片；(b) 圆形膜片；(c) 正弦形膜片；
(d) 梯形膜片；(e) 齿形膜片；(f) 环形膜片

恒弹合金是指弹性模量温度系数或频率温度系数很小的精密合金，因其具有特殊的物理性能，常被制造成波纹模片或膜盒的形式，主要用在仪器仪表、电子技术等工业中作为能量、信息转换、传输等的元器件，在医疗、航空航天、机械制造、电子电力等领域有广泛的应用。研究者以恒弹合金为材料，采用激光冲击半模成形方法，研究波纹膜片的成形工艺。在成形试验中采用 Ni42CrTiAl 恒弹合金 3J53 (Ni-span-C alloy 902 USA)圆形膜片作为冲击靶材，其厚度为 0.06mm，直径为 24mm，化学成分和力学性能分别见表 8-1 和表 8-2。

表 8-1　恒弹合金 3J53 的化学成分及含量(质量分数%)

元素	Fe	Ni	Cr	Ti	Al	C	Mn	Si
含量	47	41～43.5	4.9～5.75	2.2～2.75	0.30～0.80	0.06	0.8	1.0

表 8-2　恒弹合金 3J53 的力学性能

恒弹合金 3J53	弹性模量 E/GPa	剪切模量 G/GPa	密度 ρ/(g/cm^3)	拉伸强度 σ_b/MPa	屈服强度 σ_s/MPa
性能	177～191	64.0～73.5	8.0	1373	750

试验采用激光光斑直径为 10mm，脉冲能量分别为 12J、15J 和 18J 对恒弹合金膜片进行冲击。所用模具如图 8-4 所示，包括凹模和上端盖，先把涂有黑漆的试样(b)放入凹模(a)内，然后把 K9 玻璃(c)压在试件表面上，上端盖(d)和凹模可通过螺纹紧密旋紧，用来固定约束层。凹模底部轮廓为环形波纹状，其直径为 24mm，过凹模中心线作剖面，试验测得中心截面轮廓曲线如图 8-5 所示。因在冲击过程中空气集聚，故在凹模底部开有排气孔。

(a)　　(b)　　(c)　　(d)

图 8-4　激光冲击半模成形装置

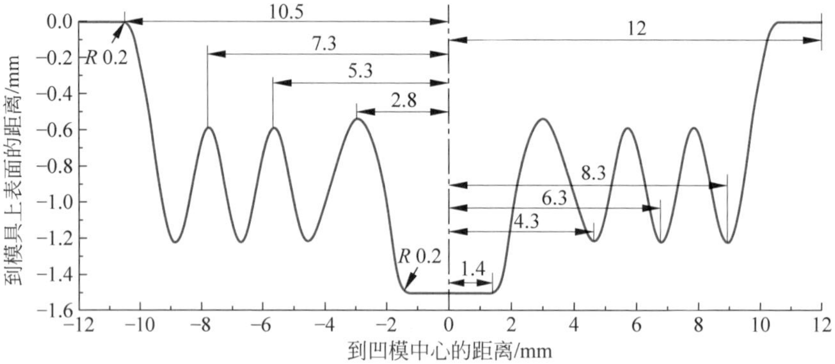

图 8-5　凹模中心截面几何尺寸

单次冲击完成后，松开磁性吸盘，旋出上端盖，先把试样在乙醇中泡大约 10min，再用脱脂棉蘸取乙醇洗去试件上面的黑漆。由于试件很薄，清洗时应防止膜片发生变形，以影响变形量及残余应力测量结果的准确度。并用棉球把凹模底部擦拭干净，以防影响下次冲击成形时的精确度。

8.4.1　薄板运动方程

激光冲击半模成形是利用激光诱导的高压冲击波作用在薄板表面上，使薄板产生快速的塑性变形，通过调节激光参数和板料参数，使薄板产生与凹模轮廓相一致的精确形状。图 8-6 为激光冲击半模成形装置示意图。

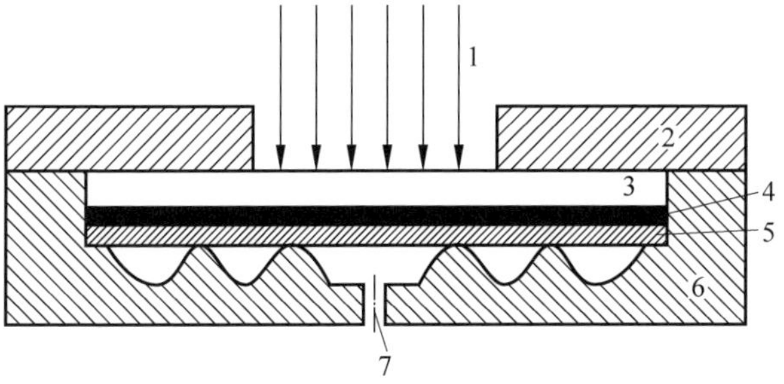

1—激光束；2—压边圈；3—约束层；4—吸收层；5—薄板；6—凹模；7—排气孔。

图 8-6　激光冲击半模成形装置示意图

以金属薄板的中心区域为研究对象(其他环形区域研究方法与中心区域类似)，以初始时刻薄板与凹模接触的平面为 xOz 平面，冲击方向为 y 轴负方向，薄板圆心为坐标原点建立直角坐标系。薄板运动的某一时刻，在半径为 r 处取宽度为 Δr 的环状微元，如图 8-7 所示。

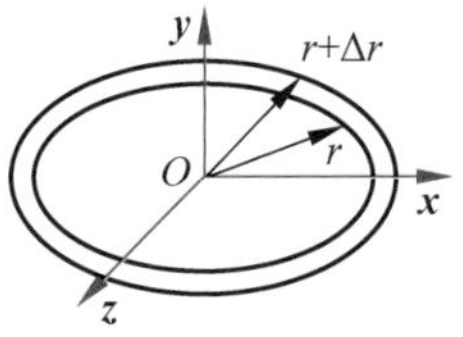

图 8-7　中心区域环状微元

则环状微元的运动方程为[5]

$$\frac{\partial^2 y(r,t)}{\partial t^2}=\frac{\eta}{\rho}\frac{\partial^3 y(r,t)}{\partial r^2 \partial t} \tag{8-6}$$

其中，ρ 为靶材的密度，η 为比例常数。这是一个三阶偏微分方程，难以求得满足全部边界条件的精确解析解。利用实验拟合的方法得到方程的近似解为[5]

$$y(r,t)=\frac{\rho a^2 v_0}{2\eta+\rho a^2}\left[1-\exp(-2\eta t/\rho a^2)\right]\left(1-\frac{r^2}{a^2}\right) \tag{8-7}$$

其中，a 为变形区域半径，v_0 为板料的初速度，可由下式求得

$$v_0=-0.01\frac{\theta}{h\rho}\left(1-\mathrm{e}^{-\frac{\tau_p}{\theta}}\right)\sqrt{\frac{\alpha}{2\alpha+3}}\sqrt{\frac{2Z_1\cdot Z_2}{Z_1+Z_2}}\sqrt{I_0} \tag{8-8}$$

其中，负号表示运动方向与 y 轴正向相反，h 为板料的厚度，θ 为冲击波压力衰减常数，τ_p 为冲击波的脉冲宽度。

8.4.2　成形精度

激光冲击半模成形的精度用轮廓度公差来表示。轮廓度公差有线轮廓度公差和面轮廓度公差两个特征项目。公差带越小，成形精度越高。根据面轮廓度公差带的定义，可以表征激光冲击半模成形的成形精度，以凹模曲面轮廓为理论正确几何形状的曲面，公差带是包括一系列直径为公差 t 的球的两包络面之间的区域，这

些球的球心位于凹模曲面上。为了确定公差带的大小,试验前选取试件的中心截面和与之对应的凹模的中心截面并作出标记,试验结束后测出这两个中心截面的轮廓,如图 8-8 所示。

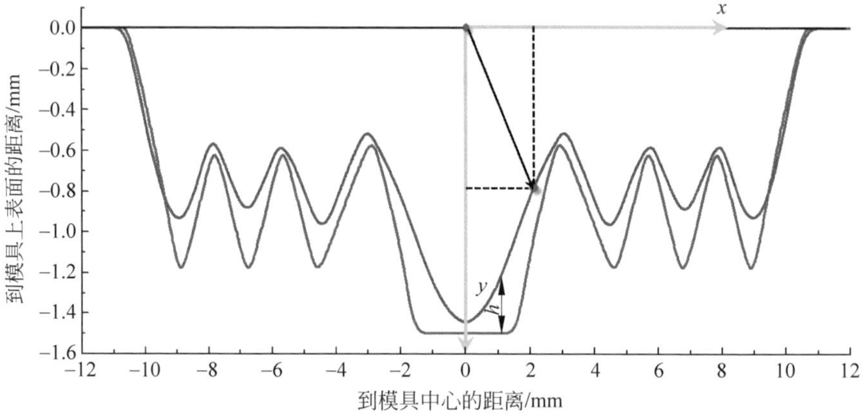

图 8-8 试件中心截面轮廓曲线上点坐标的确定

为简便起见,把相同横坐标下,凹模截面纵坐标与试件截面纵坐标距离最大的值 h 定义为此截面公差带的大小。试件截面中取最大的值 h_{max} 定义为面轮廓度公差。显然,测量的截面数越多,越能准确地确定面公差带。

首先采用 18J 的激光脉冲能量进行试验,冲击后的试样如图 8-9 所示,图(a)为试样的正面形貌,图(b)为试样背面形貌。

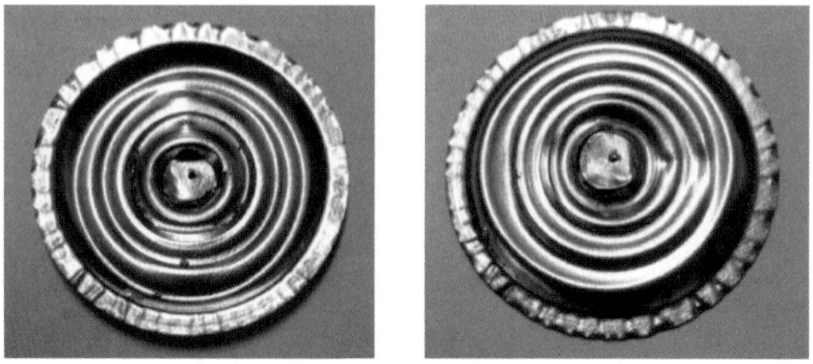

(a) (b)

图 8-9 当激光脉冲能量为 18J 时,试样表面轮廓图

(a) 正面形貌;(b) 背面形貌

从图 8-9 中可以看出在第二环和第三环凹槽处发生不同程度的反向变形,使试样轮廓发生改变,不能与凹模形貌完全吻合。反向变形最严重的区域位于光斑中心,图中清楚地显示出试样中心区域向正面突出,而不是一个平面。分析认为反向变形的发生是由于冲击强度过高,同时板料所需变形量较小,在薄板高速运动阶

段受到凹模的约束,从而与凹模底部发生强烈碰撞造成的,因此将激光脉冲能量降低进行试验。当脉冲能量为12J时,冲击后试样形貌如图8-10所示。

(a)　　　　　　　　(b)

图8-10　当激光脉冲能量为12J时,试样表面轮廓图

(a) 正面形貌;(b) 背面形貌

恒弹合金波纹膜片除第一环小部分区域没有贴合,大部分环形区域轮廓清晰、饱满,可与凹模紧密贴合,而中心区域没有达到要求的变形量,这是由于激光脉冲能量较小导致膜片变形量不足。可以得出,当激光脉冲能量在12～18J范围内可得到较好的成形质量。当脉冲能量为15J时,冲击后试样形貌如图8-11所示。试样各区域轮廓清晰,能与凹模轮廓很好地贴合,而且通过调整压边力的大小,边缘没有起皱现象,也没有反向塑性变形的发生,成形精度很高。

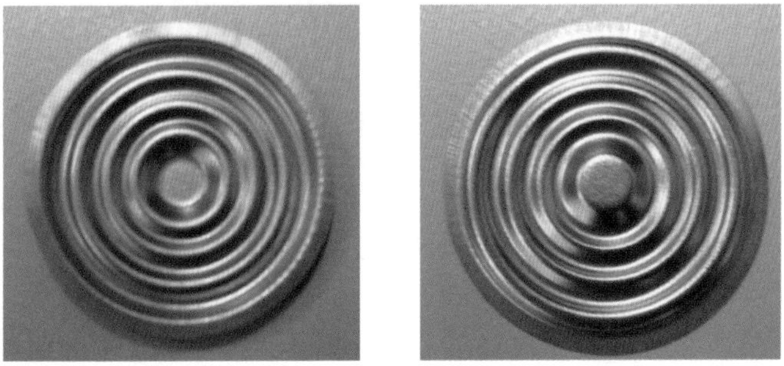

(a)　　　　　　　　(b)

图8-11　当激光脉冲能量为15J时,试样表面轮廓图

(a) 正面形貌;(b) 背面形貌

8.4.3　成形轮廓

由于波纹膜片非常薄,塑性变形量小,成形轮廓较复杂,采用逆向工程技术求出波纹膜片的成形轮廓。本实验采用的是德国GOM公司生产的非接触式ATOS Ⅱ三维光学测量系统,仪器外观照片如图8-12所示。

15J脉冲能量下冲击成形试样的三维轮廓如图8-13所示。

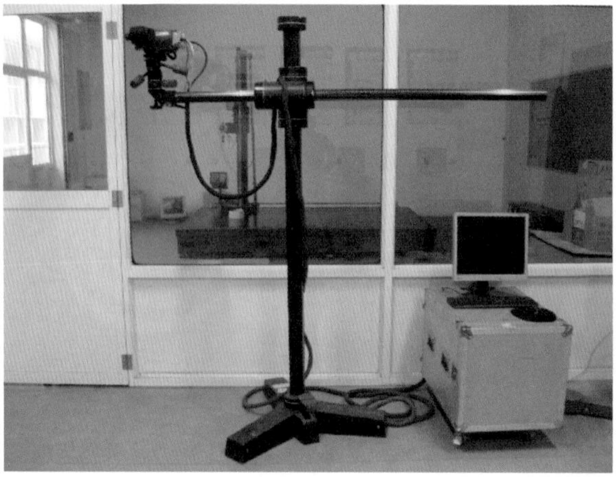

图 8-12　ATOS Ⅱ三维光学扫描仪

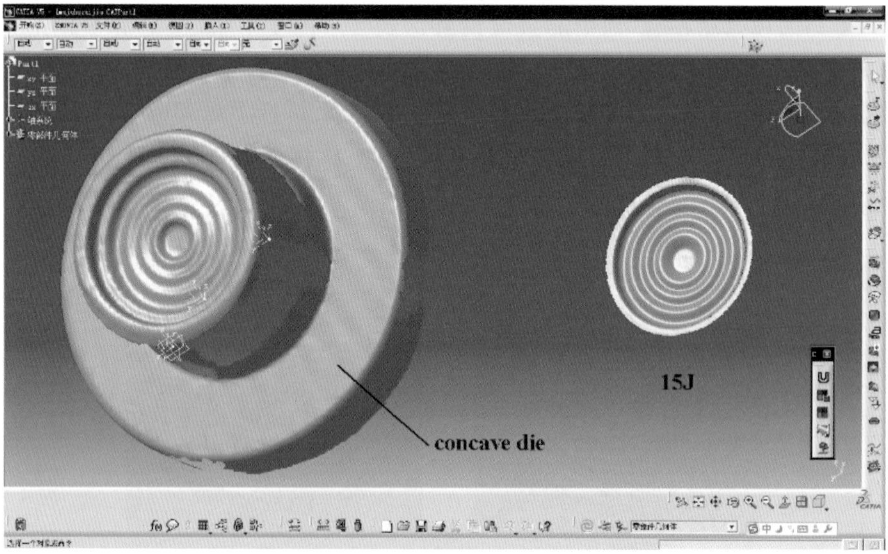

图 8-13　将 STL 文件导入 CATIA 后的轮廓

12J 和 18J 脉冲能量冲击成形试样的轮廓如图 8-14 所示。

通过凹模和试样的中心线作剖面，得到中心截面轮廓曲线数据。当激光脉冲能量分别为 12J、15J 和 18J 时，所对应试样的中心截面轮廓曲线及凹模中心截面轮廓曲线如图 8-15 所示。

从图中可以看出，当激光脉冲能量较小时，膜片不能达到所需的变形量；当脉冲能量较大时，膜片中心区域与凹模底部发生碰撞而产生了反向塑性变形，环形区域也因碰撞而翘起。

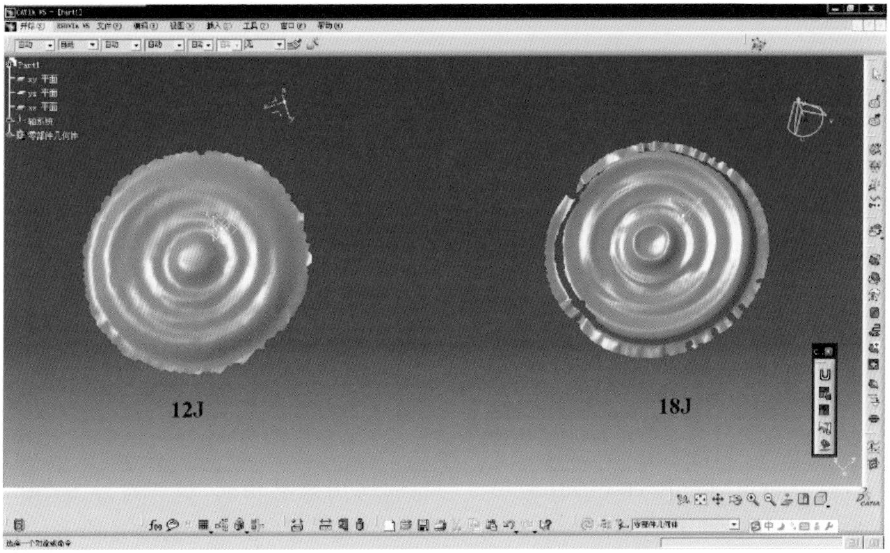

图 8-14　将 12J 和 18J 脉冲能量下的 STL 文件导入 CATIA 后的轮廓

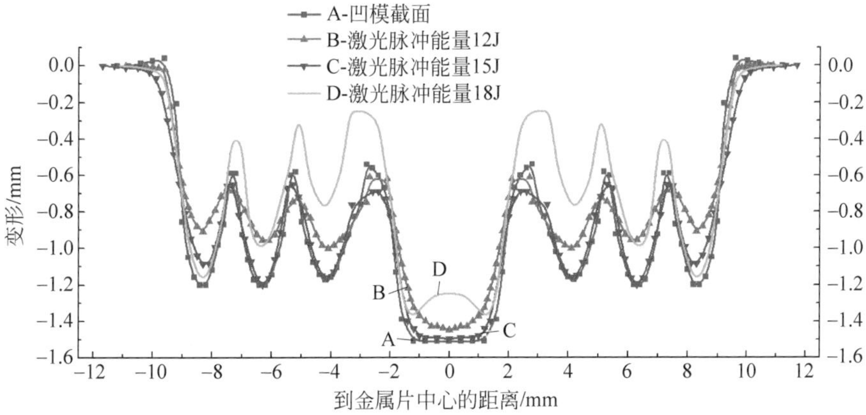

图 8-15　不同激光脉冲能量下薄板中心截面变形轮廓图

8.4.4　数值模拟

在激光冲击半模成形试验研究的基础上，采用有限元分析软件 ABAQUS 对此过程进行数值模拟和分析，探讨不同的激光脉冲能量对板料运动速度和成形精度的影响，以及相同能量下板料不同区域的运动速度规律，从而为激光冲击半模成形参数的优化和板料变形量的控制提供指导意义。

1. 有限元模型

基于模型和冲击载荷的对称性，采用 1/2 模型进行模拟。建立的有限元模型如图 8-16 所示。

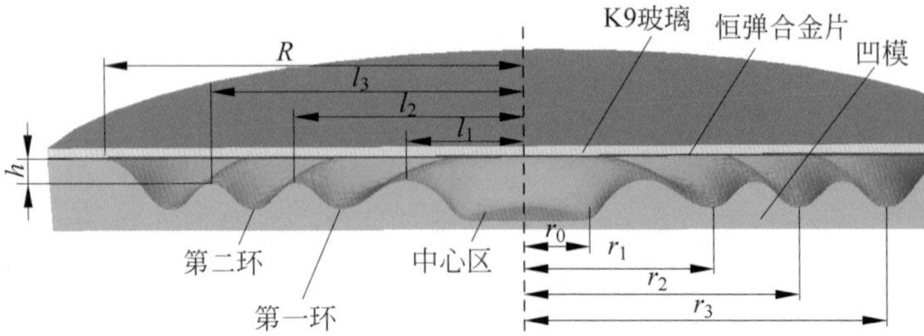

图 8-16　激光冲击半模成形有限元分析模型

凹模中心截面轮廓曲线的几何尺寸与试验所用模具相同，膜片直径为 24mm，厚度为 0.06mm，冲击前距凹模底部为 1.5mm。基于大光斑单次激光冲击的薄板半模成形，激光光斑直径较大，$D=10$mm。膜片运动后，等离子体可充满凹模的空腔，故冲击波作用区域为以膜片中心为圆心，以 $R=10$mm 为半径的圆域。

2. 结果分析

1) 不同激光脉冲能量对成形精度的影响

有限元模拟采用与试验相同的激光参数和板料参数，不同脉冲能量下膜片最终的变形量如图 8-17 所示。当激光脉冲能量为 12J 时，中心区域变形量最大，为 1.369mm。当脉冲能量为 18J 时，中心区域最大变形量为 1.447mm。这两种情况下膜片不能与凹模底部贴合。当能量为 24J 时，膜片中心区域与凹模底部碰撞产生了反向塑性变形，反向变形的高度 h_p 约为 0.042mm。第一环和第二环区域变形量逐渐增大。当脉冲能量为 30J 时，反向塑性变形更为严重，h_p 约为 0.101mm，各个环形区域均能与凹模底部紧密贴合。此时若继续增大激光脉冲能量，反向塑

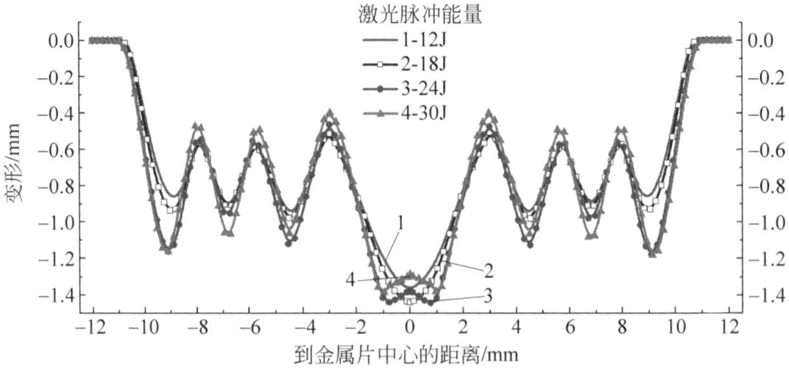

图 8-17　不同激光脉冲能量下薄板中心截面变形轮廓图

性变形将更为显著，成形精度将进一步降低。因此可以推断，当激光脉冲能量在18～24J范围内，膜片各个区域才能与凹模紧密贴合，成形精度最高。

2）膜片不同区域变形量随时间变化关系曲线

当脉冲能量为21.6J时，波纹膜片中心区域及各环形区域均能与凹模很好地贴合，得到了较高成形精度的试样。此能量下膜片变形量随时间变化的关系曲线如图8-18所示。随着时间的增长，膜片逐渐与凹模贴合。在4500ns时，膜片各区域最大变形量相同，为0.9492mm。到6000ns，各个区域变形量逐渐增加，最大变形量约为1.248mm。7500ns时，膜片中心区域已与凹模底部发生碰撞，碰撞后产生了反向弹性变形，其反向变形高度 h_e 约为0.1602mm。在9000ns时，反向弹性变形量逐渐减小，h_e 约为0.1412mm。25000ns时膜片已达到能量平衡状态，中心区域与凹模紧密贴合，第一环和第二环区域贴合度逐渐增加，最终变形量如曲线5所示。可以看出，当采用21.6J的脉冲能量冲击后，膜片无反向塑性变形的发生，并能够与凹模紧密贴合，成形质量显著提高。

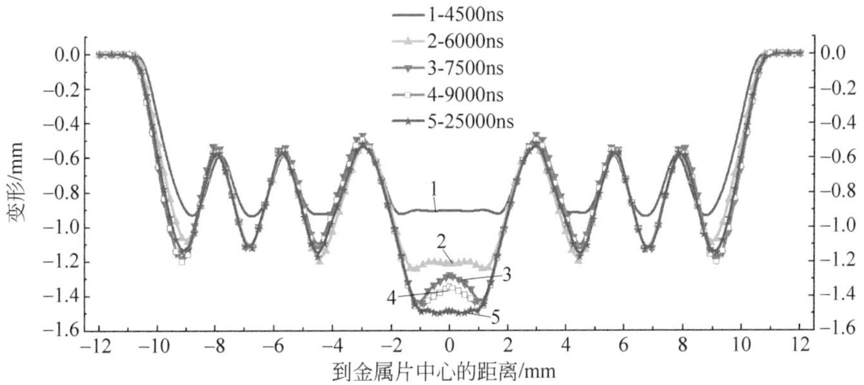

图8-18 采用21.6J的脉冲能量时变形量随时间的变化图

当采用21.6J的激光脉冲能量进行有限元模拟时，波纹膜片的成形轮廓如图8-19所示。

图8-19 激光脉冲能量为21.6J时的波纹膜片轮廓图

3）相同激光脉冲能量下，膜片不同区域的运动速度

(1) 当激光脉冲能量为 12J 时，膜片不同区域的运动速度。

恒弹合金膜片分为三个区域，即中心区域、第一环区域和第二环区域。分别以各个区域截面的中心节点为研究对象，分析其速度变化情况。

当激光脉冲能量为 12J 时，根据如下方程组：

$$\begin{cases} p(\mathrm{GPa}) = 0.01\sqrt{\dfrac{\alpha}{2\alpha+3}}\sqrt{Z(\mathrm{g \cdot cm^{-2} \cdot s^{-1}})}\sqrt{I_0(\mathrm{GW \cdot cm^{-2}})} \\ \dfrac{2}{Z} = \dfrac{1}{Z_{\mathrm{target}}} + \dfrac{1}{Z_{\mathrm{overlay}}} \\ E = \dfrac{\pi d^2 \tau I_0}{4} \end{cases} \tag{8-9}$$

可得峰值压力为 2.583GPa($Z=2.21\times10^6(\mathrm{g \cdot cm^2 \cdot s^{-1}})$)，各个区域截面中心节点速度-时间曲线如图 8-20 所示。从图中可以看出，在前 1250ns 内，膜片未与凹模波纹接触，各个区域保持相同的速度向下运动；在 1250～7500ns，膜片各区域运动到凹模相应的凹槽中，各区域中心节点运动速度基本相同。7500～10000ns，第一环和第二环区域速度逐渐减小，但方向仍然向下，而中心区域速度先减小后增大到 166.5m/s；11250ns 以后，中心区域速度逐渐减小到零，随后向上运动，速度为正。以后中心区域出现上下往复振动现象，幅值越来越小，并趋向于零。第一环和第二环区域速度绕零线附近上下波动并逐渐趋近于零。在此过程中膜片的动能转变为内能和塑性变形能等其他形式的能。

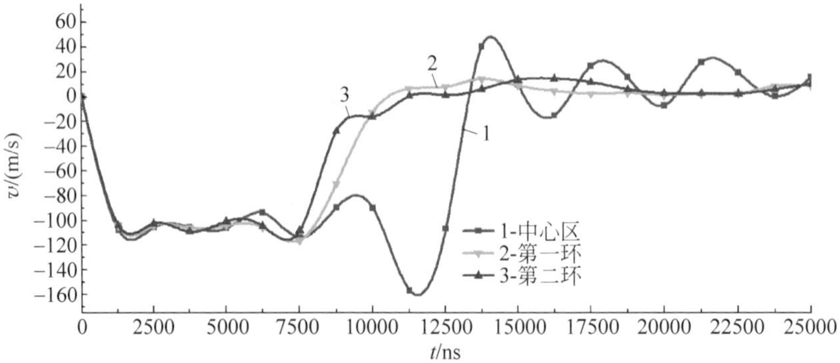

图 8-20 激光脉冲能量为 12J 时，不同区域中心节点速度-时间曲线

采用 12J 的脉冲能量得到的波形零件轮廓如图 8-21 所示，其中 U 和 U2 代表沿冲击方向的位移，单位为 mm。

(2) 当激光脉冲能量为 30J 时，膜片不同区域的运动速度。

按照上述方式，把圆形膜片分为同样的三个区域。当激光脉冲能量为 30J 时，

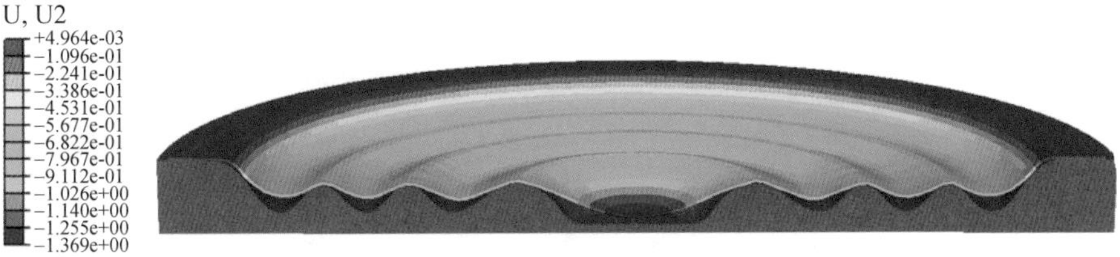

图 8-21　激光脉冲能量为 12J 时的成形轮廓图

根据方程组(8-9)可得峰值压力为 4.085GPa，各个区域截面中心节点速度-时间曲线如图 8-22 所示。

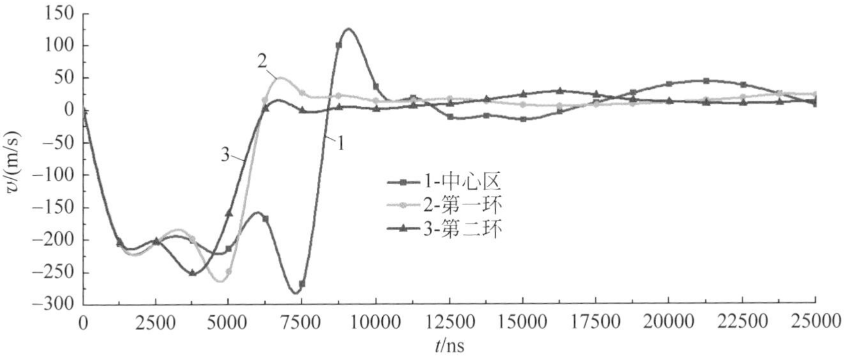

图 8-22　激光脉冲能量为 30J 时，不同区域中心节点速度-时间曲线

在前 1250ns 内，板料各个区域运动速度相同，速度曲线近似为直线，为匀加速直线运动。在 1250～5000ns，各区域运动速度发生了波动。在 7500ns 时膜片中心区域与凹模底部发生碰撞，速度由 −267m/s 迅速变为 99m/s。中心区域节点速度逐渐衰减，在零值附近缓慢波动。第一环和第二环区域速度逐渐减小，很快进入静止状态。30J 的脉冲能量冲击后得到的波形零件轮廓如图 8-23 所示。

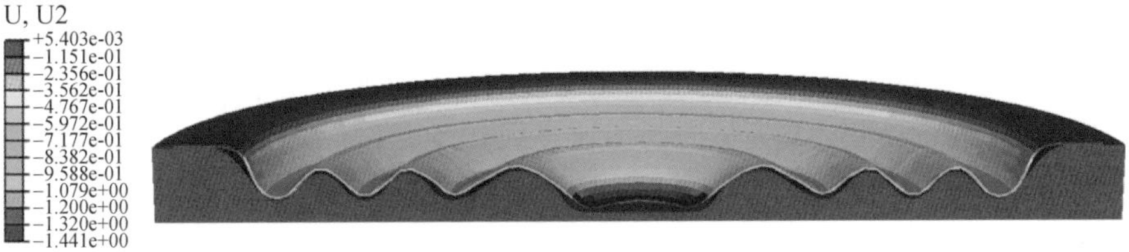

图 8-23　激光脉冲能量为 30J 时的成形轮廓图

脉冲能量在 18～24J 范围内成形精度可以提高，故在此范围内调节激光脉冲能量提高成形精度。当脉冲能量为 21.6J 时，波形膜片成形轮廓如图 8-24 所示。

从图中可以看出，波形膜片第一环和第二环区域与凹模贴合紧密，中心部位大部分区域贴合紧密，只有圆角处很小区域没有贴合，成形精度明显提高。

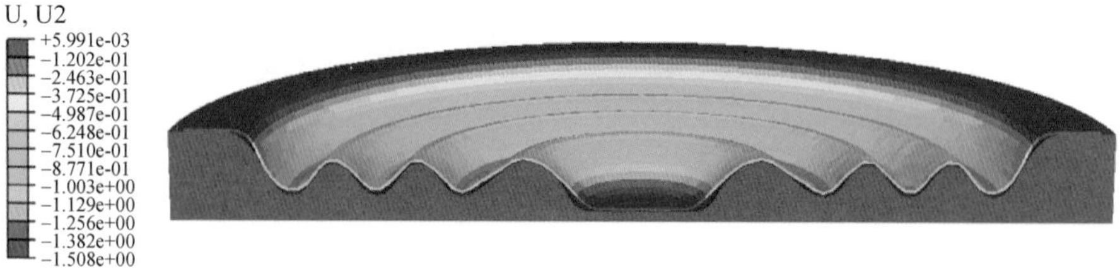

图 8-24　激光脉冲能量为 21.6J 时，高精度成形轮廓图

4）不同脉冲能量对运动速度的影响

选取 12J、18J、21.6J 和 30J 激光脉冲能量下的模拟结果，并选择恒弹合金膜片圆心处厚度方向中心节点的历史速度为研究对象，在不同的脉冲能量下，其运动速度如图 8-25 所示。

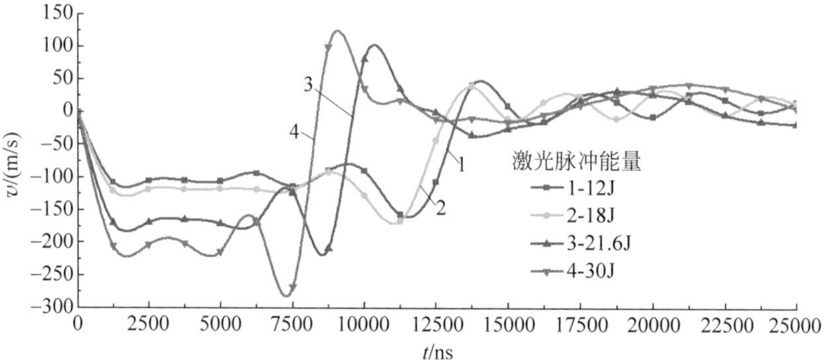

图 8-25　不同激光脉冲能量下中心区域节点速度-时间曲线

当激光脉冲能量为 12J 和 18J 时，膜片未运动到凹模底部。中心区域节点速度会出现上下往复振动现象，并且振动幅值越来越小，逐渐趋向于零。而当脉冲能量为 21.6J 时，膜片与凹模底部发生碰撞，并产生反向运动速度，而未产生反向塑性变形。当脉冲能量为 30J 时，膜片与凹模底部发生剧烈碰撞，且碰撞后速度迅速由负值变为正值，最后衰减到零，并产生了反向塑性变形。随着激光脉冲能量的增大，膜片在前 1250ns 内，都近似为匀加速直线运动，且随着脉冲能量的增加，加速度逐渐增加。

3. 试验与模拟结果对比

当采用 12J 的激光脉冲能量进行冲击试验及模拟时，由于脉冲能量过小，膜片各区域均未能与凹模底部贴合，成形精度较低。试验测量出的最大变形量为 1.45mm，模拟得出的最大变形量为 1.36mm，成形轮廓如图 8-26 所示。

当采用 30J 的激光脉冲能量进行冲击成形时，膜片中心区域发生了破裂，第一环和第二环区域与凹模底部碰撞后产生反向塑性变形如图 8-27 所示。而用此能量进行模拟时，膜片中心区域发生反向塑性变形，其他环形区域翘起，并高于凹模波纹形状。

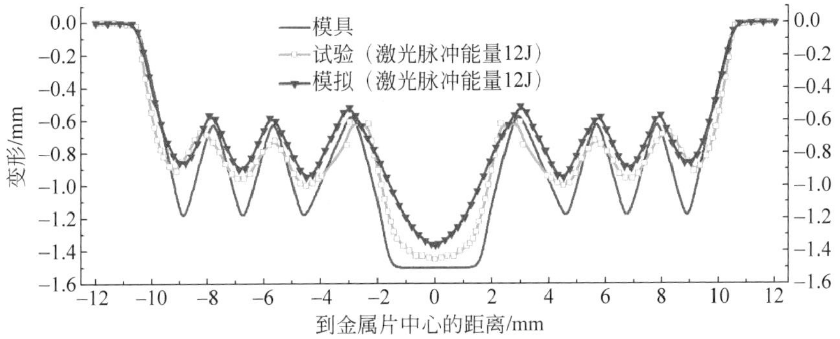

图 8-26 激光脉冲能量为 12J 时，薄板中心截面轮廓模拟值和试验值比较

图 8-27 膜片在 30J 脉冲能量下的破裂现象

分别在试验和模拟得到的最佳激光能量范围内调节脉冲能量进行冲击，在试验中当激光脉冲能量为 15J 时膜片能与凹模紧密贴合。在模拟过程中，当激光脉冲能量为 21.6J 时才可得到较高的成形精度，如图 8-28 所示。

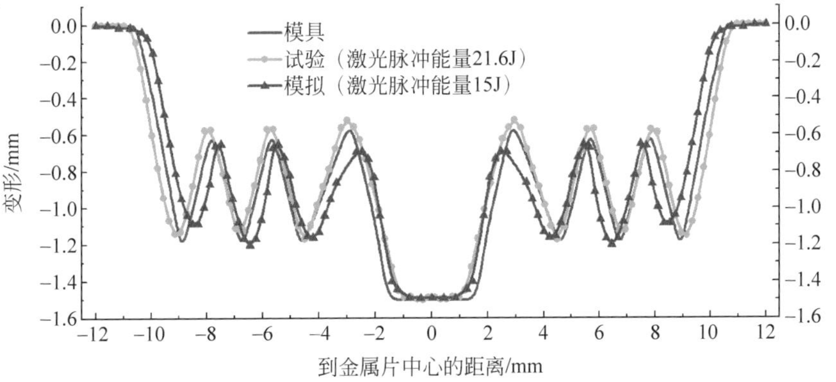

图 8-28 模拟和试验得到的高成形精度薄板中心截面轮廓

8.5 铝合金板激光冲击无模成形

围绕5083铝合金开展激光冲击无模成形工艺研究,分别从激光冲击路径、激光能量、板材厚度及板材形状来探究激光冲击无模成形规律,分析不同因素对变形量弧弓高的影响。

8.5.1 局部应变机制

强激光与物质相互作用时,激光辐照时间极短,这里仅考虑激光诱导冲击波作用下板料局部材料的力学响应与应变。当激光冲击板料时,激光诱导的高压脉冲冲击波作用于板料表面。在激光加载过程中,根据板料厚度、激光能量以及变形方式等可以将板料分为薄板、中厚板等类型。对于薄板类结构件,在最小尺寸方向施加载荷时,应力波传播时间比外载荷作用时间要短得多,在结构厚度上所有质点在波的作用下将形成比较一致的整体性的加速运动,这时材料的动态响应主要表现为结构的变形,并且随着时间的推移,最终引起结构的断裂或破坏[1]。

对于中厚板料,激光冲击时板料不发生宏观的塑性变形,仅是板料表层局部区域材料发生微观塑性变形,并伴随着残余压应力。通过板料表层局部区域材料微观塑性变形的累加效应,板料将沿着激光传播相反的方向发生宏观变形,这种成形不同于激光冲击成形产生的宏观塑性变形,是一种反向成形。在激光冲击成形中板料的响应主要是板料表层局部区域材料的动力学响应,如图8-29所示[2]。

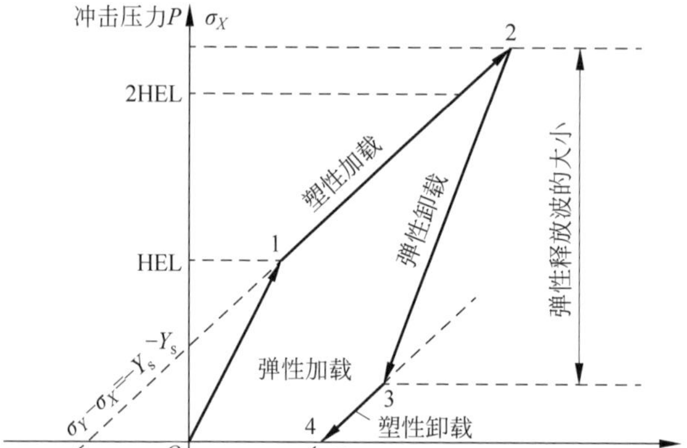

图8-29 Von Mises塑性屈服准则下激光加载与卸载循环过程示意图

8.5.2　路径设计

采取单边螺栓固定约束的方式，针对厚度为 4mm 的 5083 铝合金板设计了三种不同的激光冲击路径，如图 8-30 所示。

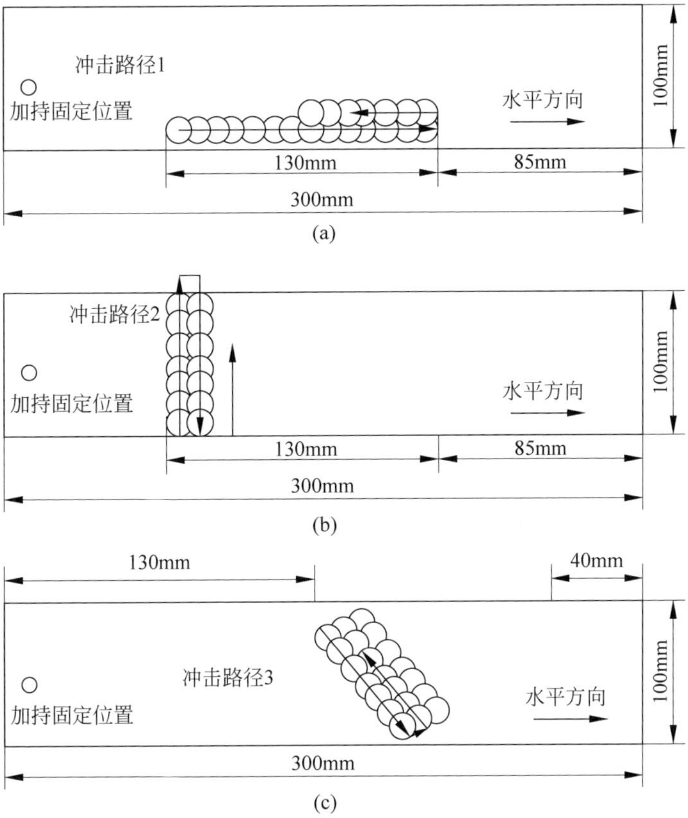

图 8-30　三种不同的激光冲击路径

(a) 冲击路径 1 平行于水平方向；(b) 冲击路径 2 垂直于水平方向；(c) 冲击路径 3 倾斜于水平方向

设定激光冲击区域为 130mm×90mm，探究冲击路径对铝合金板成形趋势的影响，如图 8-31 所示。选取平行于水平方向的激光冲击路径，分别针对 2mm、4mm、5mm 的铝合金板开展激光冲击成形实验，分析厚度对铝合金板材弯曲变形的影响；基于 4mm 的铝合金板，开展激光能量对铝合金板材弯曲变形的影响。

激光冲击后铝合金板变形量测量如图 8-32 所示。板厚为 h，基底厚度为 H，基底长度为 L，板材弯曲后的曲率半径为 R，基底长度 L 为 300mm。弯曲板材的弧弓高为 d，弯曲板材与基板之间的最大距离为 D，实验中采用弧弓高 d 来标定板材弯曲变形量的大小。

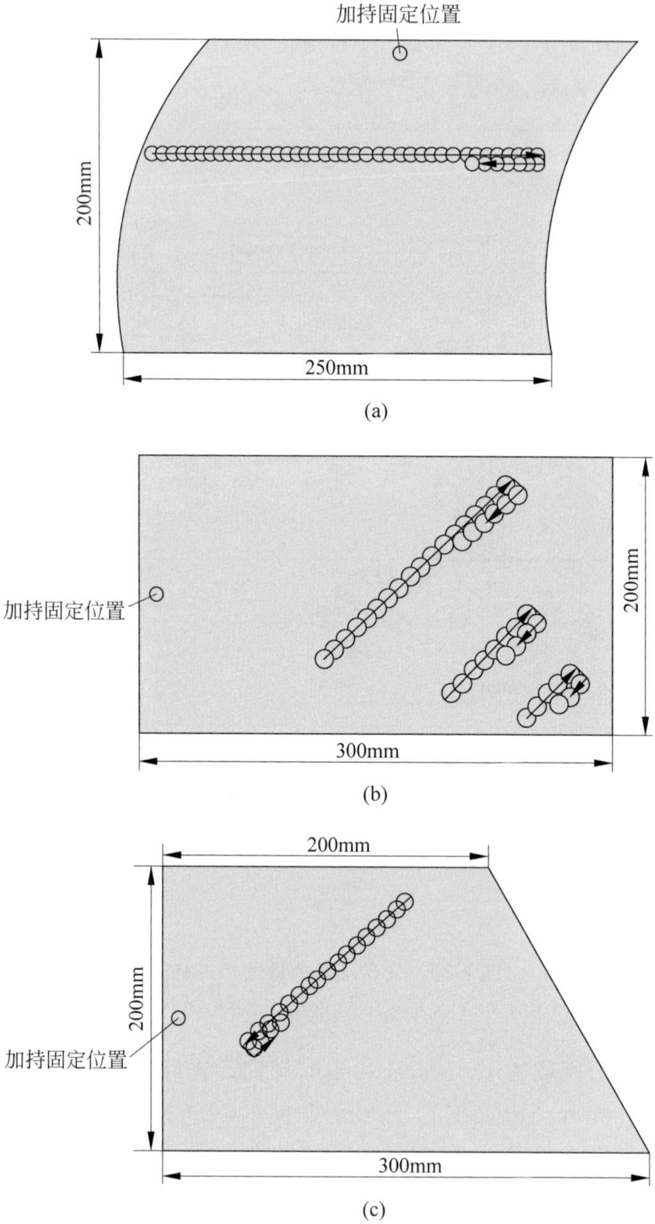

图 8-31　不同形状铝合金板的激光冲击路径

(a) 2mm；(b) 4mm；(c) 5mm

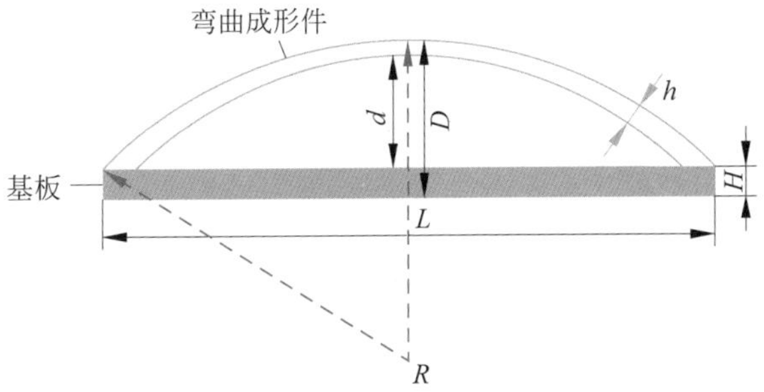

图 8-32　铝合金板变形量的测量

8.5.3　工艺参数影响

1. 激光冲击路径

针对 300mm×100mm×4mm 的 5083 铝合金板进行激光冲击成形实验(激光能量 5J,脉宽 20ns,频率 5Hz,光斑直径 3mm),不同路径激光加载成形效果如图 8-33 所示,冲击路径对弧弓高的影响如图 8-34 所示。

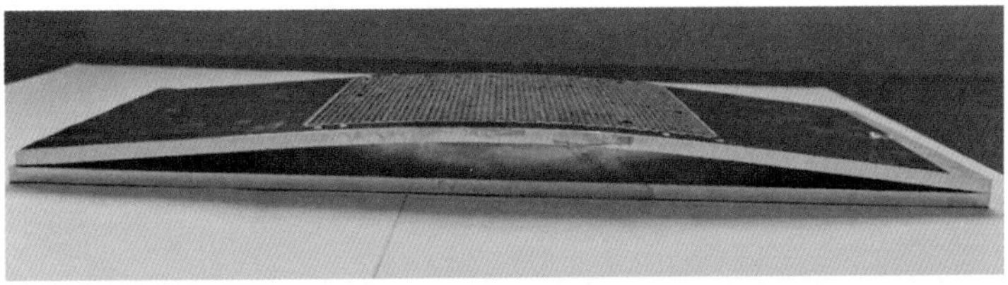

(a)

(b)

(c)

图 8-33　不同激光冲击路径作用于板材成形效果

(a) 路径 1;(b) 路径 2;(c) 路径 3

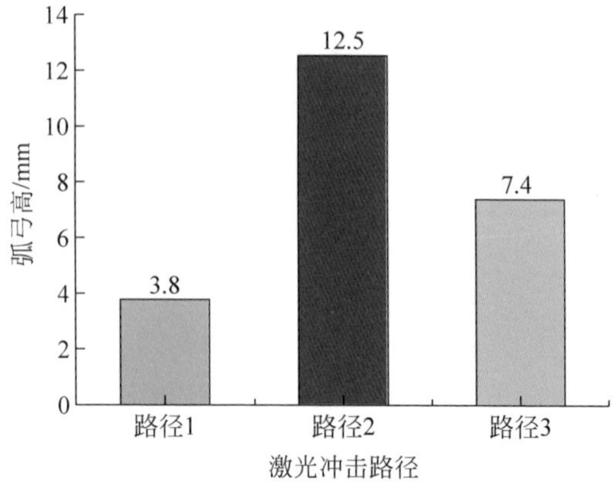

图 8-34　激光冲击路径对弧弓高的影响

相同激光工艺参数下，4mm 的铝合金板相对于激光入射方向呈现凸变形。冲击路径 2 可使板材变形量更大，弧弓高为 12.5mm，这主要是由于单个光斑作用于板材时形成残余应力，在单个光斑区域内形成分别绕 x、y 轴的弯矩，沿着路径 1 进行激光冲击成形时，冲击路径与 x 轴方向(板材长度方向)平行，各相邻光斑之间绕 y 轴的弯矩方向相反，因而使板绕 y 轴的弯曲变形量减小；而沿着路径 2 进行冲击成形时，各相邻光斑之间绕 y 轴的弯矩方向一致(图 8-35)，因而使板绕 y 轴的弯曲得到了加强。比较冲击路径 1 和 2 发现，垂直于冲击路径方向靶材弯曲变形量大。

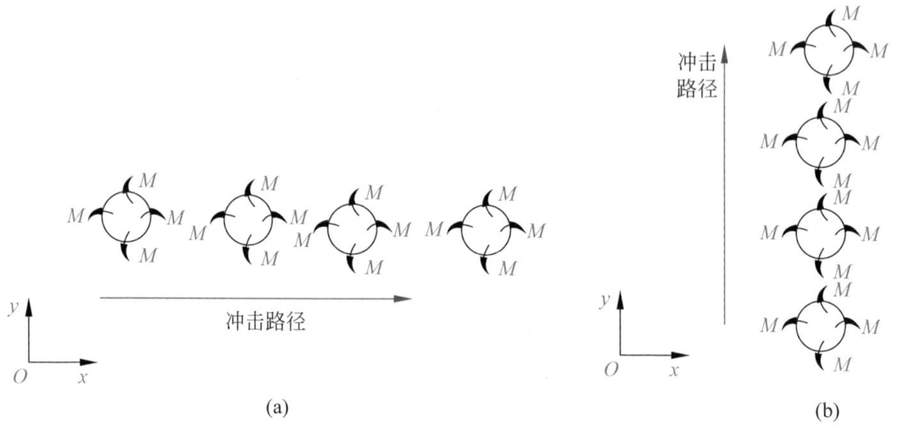

图 8-35　不同冲击路径作用下板材弯矩合成示意图

(a) 路径 1；(b) 路径 2

2. 激光能量

不同激光能量对铝合金板弯曲变形量的影响如图 8-36 所示，随着激光能量的增加，弯曲变形量增加，这主要是由于激光能量增加，冲击波作用力增加，材料内部形成的残余应力增加，其他方向的弯矩被限制或者抵消，使得垂直于冲击路径方向的弯曲变形量随着激光能量的增加而增大。图 8-37 为 7J 激光能量作用后的成形效果，在其表面可观察到一些微凹坑。

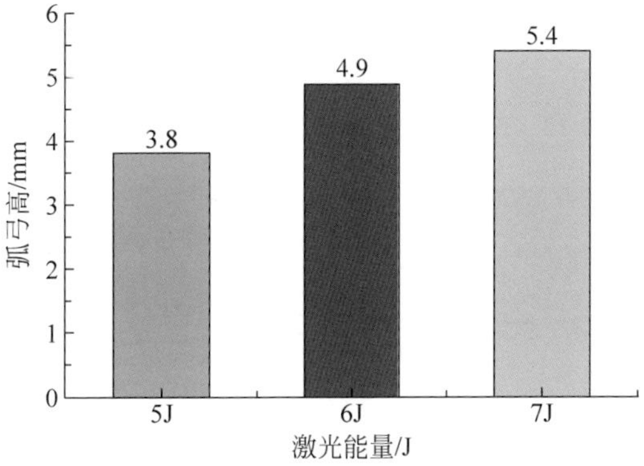

图 8-36　不同激光能量对铝合金板弯曲变形量的影响

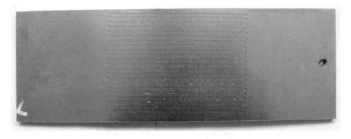

图 8-37　7J 激光能量作用下铝合金板成形效果图

3. 板料厚度

不同厚度对铝合金板激光冲击变形量的影响如图 8-38 所示，可以看出相同激光工艺参数作用下，板厚分别为 2mm、4mm、5mm 时，弧弓高分别为 3mm、3.8mm、4.1mm。其中 2mm 的铝合金板相对于激光入射方向呈凹变形，如图 8-39 所示，这主要是由于铝合金板较薄时，一定激光能量作用于铝合金板，在整个厚度方向激光诱导产生的冲击波没有出现明显的衰减，使得板底面也产生塑性变形，进而产生正弯矩作用于铝合金板，使之出现凹变形。

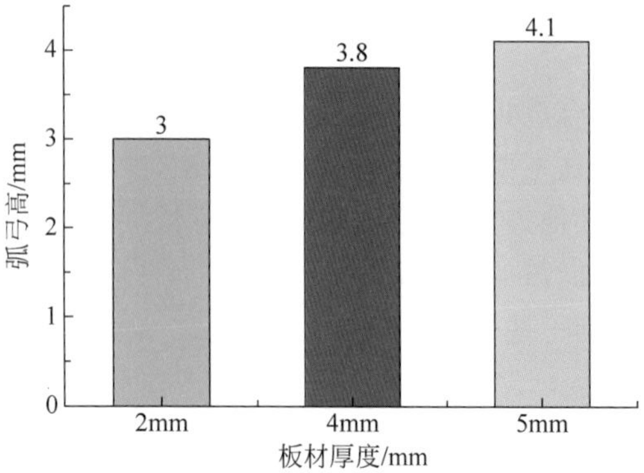

图 8-38 厚度对铝合金板激光冲击变形量的影响

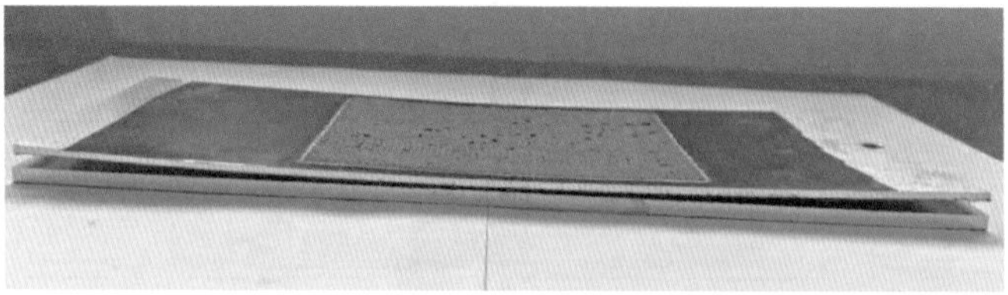

图 8-39 厚度为 2mm 的铝合金板激光冲击成形效果图

4. 不同形状铝合金板

不同形状铝合金板的激光冲击成形效果如图 8-40 所示，可以看出图(a)铝合金板以弯曲变形为主，图(b)和(c)铝合金板以扭转变形为主，其中扭转成形板件最高点相对水平面距离最大为 11mm。

图 8-40 不同形状铝合金板激光冲击成形效果图

8.5.4　表面质量

对 300mm×105mm×4mm 5083 铝合金板进行双面激光冲击，如图 8-41 所示，激光脉冲频率 5Hz，光斑大小 3mm，平顶分布光束，其余工艺参数见表 8-3。实验分析激光冲击对 5083 铝合金板表面质量、残余应力、显微硬度、表面形貌、表面粗糙度的影响。

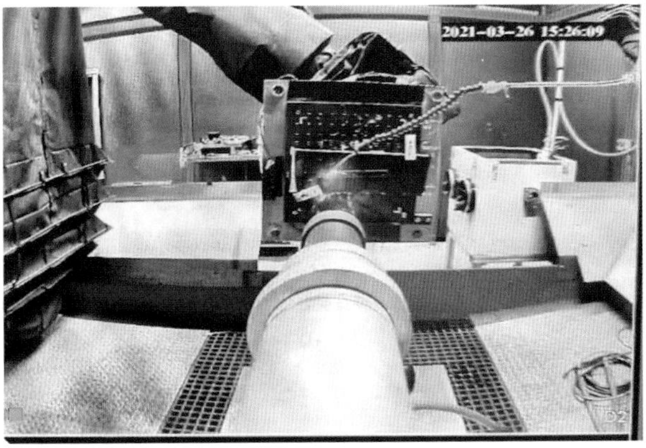

图 8-41　铝合金板的激光冲击实验装置

表 8-3　铝合金板激光冲击工艺参数

样品	冲击次数	激光能量/J	搭接率/%	脉宽/ns
1	0	0	0	0
2	1	5	30	20
3	2	5	30	20

从铝合金板中采用线切割切取拉伸试样，如图 8-42 所示。拉伸实验在电子万能实验机上进行，拉伸速度为 2mm/min，拉伸试样标记初始标距为 30mm，拉伸实验如图 8-43 所示，拉伸断裂后通过 TM3030 台式显微镜观察断口形貌。

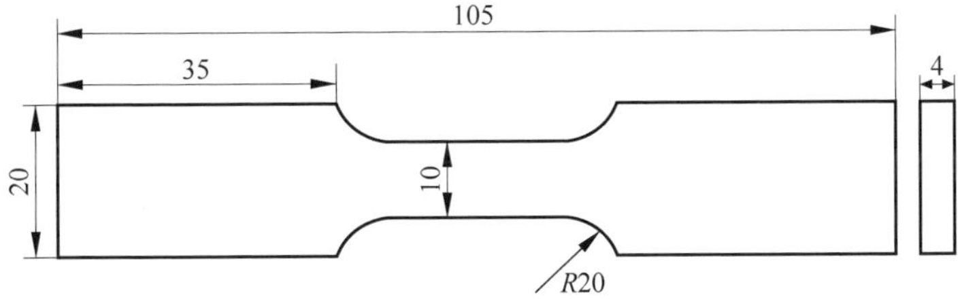

图 8-42　激光冲击处理拉伸试样尺寸

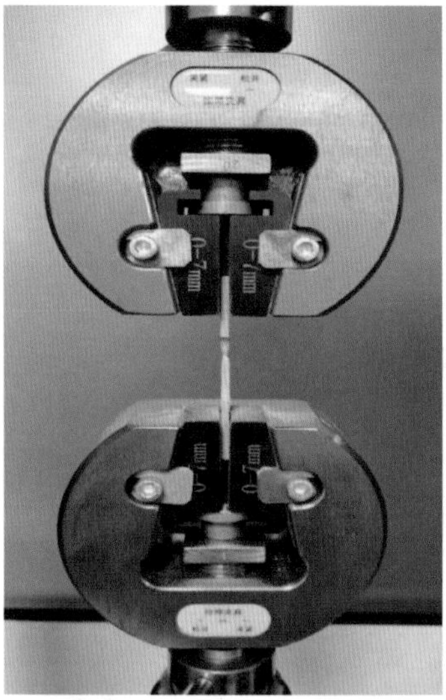

图 8-43　试样的拉伸实验

1. 表面形貌

激光冲击后试样的表面形貌如图 8-44 所示，轮廓线如图 8-45 所示。试样 1、试样 2、试样 3 表面形貌波动分别为 22μm、68μm、96μm。

图 8-46 为不同试样的表面粗糙度，试样 1、试样 2、试样 3 表面粗糙度分别为 0.245μm、2.74μm、3.86μm。激光冲击后铝合金表面粗糙度增加，表面形貌波动量也增加，这主要是由于激光冲击过程中，冲击波压力超过其动态屈服强度，引起材料表面塑性变形造成的。

2. 显微硬度

图 8-47 为激光冲击前后试样沿深度方向显微硬度分布，铝合金基体硬度约为 89HV，经过激光双面冲击 1 次、2 次后，硬度分别提高至 105HV、120HV，提高了近 16HV、31HV，这主要是由于激光冲击后晶粒细化造成的。随着距表面距离的增加，激光冲击试样的硬度逐渐减小，主要因为随着深度的增加，激光冲击影响逐渐减弱，但影响深度大于 1.2mm。

3. 残余应力

图 8-48 为激光冲击前后试样沿深度方向残余应力的分布，可以看出铝合金基体表面应力为拉应力(58MPa)，经过激光双面冲击 1 次、2 次后，表面残余应力转变为压应力，分别为－80MPa、－107MPa。这主要是由于激光冲击后，材料发生塑性变形，塑性变形区域受周围材料的限制和反作用，进而产生残余压应力。

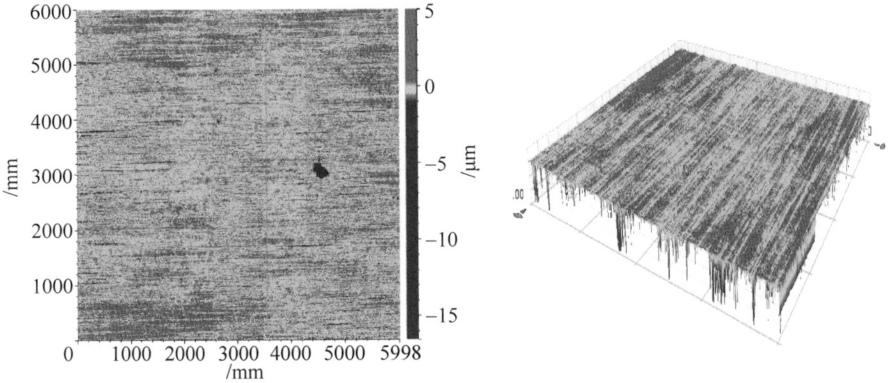

(a)

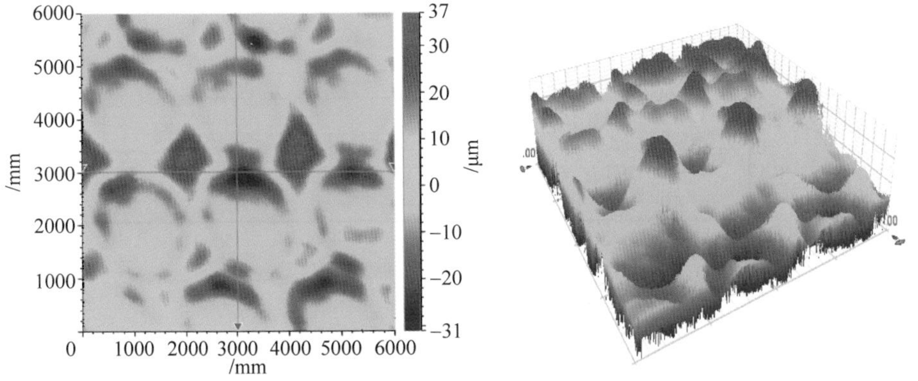

(b)

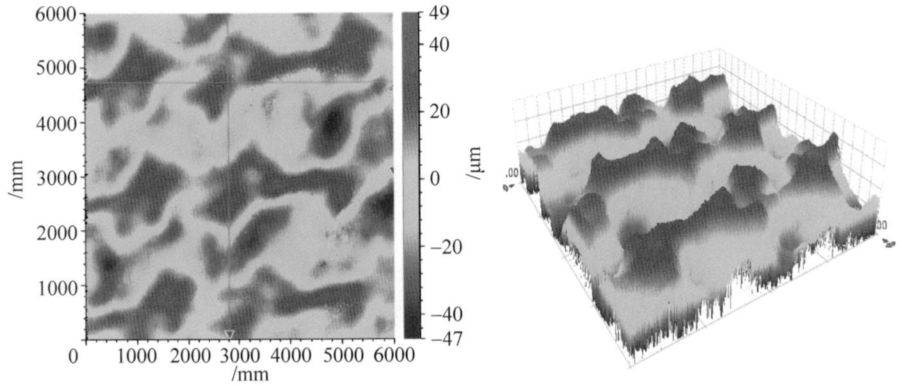

(c)

图 8-44　不同试样的表面形貌

(a) 试样 1；(b) 试样 2；(c) 试样 3

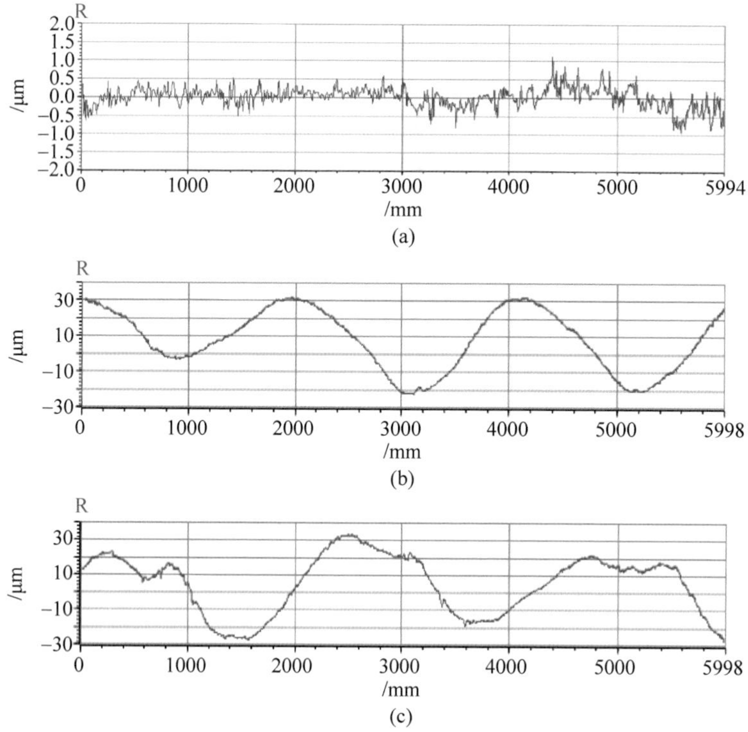

图 8-45　不同试样的表面轮廓线

(a) 试样 1；(b) 试样 2；(c) 试样 3

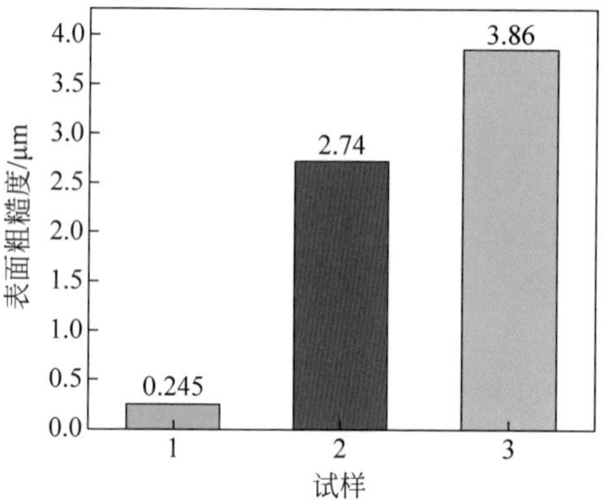

图 8-46　不同试样的表面粗糙度

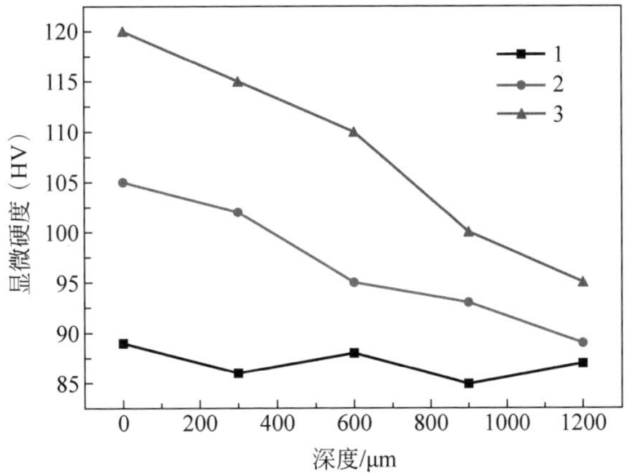

图 8-47　深度方向硬度分布

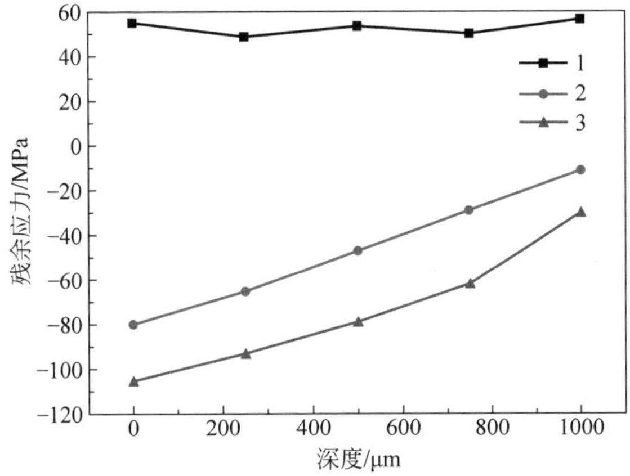

图 8-48　不同试样深度方向残余应力分布图

8.6　带筋结构板激光冲击无模成形

对带筋结构板来说，由于板筋的存在，使变形机制和过程变得相对复杂。这里分别介绍板筋沿 x 向和 y 向分布的带筋结构板激光冲击作用下的塑延-应力耦合驱动成形。(注：带筋结构板由 7075 铝合金整体板料经过机床铣削加工而成，为了保证带筋板料的夹持稳定，根据带筋板料的结构特点，设计了专用夹具。)

8.6.1　纵向带筋板料

1. 理论分析

板筋沿纵向(x 向)分布的带筋板料，由于基板和板筋是一体的，所以在交接面上,板筋和基板的变形要相互协调。基板的成形由于受到板筋的作用,在边缘区域和中间区域,将发生不同的变形形态。为了便于说明,将带筋结构板料沿板筋分为三个区域,如图 8-49 所示。图中Ⅰ、Ⅲ区域都处在板料的边缘,而两根板筋的中间Ⅱ区域,由于受到板筋的作用,该区域的变形不同于Ⅰ、Ⅲ区域。

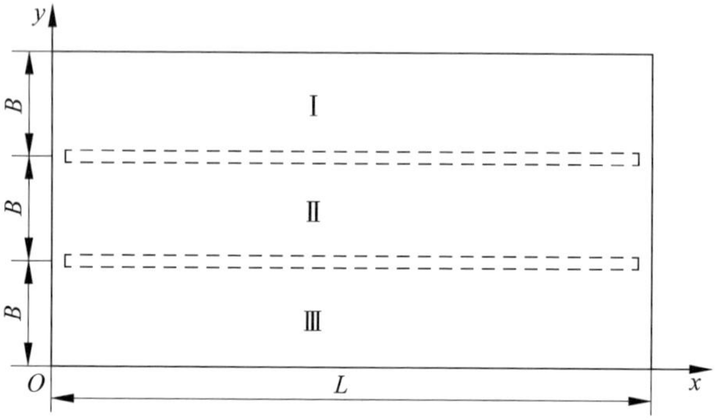

图 8-49　纵向分布板筋带筋板料不同分区成形模型

具体成形过程及形态如图 8-50 所示,板料在激光冲击作用下,基板受到表层材料塑延-应力耦合驱动成形机制的作用,完成弯曲成形。基板在成形的同时,驱动板筋协同成形。区域Ⅰ、Ⅲ部分靠近板筋的部分与板筋协调变形,弯曲量相对较小,两侧边缘区域,基板受到板筋的弓撑作用相对较小,所以弯曲成形量相对较大。这就导致在板料两侧区域的材料由于变形量较大,形成向里和向下弯拱的边缘效应。当板料的加强筋较多时,边缘效应会相对减弱,带筋板料的弯曲成形现象会明显增强。

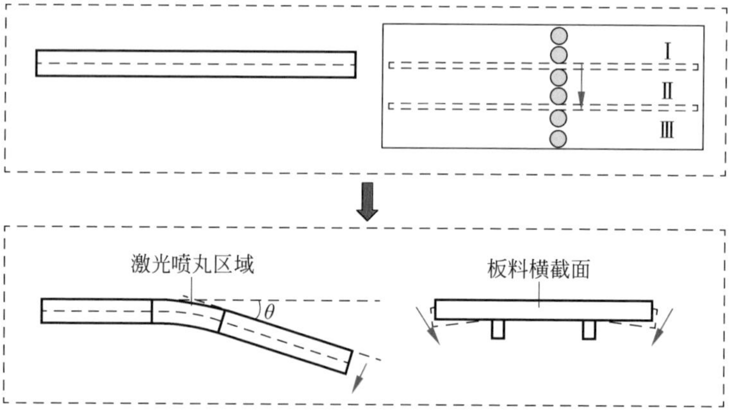

图 8-50　板筋沿纵向分布带筋板料成形过程及变形形态示意图

2. 实验分析

在进行激光冲击时，对纵向带筋板料各试样采用相同的激光工艺参数，激光能量 7J，光斑直径 4mm，光斑纵向叠加率 50%，横向叠加率 25%，激光冲击区域为板料长度方向中间 100mm 距离的区域。采用不同筋高、筋宽、筋距的带筋板料进行实验，具体参数见表 8-4。为了便于对比，采用同样的激光加工工艺参数对长度和厚度相同的平面板料进行激光冲击，如表中 7 号试样。

表 8-4　纵向带筋结构板料自身结构参数　　（单位：mm）

编号	长度	宽度	基板厚	筋高	筋宽	筋距
ZJ-1	300	40	3	2	3	20
ZJ-2	300	40	3	3	3	20
ZJ-3	300	40	3	5	3	20
ZJ-4	300	40	3	7	3	20
ZJ-5	300	40	3	3	5	20
ZJ-6	300	30	3	3	3	15
7	300	20	3	—	—	—

为了研究纵向带筋板料自身结构对成形的影响，将试样分为四组进行对比研究，具体方案如下。

方案(1)：选择 ZJ-1、ZJ-2、ZJ-3、ZJ-4 试样研究板筋高度对板料成形的影响。

方案(2)：选择 ZJ-2 号和 ZJ-5 号试样研究板筋宽度对板料成形的影响。

方案(3)：选择 ZJ-2 号和 ZJ-6 号试样研究板筋间距对板料成形的影响。

方案(4)：选择 ZJ-2 号和 7 号试样研究相同激光加工工艺参数下，板筋的存在对板料成形的影响。

激光冲击后，各成形板料的表面及成形轮廓分别如图 8-51～图 8-57 所示。

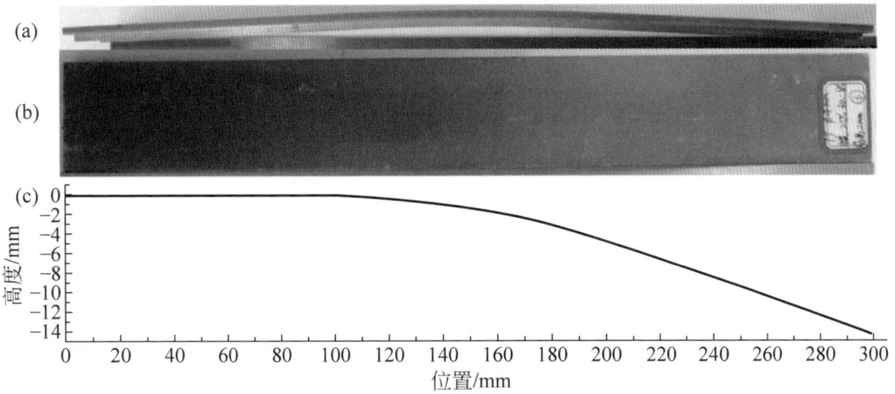

图 8-51　带筋板料 ZJ-1

(a) 侧面；(b) 正面；(c) 成形板料上表面轮廓

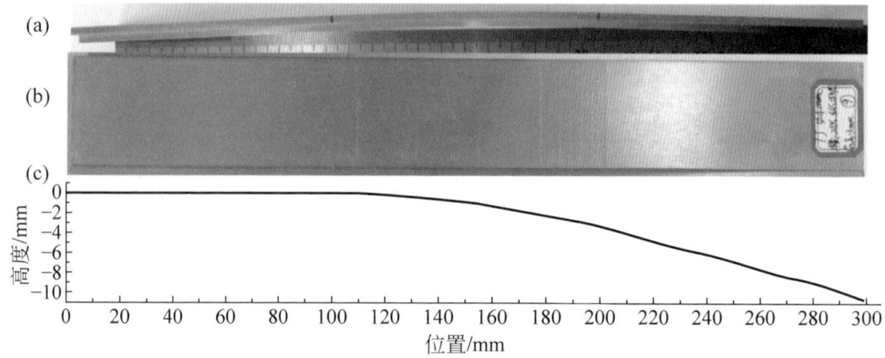

图 8-52　带筋板料 ZJ-2

(a) 侧面；(b) 正面；(c) 成形板料上表面轮廓

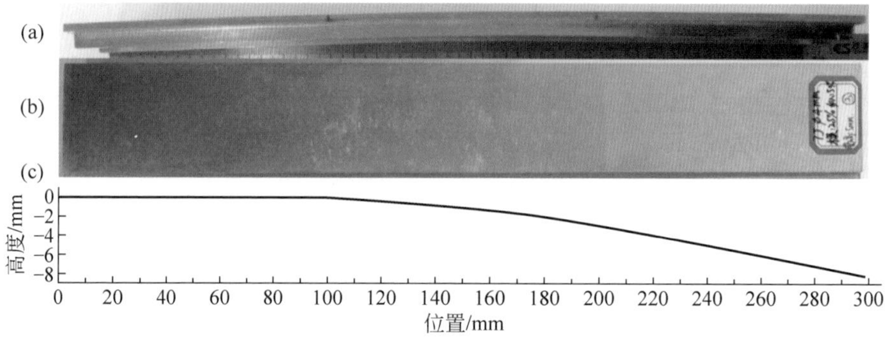

图 8-53　带筋板料 ZJ-3

(a) 侧面；(b) 正面；(c) 成形板料上表面轮廓

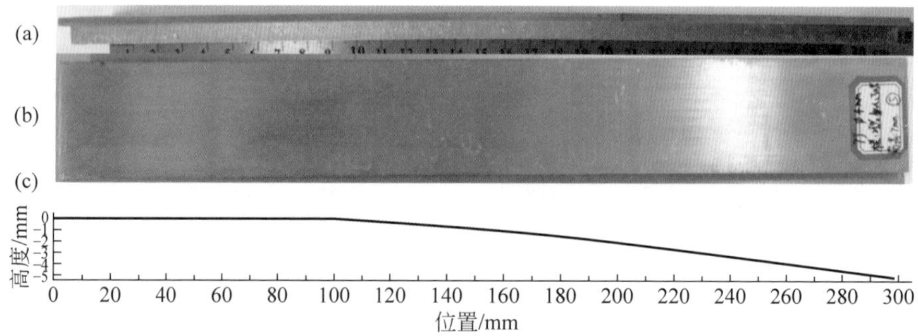

图 8-54　带筋板料 ZJ-4

(a) 侧面；(b) 正面；(c) 成形板料上表面轮廓

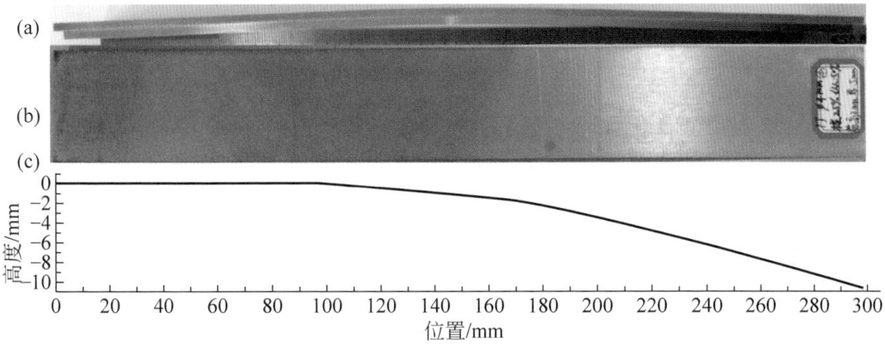

图 8-55　带筋板料 ZJ-5

（a）侧面；（b）正面；（c）成形板料上表面轮廓

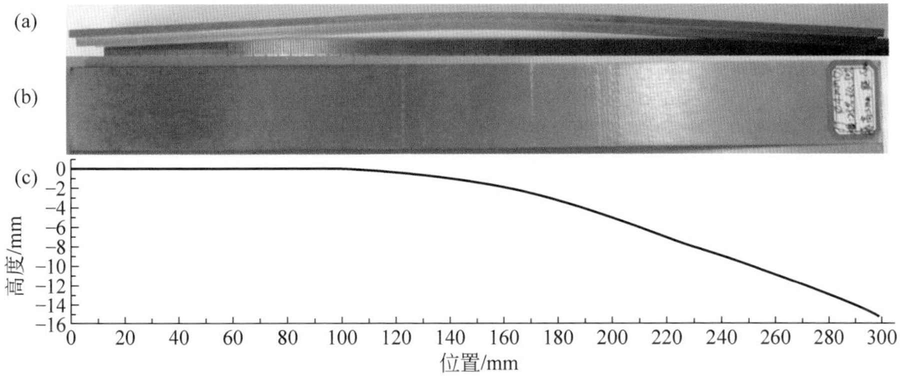

图 8-56　带筋板料 ZJ-6

（a）侧面；（b）正面；（c）成形板料上表面轮廓

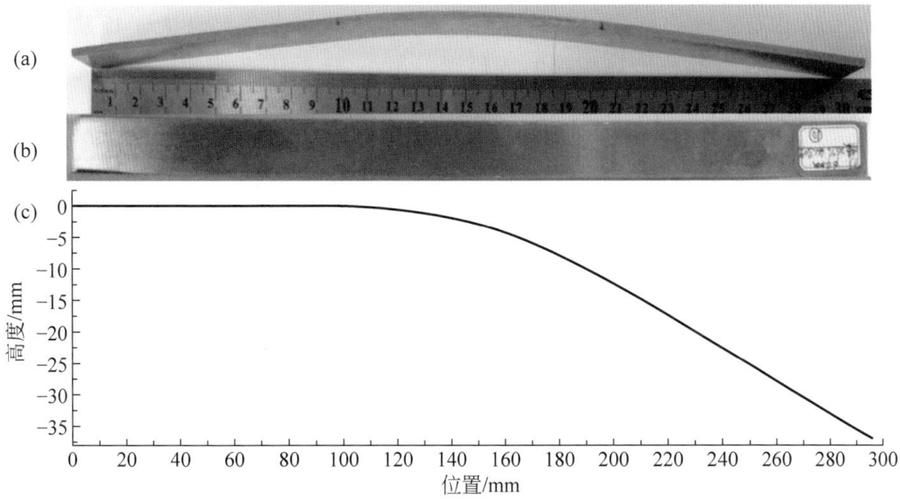

图 8-57　平面板料 7

（a）侧面；（b）正面；（c）成形板料上表面轮廓

8.6.2 横向带筋板料

1. 理论分析

板筋沿横向(y 向)分布的带筋板料,考虑到板料表层材料塑延-应力耦合驱动成形机制的作用,需要综合考虑板筋宽度,激光光斑尺寸等参数的综合影响。具体的影响如图 8-58 所示。

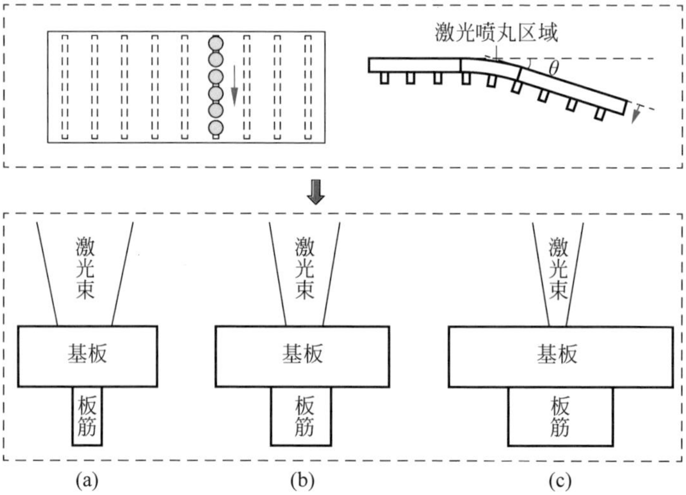

图 8-58 板筋沿横向分布带筋板料成形过程及作用模式示意图

根据板筋宽度和激光光斑尺寸的比较,可以将板筋沿横向分布的带筋板料成形分为以下三种情况。

(1) 当激光光斑的尺寸较大或板筋宽度较窄,此时光斑尺寸大于板筋宽度,如图 8-58(a)所示,板筋宽度对板料的成形影响很小,接近于平板的成形情况。

(2) 当激光光斑的尺寸与板筋宽度差别不大,此时光斑尺寸和板筋宽度对比情况如图 8-58(b)所示。这种情况需要综合考虑板筋尺寸和光斑尺寸情况。

(3)当激光光斑的尺寸较小或板筋宽度较宽,此时光斑尺寸小于板筋宽度,如图 8-58(c)所示。当板筋宽度足够大,此时带筋板料的成形相当于阶跃变截面板料不同区域的成形情况,要将板料分为不同厚度的区域来进行考虑。

2. 实验分析

激光冲击时,激光能量 7J,光斑直径 4mm,光斑纵向叠加率 50%,横向叠加率 25%,激光冲击区域为长度方向中间 50mm 距离的区域。实验也采用了不同筋高、筋宽、筋距的结构参数进行实验,见表 8-5。

表 8-5　横向带筋板料自身结构参数　　（单位：mm）

编号	长度	宽度	基板厚	筋高	筋宽	筋距
HJ-1	150	40	3	3	3	20
HJ-2	150	40	3	3	3	15
HJ-3	150	40	3	3	5	20
HJ-4	150	40	3	7	3	20
HJ-5	150	40	3	5	3	20

为了研究横向带筋板料结构对激光冲击作用下板料成形的影响，方案如下。

方案(1)：选择 HJ-1、HJ-4、HJ-5 试样研究板筋高度对板料成形的影响。

方案(2)：选择 HJ-1 号和 HJ-3 试样研究板筋宽度对板料成形的影响。

方案(3)：选择 HJ-1 号和 HJ-2 试样研究板筋距离对板料成形的影响。

激光冲击后，各横向带筋成形板料的表面及成形轮廓如图 8-59～图 8-63 所示。

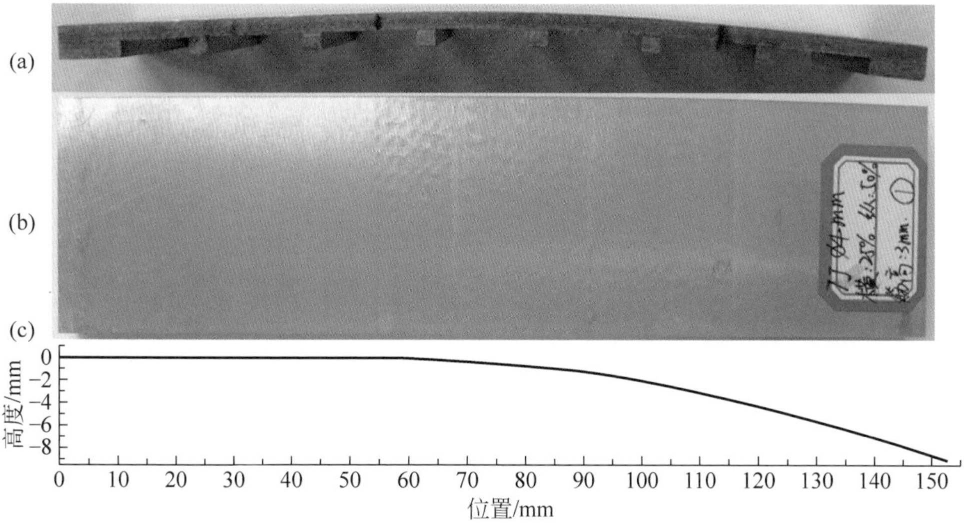

图 8-59　带筋板料 HJ-1

(a) 侧面；(b) 正面；(c) 成形板料上表面轮廓

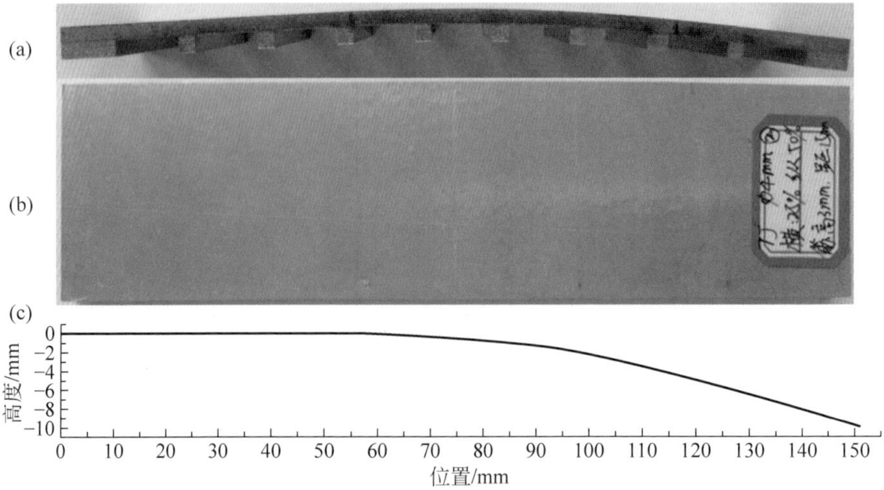

图 8-60　带筋板料 HJ-2

（a）侧面；（b）正面；（c）成形板料上表面轮廓

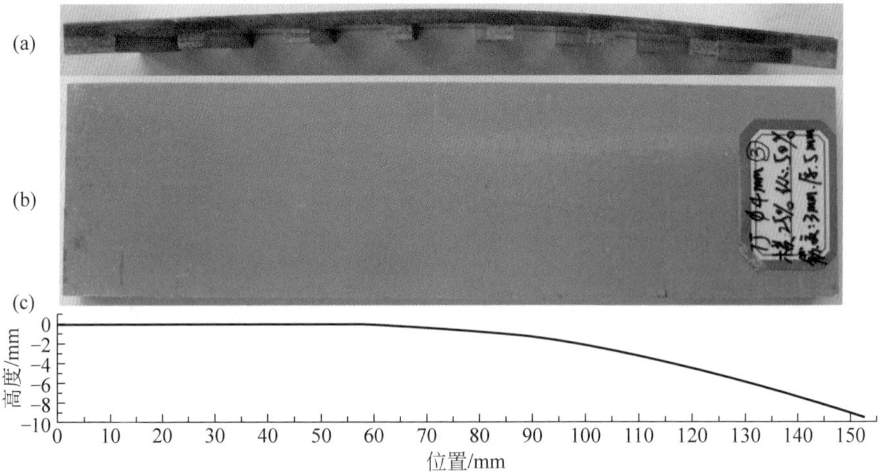

图 8-61　带筋板料 HJ-3

（a）侧面；（b）正面；（c）成形板料上表面轮廓

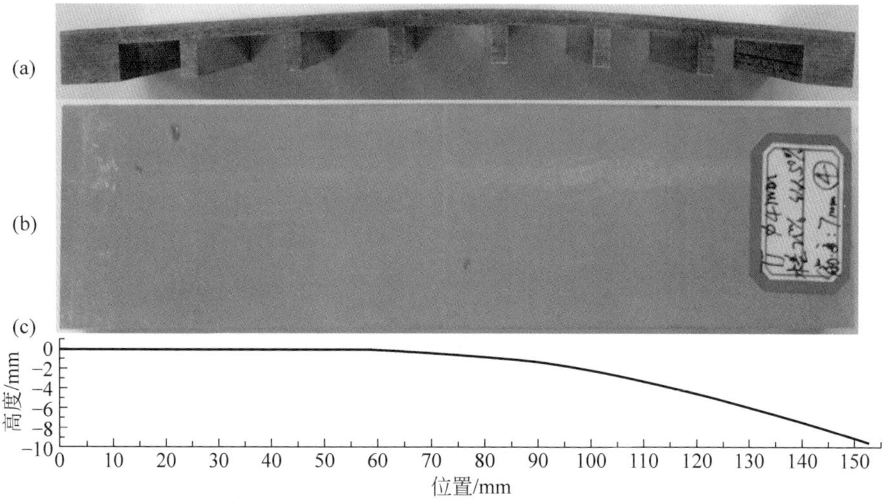

图 8-62　带筋板料 HJ-4

(a) 侧面；(b) 正面；(c) 成形板料上表面轮廓

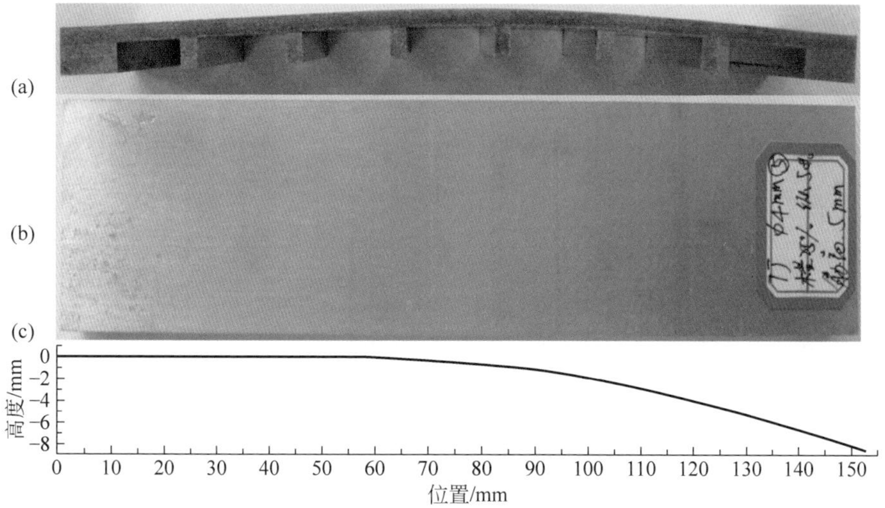

图 8-63　带筋板料 HJ-5

(a) 侧面；(b) 正面；(c) 成形板料上表面轮廓

8.6.3　典型工程应用实例——某型电力机车车头蒙皮

目前，对于小批量需求的电力机车车头复杂形蒙皮，考虑到模具的开发成本，通常以锤子敲击成形为主，如图 8-64 所示。对其进行成形时需要先分成三块区域分别敲击,再进行焊接,最终形成变截面复杂形蒙皮,导致生产周期长,成形精度差,劳动强度高。将高重复频率激光冲击技术应用于电力机车车头复杂形蒙皮件,可以实现复杂形蒙皮件的高效率精确成形。

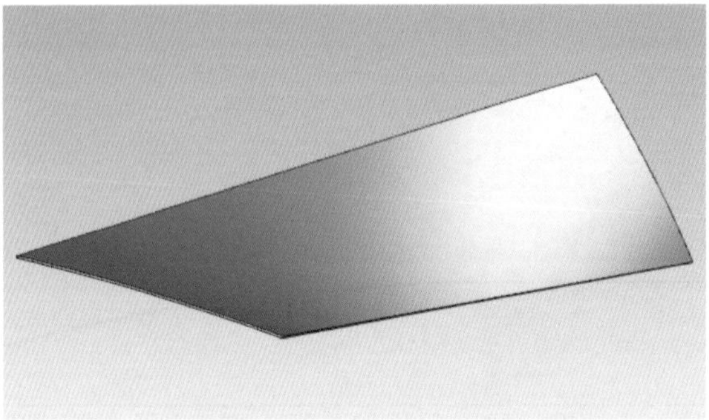

图 8-64 变截面复杂形蒙皮

1. 蒙皮参数

某型电力机车车头蒙皮共有 12 块,材质为 Q345E 低合金高强度钢,厚度为 3mm,最小面积蒙皮(图 8-65)长和宽分别为 430mm、286mm,最大面积蒙皮(图 8-66)长、宽分别为 1588mm、449mm,通过对零件三维设计数模的几何分析,获得了蒙皮的外形和结构特点,其中最小蒙皮曲率半径为 300mm,最大蒙皮外形曲面由 3 个控制界面展向扭转构成,其最小曲率半径为 1472mm,最大曲率半径为 2205mm。

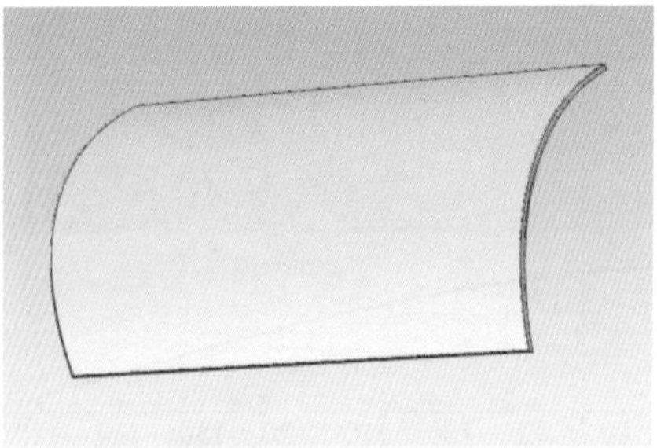

图 8-65 左侧蒙皮上

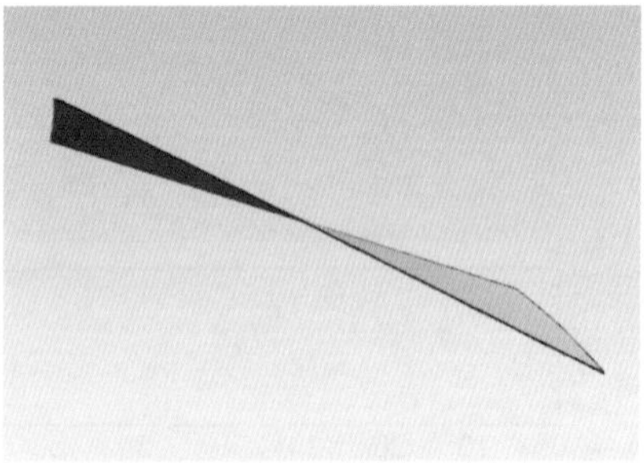

图 8-66 左侧蒙皮中

2. 蒙皮成形

根据蒙皮的几何信息,开展激光冲击成形数值模拟,获得曲率半径及蒙皮形状与激光工艺参数之间的关系,图 8-67 为通过有限元分析得到的蒙皮变形云图,图 8-68 为蒙皮件的激光冲击成形过程,最终蒙皮零件如图 8-69 所示。

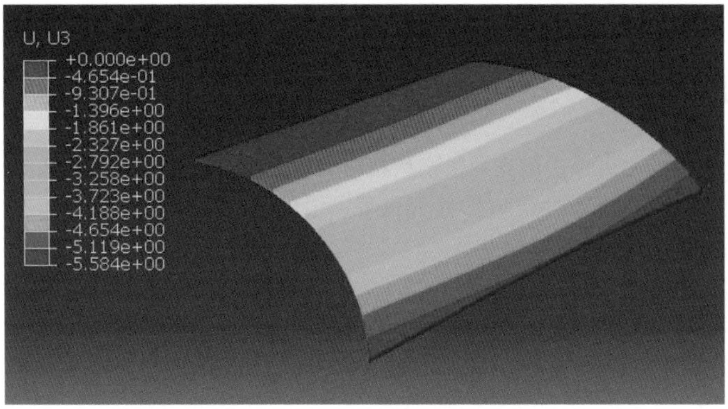

图 8-67　有限元仿真变形云图

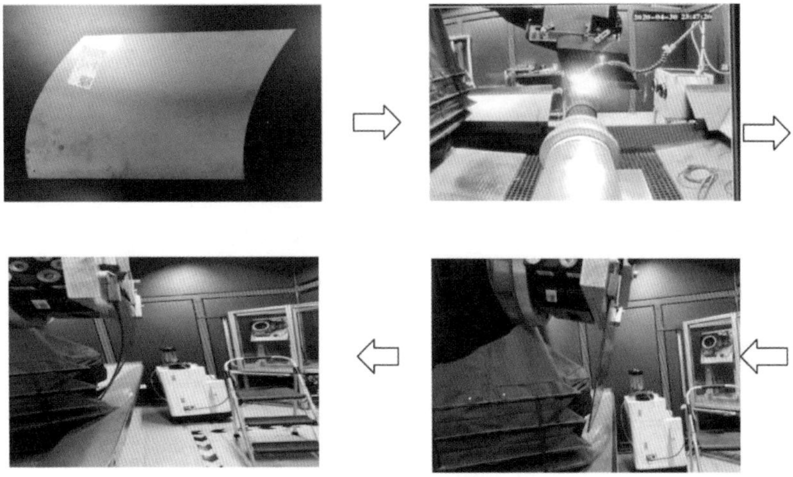

图 8-68　蒙皮件成形过程

图 8-69　激光冲击成形某型电力机车车头蒙皮零件图

参考文献

[1] 任爱国. 基于大光斑单次激光冲击半模精密成形研究[D].镇江：江苏大学,2010.

[2] 季忠,刘韧,孙胜. 激光冲击成形研究进展[J]. 激光与光电子学进展,2010,47,061403：1-15.

[3] 周建忠,张永康,杨继昌,等. 基于激光冲击波的板料塑性成形新技术[J]. 中国机械工程,2002,13(22)：1938-1940.

[4] 张永康,李国杰,杨超君,等. 基于大光斑单次激光冲击的薄板半模精密成形方法[P]. 中国专利：101020276A.

[5] 顾永玉,张兴权,史建国,等. 激光半模冲击成形中板料反向变形现象研究[J]. 激光技术,2008,32(1)：95-97.

第9章

其他先进激光制造技术

9.1 激光清洗技术

9.1.1 激光清洗技术概述

随着工业社会的快速发展，轨道交通、军事、航空航天以及海洋探索等方面也得到了迅猛发展，这对航空航天、船舶、军事武器、各种精密仪器等设备的表面质量提出了更高的要求。这些设备表面需要定期清洗维护，如航天飞机表面旧漆层的去除，船舶表面的锈蚀层、海洋微生物的清洗，发动机内部积碳的清除，武器的清洗以及精密仪器表面微米级颗粒的去除等对清洗后的表面质量都有极高的要求[1]。传统的清洗技术主要包括机械清洗、化学清洗、超声波清洗以及高压水射流清洗。机械清洗不仅费时、耗力、效率低，而且容易损伤基体表面；化学清洗会对环境造成污染；超声波清洗对微米、亚微米级颗粒基本无效，对一些精密仪器的清洗难以达到所需的精度要求；高压水射流清洗依赖于水泵的压力控制，压力过小不能彻底清除污染物，压力过大则会对被清洗的基体造成损伤。在这种情况下，迫切需求新的清洗技术来解决这一系列问题，激光清洗技术的出现让各国学者看到了曙光。

1969年，Bedair等首次提出激光清洗的概念。20世纪80年代，研究者发现把高能量的激光束聚焦后照射物品被污染的部位，使被照射的物质发生振动、熔化、蒸发、燃烧等一系列复杂的物理化学过程，可以使污染物最终脱离物品表面，实现对表面污染物的清除，这就是激光清洗。

9.1.2 激光脱漆技术

工业领域广泛采用涂漆技术对材料进行防锈防蚀,油漆层出现剥离或脱落需重新涂漆时,需要对原有的油漆层进行清除。传统的方法主要采用机械和化学除漆法,机械法劳动强度大,噪声污染严重,且容易损伤基体,清洗效果也比较差;化学法严重污染环境,且不适合局部清洗。激光脱漆技术相对于传统方法有着经济、高效、快捷、便于自动控制等优势。张永康科研团队在实验的基础上,研究了采用 CO_2 激光清洗油漆层的工艺参数和清洗机理[2]。

激光脱漆后试样表面形貌如图 9-1 所示(扫描速度 3.0m/min)。当激光功率密度较小时,激光作用区域的油漆表层在显微镜下观察无明显变化,继续增加激光功率密度,激光作用区域的油漆表层有浅的去除痕迹。可见,激光清洗油漆存在起始清洗阈值。随着激光功率密度的不断提高,激光作用区域的油漆颜色变灰,激光清洗的痕迹逐渐加深,漆层不断减薄,当激光束功率密度升高至一定值时,表面的清洁率达到 100%,实现了完全清洗。可见,激光清洗油漆时存在着完全清洗阈值。当激光功率密度进一步增加超过一定值时,尽管激光完全清除了作用区域的油漆涂层,但基体出现了微小的弯曲变形,在光学显微镜下观察基体表面发现开始出现少量熔化烧蚀现象,这意味着激光清洗油漆时存在基体损伤阈值。实验结果表明,油漆的起始清洗阈值为 0.15kW/cm^2,完全清洗阈值为 1.78kW/cm^2,基体损伤阈值为 2.80kW/cm^2。因此,要完成激光清洗,应将激光功率密度控制在完全清洗阈值与基体损伤阈值之间。

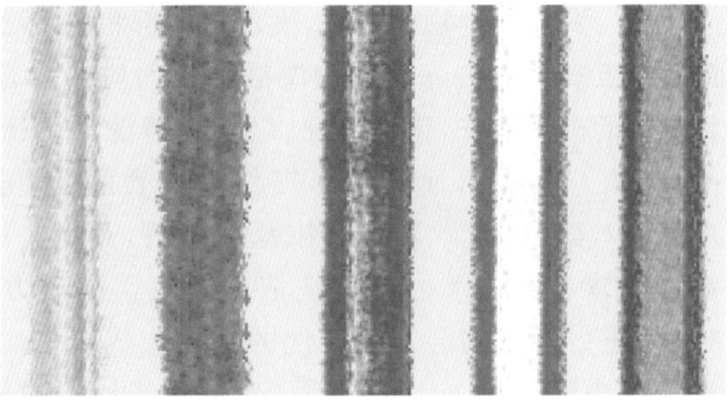

图 9-1 不同功率密度激光辐照后试样表面形貌

当扫描速度较大时,激光束与油漆作用时间较短,不能完全清除油漆层;扫描速度较小时,虽然能完全去除油漆,但也容易对基体造成较大的热影响,使基体变形、表面产生损伤等。因此,要完成清洗工作,应将扫描速度控制在能完全清洗油漆的扫描速度以及避免基体损伤的扫描速度之间。实验时,在光学显微镜下观察激光辐照后的试样表面形貌，检测在不同激光功率下实现完全清洗油漆的最大扫描速度及避免基体损伤的最小扫描速度，实验结果见表 9-1 及图 9-2。结果表明，当激光功率较小时，如 300W，完成脱漆的最大扫描速度接近基体损伤的扫描速度，不太适于工程应用。随着激光功率的增加，完成脱漆的最大扫描速度与基体损伤的扫描速度的差距增加，适于工程应用。由于激光能量连续，对于基体的散热不利，因此在提高功率的同时，还需要通过提高扫描速度来降低基体的温度升高，减小基体升温变形烧伤等。

表 9-1　扫描速度对脱漆的影响

激光功率/W	300	400	500	600	700
脱漆最大扫描速度/(m/min)	3.0	3.6	4.2	5.0	6.0
避免基体损伤最小扫描速度/(m/min)	2.8	3.0	3.4	4.0	4.8

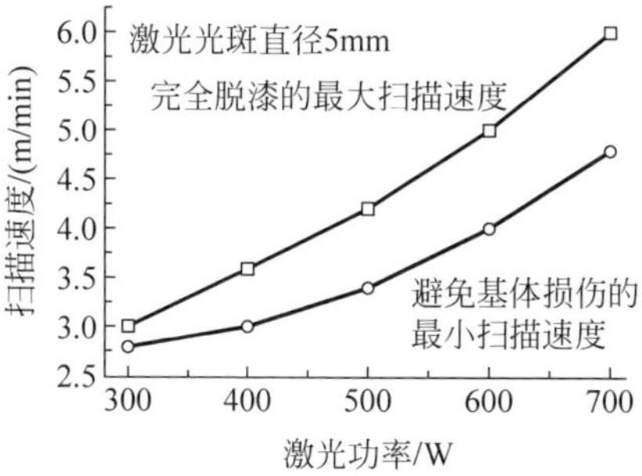

图 9-2　扫描速度对脱漆效果的影响

由于实验所用激光模式为准高斯型，激光束中心能量分布比较均匀，但光束边缘能量较低，因此扫描道边缘的油漆难以完全清除，各扫描道间需要有一定的搭接量才能实现大面积的完全清洗。取激光功率为 500W，光斑直径为 5mm，扫描速度为 4.0m/min 的条件进行实验，实验结果表明扫描道间的进给量为 3.5mm，即行间搭接量约为 40%时，可实现油漆的完全清洗。

考虑搭接量的影响，不同激光功率下，清除单位面积的油漆所需消耗的激光能量$=\dfrac{\text{消耗的激光能量}}{\text{清除的油漆面积}}$，如图 9-3 所示。由图可见，随着激光功率的增加，清除单位面积的油漆所需消耗的激光能量先增加，随后逐渐减小。当激光功率为 500～600W 时，达到最大值。由图 9-2 可见，当激光功率小于 500W 时，随着激光功率的增加，完成脱漆的扫描速度增加缓慢，因此，随激光功率的增加，清除单位面积的油漆所需消耗的激光能量增加；当激光功率大于或等于 500W 时，随着激光功率的增加,完成脱漆的扫描速度增加较快,在脱漆过程中,向基体及周围环境扩散损失的能量减少,激光能量利用率提高,因此曲线呈下降趋势。考虑到激光能量的利用率及脱漆时对基体的热影响,采用 CO_2 激光器脱漆时,激光功率应选择大于 600W。

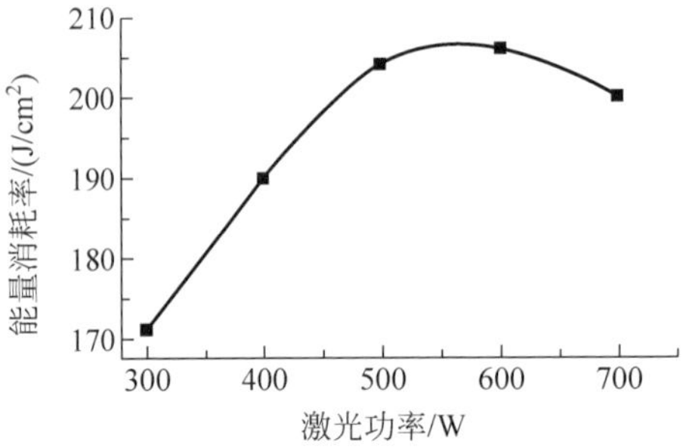

图 9-3 不同激光功率下脱漆的能量消耗率

9.1.3 激光除锈技术

金属的锈蚀无处不在,每年吞噬了大量的资产,需要耗费很多人力、物力去解决。传统的除锈方法主要是机械及化学除锈法,工程庞大而复杂,锈粉及除锈剂不仅有害于工人的身体健康,而且严重污染环境。激光除锈清洗技术绿色、无污染,废弃物可在清洗的同时进行收集。

1. 垂直清洗

实验时,首先使入射激光垂直辐照试样表面,分别作用 1～5 个脉冲后的弹坑形貌如图 9-4 所示。随着脉冲数的增加,清洁率逐渐增加,5 个脉冲后完成了清洗。清洗后的金属表面颜色较原金属表面灰暗,说明在激光辐照下,金属表面温度超过其熔化温度,金属表面发生熔化烧伤。

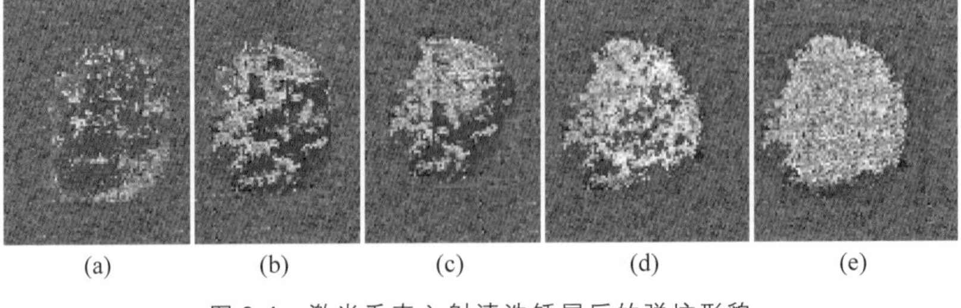

图 9-4 激光垂直入射清洗锈层后的弹坑形貌

(a) 1 个脉冲; (b) 2 个脉冲; (c) 3 个脉冲; (d) 4 个脉冲; (e) 5 个脉冲

激光垂直入射试样表面除锈时，其除锈的机理主要是锈蚀层的汽化挥发。在脉冲激光辐照下，锈蚀层表面吸收激光能量后温度迅速增高，表面升高的温度可按下式计算[3]：

$$T=\frac{2AF}{K}\sqrt{\frac{k\tau}{\pi}} \tag{9-1}$$

式中，A 是表面对激光的吸收率；F 是激光功率密度（W/cm^2）；K 是材料的热导率（W/cm·℃）；k 是材料的热扩散率，等于 $K/\rho C$（cm^2/s），ρ 是材料密度（g/cm^3），C 是材料比热（J/g·℃）；τ 是激光脉冲宽度（s）。

由于激光脉冲宽度很短，仅为 20ns，因此激光功率密度很大，另外，由于锈蚀层热导率较低，热量在锈蚀层表面积聚，表面温度迅速达到锈垢的汽化温度以上将表面锈蚀层汽化掉。由于表面温度很高，超过了表面金属的熔化温度，表面金属有烧伤痕迹。但这并不影响材料深层的性能，因为激光在材料中的穿透深度为 α^{-1}，α 是材料对激光的吸收系数，对金属材料，该值不足 1μm。在激光辐照下，热波在材料内的扩散深度可按下式计算[3]：

$$d=2(kt)^{\frac{1}{2}} \tag{9-2}$$

对于钢材，该值约为几微米。可见，激光热效应只影响材料表面几微米厚的性能，并不影响材料深层的性能。脉冲过后，由于基体材料本身的热传导引起表面金属快速淬火，使表面金属的结构变得致密，这有利于提高试样表面的微观硬度及抗腐蚀能力。

2. 倾斜清洗

由于实际工件一般均存在曲面及角落，在实际除锈过程中，激光并不始终与工件表面垂直，因此研究激光倾斜入射时的清洗行为对推广激光除锈技术的应用具有重要意义。激光倾斜入射清洗如图 9-5 所示。图 9-6 是试样表面作用 3 个脉冲后，表面清洁率与倾斜角 θ 之间的关系曲线。可见，随着激光与试样表面夹角的减小，清洁率逐渐增加，当激光与试样表面夹角 θ 小于或等于 20°时，实现了完全清洗。图 9-7 为激光与试样表面夹角 $\theta=20°$，分别作用 1～3 个激光脉冲后留下的弹

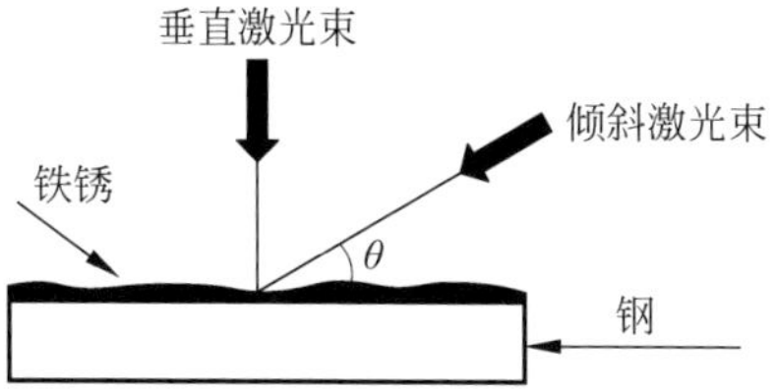

图 9-5　激光倾斜入射清洗示意图

坑形貌。由于光束的倾斜,激光实际照射到试样表面的光斑面积约为垂直入射时的3倍,虽然激光的平均能量密度降为垂直入射时的1/3,但实验结果表明,3个脉冲就完全清除了表面锈蚀层,金属表面没有烧伤痕迹。

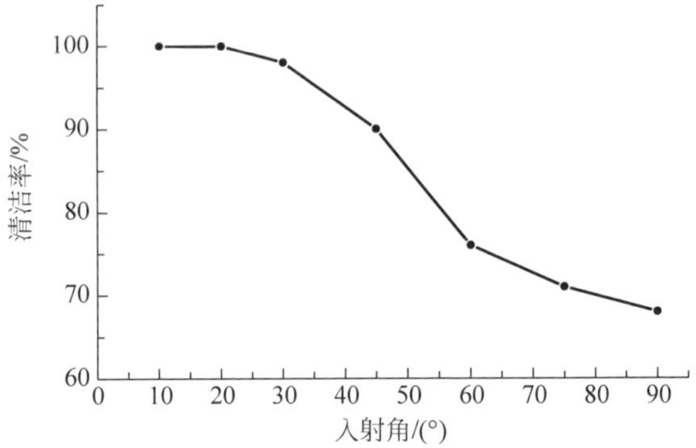

图 9-6　清洁率随激光入射角的变化曲线

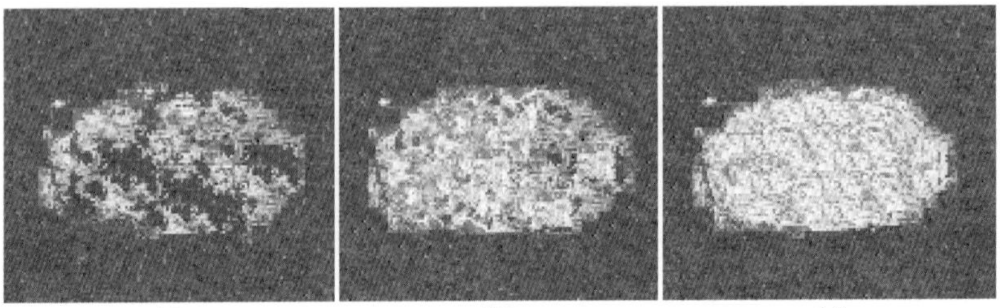

(a)　(b)　(c)

图 9-7　激光倾斜入射清洗锈层后的弹坑形貌

(a) 1个脉冲;(b) 2个脉冲;(c) 3个脉冲

9.2　激光切割技术

9.2.1　激光切割技术概述

利用激光束的能量对材料进行热切割的方法称为激光切割。它可以切割金属材料和非金属材料,是一种多功能切割工艺方法。无论是 CO_2 激光器还是YAG激光器,其切割原理都是利用聚焦的高功率密度激光束照射工件,使材料被激光照射部分的温度在极短的时间内上升到几千摄氏度甚至上万摄氏度,迅速熔化、汽化、烧蚀或达到燃点,同时借助与光束同轴的高速气流吹除熔融物质,从而将工件割开。如果吹出的气体和被切材料产生放热反应,则此反应将提供切割所需的附加能量。气流还有冷却切割材料、减小热影响层和保证聚焦透镜不受污染的作用。激光切割属于热切割方法之一，其原理如图 9-8 所示，实际切割过程如图 9-9 所示。

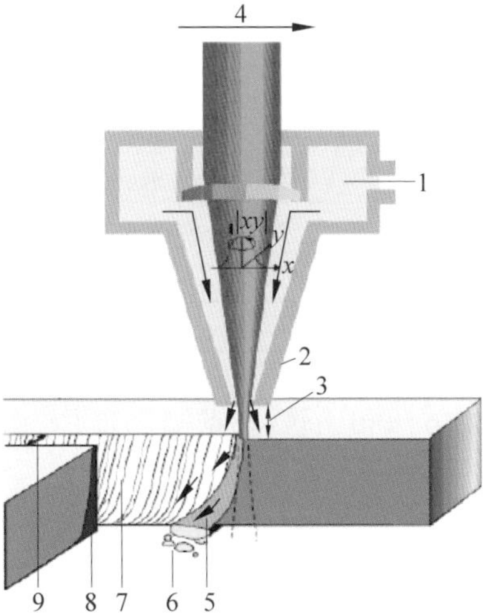

1—辅助气体；2—喷嘴；3—喷嘴和工件表面的距离；4—切割速度；5—熔融材料；6—熔渣；7—粗糙度；8—热影响层；9—切割宽度。

图 9-8 激光切割示意图

图 9-9 激光切割实际过程

表 9-2 给出了激光切割与其他几种切割方法的对比。

表 9-2　几种切割方法的比较

比较项	切割方法			
	激光切割	高压水切割	细等离子束切割	火焰切割
切缝宽	窄	较宽	较宽	宽
热影响区	小	小	大	大
切割速度	快	慢	高	一般
切割表面质量	好	好	一般	差
三维切割	可以	不能	可以	可以
适用材料	广泛	广泛	一般	窄
设备投资	高	高	较小	小

激光切割与其他热切割方法相比较,特点概括如下[4]。

1）切割质量好

由于激光光斑小、能量密度高、切割速度快,因此激光切割能够获得较好的切割质量。

(1) 激光切割切口细窄,切缝两边平行并且与表面垂直,切割零件的尺寸精度可达±0.05mm。

(2) 切割表面光洁美观,表面粗糙度只有几十微米,甚至激光切割可以作为最后一道工序,无需机械加工,零部件可直接使用。

(3) 材料经过激光切割后,热影响区宽度很小,切缝附近材料的性能也几乎不受影响,并且工件变形小,切割精度高,切缝的几何形状好,切缝横截面形状呈现较为规则的长方形。

2）切割效率高

由于激光的传输特性,激光切割机上一般配有多台数控工作台,整个切割过程可以全部实现数控。操作时,只需改变数控程序,就可适用于不同形状零件的切割,既可进行二维切割,又可实现三维切割。

3）切割速度快

用功率为1200W的激光切割2mm厚的低碳钢板,切割速度可达600cm/min;切割5mm厚的聚丙烯树脂板,切割速度可达1200cm/min。材料在激光切割时不需要装夹固定,既可节省工装夹具,又节省了上、下料的辅助时间。

4）非接触式切割

激光切割时割炬与工件无接触,不存在工具的磨损,不需要更换“刀具”,只需改变激光器的输出参数。激光切割过程噪声低,振动小,无污染。

5）切割材料的种类多,激光亮度高、方向性好,聚焦后的光点很小,能够产生极高的能量密度和功率密度，足以熔化任何金属，特别适合加工高硬度、高脆性及高熔点的其他方法难以加工的材料。与氧乙炔切割和等离子切割相比，激光切割材料的种类多，包括金属、非金属、金属基和非金属基复合材料、皮革、木材及纤维等。

6）清洁、安全、劳动强度低

由于激光切割自动化程度高，可以全封闭加工、无污染（切割有机材料时，会有有害气体从排气系统排出，但不影响工作环境）、噪声小，极大地改善了操作人员的工作环境。

7）节能和节省材料

激光束的能量利用率为常规热加工工艺的10～1000倍，由于激光切割的切缝很窄，可节省材料15％～30％。

激光切割技术与其他热切割方法相比体现出很大的优越性，但同时也存在着一些缺点。由于受到激光器功率和设备体积的限制，激光切割只能切割中、小厚度的板材和管材，而且随着工件厚度的增加，切割速度明显下降。激光切割设备费用高，一次性投资大。

9.2.2　Q235钢板

低碳钢的激光切割是目前激光切割技术应用最广泛的领域之一。通常在10mm以内的碳钢钢板可良好地进行氧助激光切割，切割速度快，热影响区小，变形小。本试验选择工业上应用广泛的Q235钢板作为切割材料，其强度和塑性较好，是低碳钢。用于激光切割的Q235板厚为1.2mm，实验前用砂纸将表面氧化皮去除，用酒精擦拭干净待用。切割设备是连续轴流CO_2激光器，平均输出功率600W，焦点位于材料表面，切割速度1m/min，氧气压力0.5MPa。实验采用激光氧化切割的方法进行切割。

为方便论述，对切割检测部位予以说明。图9-10(a)为切割面示意图，切割前沿覆盖着一层熔化金属及其氧化产物。在激光与气流的共同作用下，切割前沿形成一定的角度，其投影距离称为后拖量，随切割参数而改变。切割前沿后方金属被熔化吹除，形成切割面。切割面与上表面的交界处称作切割面上缘，切割面靠近上缘的部分称为切割面上部；切割面与下表面的交界处称作切割面下缘，切割面靠近下缘的部分称为切割面下部。上部、中部和下部是对切割面的一种粗略划分，并无明确的界限。称切割面下部紧邻下缘的位置为近下缘位置。图9-10(b)采用连续模式切割1.2mm Q235钢板获得的断口低倍照片。从图中可以看到，整个切割面具有均匀的切割条纹，无毛刺，说明切割质量较好。

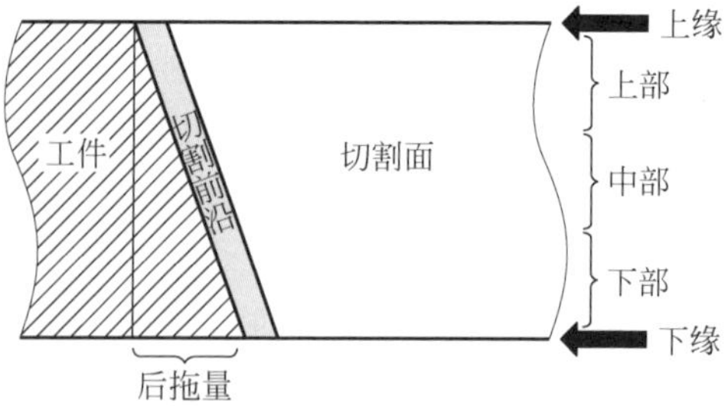

(a)

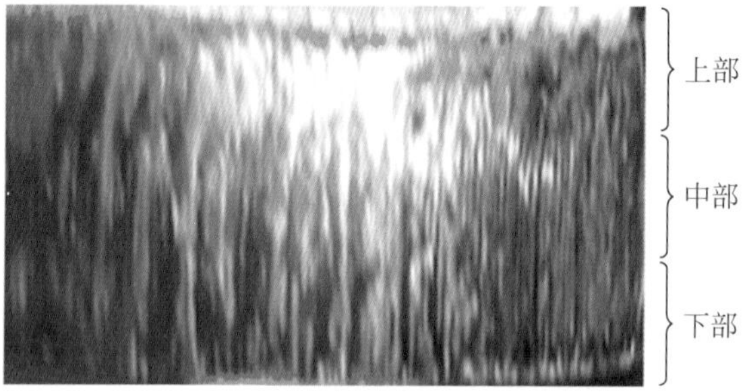

(b)

图 9-10　切割面示意图

图 9-11(a)、图 9-12(a)和图 9-13(a)分别为图 9-10(b)上部、中部和下部的表面形貌放大照片。从图中可以看到，切割面不同部位形貌差别不大，切割面具有均匀的切割条纹，从三维交互图可以看出上部的粗糙度相对较高，而中部和下部较低。

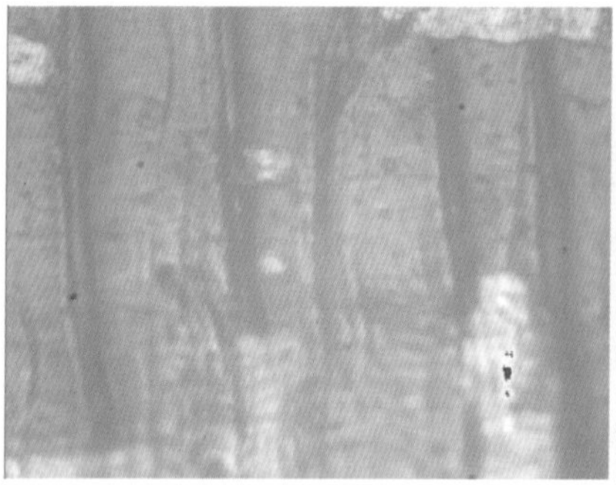

(a)

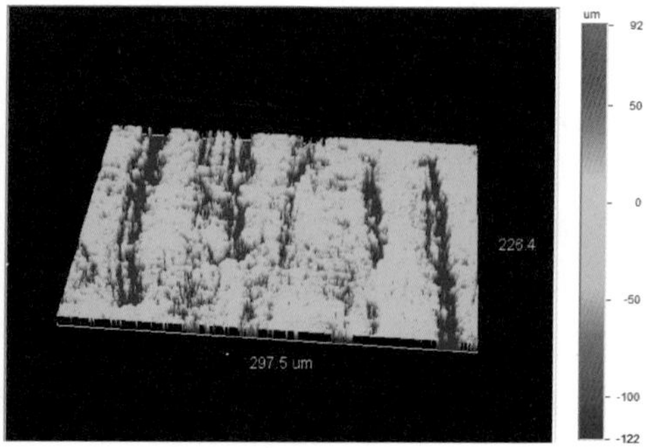

(b)

图 9-11　上部 0.3mm 处实际形貌及三维交互图

(a) 实际形貌；(b) 三维交互图

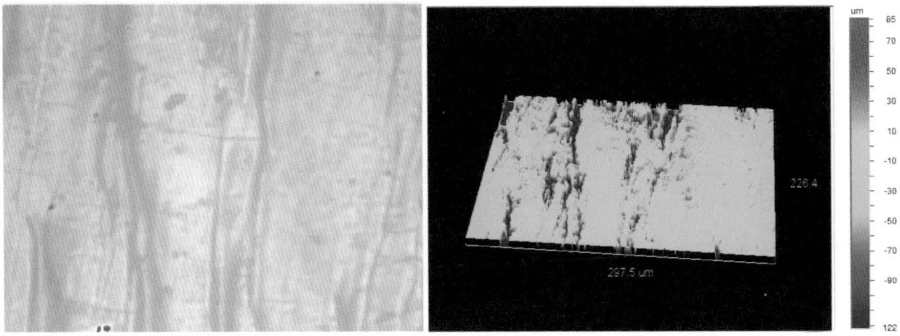

(a)　　　　　　　　　　(b)

图 9-12　中部 0.6mm 处实际形貌及三维交互图

(a) 实际形貌；(b) 三维交互图

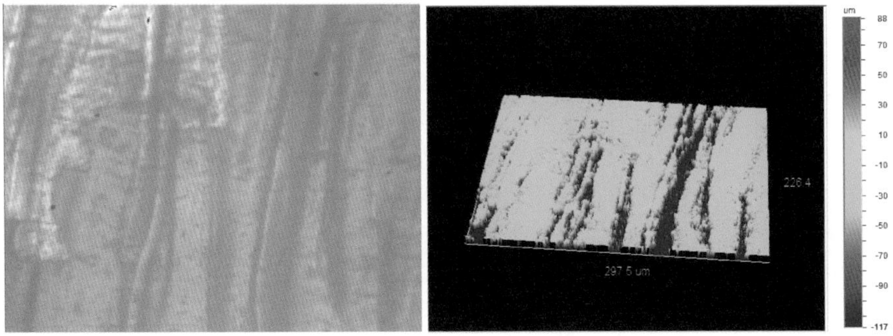

(a)　　　　　　　　　　(b)

图 9-13　下部 0.9mm 处实际形貌及三维交互图

(a) 实际形貌；(b) 三维交互图

从图 9-11(a)、图 9-12(a)和图 9-13(a)可知，激光切割 Q235 板材所得的断口的总体形貌呈条状，方向一致。同时从图中可以看出图片中大部分颜色为灰色，也存在少量白色部分，灰色部分为辅助气体与铁发生氧化反应时所生成的氧化膜，白色部分为氧化膜脱落时所表现出来的颜色。将其与经过 Wyko 形貌仪处理过的三维交互图像进行对比，发现在三维交互图 9-11(b)、图 9-12(b)和图 9-13(b)中这些位置处并没有出现有层次感的断层。这就说明在 Q235 采用激光切割并用氧气作为辅助气体时，所生成的氧化膜非常薄，对于断口的形貌基本不构成影响。

图 9-14～图 9-16 是对图 9-10(b)所示切割表面不同位置粗糙度曲线对比分析的结果。分析结果表明：切割面上部条纹具有周期性的起伏；而切割面下部条纹比较混乱，频谱中具有较多的低频成分。对于沿切割方向(x 方向)和垂直于切割方向(y 方向)的粗糙度曲线也有所不同。

上部 0.3mm 处，x 方向和 y 方向的粗糙度曲线如图 9-14 所示。

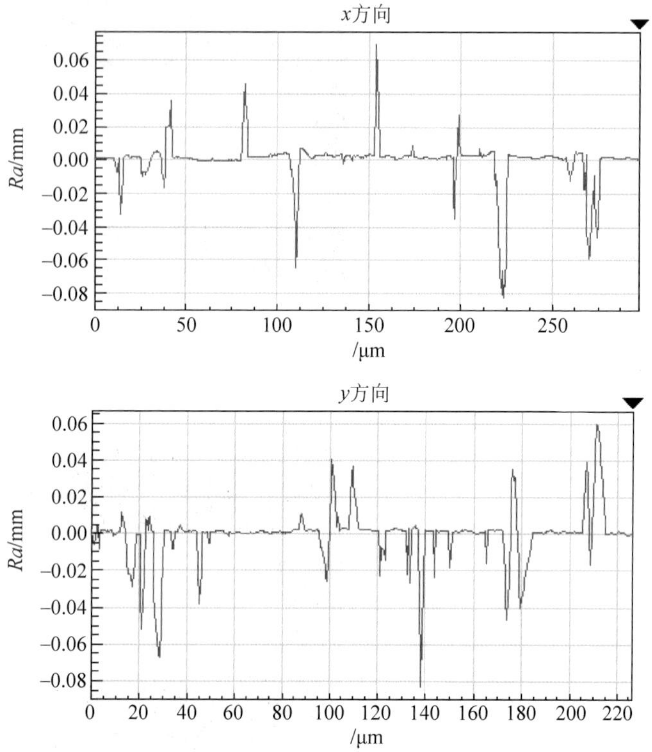

图 9-14　上部 0.3mm 处 x 方向和 y 方向的粗糙度曲线

实验所得数据：对于 x 方向 $Ra<5\mu m$，y 方向 $Ra<10\mu m$。

中部 0.6mm 处 x 方向和 y 方向的粗糙度曲线如图 9-15 所示。

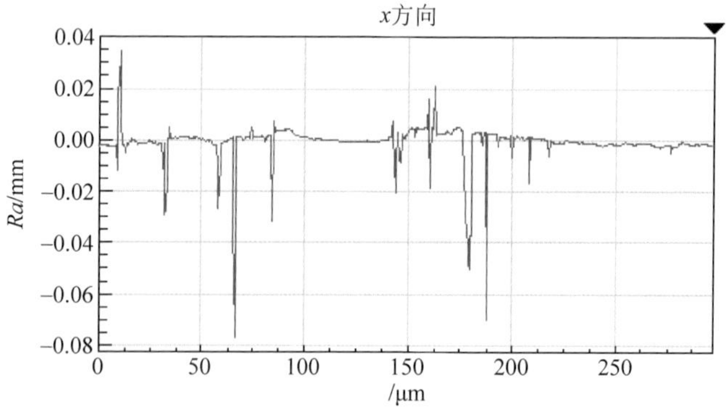

图 9-15　中部 0.6mm 处 x 方向和 y 方向的粗糙度曲线

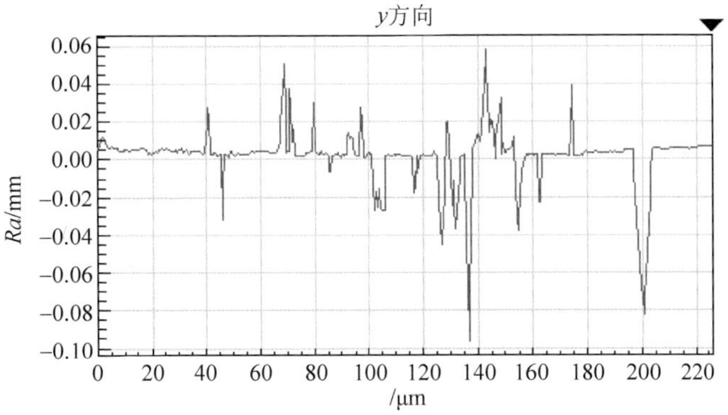

图 9-15　(续)

实验所得数据：对于 x 方向 $Ra<5\mu m$，y 方向 $Ra<10\mu m$。

对于下部 0.9mm 处，x 方向和 y 方向的粗糙度曲线如图 9-16 所示。

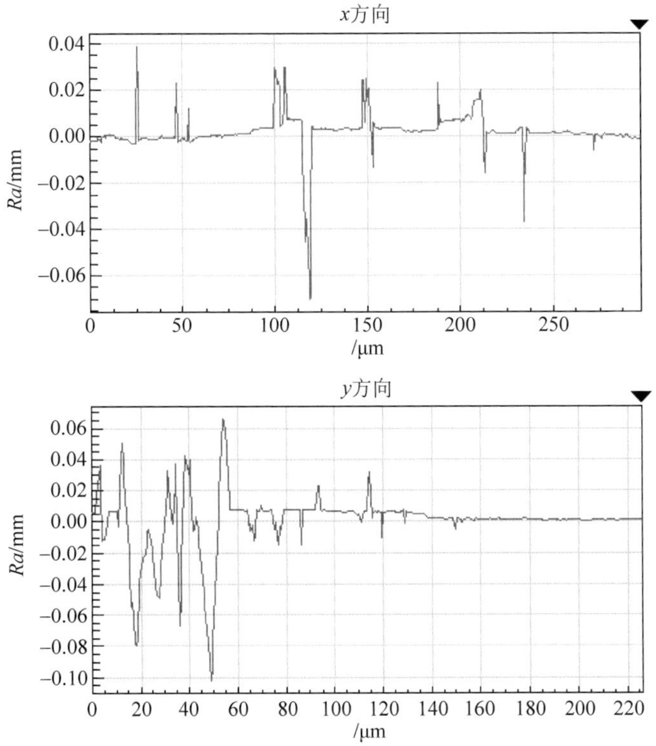

图 9-16　下部 0.9mm 处 x 方向和 y 方向的粗糙度曲线

实验所得数据：对于 x 方向 $Ra<5\mu m$，y 方向 $Ra<10\mu m$。

观察图 9-14～图 9-16 可得，粗糙度沿板厚方向变化较大。上部(上缘至

0.3mm 处)在激光控制区域之内,表面条纹细密而有规则,表面粗糙度很低;而中下部位于激光控制区域之外,随着深度的增加,表面粗糙度不断增加;靠近下缘是切割面粗糙度最高的位置,是切割面质量的薄弱环节。在板厚方向上,粗糙度有这些变化,主要是由于在采用激光切割时,激光束在实际上切割出切缝前,是经过多次反射最终形成切缝的。在激光反射时,被反射光照射部分材料被熔化,并且被迅速吹走,并且在周围形成热影响,粗糙度随之变化。

经测定,断口粗糙度对应于沿板厚方向上的关系如图 9-17 所示。由图可以看出,在断口的上部和中部的平均粗糙度相比保持平稳,而在断口下部的粗糙度比较大。这是由于在切割过程中,辅助气体夹杂着熔融的金属对下端口的冲刷较为严重,导致了随着厚度的增加粗糙度增加的现象。其平均粗糙度较为理想,若在之后直接是激光焊接等工序,可以免去进一步光整断口的加工。

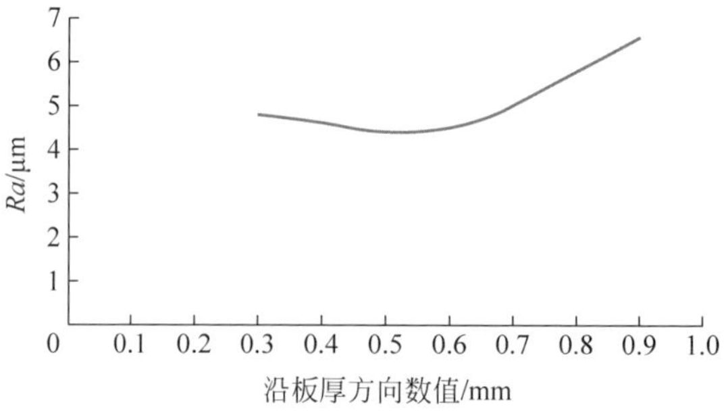

图 9-17　粗糙度随板厚关系

9.2.3　铝合金

毕华丽[5]采用激光切割的方法对 Al-Mg-Si 系铝合金(含 0.95%Mg、0.6%Si 及少量的铁,样品坯料尺寸为边长为 150mm 的正六边形,厚 0.6mm)进行了研究,切割设备采用 JK701H 型脉冲 Nd：YAG 固体激光器,脉冲宽度为 0.3～2ms、脉冲重复频率为 20～40Hz、输出功率为 0～150W 连续可调。对大量试样的切口照片进行分析,并根据分析结果,将激光切割质量(以表面粗糙度为主)按不同量级分为 A、B、C、D 四个等级,如图 9-18 所示。

A 级切口表面质量的特征：表面有微细熔化痕迹或几乎看不见微细熔化痕迹(图 9-18(a)),切割过程稳定,材料的熔化及吹除是一个准稳态的轻微振荡过程,切割前沿的点燃、熔化及吹除都以一定频率重复进行。这基本反映了在物性参数、材料厚度一定的条件下,优化激光切割参数后所能达到的最好切割表面。

B 级切口表面质量的特征：表面可见细丝状痕迹,细丝分辨不太清楚(图 9-18(b)),切割口平直,内外切口平整,无挂渣,这类表面形成的可能原因是在材料特性一定时通过优化激光参数可以达到A级，但由于参数优化不好而产生B级精度或在激光参数优化的条件下由材料本身的特性决定的所达到的最好等级。

C级切口表面质量的特征：表面熔化痕迹清晰可见，切口较平直，切割时一般在切口下端有少量挂渣(图9-18(c))，但此时的挂渣质软而脆，极易被去除，同一切口表面上、下粗糙度相差较大。产生这种切口的原因与B级的相似。

D级切口表面质量的特征：表面上端细丝状痕迹清晰可见，下端丝状痕迹向一个方向弯曲，有时还出现较宽"沟状缺口"，使切割面产生中断，切口不平直，切割时工件背面挂渣严重，且切口下端有明显的烧伤痕迹(图9-18(d))。正常情况下，激光切割不允许出现这种情况。

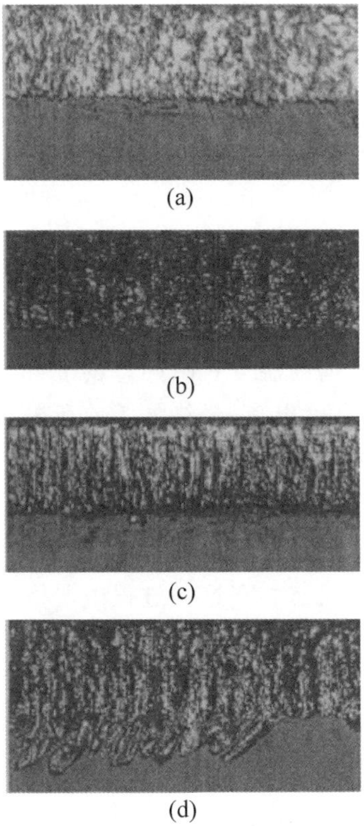

图9-18　激光切割铝合金不同表面质量等级的切口组织

(板厚0.6mm，氮气作辅助气体，气压0.6MPa)

(a) A级切割质量，激光功率100W，切割速度200mm/min；(b) B级切割质量，激光功率80W，切割速度20mm/min；(c) C级切割质量，激光功率100W，切割速度20mm/min；(d) D级切割质量，激光功率120W，切割速度100mm/min

9.3 飞秒激光加工技术

9.3.1 飞秒激光加工技术概述

飞秒激光是指脉冲宽度在飞秒量级的脉冲激光,一飞秒即 10^{-15}s,相当于电子绕氢原子核旋转半周的时间,是人眼能分辨时间极限(0.05s)的十万亿分之一。飞秒激光加工技术则是一项集超快激光技术、CAD/CAM 技术、光化学材料技术、超高精度定位和控制技术和其他相关技术于一体的新型微细加工方法。超微细加工是飞秒激光除超快现象研究和超强现象研究之外的一个重要应用研究领域,与其他加工技术不同的是,该应用研究与先进的制造技术紧密相关,对某些关键工业生产技术的发展可以起到直接的推动作用。

飞秒激光脉冲本身具有两个主要的特点:窄脉宽(fs)、高功率(10^{15}W 量级),飞秒激光加工的主要特点如下。

1) 热影响区小

飞秒激光在极短的时间和极小的空间内与物质相互作用,由于几乎没有能量扩散等影响,向作用区域内集中注入的能量获得有效的高度积蓄,大大提高了激光能量的利用效率。作用区域内的温度在瞬间急剧上升,并将远远超过材料的熔化和汽化温度,使得物质发生高度电离,最终处于前所未有的高温、高压和高密度的等离子体状态。此时材料内部原有的束缚力已不足以遏制高密度离子、电子气的迅速膨胀,最终使得作用区内的材料以等离子体向外喷发的形式得到去除。由于等离子体的喷发几乎带走了原有全部的热量,作用区域内的温度获得骤然下降,大致恢复到激光作用前的温度状态。在这一过程中严格避免了热熔化的存在,实现了相对意义上的“冷”加工,大大减弱了传统激光加工中热效应带来的诸多负面影响。因此,飞秒激光加工金属材料时,与长脉冲不同,烧蚀区域周围没有像火山口一样的堆砌和大面积的熔融区,内壁光滑、形状规整,加工质量非常好。图 9-19 给出了不同脉宽(纳秒、皮秒与飞秒)激光加工对比图,图(a)是纳秒激光所得到的材料表面形貌,光斑边缘隆起较高,可以清楚看到隆起周围的热影响区;图(b)是皮秒激光照射的材料,边缘粗糙,洞口周围有明显的隆起,较远处有水波纹一样的形状分布;图(c)是飞秒激光照射材料所得到的圆孔,边缘清晰、熔融区小,整体形状比较好。

2) 可加工各种材料

同长脉冲激光相比,飞秒激光脉冲通常可以较容易达到很高的强度。飞秒激光脉冲经过放大后,峰值功率可以达到 10^{21} W/cm^2,这样的强激光脉冲聚焦后作用

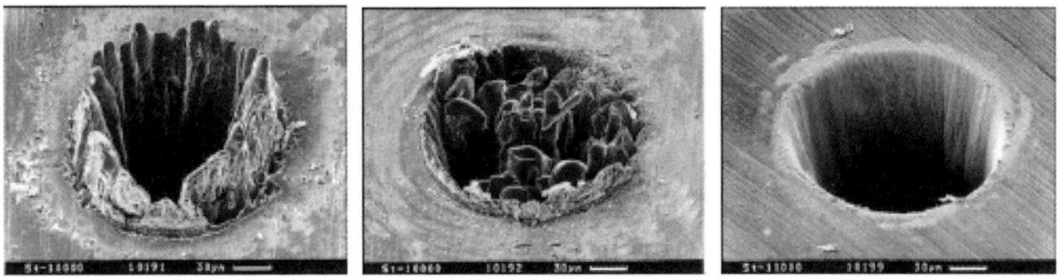

(a)　　(b)　　(c)

图 9-19　波长 780nm，脉宽不同的脉冲激光在钢板上烧蚀的孔

(a) 3.3ns，1mJ；(b) 80ps，900μJ；(c) 200fs，120μJ

于材料表面时，非线性吸收效应成为主导，可在金属、半导体、有机透明等各种材料表面及内部实现烧蚀改性、破坏，从而达到微纳加工的目的。

3）精确的阈值

对于各种不同的材料，使用飞秒激光脉冲烧蚀均表现出稳定的破坏阈值。这个特点主要从两个方面体现。一方面，对于各种不同的材料，只有当能量密度大于材料的阈值时才有破坏现象发生。这是因为在飞秒激光脉冲与物质作用的过程中，非线性吸收处于主导地位。另一方面，使用飞秒激光脉冲烧蚀材料时，烧蚀破坏区域小于光斑尺寸。这是因为飞秒激光脉冲强度在空间上呈高斯型分布，只有中间强度较高的部分激光脉冲的能量高于材料的破坏阈值，形成烧蚀；而边缘强度较低的部分激光脉冲的能量低于材料的破坏阈值，没有烧蚀现象。

综上所述，同长脉冲激光相比，飞秒激光加工具有热影响区小、可加工各种材料、阈值精确的特点。因此，使用飞秒激光脉冲进行加工时，很容易获得高精度、高重复性、微纳尺度的高精度加工。

9.3.2　金属材料

金属材料是最早用于飞秒激光加工的材料之一，其中包括镍、铜、铁、铝等各种金属和合金。

1. 纯金属 Ni

图 9-20 是激光能量密度为 $2.65J/cm^2$ 时随脉冲数增加金属镍表面烧蚀区演化过程的扫描电子显微照片[6]，其脉冲数分别为 10、20、30、40、50 和 100。在烧蚀区域的中心，有大量随机取向的纳米尺寸的突起。在烧蚀区的边缘可以看到周期性波纹结构，而在烧蚀区域外围的样品表面存在许多激光烧蚀产生的飞溅物。这是因为激光强度分布为高斯型，在激光焦点的外围区域光强较低，不能引起烧蚀，而是形成弱烧蚀的周期性表面结构，即周期性波纹。随脉冲数的增加，中心区的随机纳米结构范围增加，周围区的周期性条纹更加清晰并且其范围也在增加，表现出明显的脉冲积累效应。

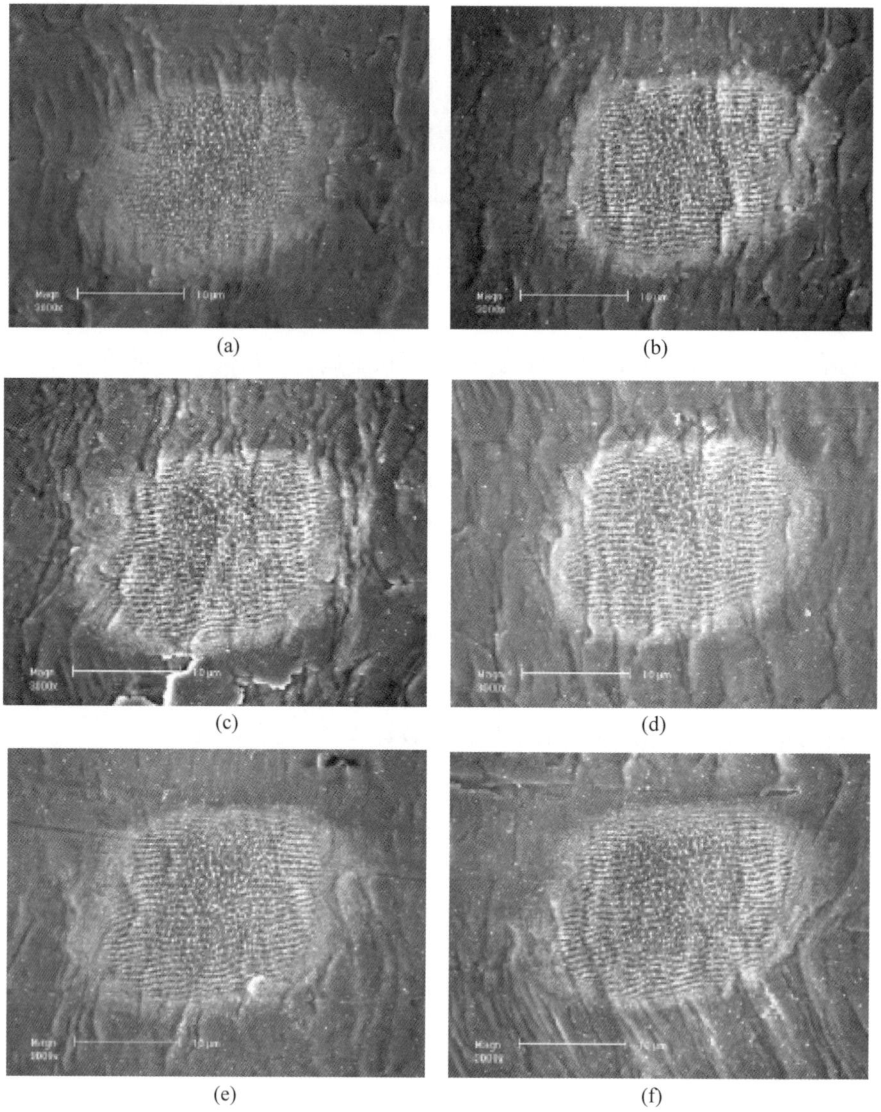

图 9-20　飞秒激光烧蚀金属镍显微照片，能量密度 2.65J/cm^2

(a) 10 个脉冲；(b) 20 个脉冲；(c) 30 个脉冲；(d) 40 个脉冲；(e) 50 个脉冲；(f) 100 个脉冲

图 9-21 是激光能量密度 3.32J/cm^2 时随脉冲数增加金属镍表面烧蚀区演化过程的显微照片，其脉冲数分别为 10、20、30、40、50 和 100。与图 9-20 相比，中心区的随机纳米结构范围更大，纳米尺寸突起也更强。

2. 弹簧钢 65Mn

吴雪峰[7]采用 Ti：Sapphire 飞秒激光器在空气中烧蚀弹簧钢 65Mn 表面，当

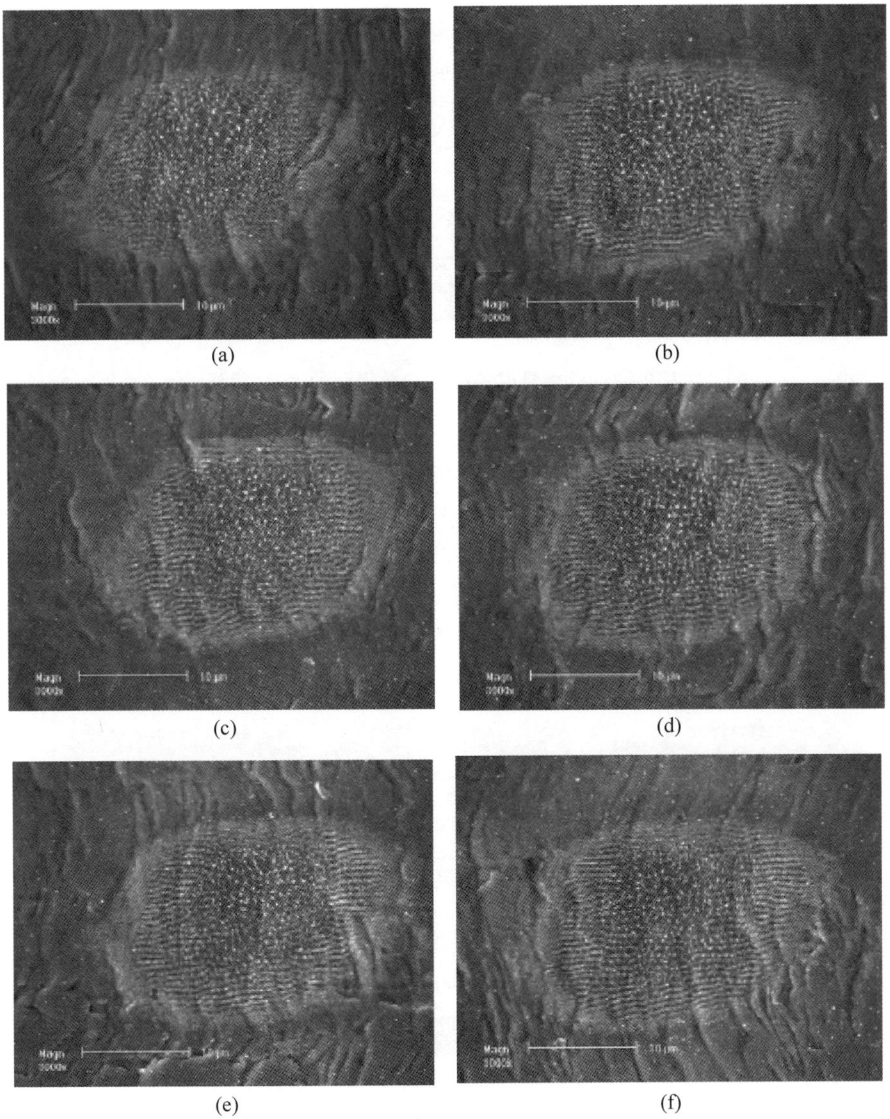

图 9-21　飞秒激光烧蚀金属镍显微照片，能量密度 3.32J/cm^2

(a) 10 个脉冲；(b) 20 个脉冲；(c) 30 个脉冲；(d) 40 个脉冲；(e) 50 个脉冲；(f) 100 个脉冲

能量密度 0.41J/cm^2 时，不同脉冲数下获得表面 SEM 形貌如图 9-22 所示。烧蚀孔的直径随着脉冲数目的增加而增大。烧蚀区域外围的能量较低，在 1 个脉冲之后没有出现损坏，但是在 25 个脉冲之后，由于激光诱导热应力场引起烧蚀区域外部累积的塑性变形效应，材料的烧蚀阈值降低，外围区域材料产生烧蚀。

当脉冲能量比较高时，脉冲数不同，得到孔的 SEM 组织如图 9-23 所示。脉冲

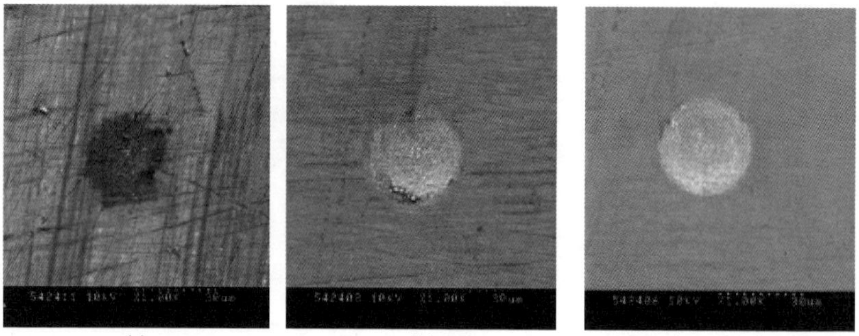

(a) (b) (c)

图 9-22 低能量时不同脉冲数得到的 SEM 组织

(a) 1 个脉冲；(b) 25 个脉冲；(c) 100 个脉冲

数目少时(图 9-23(a))，烧蚀孔只出现周期性的波纹结构，随能量的增大出现了严重的烧蚀，一些液体熔屑出现，使波纹的图形变得模糊，在烧蚀区域中心出现重新凝固区如图 9-23(b)所示。随着脉冲数目增多，材料中出现了液体层，激光照射液体层，由于飞秒激光持续时间短与高能量的特性，熔融液体进入过热状态，引起了液相爆破，快速排出的液态金属与蒸发的液滴快速冷却与重凝固使材料出现如图 9-23(c)所示的表面结构。

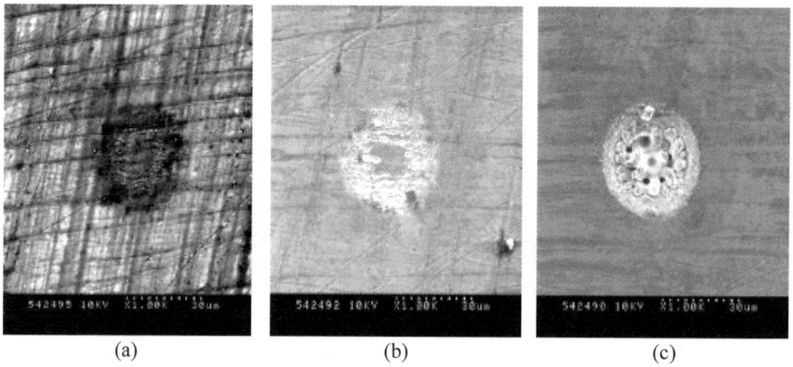

(a) (b) (c)

图 9-23 高能量时不同脉冲数得到的 SEM 组织

(a) 1 个脉冲；(b) 25 个脉冲；(c) 100 个脉冲

入射激光能量低时，能量密度为 0.25J/cm^2、脉冲数目为 10 次得到烧蚀孔波纹结构及其放大图如图 9-24 所示，图中出现周期性表面结构。

随着入射光能量的增加，脉冲能量为 2.45J/cm^2 10 个脉冲得到烧蚀孔的形貌如图 9-25 所示，除了出现周期性波纹结构，在孔的底部还出现了一些不规则的沟槽。飞秒脉冲激光烧蚀材料所产生的表面的形貌(包括波纹、微凸起、沟槽)都会对激光加工材料时能量的传输、能量的沉积造成影响。这些由于激光散射、衍射所产生的现象引起的表面粗糙度的变化最终可能会对烧蚀阈值造成影响。

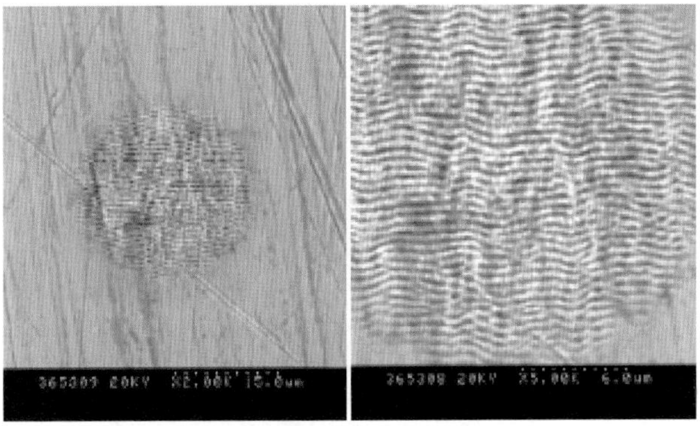

图 9-24　烧蚀孔波纹结构及其放大图

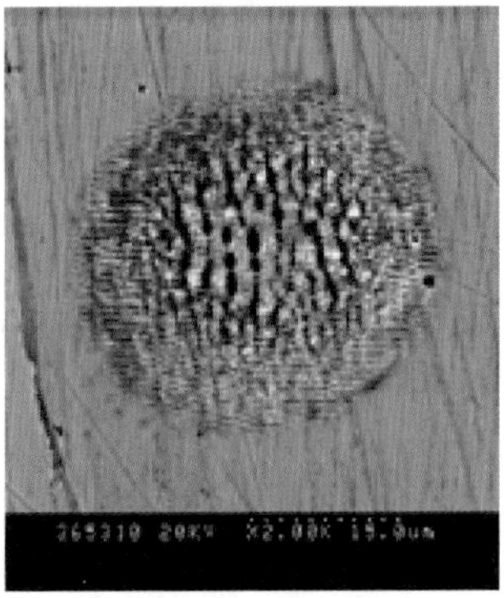

图 9-25　烧蚀孔形貌

3. 非晶合金

图 9-26 是激光能量密度为 3.18J/cm^2 时随脉冲数增加非晶合金 $Fe_{73.5}Cu_1Nb_3Si_{13.5}B_9$ 烧蚀坑演化过程的显微照片[8]，其脉冲数分别是 10、20、50、100，波纹图案清晰可见。宏观上来看，材料光学表面产生波纹的起因是样品表面有尘埃、划痕或缺陷时，入射光照射在表面后产生散射，由于散射光与入射激光都是相干的，散射光与入射光产生干涉后，引起激光强度的重新分布，造成表面非均匀能量沉积，如此受到调制的光辐照在材料表面上就形成干涉图案。在图 9-26(b)中有三种类型的波纹，平行于入射光偏振方向的短周期波纹标注为波纹Ⅰ；在激光烧蚀区域中心处垂直于入射光偏振方向的长周期波纹标注为波纹Ⅱ；重叠在波纹Ⅱ上并平行于入射光方向的短周期波纹为第Ⅲ种类型的波纹。随脉冲数的增加，波纹出现范围扩大，这表明烧蚀行为存在积累效应。在图 9-26(a)中多是平行于入射光偏振方向的短周期波纹Ⅰ，而波纹Ⅱ比图 9-26(b)中的弱得多。这可以说明形成短周期平行波纹的激光阈值比形成长周期垂直波纹的激光阈值低。在图 9-26(c)和图 9-26(d)中波纹Ⅱ逐渐从连续到断续，同时波纹Ⅲ逐渐消失。

当激光能量密度增加为 6.36J/cm^2 时，随脉冲数增加非晶合金烧蚀坑演化过程的显微照片如图 9-27 所示，其脉冲数分别为 10、20、50 和 100。从图 9-27(b)可以看到样品表面有熔化的迹象，即能量密度为 6.36J/cm^2 时 20 个脉冲已经足以产生液相。与图 9-27(b)相比，样品中心部分波纹变得模糊形成平坦的重凝区。经过进一步辐照，即 100 个脉冲，这一液相层扩展到材料内部并经历由于过热引起的相爆炸，导致图 9-27(d)中的形貌(强烧蚀)。这种形貌与液体和气体快速喷出并以极高冷速重新凝固机制相符合。

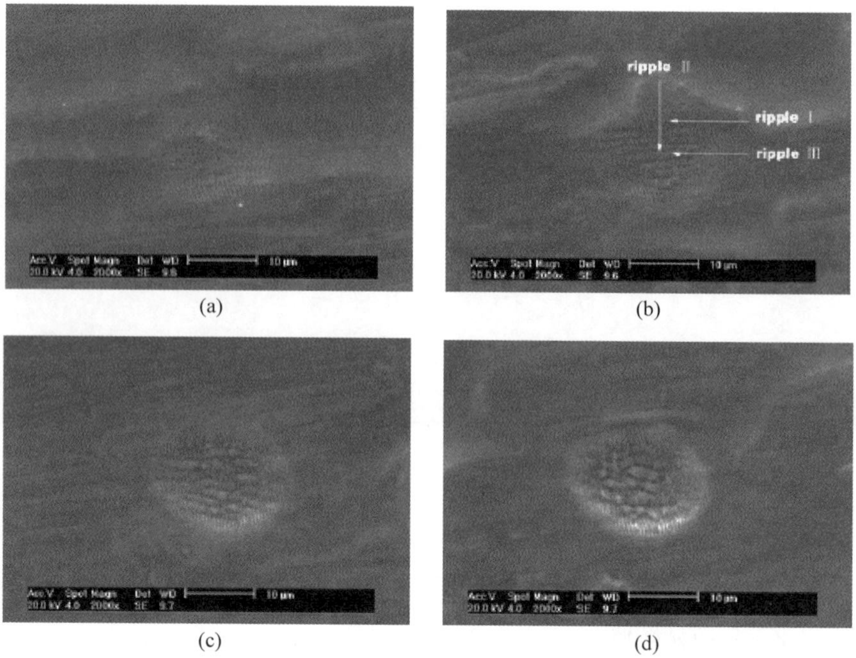

图 9-26　飞秒激光烧蚀非晶 $Fe_{73.5}Cu_1Nb_3Si_{13.5}B_9$ 显微照片，能量密度 3.18J/cm^2

(a) 10 个脉冲；(b) 20 个脉冲；(c) 50 个脉冲；(d) 100 个脉冲

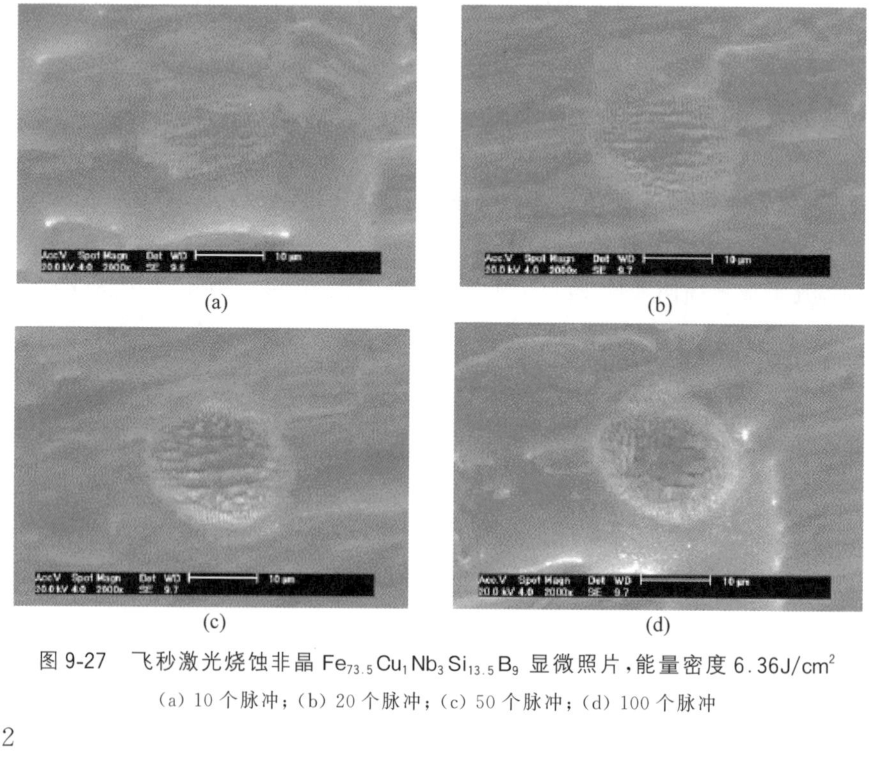

图 9-27　飞秒激光烧蚀非晶 $Fe_{73.5}Cu_1Nb_3Si_{13.5}B_9$ 显微照片，能量密度 6.36J/cm^2

(a) 10 个脉冲；(b) 20 个脉冲；(c) 50 个脉冲；(d) 100 个脉冲

继续增加激光能量密度至 12.72J/cm^2 时，非晶合金表面形貌随脉冲数增加烧蚀坑演化过程如图 9-28 所示，其脉冲数分别为 10、20、50 和 100。可以发现：经过 10 个脉冲辐照在烧蚀区域中心出现了液相，随脉冲次数的增加，液相区范围增加，而在烧蚀孔的边缘附近，可以看出一系列突起。这是因为在烧蚀的过程中，蒸汽从样品表面的膨胀压力从几个到几百吉帕不等。这种压力会使熔融态的金属在烧蚀的过程中喷发出来，由于飞秒激光作用时间极短，喷发的熔体以极高的冷却速率凝固，就会留下图中所见的突起。在突起的外面，可以看到环绕着断断续续的沟槽。这可能是由于在激光焦点处光强极高使空气发生电离，这又反过来影响激光能量在时间和空间上的分布造成的。同时可以清楚地看到有平行于入射激光偏振方向的波纹出现。此波纹的周期约为激光波长，和在低能量密度下由于激光能量沉积引起波纹极为相似。

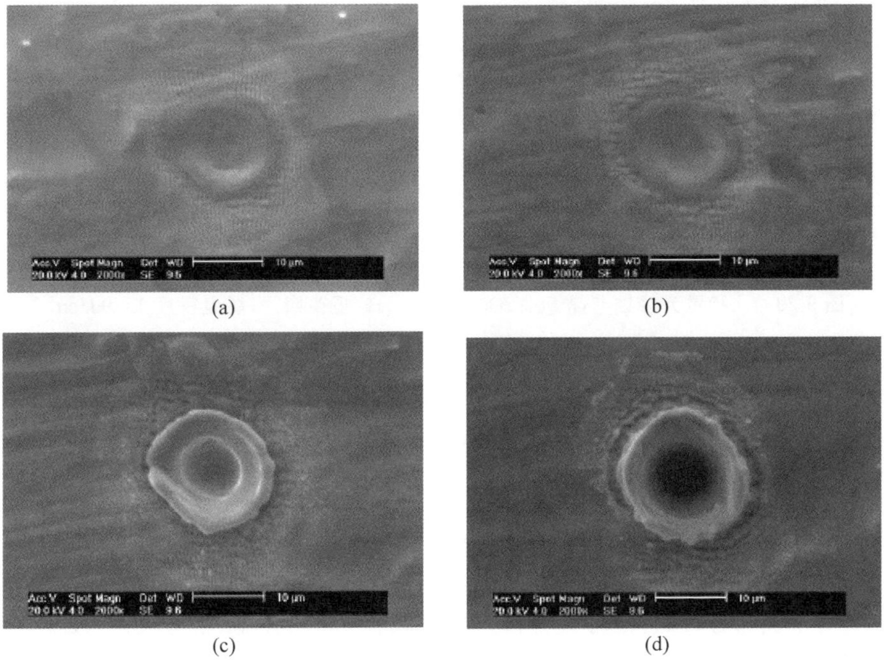

图 9-28　飞秒激光烧蚀非晶 $Fe_{73.5}Cu_1Nb_3Si_{13.5}B_9$ 显微照片，能量密度 12.72J/cm^2

(a) 10 个脉冲；(b) 20 个脉冲；(c) 50 个脉冲；(d) 100 个脉冲

图 9-29 是激光能量密度 15.9J/cm^2 时随脉冲数增加非晶合金烧蚀坑演化过程的显微照片，其脉冲数分别为 10、20、50 和 100。可以看出，经过 10 个脉冲辐照就出现了液相喷发现象，随脉冲次数的增加，喷发愈加剧烈。

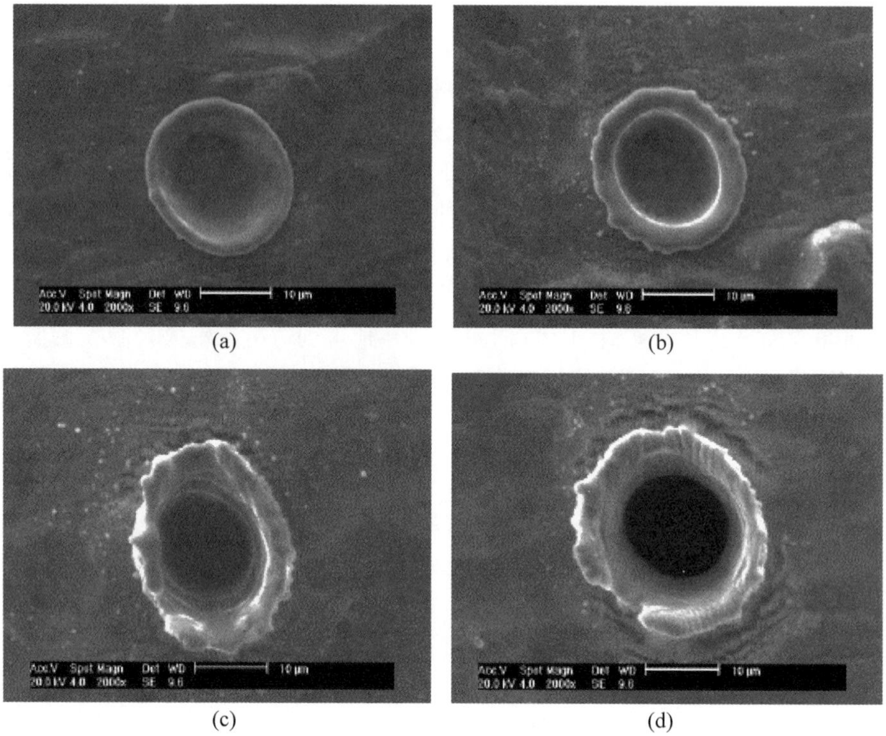

图 9-29　飞秒激光烧蚀非晶 $Fe_{73.5}Cu_1Nb_3Si_{13.5}B_9$ 显微照片，能量密度 15.9J/cm^2

(a) 10 个脉冲；(b) 20 个脉冲；(c) 50 个脉冲；(d) 100 个脉冲

综上所述，随激光能量密度的增加，从弱烧蚀过渡到强烧蚀，出现液相，并且有喷发现象发生，而在烧蚀区边缘处，由于激光能量的高斯分布出现弱烧蚀情况的波纹现象。

9.3.3　有机材料

相对于金属材料而言，有机材料大都为聚合物，熔点、沸点比较低，发生烧蚀、改性所需的阈值能量也就比较低，加工时所需要的激光能量较低，直接使用振荡器产生的飞秒激光脉冲就可以达到烧蚀的目的。研究者选取 PMMA（聚甲基丙烯酸甲酯，俗称有机玻璃）作为主要实验研究材料，采用飞秒激光器研究了该材料表面状态的改变。

1. 光栅结构

采用超景深三维显微镜对飞秒激光直写制备 PMMA 试件所得的不同样式和不同结构参数的微结构进行形貌分析，目的是探究 PMMA 表面结构形貌及其变化规律。图 9-30 为飞秒激光直写制备 PMMA 表面一级光栅结构形貌图。飞秒激光直写制备的一级光栅微结构沟槽宽度在 100μm 左右，符合接触角预测对光栅结构沟槽参数的要求。但是由于飞秒激光器的脉冲宽度为 400fs，飞秒激光直写 PMMA 表面的过程中，飞秒激光在 PMMA 表面结构边缘产生了热效应现象，使得沟槽两侧出现了少许的残渣堆积和崩边，如图 9-31 所示。

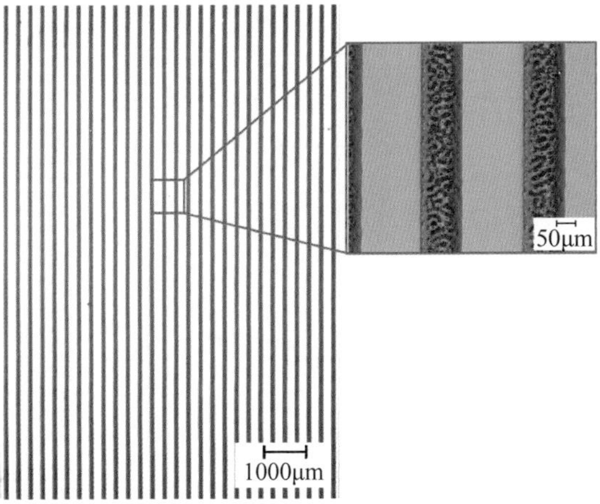

图 9-30　PMMA 表面一级光栅结构形貌图

图 9-31　光栅结构表面沟槽深度三维形貌

图 9-32 是飞秒激光直写 PMMA 光栅结构试件编号 1～3 的超景深三维显微镜测试形貌图，其深度为 100μm、凸台宽度为 150μm、沟槽顶部间距为 100μm。由于飞秒激光直写 PMMA 沟槽的特性，飞秒激光直写 PMMA 表面光栅结构的沟槽截面不是规则的长方形而呈梯形。

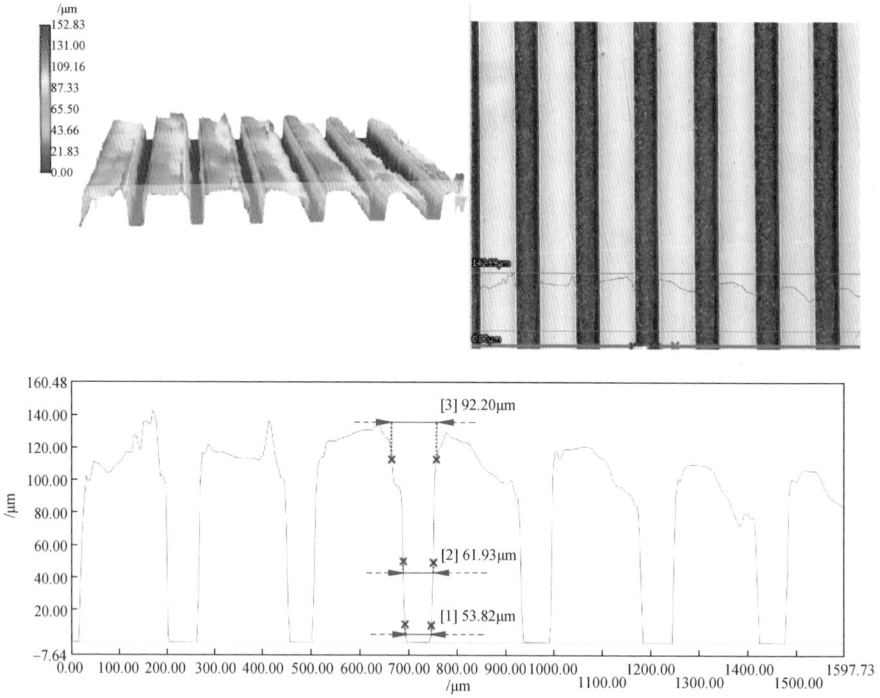

(a)

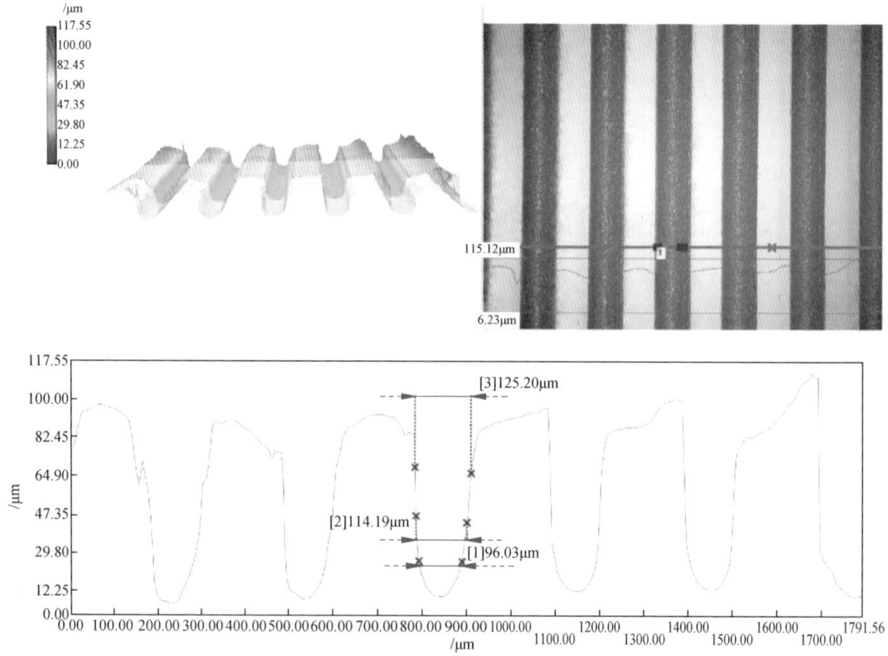

(b)

图 9-32　试件光栅微结槽的三维形貌图

(a) 试件 1～试件 3；(b) 试件 1～试件 4；(c) 试件 1～试件 6

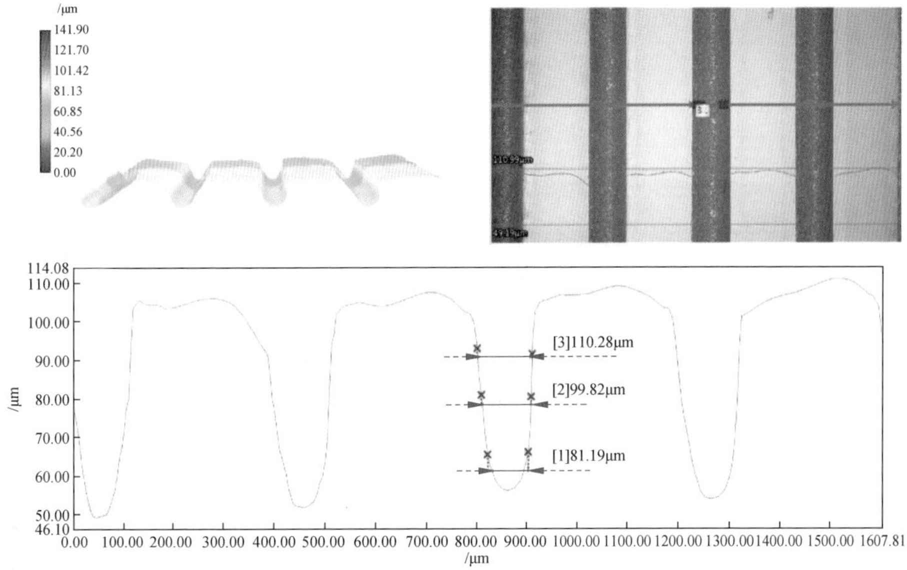

(c)

图 9-32 （续）

2. 方柱结构

为了和一级光栅结构的形貌进行对比，飞秒激光直写制备的 PMMA 表面一级方柱结构的表面三维形貌如图 9-33 所示。同样由于飞秒激光直写加工的特性，使 PMMA 微结构表面的沟槽在同一截面上下宽度不均等，呈倒梯形。其中沟槽深度最大是 91.79μm，基本满足接触角预测对方柱微结构沟槽参数的要求，但数值有点偏差，可能会影响实际结构的接触角。

3. 平行四边形方柱结构

采用激光制备的 PMMA 表面平行四边形方柱微结构的微观结构的部分形貌如图 9-34 所示。

对加工完成后的 PMMA 表面平行四边形方柱结构进行三维形貌分析，其三维形貌如图 9-35 所示。在 PMMA 表面制备平行四边形方柱结构后，结构表面的凸台上都存在一定的突起，这是因为飞秒激光的光束呈高斯分布，并且激光脉冲重复频率远大于临界频率而使得激光热积累能量让 PMMA 达到热降解，降解产物有一部分以气体形式逸出，还有一部分冷凝在凸台顶部。

为了进一步分析测量值与预测值之间的误差，采用超高倍率的三维显微镜对 PMMA 表面的平行四边形方柱结构形态进行了分析。制备的试件表面三维形貌和截面分析如图 9-36 所示。

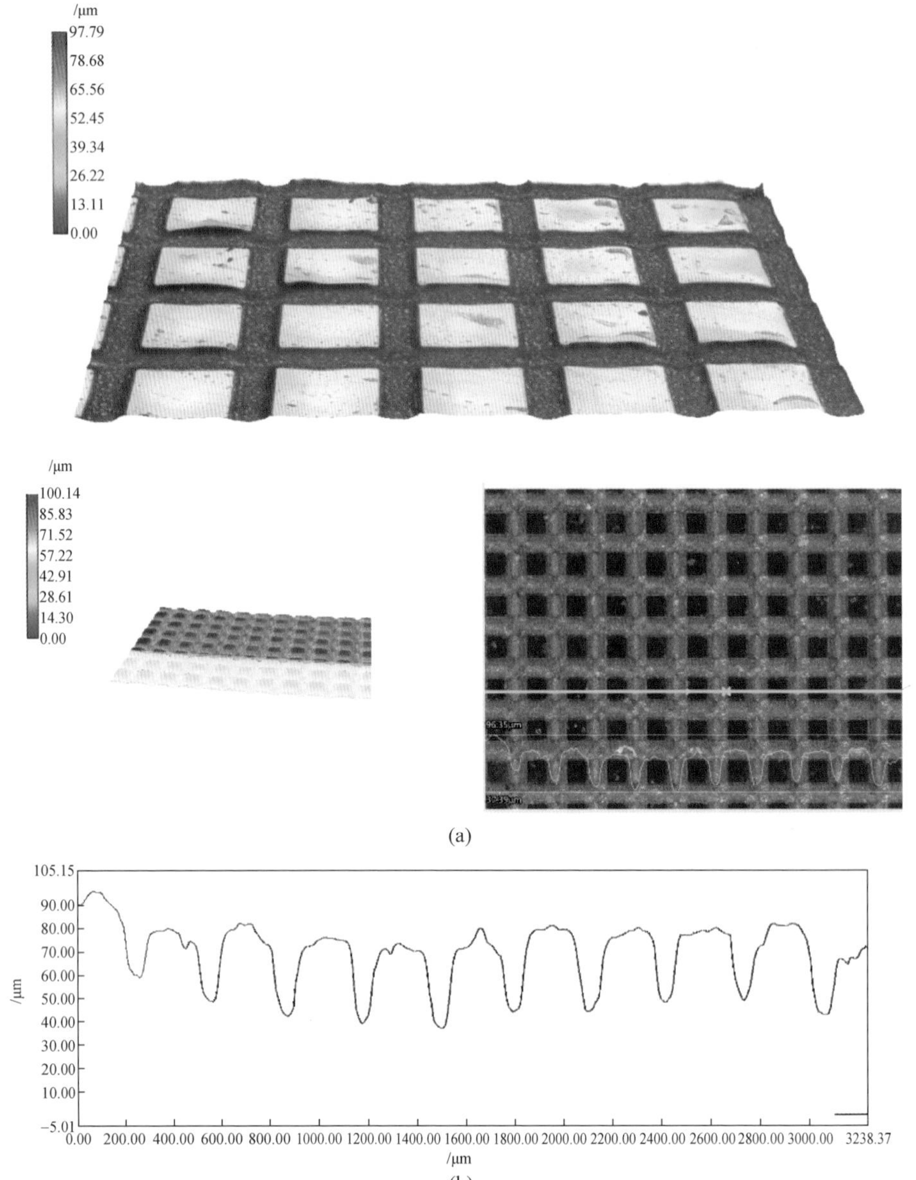

图 9-33　PMMA 表面方柱结构三维形貌测量图

(a) 三维形貌图；(b) 截面形状分析曲线

从图 9-36 可以看出，PMMA 表面平行四边形方柱结构的凸台表面都有一些突起部分，并且沟槽的顶部长度间距略大于模型预测的间距，结合实际测量的接触角数据可以发现凸台之间的间距越大，接触角也就越大，材料的疏水性越好。实际

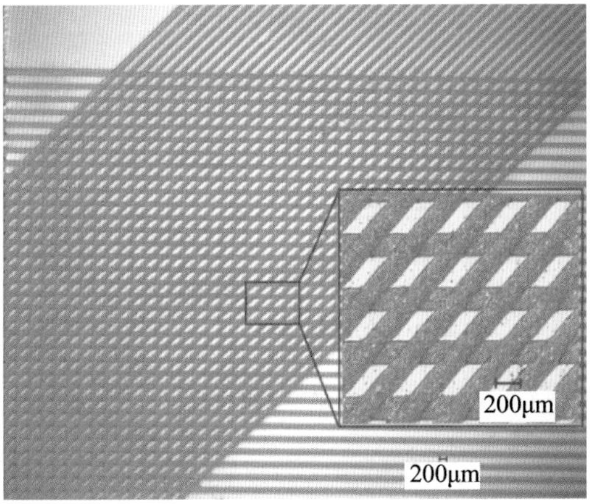

图 9-34　PMMA 表面平行四边形方柱结构的微观形貌：试件 4

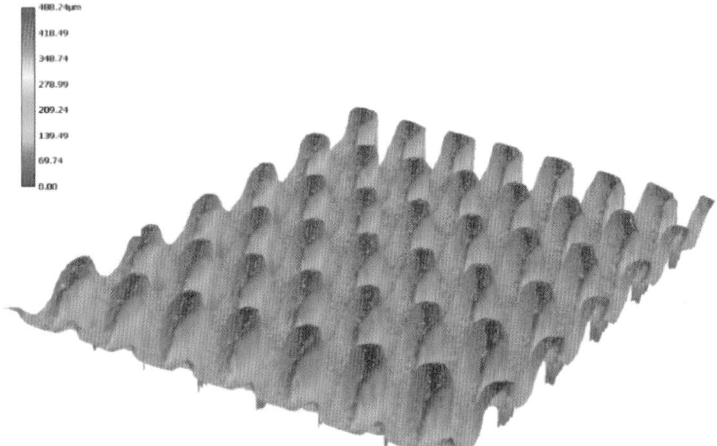

图 9-35　PMMA 表面平行四边形方柱结构三维形貌图

上，平行四边形方柱结构的凸台表面突起部分是由飞秒激光与 PMMA 相互作用产生的，本实验使用的飞秒激光器反射激光脉冲宽度为 400fs，在直写加工过程中会产生热效应，在沟槽周围产生残渣堆积和轻微回熔现象，也是激光直写加工过程中热效应的一种表现。图 9-37 是飞秒激光制备一级光栅结构实验中试件编号 1～3 的 PMMA 微结构沟槽的微观形貌，从图中可以看出 C1 和 C2 标记处存在微小的凸起，主要原因是飞秒激光脉冲宽度比较大(400fs)，会在直写加工过程中产生热效应，这里主要是回熔所产生的变形引起的凸起。

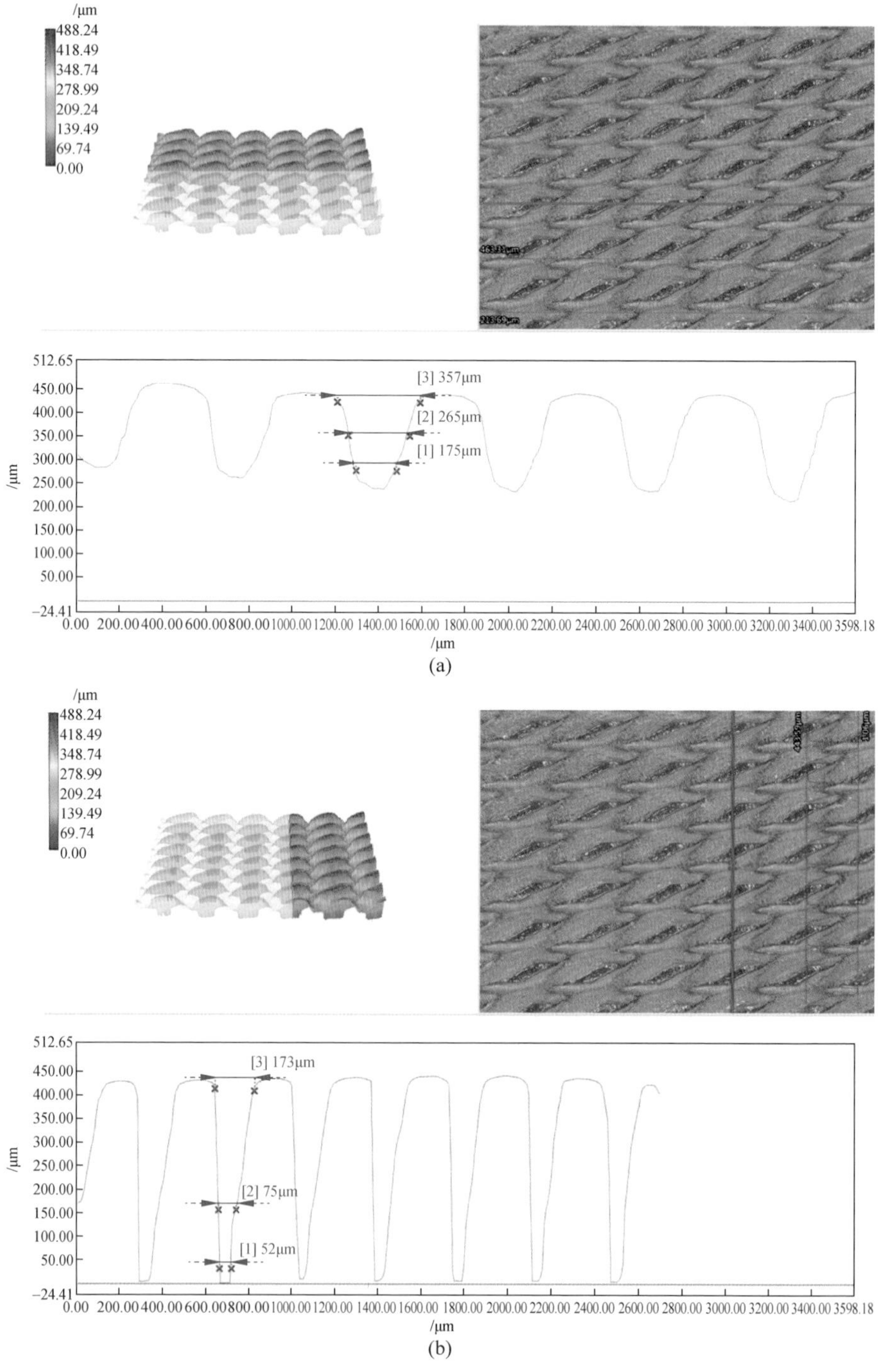

图 9-36 平行四边形方柱结构的三维形态和截面分析

(a) 沿长边方向；(b) 沿短边方向

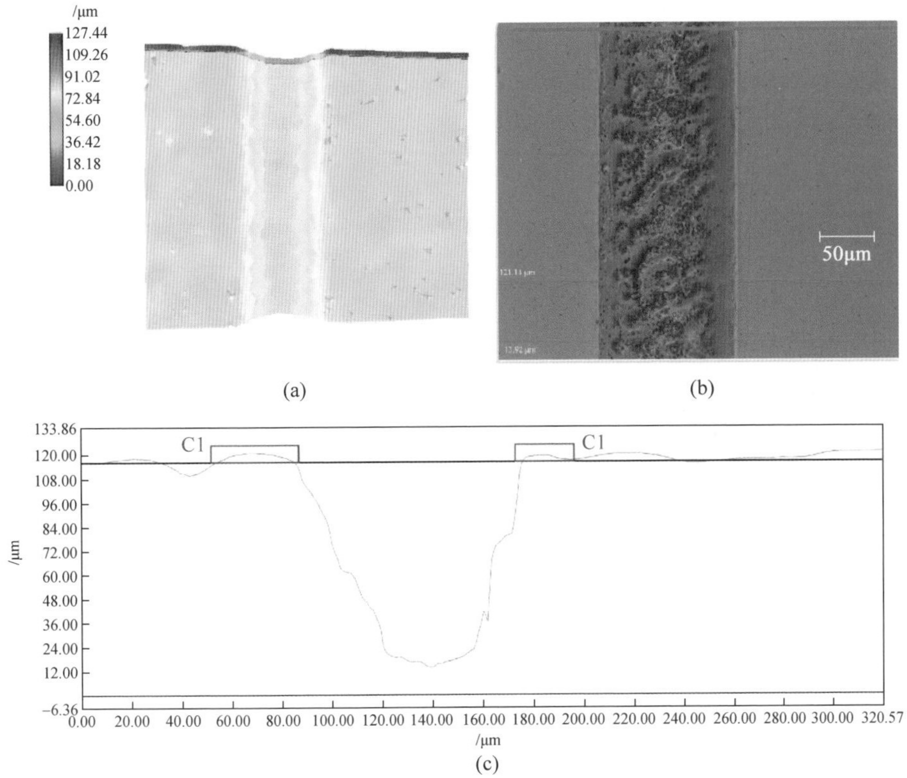

图 9-37　一级光栅结构实验中试件 1～试件 3 的微结构沟槽的微观形貌

（a）三维形貌图；（b）光栅沟槽的结构；（c）光栅结构沟槽的横截面

9.3.4　无机材料

无机非金属材料是一种非常重要而且种类繁多的材料，它们广泛应用于制造 MEMS 器件、生物医学系统、生物工程系统等。利用飞秒激光加工无机非金属材料是当今飞秒激光超精细加工研究的热点，其中对各种玻璃的研究最为引人注目。玻璃是一种呈现非晶质相的固体，与晶体的主要差异，在于晶体结构内原子或离子的排列有规则性，且具长程有序性，但玻璃结构内原子或离子的排列缺乏长程的规则性，但可能具有短程的规律性。

彭志农[9]研究了飞秒激光加工机在玻璃表面的加工，发现当飞秒激光的光强超过玻璃的烧蚀阈值时，在焦点处的材料就会被去除。这是由于在飞秒激光作用下玻璃发生了光致电离和雪崩电离，其中光致电离为雪崩电离提供种子电子。经过光致电离和雪崩电离，焦点处产生大量自由电子，迅速在玻璃与空气的界面处形成高温高密度的等离子体，空气一侧由于压力较小，等离子体向外膨胀，将焦点处的玻璃从表面喷射出去。等离子体喷射的同时也带走了大量能量,这就避免了加工时出现裂纹。材料喷射出来后,滴落在玻璃表面形成球状的碎屑,随着时间的增加,这些碎屑的黏附力会逐渐加强,所以加工完毕后,为保证玻璃表面的光洁度,应立即放入超声池中进行清洗。

参考文献

[1] 单腾,王思捷,殷凤仕,等.激光清洗的典型应用及对基体表面完整性影响的研究进展[J].材料导报,2021,35(11):11164-11173.
[2] 陈菊芳,张永康,许仁军,等.CO_2 激光脱漆的实验研究[J].激光技术,2008,32(1):64-66.
[3] 孙承伟,陆启生,范正修,等.激光辐照效应[M].北京:国防工业出版社,2002.
[4] 黄开金,谢长生.激光切割的研究现状及展望[J].激光与光电子学进展,1998,35(4):1-8.
[5] 毕华丽.激光切割技术中工艺技术的试验研究[D].大连:大连理工大学,2005.
[6] 李珣.飞秒激光材料表面微加工[D].天津:天津大学,2008.
[7] 吴雪峰.飞秒激光烧蚀金属的理论与试验研究[D].哈尔滨:哈尔滨工业大学,2006.
[8] 倪晓昌.飞秒激光微精细加工理论与实验研究[D].天津:天津大学,2003.
[9] 彭志农.飞秒激光加工透明材料[D].天津:天津大学,2007.